현장의 안전향상을 위한 비기술적 역량 가이드

Safety at the Sharp End
A Guide to Non-Technical Skills

Rhona Flin, Paul O'Connor and Margaret Crichton 지음
박재갑·신병균·전해경·홍성현 옮김

세진사
Since 1976

Originally published by CRC Press as **Safety at the Sharp End** by Rhona Flin, Paul O'Connor and Margaret Crichton.

한국어판 발행을 축하하며

For the Korean edition of *Safety at the Sharp End. A Guide to Non-Technical Skills.*

Effective team performance is crucial to safety and productivity in high-risk industries. In the first half of 20th century, efforts to improve safety tended to be focussed on engineering solutions and blaming workers who made mistakes. Although technology and equipment design remain important, over the last number of decades there has been a greater recognition of the need to understand the human dimension of operations in order to improve production and safety performance. Therefore, it is crucial to focus on the non-technical skills of the system operators based at the 'sharp end' of the organisation.

Non-technical skills are the cognitive and social skills required for efficient and safe operations. The aviation industry was the first to recognise the importance of these skills to safe performance, and pioneered a new type of training – known as Crew Resource Management(CRM) training. However, non-technical skills are not unique to those working in the aviation industry. Many other high-risk industries and acute sectors of healthcare have now also introduced non-technical skills training.

The motivation for writing *Safety at the Sharp End* was to provide a general guide to support people who are interested in learning about the theory and practice of non-technical skills for safety. The book covers the identification, training and evaluation of non-technical skills. It has been specifically written for practitioners who are studying, or training, these skills, with real world examples provided.

We were very pleased to hear of Dr. Sunghyun Hong's wish to see *Safety at the Sharp End* translated into Korean. It is very flattering to learn that Korean safety researchers and practitioners think that this book on non-technical skills may be helpful for their understanding and training of these important behaviours. It is apparent that the behaviours that are protective for safety in higher risk work settings are very similar across different national and professional cultures. We hope that this translation of our book will provide further opportunities for collaboration between our countries for our mutual efforts to enhance safety in the workplace.

Professor Rhona Flin and Dr. Paul O'Connor

현장안전(Safety at the Sharp End)을 위한 비기술적 역량 가이드

고위험 산업에서 효율적인 팀 수행력은 안전성과 생산성의 결정적인 요소이다. 20세기 전반에, 안전을 개선하려는 노력은 기술적인 대응책과 실수를 저지른 근로자를 비난하는 데만 집중하는 경향이 있었다. 기술과 장비의 설계가 여전히 중요하지만, 지난 수십 년 동안 생산성과 안전성을 개선하기 위해 인간 차원의 운용을 이해할 필요성에 대한 인식이 높아졌다. 따라서, 조직의 '현장'에 기반한 시스템 운용자의 비기술적 역량에 중점을 두는 것이 중요하다.

비기술적 역량은 효율적이고 안전한 운용에 필요한 인지적·사회적 역량이다. 이러한 역량이 안전한 직무 수행에 미치는 중요성을 인식한 항공업계는 새로운 유형의 CRM(Crew Resource Management) 훈련모델을 개발했다. 그러나 비기술적 역량은 항공업계에만 국한된 것이 아니다. 수많은 고위험 산업분야와 응급 의료업계에서도 비기술적 역량 훈련을 도입했다.

'Safety at the Sharp End'를 집필하게 된 동기는 안전을 위한 비기술적 역량의 이론과 실습을 배우는 데 관심 있는 사람들을 지원하기 위한 일반적인 안내서를 제공하는 것이었다. 이 책은 비기술적 역량의 확인, 교육 및 평가에 대하여 다루고 있다. 이러한 역량을 연구하거나 교육하는 실무자들을 위해, 실제 사례를 들어 구체적으로 작성하였다.

홍성현 박사팀의 'Safety at the Sharp End'의 한국어 번역본 출판 소식을 듣고 매우 기뻤다. 한국의 안전전문연구진과 실무진이 이러한 역량을 이해하고 훈련하는 데 도움이 될 수 있다고 생각하는 것은 매우 자랑스러운 일이다. 고위험 작업환경에서 안전을 위한 보호행위는 다른 국가나 직업 문화에서도 매우 유사하다. 이 책의 번역을 통해, 현장의 안전을 향상시키기 위한 양국 간의 상호 노력과 더 많은 협력 기회가 있기를 바란다.

Rhona Flin & Paul O'Connor

감사의 말

본서를 집필하기 위해 자료를 제공해 주거나 초안을 논평해준 것에 대하여 다음 분들께 감사한다 : Bob Hahn, Matthew Hilscher, Terry Kelly, Bill Little, Mike Lodge, Jean McLeish, Richard Miller, Ed Naggia, Simon Paterson-Brown, Tanja Pullwitt, Cameron Ramsay, Tom Reader, Dic Stark, John Tse, George Youngson, and Steven Yule.

특히, John Thorogood의 솔직하고, 건설적인 논평에 대해 감사한다. 또한 Ashgate의 Guy Loft와 John Hindley가 지원과 조언을 해주고, Gemma Lowle이 편집과 제작에 도움을 준 것에 대해 감사한다.

본서의 남은 오류는 우리 집필자들의 책임이므로 독자들께서 지적을 하여 주실 것을 부탁한다.

안전 2.0을 추구하며...

산업분야(항공, 의료, 에너지, 건설 등)에서 비기술적 역량(NTS)인 상황인식과 의사결정 등은 인지적, 사회적, 개인적 자원역량의 오류 가능성과 부정적 상황에 대한 위험을 줄임으로써 결과적으로 안전성과 효율성을 향상시킬 수 있습니다.

박 재 갑

인간의 수명이 길어지면서 건강 못지않게 안전의 중요성과 이에 대한 인식전환이 절대적으로 필요하게 되었다. 이 책이 고위험 산업현장에서 안전에 대한 새로운 비기술적 역량(Non-Technical Skills)을 식별하고, 평가·판정하는 길라잡이로 큰 역할을 하는데 도움이 되길 바란다.

신 병 균

안전예방에 대한 기술적(Technical)인 한계를 극복하고 비기술적(Non-Technical) 역량을 보완할 수 있는 필수 안내서입니다. 각 현장의 안전시스템을 강화하는데 전문가와 실무자 모두에게 이 책이 기여될 수 있기를 기대합니다.

전 해 경

21세기는 우리가 예측하기 어려운 여러 요소들이 상호 의존하는 복잡계 시스템 사회입니다. 기술적 대응책과 매뉴얼만으로는 안전이 확보되기 어렵습니다. 상황변화에 더 유연하게 적응할 수 있도록 각 개인의 역량을 향상시키는데 조금이나마 도움이 되기를 바랍니다.

홍 성 현

차 례

Chapter 01

서 문

고위험군 조직에서 일이 잘못되면 그 결과로 사람, 장비 및 환경이 심각하게 손상될 수 있다. 현대의 기술시스템에는 상당한 수준의 보호 및 중복장치가 구축되어 있지만, 하드웨어와 소프트웨어의 신뢰성이 점차 높아짐에 따라 사고원인에 대한 인적 기여가 더욱 명확해지고 있다. 산업분야의 분석가들은 사고원인의 80%까지도 인적요인에 기인한다고 지적한다(Helmreich, 2000; Reason, 1990; Wagenaar and Groenweg, 1987). 관리자들은 자신의 업무에 대한 인간적 측면, 특히 조직의 '현장(Sharp end)'에서 안전이 필수인 작업을 수행하는 사람들의 행동을 이해할 필요가 있다. 심리학자들은 작업자들의 수행력(Performance)을 향상시키고 오류율을 최소화하는 요인들에 대해 오랫동안 관심을 보여 왔다(Munsterberg, 1913). 우리는 인적오류가 제거될 수 없다는 것을 알고는 있지만, 자신들 업무의 위험과 요구사항에 대처할 수 있는 적절한 비기술적 역량을 갖추도록 함으로써 오류를 최소화하도록 파악하고 완화시키기 위한 노력은 기울일 수 있다.

비기술적 역량은 작업자들의 기술적 역량을 보완하는 인지적(Cognitive), 사회적(Social) 역량이다(Flin et al., 2003). 이 책을 뒷받침하기 위해 사용된 비기술적 역량의 정의는 '기술적 역량을 보완하고 안전하고 효과적인 업무수행에 기여하는 인지적, 사회적, 개인적 자원으로써의 역량'이다. 이것은 새롭거나 신비한 기량은 아니지만, 근본적으로 최고의 전문가들이 지속적으로 높은 성과를 달성하기 위해 사용하는 역량이며, 우리들도 '순조로운 일상'을 위해 이렇게 되어야 한다. 이 책은 기본적인 비기술적 역량을 소개하고, 산업, 의료, 군사 및 응급서비스의 다양한 고위험군 작업환경에서 안전하고 효과적인 업무수행을 위해 이들의 중요성을 설명한다.

우리가 논의할 7가지 역량은 다음과 같다.

- 상황인식(작업환경에 주목)
- 의사결정
- 의사소통
- 팀웍
- 리더십
- 스트레스관리
- 피로관리

접근방법으로써, 안전하고 효과적인 직무수행에 영향을 미치는 중요한 행동에 대하여 학습하는 일련의 구성개념과 일반적인 용어를 제공한다. 특정 산업별 핵심적인 비기술적 역량의 식별, 훈련 및 평가하는 방법은 다음 장에서 설명한다. 위에 언급한 역량은 모든 산업과 업종에 필요하다. 이 책 대부분의 배경자료는 항공산업에서 가져온 것이지만 우리의 목표는 이러한 비기술적 역량이 발전소 제어실의 운용부터 외과환자의 수술에 이르기까지 다양한 업무에 왜 중요한지를 입증하는 것이다. 인간의 행동은 모든 종류의 업무에서 놀랍게도 비슷하다.

비기술적 역량을 논의하기 전에, 작업자의 행동에 초점을 두는 것은 효과적인 안전관리 전략의 한 요소일 뿐이라는 것을 강조하고자 한다. 조직의 안전은 규제사항과 영리적 압박, 작업환경 및 관리적 요구의 영향을 받는다. 따라서 이 책에서는 시스템을 운용하는 사람들의 역량에 중점을 두고 있지만, 자신의 행동이 일하는 조건과 다른 사람들, 특히 관리직에 있는 사람들의 행동에서 영향을 받는다는 것은 인정한다 (Flin, 2003; Hopkins, 2000).

Reason(1997)이 '스위스 치즈' 모델(그림 1.1 참조)에서 설명한 것처럼 사고는 대개 조직의 방호벽에 일련의 결함이 있기 때문에 발생한다고 했다. 이는 운용요원의 오류 및 규제위반 같은(사고가 곧바로 촉진될 수 있는) 능동적 실패요인(Active failures), 관리자, 설계자, 엔지니어 및 기타 사람들이 만든 직무시스템에 잠재하는 불안상태 ('상주 병원체')의 조합으로 인해 발생할 수 있다.

그림 1.1 조직의 방호벽을 통과하는 사고궤적(Reason, 1997, Fig 1.5)
Ashgate사의 승인 하에 게재.

'제1선(Front line)'의 작업자들은 방호시스템을 보호하는 마지막 라인을 의미한다. 그들은 손실과 부상을 초래하는 능동적 실패에 대한 책임이 있을 뿐만 아니라 더 중요한 것은 일상적으로 자신과 타인의 실수를 잡아내고 바로잡는다. Helmreich et al. (2003)이 항공기 조종실을 관찰한 바에 따르면, 조종사들이 비행구간 당 약 2회의 오류를 범하지만 그 대부분은 항공승무원에 의해 발견되고 수정된다. 또한 일선 직원은 기술적인 오작동을 인식하고 해결할 수 있지만 다양한 위험상황에 대처할 수 있다. 그러므로 인적오류는 불가피하고 만연하지만, Reason(1997)이 지적한 것처럼, 인간은 위협적인 환경에서 불완전한 기술시스템을 원활하게 작동할 수 있는 레질리언스 역량과 전문성을 필수적으로 습득함으로써 영웅도 될 수 있는 존재이다.

1970년대에 발생한 의문의 항공사고들로부터, 항공업계에서는 과연 어떻게 비기술적 역량의 중요성을 인식하게 되었는지 설명하는 것으로부터 시작하고자한다. 그 다음 이러한 역량이 다른 직무환경에서 어떻게 관심의 초점이 되었는지를 설명한다.

1.1 항공 및 다른 분야의 비기술적 사고

30여 년 전, 일련의 항공사고들은 일차적인 기술적 주원인이 없었기 때문에, 수사관들은 다른 요인을 찾아야만 했다. 이러한 상황 중 가장 잘 알려진 것이 1977년 테네리페(Tenerife)공항 사고로, 활주로에서 두 대의 대형항공기 충돌사고가 있었다.

사례 1.1 | 테네리페공항 참사

1977년 3월 27일 17:06시 테네리페섬 Los Rodeos공항활주로에서 보잉747 항공기 2대가 충돌했다. 항공기는 팬암 1736편으로 로스앤젤레스에서 뉴욕을 경유하여 라스팔마스로 가는 길이었고 KLM 4805편도 역시 암스테르담에서 라스팔마스로 향하던 길이었다. 그러나 두 항공기 모두 라스팔마스에서 일어난 테러사건 때문에 테네리페로 우회한 상태였다. 몇 시간 후, 라스팔마스 공항이 다시 열렸고 운항을 재개하는 항공기들로 인하여 공항은 매우 혼잡하였으며, 안개가 자욱한 그 시간 Los Rodeos 공항은 이륙을 준비하고 있었다. KLM은 활주로 끝에서 관제센터(ATC)의 이륙허가를 기다리고 있었다. 팬암도 다른 활주로로 안내를 받았다. KLM은 ATC의 비행준비허가를 받았지만 이륙허가는 아니었다. KLM 기장은 이륙허가로 잘못 이해하고 브레이크를 풀고 부조종사가 무슨 말은 했지만 기장은 활주로를 달리기 시작했다. 안개 때문에 KLM 승무원들은 팬암 747이 앞에서 기다리고 있는 것을 보지 못했다. 관제탑에서조차 항공기를 볼 수 없었고 활주로 레이다시스템도 없었다. KLM의 조정실 엔지니어가 팬암에서 오는 무전을 듣고 US 항공기가 활주로에서 아직 벗어나지 않았을 수도 있다는 우려를 표했지만 기장은 이 의견을 무시했다. 충돌 10초 전, 팬암 기장은 KLM 항공기가 달려오고 있음을 알아챘지만 활주로에서 항공기를 돌리기에는 너무 늦었다. KLM 탑승자 234명과 승무원 14명 전원, 그리고 팬암 탑승자 396명 중 335명이 사망했다.

사고분석을 통해 ATC와의 의사소통, 팀 조화, 의사결정, 피로 및 리더십 행동과 관련된 문제들이 드러났다. 자세한 내용은 Weick(1991)과 사례 5.4를 참조 바란다.

이것이 유일한 사건은 아니다. 테네리페 충돌사고와 마찬가지로 주요 기술적 결함이 없는 또 다른 항공기사고가 있었다. United Airlines는 1970년대 말 기술적 결함보다는 '조종사 오류(Pilot error)'로 기인되는 일련의 충돌 사고를 겪었다. 우려가 커짐에 따라 1979년 NASA에서 사고의 원인이 되는 인적요소를 파악하고 관리하는 방법을 논의하기 위해 심리학자와 조종사를 한자리에 모아 항공산업회의를 개최했다. 항공산업은 천만다행으로 현대의 제트항공기(CAA, 2006)에 내장된 조종실 음성녹음기와 같은 귀중한 정보가 있었다. 그들은 조정실 승무원들이 사고 이전과 사고 당시 몇 분 동안 주고받은 대화를 밝혀냈다. 대화의 분석결과 리더십 실패, 팀 협력부족, 의사소통 실패, 자기주장 결여, 부주의, 부적절한 의사결정과 개인적 한계가 드러났고, 이는 주로 스트레스 및 피로와 관련된 것이다(Beaty, 1995; Wiener et al., 1993).

비기술적 역량의 실패와 관련된 사고는 항공산업뿐만이 아니다. 표 1.1은 '현장' 또는

표 1.1 비기술적 역량의 원인 또는 대응 실패로 인한 사고*

년도	산업	사건	비기술적 역량의 실패
1979	원자력	Three Mile Island 원자력발전소 사고	문제해결, 팀워, 상황인식
1986	원자력	Chernobyl 원자력발전소 사고	의사결정, 상황인식, 개인능력 한계
1987	해양	Herald of Free Enterprise 선수문을 개방한 채 출항하여 전복	팀 조화, 상황인식
1988	석유와 가스 생산	Piper Alpha 석유플랫폼 폭발	의사소통, 리더십, 의사결정, 팀 인계
1988	군대	USS Vincennes 군함의 민항기 격추	팀 조화, 의사결정, 상황인식
1989	경찰	Hillsborough 축구경기 관중 압사에 대한 경찰 대응력	의사소통, 상황인식, 리더십
1989	항공	Kegworth plane crash 고장나지 않은 엔진정지	상황인식, 의사결정
1990	해상	Scandinavian Star 선박화재에 대한 대응	팀워, 리더십
1994	의료	Betsy Lehman 화학요법의 과용	상황인식, 의사결정
1996	교통	Channel Tunnel 터널 내 화재대응	의사소통, 스트레스, 팀 조화
1998	석유화학	Esso Longford 정유공장 폭발	의사소통(교대근무 인계), 상황인식
2000	의료	Graham Reeves 신장제거 오류	상황인식, 팀워, 리더십
2001	의료	Wayne Jowett 화학요법 투약부위 오류	의사결정, 상황인식, 의사소통
2005	석유화학	BP Texas City 정유공장 폭발	리더십, 의사결정, 피로, 의사소통

* 출전문헌은 이번 장의 마지막 페이지 참조.

조직의 운용면에서 비기술적 역량의 실패사례를 보여준다. 세계에서 가장 심각한 원자력발전소 사고인 Chernobyl(Reason, 1987)과 Three Mile Island(NRC, 1980) 사고에서는 상황인식의 상실과 의사결정에 관한 운용자의 오류가 중요한 역할을 했다. 군사영역에서는 USS 빈센스함의 미사일로 인해 290명의 승객과 승무원이 모두 사망한 여객기 격추사건은 의사결정과 의사소통의 실패(Klein, 1998)에 기인한다. Piper Alpha 석유플랫폼사고는 교대인계 시 의사소통 부족과 비상대응에서의 리더십 실패로 인해 167명의 사망자가 발생했다(Cullen, 1990). 좌초 또는 충돌 같은 선박사고는 선교(Bridge)에서의 리더십 또는 승무원의 조정력 실패로 특징지어지는 경우가 많다(Barnett et al., 2006; Hetherington et al., 2006). 병원에서 환자들에 대한 피해상황 비율(의료행위로 인한 상해)은 입원환자의 10%나 된다. 이는 의사소통 실패, 팀워크 붕괴, 의사결정 결함 등에 의한 것일 수 있다(Bogner, 1994; Helmreich, 2000; Vincent, 2006).

항공부문과 마찬가지로 고위험 산업, 응급서비스 및 군사조직은 기술이나 기술적 역량만으로는 안전문제를 해결할 수 없다는 사실을 깨닫기 시작했다. 작업자들의 능력을 또 다른 측면에서 알아야 할 필요가 있었다. '비기술적 역량(NTS: Non-Technical Skills)'이라는 용어는 다양한 기술분야에서 사용되고 있지만 유럽민간항공 규제기관인 JAA(Joint Aviation Authorities)에 의해 항공산업에 도입되었다.

비기술적 역량과 인적오류 간의 관계는 그림 1.2에 설명되었다. 이 도표는 지나치게 단순화되어 있지만 비기술적인 역량의 부족이 오류 가능성을 높여 부정적인 사태가 발생할 가능성을 높일 수 있다. 양호한 비기술적 역량(예: 높은 경계심, 효과적인 의사소통, 기준을 준수하는 리더)은 실수의 가능성을 줄이고 결과적으로 부정적 상황을 줄일 수 있다.

부정적 상황은 누군가 다치지는 않지만 생산비용이 많이 소요되는 실패일 수 있다. 예를 들어, 석유시추를 하다 굴착드릴이 파이프에 걸리거나 실수로 제조공정을 중단하는 것과 같은 것이다. 더 중요한 것은 부정적인 상황은 병원환자나 항공여객 등 시스템에 관계되는 작업자나 다른 사람들을 해치는 안전상의 결과를 초래할 수 있다. 부정적 상황을 분석하고 학습하는 것(제9장에서 논의하는 다른 산업의 데이터와 마찬가지로)은 부정적 결과에 영향을 미치는 역량 및 구성요소의 제 행동에 대한 새로운 지식이 생길 수 있다. 그림 1.2에 표시된 것처럼 이 정보는 훈련시스템으로 다시 피드백

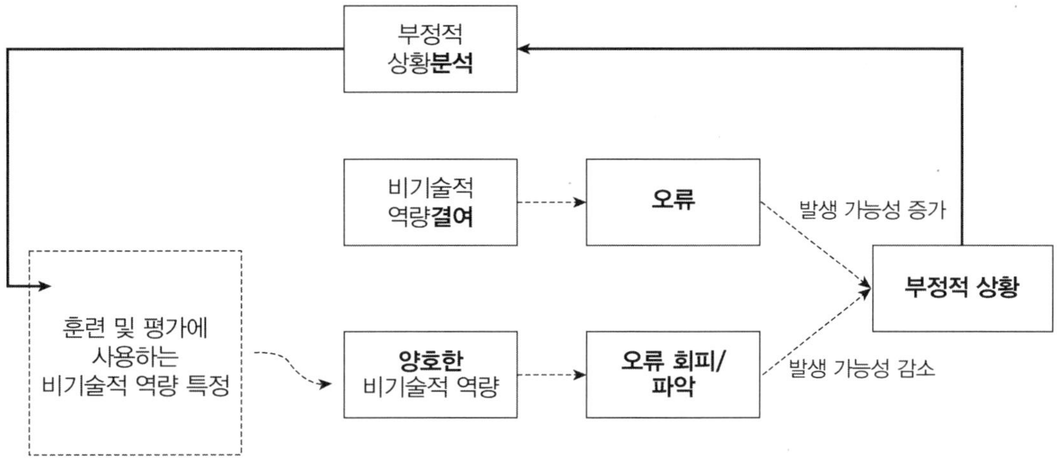

그림 1.2 비기술적 역량과 부정적 상황간의 관계성

되어야 하며 운용상 행동의 관찰 및 감사로부터 정기적인 평가에 사용되어야 한다.

다음 섹션에서는 위에서 보여준 프로세스가 항공산업과 다른 산업분야에서 어떻게 전개되었는지를 서술하고, 주어진 직무에 대한 비기술적 역량의 주요 구분을 식별하여 훈련시키고 감시할 수 있도록 한다.

1.2 항공과 다른 분야에서의 비기술적 역량의 확인 및 훈련

항공업계는 높은 안전기준을 유지하는 것이 시스템 운용자들(예: 조종사, 엔지니어, 항공교통 관제사)의 숙련된 기술만으로는 불충분하다는 것을 인지하면서, 핵심이 되는 비기술적 역량(NTS)을 명확하게 식별하기 위한 몇몇 연구 프로그램을 시작했다. 이것은 신비롭다거나 드문 행동패턴이 아니고 실제로 조종사들도 전문적 비행기술의 필수적인 부분으로 여겼던 잘 알려진 기술이었다(Beaty, 1995).

그러나, 전통적으로 비기술적 역량은 명시적으로 다루기보다는 암묵적으로 가르쳤고 결과적으로 선배조종사가 후배에게 비공식적이며 일관성이 없는 방식으로 진행되었다. 연구는 항공사와 규제당국이 NASA Ames 연구소와 오스틴에 있는 텍사스 대학의 연구센터에 의뢰하여 항공심리학자들이 조종사들과 함께 핵심적인 행동을 관찰하는 연구를 수행했다. 그들은 조종실 시뮬레이터에서 실험을 시작했고, 조종사와 인터뷰하며 사고보고서를 분석하여 어떤 역량의 요소가 사고에 기여했는지 또는 부정적 상황의 예방에 효과적이었는지 확인하려 했다(Wiener et al., 1993). 핵심이 되는 NTS가 확인되면 항공사들은 이러한 역량의 중요성에 대한 인식을 재고하고, 역량개발에 필요한 지식과 실습을 제공하기 위해 특수훈련과정을 개발하기 시작했다. 이 과정들이 처음에는 조종실자원관리(Cockpit Resource Management)라고 불렸고 이후, 객실승무원들까지 참여하여 승무원자원관리(Crew Resource Management)로 개정되었다. CRM 접근법은 '조종실의 안전과 운용효율성을 향상시키기 위해 모든 가용자원(장비, 절차, 인력)을 최적으로 활용하는 관리시스템'으로 정의할 수 있다(CAA, 2006, p. l).

지난 10여 년 동안 원자력발전, 해운업, 교도소, 응급서비스 및 병원약품 같은 분야에서도 CRM 기반훈련을 도입하기 시작했다(Flin et al., 2002; Musson and Helmreich, 2004; Salas et al., 2006). CRM 과정을 사용하는 NTS 훈련은 제9장에서 논의되며 CRM에 대한 몇 가지 일반 텍스트를 이용할 수 있다: Weiner et al.(1993)은 초기 CRM 과정의 발전에 대한 종합적인 해설을 제공하고 Salas et al.(2001)은 다른 산업분야에서의 CRM 훈련에 대한 보고서를 제공한다. 항공산업분야의 CRM 훈련에 대한 전문가용 텍스트(예: CAA, 2006; Jensen, 1995; Macleod, 2005; McAllister, 1997; Walters, 2002)와 소방 등 다른 직종용 텍스트도 있다(Okray and Lubnau, 2004).

1.3 책을 집필한 이유

또 다른 책이 필요할까? 심리학자로서 이 책을 쓰는 이유는 비기술적 역량이나 CRM 훈련을 활용하거나 도입한 산업 및 전문분야에서 같이 일했던 경험을 기반으로 삼았다. 수년 동안 에버딘 대학교의 CRM 사용자 그룹회의를 통해 다양한 분야의 정보와 전문지식을 공유했다. 여기에는 비기술적 역량과 CRM 훈련경험이 풍부한 트레이너뿐만 아니라 CRM 훈련에 관심이 있는 광범위한 다른 조직(예: 응급서비스, 에너지 분야, 마취, 수술, 금융, 교도소)의 사람들도 참석했다.

이 실무자들은 종종 비기술적 역량에 대한 기본 안내서를 추천해달라고 요청했다. 그들은 그러한 역량이 무엇인지 알고 싶어 했다. 그 역량이 업무의 수행과 관련이 있다는 증거 각자의 직무에서 어떻게 훈련을 설계하는지에 대한 것들이었다. 그들은 자신의 조직에서 훈련프로그램의 개발을 위해 심리적 요인이나 다른 인적요인을 찾아야 했으며, 때로는 비기술적 역량의 수행을 평가할 방법을 찾아야 했다.

이 책은 이러한 요구를 충족시키기 위해 고안되었다. 목표는 다음과 같다.

- 비기술적 역량의 기본적 구분(Categories)을 설명하고, 현장안전의 중요성에 대한 심리학적 증거를 요약한다.
- 비기술적 역량을 식별하고, 훈련 및 평가하기 위한 기본절차를 설명한다.

자료는 특정산업 또는 직무에 집중되어 있지 않고 실제로 이러한 역량이 많은 조직에 어떻게 적합한지를 보여주는 것이 목표이며, 이 책의 예제들은 우리가 일하고 있거나 관련지식을 갖고 있는 항공 및 기타 부문에서 추출되었다. 비기술적 역량을 명확히 하고 민간항공, 석유와 가스 생산 및 시추, 해양산업, 원자력발전분야, 군사(항공과 특수부대), 의학(마취전문의, 수술실 간호사, 외과의사)분야 등과 함께, 우리는 CRM 훈련을 설계하기 위한 연구프로젝트에 참여해 왔다. 이 책은 CRM, NTS, 안전리더십 및 인간의 능력특성 및 한계에 관한 교육과정을 개발하거나 참여하는 전문가들이 주로 사용할 수 있게 작성되었다. 또한 응용심리학, 인적요인, 산업안전 또는 의학안전을 공부하는 학부생이나 사회경험이 있는 학생들도 적합할 것이다. 독자들에게 과학적 배경을 제공하고 더 자세한 출처 또는 웹사이트에 접속할 수 있도록 참고문헌이 본문 전체에 제공되었다.

필요시 마다 이러한 역량이 실패한 것으로 보이거나 역량의 가치가 있다고 판명된 건들을 사례에 소개한다. 그 역량을 이해하기 위해 기초가 되는 심리학이나 생리학의 이론적 설명보다, 수강생들에게 더 기억에 남을 것이다.

1.4 이 책은 무엇에 관한 것인가

우리의 초점을 명확히 해야 할, 아래의 네 가지 주제가 있다.

a. 집단보다 개인
b. 개성(Personality)보다 행동
c. 일상적인 일뿐만 아니라 비정상적 상황
d. '소프트' 역량이 아닌 기술적 역량과 직접 관계된 역량

a. 집단보다 개인

첫째, 초점이 작업팀보다는 개인에게 맞춰져 있다는 것이 중요하다. 대부분의 고위험 산업에서는 기술 전문가팀이 작업을 수행하므로 작업그룹은 일반적으로 개인의 행동에 대한 정보를 제공한다. 우리가 논하는 사회적 역량은 공동 목표를 달성하기 위해 중첩되는 작업에 대해 협력하거나 팀을 어떻게 이끌어가고 안전하고 효과적인 작업수행을 하는지에 대해 협조하는 팀원에 관한 것이다. 우리의 분석단위는 작업그룹 전체가 아닌 팀원 개인 구성원이므로, 예를 들어 팀을 하나의 개체로 관찰하거나 평가하기 위한 방법론은 논하지 않는다. 개인에 초점을 맞추는 이유는 개인이 팀과 조직 그룹이 형성되는 기본적인 '구성요소'이기 때문이다. 또한 우리의 경험(예: 민간항공, 에너지 산업, 병원의료)에 의하면 사람들은 매일 같은 팀에서 일하지 않는다. 실제로 교대 및 교환근무, OJT, 조직적 제약 및 작업시간 제한 등으로 인해 팀 구성은 거의 고정되어 있지 않다. 대형항공사의 경우 동일 자격의 조종사가 함께 비행하는 경우는 드물기 때문에 유럽항공업계에서는 승무원 전체가 아닌 개별 조종사의 기술 및 비기술적 역량에 초점을 두고 있다.

조종사들은 초기 훈련단계에서부터 인간의 능력에 영향을 미치는 심리적, 생리적 요인들에 대해 학습하고 검사받는다(인간의 능력특성과 한계에 대한 Campbell and Bagshaw, 2002 참조). 이러한 인적요인에 대한 훈련은 일반적으로 CRM 훈련에 참여하는 조종사의 전제조건이다. 따라서 조종사가 CRM 훈련을 받기 시작하면 기본적 인적요인에 대한 지식을 이미 갖추고 있다는 것이다. 항공업계와 마찬가지로, CRM 또는 기타 분야의 팀 훈련에 착수하기 전, 실무자는 비기술적 역량의 기본원칙과 자신의 직업에 대한 인간의 능력특성에 미치는 영향을 배워야한다는 것이 우리의 주장이다.

b. 개성보다 행동

두 번째 원칙으로, 이 책은 개성에 관한 것이 아니라 행동에 관한 것이다. 심리학자들은 개성을 '행동의 특정패턴을 유도하는 내적 속성'으로 정의한다(Hampson and Coleman, 1995: p. xi). 개성이 행동에 영향을 미친다는 것을 인정하면서, 여기서 서술하는 해결책은 개인의 근본적인 개성을 수정하려는 시도가 아니라 행동패턴을 변화시키는 것이다. 또한 개성은 직장에서 안전하지 못한 행동을 유지하는 핑계로 받아들여져서는 안 된다. 물론, 우리의 특정한 조화와 특징은 본능적 행동을 더 적게 선택하도록 하거나 더욱 선택이 어렵게 만든다. 그래서 예를 들어, 말 많고 외향적인 사람들은 말을 적게 하고 듣는 법을 배워야 한다. 조용하고 내성적인 사람들은 업무목표 및 계획된 행동에 대한 생각을 나누기 시작할 필요가 있다. 독재적인 리더는 팀원들이 자신의 견해를 표현하도록 유도하는 새로운 행동을 취해야 한다. 부끄럼을 타는 훈련생은 팀 리더가 실수한다고 생각되면 자신감 있게 자기생각을 표명해야 한다. 한 항공사가 소속 조종사들에게 말한 것처럼 '당신은 어떠한 개성이라도 가질 수 있지만, 우리 회사가 당신에게 기대하는 조종실의 행동기준은 이것이다.'

c. 일상적인 일뿐만 아니라 비정상적 상황

셋째, 비기술적 역량은 일상의 업무환경에서도 중요하다. 중대한 상황이나 비상사태를 관리하는 데 그치지 않고 수많은 요청이 존재하는 상황에 특히 중요할 수 있다. 작업자가 주의 깊고, 신중한 결정을 내리며, 정보를 공유하고 동료작업자와 협력하게 되면 실수나 사고가 발생할 가능성이 적어진다. 우리는 이 책에서 어렵고 예상외의 부정적인 작업조건의 예를 이용했지만, 오히려 그것이 양호한 비기술적 역량의 필요성을 가장 잘 보여준다. 이러한 상황의 일부는 승무원들에 의해 발생했을 수 있고, Piper Alpha 사고에서처럼 중요한 정보가 교대근무자에게 전달되지 않았거나 기술적인 고장 또는 외부 조건과 같이 독립적인 원인에 의해 발생했을 수도 있다. 사고조사는 대개 사고전후 사람들이 어떻게 행동했는지에 대한 중요한 정보를 나타내며 그 정보는 문서로 잘 작성되어 있다. 이러한 조사에 따라 비기술적 역량이 어떻게 상황대처에 기여했는지 또는 저해했는지를 보여준다.

통상적인 상황에서 사소한 사고가 주기적으로 발생하지만 일상의 업무수행이 중대사고와 동일한 수준[1])으로 조사되지는 않는다. 따라서 비기술적 역량은 특별한 경우를 위한 것이 아니라 '일상적으로' 이용하기 위한 것이다.

d. '소프트' 역량이 아닌, 기술적 역량과 직접적으로 관계된 역량

이 책에서 논의된 역량은 때로는 업계에서 (비난어조로) '소프트' 역량이라 한다. 이것은 오해이며 '어려운' 기술적 역량만큼이나 중요하고, 사실 기술자가 기술적 작업환경에서 기술적 일을 행하는 것은 필수이다. 그래서 우리는 엔지니어, 수술실 간호사, 조종사들이 소유한 기술적 역량을 보완하는데 비기술적 역량이 필요하다는 것을 강조한다. 그들의 의사결정은 대개 기술적 문제에 관한 것이며, 의사소통 내용 또한 기술적일 가능성이 크고, 기술적 업무에 협조해야 한다. 석유시추회사의 구성원들에게 고기능팀의 창설에 대해 묻자, 기술적 능력에만 의존하여 선택하기보다 비기술적 역량으로 팀에 잘 조화될 수 있는 능력을 갖춘 지원자를 선발하는 것을 선호한다고 했다.

높은 기술적 전문지식이 중요하긴 하지만, 그것이 인적오류를 방지하는데 충분하지 않다는 점을 항상 기억해야 한다(사례 1.2 참조).

사례 1.2 | 기술적 전문성

그 외과의가 보여준 것은 경험이 풍부한 외과의사가 수행한 담낭수술 현장의 슬라이드였다. 각 클립은 깔끔하게 배치되었고, 해부는 정확하게 실행되었으며 분명히 불필요한 티슈 전달이나 출혈은 없었다. 사실 기술적으로는 완벽한 절차였다.

유일한 문제는 다른 조직을 수술했다는 것이다. 외과의는 담낭과 붙어있는 총담관을 절제한 것이다. 이것은 재수술이 필요한 치명적인 오류이며 심각한 기능부전과 사망으로 이어진다.

Non-Technical Skills for Surgery Course(Safer Operative Surgery)

Royal College of Surgeons of Edinburgh(2006)(Flin et al., 2007 참조)

1.5 책의 개요

안전한 운용을 위한 비기술적 역량의 주요구분은 표 1.2에 나와 있다. 이것은 확정

1) Helmreich et al.'s(2003) observational LOSA system's one exception, 제11장 참조.

적이거나 종합적 목록을 의도한 것은 아니지만, 다양한 조직으로부터 CRM 과정과 비기술적 역량의 분류로부터 공통적인 카테고리로 선택되었다. 따라서 이 구분과 구성요소는 NTS/CRM 훈련 및 평가시스템 중 전형적인 구성요소에 불과하다. 훈련 및 평가에 있어서 목표로 하는 비기술적 역량은 열차기관사, 외과의사, 소방관 또는 원자력발전소 제어실운용자 등 특정직업에 따라 적합하게 맞춰야 한다. 표 1.2 목록은 구성체계의 역할만 의도한 것이며, 제2장~제8장에서 각 역량 구분에 대해 더 자세히 설명되어 있다.

표 1.2 비기술적 역량의 주요구분 및 요소

구분	구성요소
상황인식 제2장	정보 수집 정보 해석 미래상태 예측
의사결정 제3장	문제 명시 차선책 비교 검토 차선책 선택 및 실행 결과 평가
의사소통 제4장	간단명료한 정보 전송 정보교환 중 배경과 의도 포함 정보수신, 특히 경청 의사소통 장애요소 확인 및 해결
팀웍 제5장	타인 지원 충돌 해소 정보 교환 협조 활동
리더십 제6장	권한 이용 표준 유지 계획 및 우선순위 결정 작업량 및 자원 관리
스트레스관리 제7장	스트레스 증상 확인 스트레스 영향 인식 대응전략 실행
피로관리 제8장	피로증상 확인 피로영향 인식 대응전략 실행

특정한 직종과 종사하는 작업에 안전하고 효과적인 수행을 위해 요구되는 구체적인 비기술적 역량은 체계적인 검출과정에 의해 결정되어야 한다(이에 관한 내용은 제9장에서 서술한다). 비기술적 또는 CRM 훈련을 설계하기 위해 핵심적인 역량을 식별하면서, 다양한 필수직무에 대한 범용성 있는 역량의 구분(예: 의사결정)은 직업 간에도 유사하다는 것이 확실하다. 위험도가 높은 환경에서 팀 활동이 행해지는 업무에 있어서도 안전하고 효과적인 업무를 수행하기 위해서는 비슷한 행동이 이루어지기 때문이다.

위에 나열된 총 7장은 책의 제1부를 구성하며, 위험한 환경에서 팀의 일원으로써 움직이는 전문가에게 요구되는 비기술적 역량의 핵심에 대하여 기본적으로 서술하고, 안전하고 효과적인 작업을 위해 이것이 왜 중요한지를 설명한다. 먼저 제2장과 제3장에서는 두 가지 주요한 인지적 역량 – 상황인식 및 의사결정 – 과 관련하여 심리학의 기본을 설명한다. 그 다음 제4~6장에 걸쳐 의사소통, 팀웍 및 리더십과 같은 사회적 또는 대인관계 역량을 다룬다. 그 후 제7~8장에서 ‘개인 에너지와 감정적 자원’의 관리, 즉 스트레스와 피로의 정신생리학 및 그 요소가 업무수행에 미치는 영향을 다룬다. 마지막 두 주제인 스트레스와 피로는 CRM/NTS 훈련과정에 포함되지만, 이 요소의 역량이 종래에는 평가계획에 포함될 가능성이 낮았다. 이는 상황에 대처하지 못하는 것이 확실해졌다고 하여도 개인이 극심한 스트레스를 받거나 피로하지 않다면 관찰을 통해 확실하게 알아내기가 어렵기 때문이다. 각 장은 유사한 구조로 구성되어 있다.

- 무엇인가? – 역량 구분과 특정 구성요소에 대한 정의 및 서술
- 직무의 안전을 위해 왜 중요한가?
- 우리는 이것에 대해 무엇을 알고 있나?
- 우리는 이것에 대해 무엇을 할 수 있나?
- 요점은 무엇인가?

후반부 제9~11장에서는 비기술적 역량을 식별, 훈련, 평가하고 주로 항공규제기관으로부터 일부분 법적영향을 받는 보다 실질적인 측면을 다룬다. 제9장에서 훈련이나 인사선발을 위한 비기술적 역량의 기본절차를 설명한다. 제10장은 NTS 훈련이 어떻게 이루어지는지(CRM 프로그램 이용), 그리고 이러한 과정을 설계하고 평가하는 방

법을 서술한다. 제11장에서는 평가, 피드백 또는 감사를 위해 행동평가시스템을 이용하여 훈련 중인 역량이 현장에 어떻게 적응하는지를 설명한다. 이러한 시스템들 중, 유럽항공사를 위해 프로토 타입으로 설계된 NOTECHS 시스템, 마취과의사를 위한 ANTS, 외과의를 위한 NOTSS 등은 우리도 개발에 참여하였다. 이 책 후반부에 나오는 많은 자료는 비기술적 역량의 훈련 및 평가에서 최전선에 있다고 할 수 있는 민간항공분야의 연구 및 실제사례에서 도출해 낸 것들이다.

이 책이 안전하고 효과적인 작업을 유지하기 위한 비기술적 역량의 입문서가 되기를 바란다.

요점

- 현장에서 인적오류를 제거할 수는 없지만, 오류를 예방하고 최소화하며 완화하기 위한 노력을 기울일 수 있다.

- 비기술적 역량들(예: 의사결정, 팀 리더십, 의사소통)은 오류의 가능성과 부정적 상황의 위험을 줄임으로써, 결과적으로는 안전성과 효율성을 향상시킨다.
- 고위험 작업현장의 실수와 사고의 결과는 고비용이 될 수 있다.

references

Barnett, M., Gatfield, D. and Pekcan, C. (2006) Non-technical skills: the vital ingredient in world maritime technology? In *Proceedings of the International Conference on World Maritime Technology*. London: Institute of Marine Engineering, Science and Technology.

Beaty, D. (1995) *The Naked Pilot: The Human Factor in Aircraft Accidents*. Marlborough, Wiltshire: Airlife.

Bogner, M. (1994) *Human Error in Medicine*. Hillsdale, NJ: Lawrence Erlbaum.

CAA (2006) *Crew Resource Management (CRM) Training. Guidance for Flight Crew, CRM Instructors (CRMIs) and CRM Instructor-Examiners (CRMIEs).* CAP 737. Version 2. Gatwick: Civil Aviation Authority. www.caa.co.uk

Campbell, R. and Bagshaw, M. (2002) *Human Performance and Limitations in Aviation. (3rd ed.)* Oxford: Blackwell.

Cullen, D. (1990) *The Public Inquiry into the Piper Alpha Disaster* (Cm 1310). London: HMSO.

Flin, R. (2003) ‘Danger – Men at Work’. Management influence on safety. *Human Factors and Ergonomics in Manufacturing*, 13, 261-268.

Flin, R., Martin, L., Goeters, K., Hoermann, J., Amalberti, R., Valot, C. and Nijhuis, H. (2003) Development of the NOTECHS (Non-Technical Skills) system for assessing pilots’ CRM skills. *Human Factors and Aerospace Safety*, 3, 95-117.

Flin, R., O’Connor, P and Mearns, K. (2002) Crew Resource Management: Improving teamwork in high reliability industries. *Team Performance Management*, 8, 68-78.

Flin, R., Yule, S., Paterson-Brown, S., Maran, N., Rowley, D. and Youngson, G. (2007) Teaching surgeons about non-technical skills. *The Surgeon*, 5, 107-110.

Hampson, S. and Coleman, A. (1995) *Individual Differences and Personality*. London: Longman.

Helmreich, R. (2000) On error management: lessons from aviation. *British Medical Journal*, 320, 781-785.

Helmreich, R., Klinect, J. and Wilhelm, J. (2003) Managing threat and error: Data from line operations. In G. Edkins and P. Pfister (eds.) *Innovation and Consolidation in Aviation*. Aldershot: Ashgate.

Hetherington, C., Flin, R. and Mearns, K. (2006) Safety at sea. Human factors in shipping. *Journal of Safety Research*, 37, 401-411.

Hopkins, A. (2000) *Lessons from Longford*. Sydney: CCH.

Jensen, R. (1995) *Pilot Judgment and Crew Resource Management*. Aldershot: Ashgate.

Klein, G. (1998) *Sources of Power. How People Make Decisions*. Cambridge: MIT Press.

Macleod, N. (2005) *Building Safe Systems in Aviation. A CRM Developers Handbook.* Aldershot: Ashgate.

McAllister, B. (1997) *Crew Resource Management: Awareness, Cockpit Efficiency and Safety.* Shrewsbury: Airlife.

Munsterberg, H. (1913) *Psychology and Industrial Efficiency.* Boston: Houghton Mifflin.

Musson, D. and Helmreich, R. (2004) Team training and resource management in health care: Current issues and future directions. *Harvard Health Policy Review*, 5, 25-35.

NRC. Three Mile Island Special Inquiry Group (1980). Human Factors Evaluation of Control Room Design and Operator Performance at Three Mile Island-2, Volume 1 (Final Report NUREG/CR-1270-V-1). Washington, DC: US Department of Commerce.

Okray, R. and Lubnau, T. (2004) *Crew Resource Management for the Fire Service.* Tulsa: PennWell.

Reason, J. (1987). The Chernobyl errors. *Bulletin of the British Psychological Society*, 40, 201-206.

Reason, J. (1990) *Human Error.* Cambridge: Cambridge University Press.

Reason, J. (1997) *Managing the Risks of Organizational Accidents.* Aldershot: Ashgate.

Salas, E., Edens, E. and Bowers, C. (2001) (eds.) *Improving Teamwork in Organizations.* Mahwah, NJ: LEA.

Salas, E., Wilson, K., Burke, C., Wightman, D. and Howse, W. (2006) Crew resource management training research and practice: A review, lessons learned and needs. In R. Williges (ed.) *Review of Human Factors and Ergonomics, Volume 2.* Santa Monica, CA: Human Factors and Ergonomics Society.

Vincent, C. (2006) *Patient Safety.* London: Churchill Livingstone.

Wagenaar, W. and Groeneweg, J. (1987) Accidents at sea: multiple causes and impossible consequences. *International Journal of Man-Machine Studies*, 27, 587-598.

Walters, A. (2002) *Crew Resource Management is No Accident*. Wallingford, UK: Aries.

Weick, K. (1991) The vulnerable system: an analysis of the Tenerife air disaster. In P. Frost, L. Moore, M. Louis and C. Lundberg (eds.) *Reframing Organizational Culture*. London: Sage.

Wiener, E., Kanki, B. and Helmreich, R. (1993) (eds.) *Cockpit Resource Management*. San Diego: Academic Press.

Sources for Table 1.1 in chronological order of event

Three Mile Island – NRC. Three Mile Island Special Inquiry Group (1980). Human Factors Evaluation of Control Room Design and Operator Performance at Three Mile Island-2, Volume 1 (Final Report NUREG/CR-1270-V-1). Washington, DC: US Department of Commerce.

Chernobyl – International Nuclear Safety Advisory Group (1986) *Summary Report on the Post-Accident Review Meeting on the Chernobyl Accident.* Vienna: International Atomic Energy Authority.

Herald of Free Enterprise – Sheen (1987) *M.V. Herald of Free Enterprise. Report of Court No 8074. Department of Transport.* London: HMSO.

Hillsborough – Taylor. P. (1989) *The Hillsborough Stadium Disaster. Interim Report. Home Office.* London: HMSO.

Piper Alpha – Cullen, D. (1990) *The Public Inquiry into the Piper Alpha Disaster.* (Cm 1310). London: HMSO.

USS Vincennes – Fogarty, J. (1988) *Formal Investigation into the Circumstances Surrounding the Downing of Iran Air Flight 655 on 3rd July 1988.* Washington: Department of Defence. Released 1993.

Kegworth – AAIB (1990) *Report on the Accident to Boeing 737-400 G-OBME near Kegworth, Leicestershire on 8 January 1989. Aircraft Accident Report 4/90.* London: HMSO.

Scandinavian Star – Norwegian Public Reports (1981) *The Scandinavian Star Disaster of 7 April 1990.* Oslo: Ministry of Justice and Police (English translation).

Betsy Lehman – Doctor' orders killed cancer patient: Dana-Farber admits drug overdose caused death of Globe columnist, damage to second woman. *The Boston Globe.* March 23, 1995.

Channel Tunnel – Channel Tunnel Safety Authority (1997) *Inquiry into the Fire of*

Heavy Goods Vehicle Shuttle 7539 on 18 November 1996. London:CTSA.

Esso Longford – *Esso Longford Gas Plant Accident: Report of the Longford Royal Commission:* http://www.vgrs.vic.gov.au/public/longford.htm. Hopkins, A. (2000) *Lessons from Longford.* Sydney: CCH.

Graham Reeves – *The Times, January 13th 2004.* Royal College of Surgeons of England Report.

Wayne Jowett – Toft, B. (2001) *External Enquiry into the Adverse Incident that Occurred at the Queen' Medical Centre, Nottingham 4th January 2001.* London: Department of Health.

BP Texas City – *Investigation Report Refinery Explosion and Fire.* (March 2007) Washington: US Chemical Safety and Hazard Investigation Board.

Chapter 02

상황인식

2.1 소개

상황인식은 단순히 '주변에서 일어나는 일을 아는 것'으로 설명할 수 있다. 우리가 고려해야 할 첫 번째 인지역량이 상황인식이며, 다른 하나가 의사결정이다. 상황인식에 대한 가장 일반적인 정의는 Endsley(1995a: p. 36)가 제공했다. '시공간의 범위 내에서 환경요소의 지각, 그 의미를 이해하고 가까운 미래에 그 상태를 예측하는 것', 이 개념은 항공훈련 및 연구에 광범위하게 사용되어 왔으며, 항공승무원에 있어서 상황인식의 구체적인 정의는 이 역량의 핵심이 되는 구성요소를 보여 준다. '상황인식은 중요한 직무수행의 유지 및 상황예측과 관련된 역동적이고 다각적인 개념이다. 승무원들은 과거와 현재의 지식에 기초하여 미래의 상황을 예측해야 한다. 잠재적인 문제가 심각해지기 전에 수정될 수 있도록 개개인이 주변 환경을 감시하는 것이 중요하다'(Shrestha et al., 1995: p.52).

상황인식과 상황판단이라는 용어는 종종 동의어로 사용된다. 상황판단은 때로는 상태(State)로서의 상황인식을 달성하기 위한 과정으로 정의된다(Sarter and Woods, 1991). 이번 장에서 우리는 상황인식을 현장 조건이나 상황에 대한 인식을 구축하고 유지하기 위한 인지과정으로 정의한다. 제3장에서는 상황판단이라는 용어를 대응조치를 취하기 위해 현재 상황을 구체적이고 집중적으로 진단할 때 운용구축 면에서 의사결정의 첫 단계를 설명하기 위해 사용한다. 이것은 진행 중인 상황인식(즉, 감시)을 기반으로 하며 상황판단의 필요성은 대개 작업환경의 중대한 변화에 의해 유발된다.

본질적으로는 심리학자들이 지각(Perception) 또는 주의(Attention)라고 부르는 것이 상황인식이다. 이것은 환경을 지속적으로 감시하고 진행 상황을 파악하며 환경의 변화를 감지하는 것이다. 이것은 또한 의사결정과정의 첫 단계로서의 기능이다(제3장 참조). 상황인식을 위한 일반적인 요소는 표 2.1에 제시되어 있으며, 다음으로는 직장의 안전 면에서 상황인식의 중요성에 대한 논의가 된다. 다음 섹션은 두뇌가 어떻게 정보를 처리하는지 설명하고, 상황인식의 각 단계를 이해하기 위한 모델을 제시하며, 영향요인에 대해 설명하고 상황인식에 대한 훈련, 유지 및 평가에 관해 논의한다. 상황인식에 대한 참고도서는 Endsley and Garland(2000), Banbury and Tremblay(2004) 및 Tenney and Pugh(2006)을 참조 바란다.

표 2.1 상황인식의 구성요소

구분	구성요소
상황인식	정보 수집 정보 해석 향후 상황예측

2.2 상황인식과 안전

상황인식이라는 용어는 원래 군대에서 유래되었다. Gilson(1995)은 제1차 세계대전에서 '적이 인식하기 전에 적을 먼저 인식해야 한다'는 개념이 처음 등장했다고 한다. 최근의 상황인식에 관한 연구의 대부분은 군사적, 상업적으로 항공영역에서 모두 발전되었지만, 이 용어는 현재 마취과(Gaba et al., 1995), 원자력발전소 공정관리(Patrick and Belton, 2003) 및 비상대응(Okray and Lubnau, 2004)과 같은 다른 직종에서도 널리 채택되고 있다. 주의력 역량에 관한 관심이 높아지면서 컴퓨터 기반의 감시시스템, 자동화 제어프로세스, 지능형 시스템 등 인간과 그들이 조작하는 시스템과의 거리를 넓히는 기타 기술이 급속하게 발전했다. 따라서 현재의 직무 및 주변작업환경의 상태를 나타내는 훌륭한 '정신적 모델(머릿속 계획)'을 갖고 있는 작업자들, 예를 들어 제어실 감독관, 소방관, 마취과 의사들 같은 인간-오피레이디의 중요성이 인식되고 있다.

상황인식 문제가 연루된 사고는 멀리서 찾을 필요도 없다. 1986년 체르노빌과 1979년 Three Mile Island의 원자력 사고를 검토한 결과, 작업자가 시스템에 관한 잘못된 정신적 모델을 갖고 일하고 있었다는 결론을 내렸다. 다른 예로는 카페리 'Herald of Free Enterprise' 호 사고에서 갑판장은 자고 있었고 선수문을 닫지 않은 채로 출항했다. Hillsborough 축구장에서 일어난 압사 참사사고에서 경찰은 초기에 군중을 폭동으로 생각하고 진압했다. 또한 다른 부위를 수술한 외과의사 예도 있다.

175건의 항공사고에서는 상황인식의 부족이 주요한 원인으로 나타났다(Hartel et al., 1991). Endsley(1989b)는 1989~1992년 간 항공운송회사의 사고를 검토한 결과, 인적오류와 관련된 88%의 사고에서 상황인식이 주요 원인임을 알게 되었다. 여기에는 '제어된 항공기의 지표충돌사고' 도 포함되는데 이는 조종사들이 다른 위치에 있다고 생각하거나 안전한 고도에 있다고 생각했기 때문에 항공기가 지표(주로 산악지대)에 추락한 것이 포함된다. 1995년 12월, Columbia Cali 근처에서 보잉757기가 산에 추락해 159명이 사망했다. 음성녹음 분석결과, 잘못된 내비게이션 코드입력으로 인한 오류를 해결하려고 시도하는 동안 조종사가 산악지형과 관련하여 항공기 위치를 유지하는 것을 인식하지 못했다. 조종실 경보기가 지상근접 경고를 울렸지만, 산을 피해 항공기 고도를 높이기에는 이미 늦었다.

항공업계의 또 다른 상황인식 문제는 조종사가 항공기를 다른 비행장에 착륙시킨 경우이다. 주목할 만한 사건은 1995년, 미국 디트로이트에서 출발한 Northwest Airlines DC−10 항공은 원래 독일 프랑크푸르트 행이었는데, 벨기에 브뤼셀에 착륙했다. 이 사건은 관제사가 노선 내 컴퓨터의 비행계획과 목적지를 잘못 변경해서 일어난 일이다. ATC와 조종실 간의 후속적인 교류는 조종사의 잘못된 상황인식을 수정할 수 있었던 여러 번의 기회를 놓쳤다. [비행지도를 보고 있었던 일부 승객들은 항공기가 프랑크푸르트로 가는 것이 아니었음을 깨달았지만(Kegworth 사고와 동일, 사례 3.1 참조), 조종사에게 전달되지는 못했다.] 조종사는 항공기가 공항에 접근하면서 예상했던 공항의 모습과는 다르다는 것을 깨달았으며 분별하여 착륙을 시도했다(International Herald Tribune, 2005년 10월 2일, p. 1). 조종사의 유사한 상황인식 실패로 인한 Dismukes et al.(2007) and Dekker(2004)의 분석도 참조 바란다.

200명의 해양유전플랫폼 관리자들과 북해유전굴착장비 관리자들에게 해상사고의 주요 원인이 무엇이라고 생각하느냐는 질문에, 그들이 언급한 주요 요인은 집중력 문제라고 답했다. 그들은 '상황인식'이라는 용어를 사용하지는 않았지만, 가장 일반적인 대답은 상황인식의 실패였다. '일을 전체적으로 보지 않음', '부주의', '부적절한 계획', '부적절한 위험평가'(O'Dea and Flin, 1998), 때로는 이것을 '이해가 부족한 것(Out of the loop)'으로 묘사했다. 해양유전플랫폼 관리자들과의 인터뷰에서 문제에 대한 유사한 인식과, 상황인식에 영향을 미치는 요인에 대한 인식이라는 두 가지 문제가 나타났다. 332건의 굴착사고를 분석한 결과 135건이 현장작업자들의 집중력에 문제가 있었던 것으로 나타났다(Sneddon et al., 2006).

상황인식이 실패했을 때 시스템 운용자들은 다음과 같은 말로 진술했다.

'나는 미처 몰랐다...' '우리는 매우 놀랐다...'
'나는 알아채지 못했다...' '나는 다른 일을 하느라 바빴다...'
'나는 모르고 있었다...' '우리는 확신이 있었다...'

표 2.1의 각 요소에서 알 수 있듯이 이 인지능력은 주로 작업환경에서 정보를 수집하고 처리하여 저장된 기억을 사용하여 정보를 이해하는데 사용한다. 따라서 상황인식을 보다 자세하게 논의하기 전에, 인간 두뇌의 정보처리 시스템의 기본모델을 제시함으로써, 상황인식과 의사결정에 대한 인간의 기억이 갖고 있는 강점과 한계를 설명할 수 있다.

2.3 인간 두뇌의 정보처리

인간의 두뇌는 매우 정교한 정보처리장치의 기능을 한다. 종종 컴퓨터에 비유되지만, 예를 들어 빠른 계산과 같은 경우는 컴퓨터가 훨씬 더 효과적으로 할 수 있는가 하면, 다른 분야, 예를 들어 얼굴인식 같은 것은 두뇌가 훨씬 우수하다. 우리는 오감, 즉 시각, 청각, 촉각, 미각, 후각으로 주변의 정보를 수집한다. 두뇌가 한 번에 처리할 수 있는 정보가 너무 많아서 우리는 선택해서 처리한다. 선택은 환경에 따라 구동된다. 예를 들어, 갑작스러운 소음이나 빛의 변화는 우리의 시선을 끌지만, 과거의 경험에 유도되기도 한다. 우리가 기억 속에 저장한 정보, 즉 우리가 살아가는 세상에 대한 지식은 우리에게 어떤 의미가 있거나 중요하다는 것을 알기 때문에 환경의 특정 징후에 주의를 기울이게 된다.

이러한 선택적 주의(Attention)과정은 본질적으로 상황인식의 기초를 형성한다. 환경으로부터의 정보는 눈, 코, 귀, 입과 피부의 감각세포를 통해 물리적 또는 화학적 신호로서 우리의 인지시스템에 들어간다. 이것들은 감각신경을 통해 뇌로 전달되는 화학적인 메시지가 되어 뇌가 그것들을 해석하거나 기억한다.

기억시스템은 지난 40년 동안 심리학자들에 의해 광범위하게 연구되어왔다. 기억력과 기억기능에 관한 연구는 정보를 저장하고 처리하는 시스템에 관한 인지구조모델의 발전으로 이어졌다. 기억을 단순화한 관점에서 연관된 세 가지 시스템이 있다. 감각기억, 단기기억 또는 작업기억, 장기기억인데 각각의 내용을 간략하게 설명한다.

a. 감각기억(Sensory memory)

감각기억은 매우 짧은 시간동안 들어오는 정보를 유지한다. – 시각적으로 상징적 기억은 약 0.5초 동안 이미지를 유지하고, 음향 신호의 경우 에코는 약 2초 동안 이미지를 유지한다(Eysenck and Keane, 2005). 우리는 이러한 일시적인 저장에 대해 거의 알지 못하지만, 시각적 자극이 제거된 후에 이미지가 매우 짧게 지속되는 것을 느끼는 것이 감각기억이다. 우리는 이러한 정보저장에 대한 인식이 거의 없는 것 같지만, 지속효과로 인한 수신정보처리에 시간적 여유를 가질 수 있다.

b. 작업기억(Working memory)

상황인식 및 의사결정에서 더 중요한 것은 단기 또는 일반적으로 작업기억이라고 하는 두 번째 기억 저장소이다(그림 2.1 참조).

이것은 유명한 논문 '마법의 숫자 7'('The Magic Number 7, Plus or Minus Two' Miller, 1956)에 나타난 것처럼 평균 7비트 또는 정보 청크(Chunks)를 저장하는 제한된 용량 저장소이다. 개인의 작업기억 용량은 측정하기 쉽다 – 임의의 숫자 목록에서 기억할 수 있는 숫자의 수를 확인하기만 하면 된다. 그것들을 의미 있는 단위나 청크

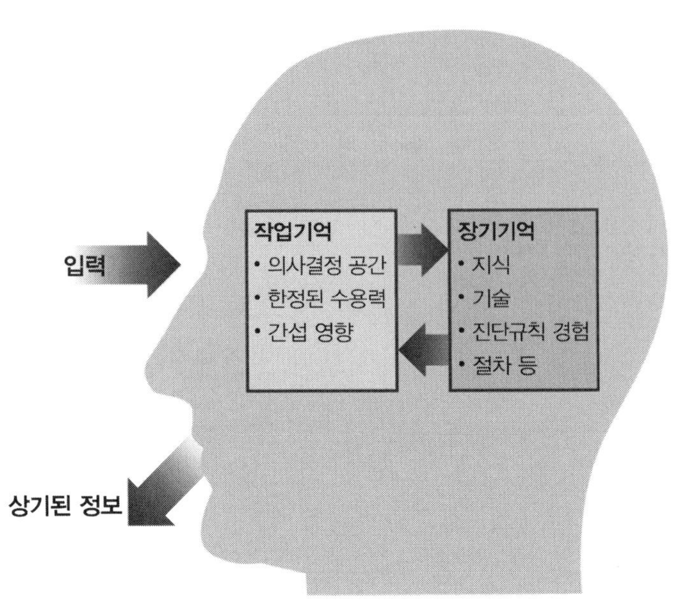

그림 2.1 작업기억 및 장기기억모델

와 결합한다면(예: 지역 전화번호나 날짜) 더 많은 것을 기억할 수 있다. 작업기억은 저장용량이 적을 뿐만 아니라 정보를 유지하는 것도 잘 못한다. 예를 들어 반복해서 기억하려는 숫자에 정신적 관심을 기울이지 않으면, 숫자는 기억에서 모두 사라질 것이다. 그래서 우리는 저장소의 정보를 쉽게 잃게 된다. 또한 우리가 혼란스러워하고 다른 것에 관심을 바꾸면 다시 이전 정보는 잃게 된다. 예를 들어, 전화하려고 조용한 장소를 찾아 이동 중에 긴 전화번호를 기억해야 한다면 걷는 동안 숫자를 외워야 한다. 누군가가 다가와서 인사하는 것으로 방해한다면 머릿속에서 외우던 것을 멈추게 되고 새로운 방해 정보가 외우던 숫자를 대체하게 되어 전화번호는 바로 잊게 된다.

작업기억에서 정보를 유지하는 능력은 안전이 필수적인 직무에 특히 중요하다. 제어실 운용자 또는 마취의가 일련의 단계를 통해 일하거나 조종사가 관제시스템으로부터 무선을 통해 얻은 허가(Clearance)를 기억하는 것은 작업기억을 사용하여 정보를 기억하는 것이다. 그들은 심리적 실습(Mental Rehearsal)을 통해 자신이 완료한 절차 또는 기억해야 할 허가 수준을 추적한다. 그들이 이 정보를 기억하는 데 주의를 집중하는 중에 산만하거나 방해를 받는다면, 그들은 어떤 단계를 완료했는지 또는 관제센터에서 어떤 경로를 주었는지 잊어버릴 것이다. 실제로 새로운 방해정보는 작업기억에 저장되어 있는 자료를 지운다. 작업기억에서 정보를 유지하는 시기와 방법을 아는 것이 상황인식의 핵심 요점이다. 주의산만은 아래에 더 자세히 설명된다.

전망기억(Prospective memory)(예: 지연 이후 미래의 특정시점에 수행해야 한다는 것을 기억하는 것)은 직무방해와 주의산만에 특히 취약하다. 1991년 로스앤젤레스 국제공항에서 있었던 사고는 항공관제사가 이륙 위치에서 대기지시를 한 직후, 이륙허가를 내지 않은 상태로 다른 항공기를 같은 활주로에 착륙하도록 지시한 사고였다. 관제사는 동시에 관리하고 있던 다른 항공기로 주의를 전환했기 때문에 첫 번째 비행기에 대한 필요한 조치를 잊어버린 것이다(Loft et al., 2003). Dieckmann et al.(2006)은 의대생들을 이용한 모의실험에서 73명이 나중에 일할 의도는 있었지만, 바쁜 근무상황 때문에 26%가 해당 직무를 수행하지 못한 것으로 나타났다.

전문가들은 직무(비행조정과 같은 신체적 기량)가 자동화되고 – 절차와 작업조치에 익숙해지면 장기기억에 저장된다. 그러면, 숙련된 직무에 대해서는 주목하지 않아도 되기 때문에 무선교신, 문제 진단과 같은 다른 작업을 할 수 있도록 작업기억이 자유로워진다. 그렇다고 하더라도 직무의 단계를 신중하게 생각할 필요가 없을 때는 나중에 논의하겠지만, 가정과 기대(Assumptions and Expectations)에 관련된 다른 문제가 발생할 수 있다.

2.4 장기기억(Long-term memory)

기억 중에 주 기억저장소는 장기기억이라고 한다. 우리가 살아오는 동안 습득하고 저장한 모든 종류의 정보를 저장하는 거대한 저장소이다. 이것은 우리가 경험한 상황의 개인적인 기억(에피소드 기억이라고도 한다)뿐만 아니라 지식 전체를 저장한다. 후자는 의미기억(Semantic memory)으로 알려져 있으며 우리가 좋아하는 것과 싫어하는 것, 우리가 말하는 언어, 운전, 수영, 피아노 연주, 컴퓨터 조작, 우리가 살아가는 세상에 대해 알고 있는 모든 것을 어떻게 행하는지를 포함한다. 모든 순간에 우리는 현재의 활동에 따른 기억의 활성화 수준에 대응하여 이 기억 중 아주 작은 일부만 사용한다.

상황인식에 있어서 장기기억에 저장된 정보를 검색하고 일부는 작업기억으로 옮겨지며, 다른 관련지식은 더 높은 수준의 가능성으로 이동할 수 있다. 특정 유형의 정보, 예를 들어 정보가 익숙하거나 최근에 있었던 일이거나 특이한 상황, 두드러지거나 특별히 개인적으로 관심이 있는 것인 경우와 같은 것들은 기억에서 찾아내기 쉽다. 상황인식 기억의 역할에 대한 심층 분석은 Endsley and Garland(2000); Sarter and Woods(1991); Banbury and Tremblay(2004)를 참조 바란다. 인간의 지각과 기억 체계에 대한 보다 상세한 설명은 Baddeley(2004) 또는 Eysenck and Keane(2005)에서 찾아볼 수 있다.

2.5 상황인식의 모델

'상황인식'이 기본적인 인지과정의 메커니즘이나 모델의 관점에서 실제로 무엇을 의미하는지는 학계에서도 논쟁이 있다(Banbury and Tremblay, 2004; Dekker, 2004; Sarter and Woods, 1991). 이 논쟁은 심리학자들의 관심을 끌었지만, 실무자들에게는 흥미가 덜하다. 그들은 상황인식이라는 용어를 열정을 가지고 받아들인 것처럼 보이는데, 이것이 직무에 대한 실용적인 중요성을 갖고 있는 것으로 인식하기 때문이다.

여기에 제시된 설명은 상황인식모델 중 가장 잘 알려지고 널리 쓰이는 것을 나타내며

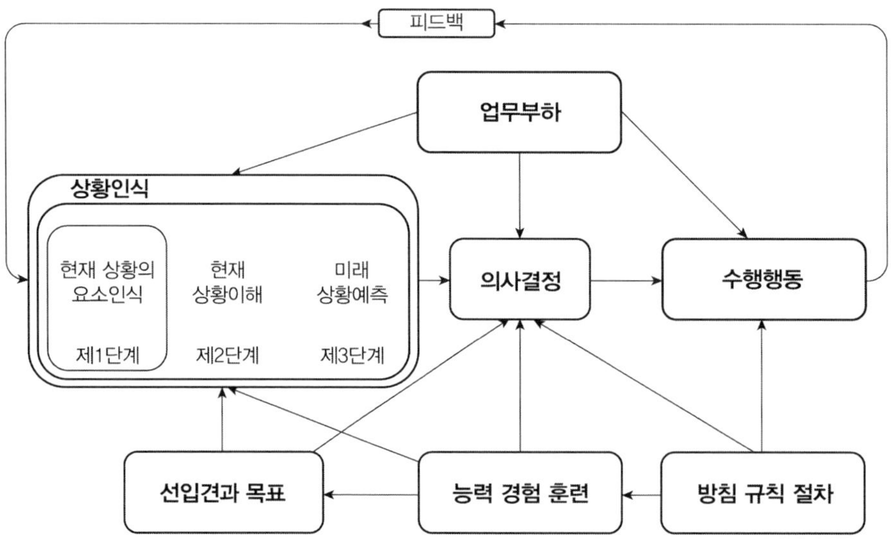

그림 2.2 상황인식 모델(Endsley, 1995, p. 35)

엔지니어링과 심리학을 전공한 Mica Endsley가 개발하였다. 그녀가 만든 상황인식 모델은 표 2.1에 표시된 세 가지 기술요소에 대응하는 세 가지 구성단계 또는 수준(그림 2.2 참조)이 있다.

또한 이 모델은 상황에 대응한 행동의 의사결정에, 상황인식이 영향을 미친다는 것을 보여준다. 선입견과 기대, 경험과 업무부하 같이, 상황인식에 영향을 줄 수 있는 몇 가지 다른 요인이 있는데, 이 내용은 이 장의 뒷부분에서 논의한다. 제1장에서 언급한 바와 같이, 직장에서의 결정과 행동은 조직의 규칙과 문화적 요소에 의해 영향을 받는다. 상황인식의 세 단계('무엇이(What)?', '그래서 무엇을(So what)?', '이제는 어떻게(Now what)?'와 같이 표현되기도 한다)는 다음 섹션에서 논의된다.

제1단계: 정보 수집

Endsley는 첫 번째 단계를 '현재 상황의 요소인식'이라고 했다. 예를 들어 자동차의 주행상황에서는 도로조건, 교통상황, 보행자, 차량속도 등에 주의하는 것을 의미한다. 작업장에서는 장비, 컴퓨터 스크린, 기계상태, 기상상태, 동료의 행동과 같은 시각적 정보에 주의를 끌 수 있고 알람소리, 동료의 대화, 장비소음, 배경잡음과 같은 청각적 정보에 주의가 끌릴 수 있다. 또한 일부 작업에서는 촉각 정보, 외과의가 내장조직의 상태 또는 바늘의 장력을 검사하는 것, 기계기술자가 열, 중량, 재료 유연성 등을 검사하는 것에 주의를 기울이는 것을 말한다.

근본적으로 작업자는 주변의 세계로부터 정보를 수집하여 작업환경의 상태와 관여하고 있는 직무의 진척상황을 모니터링 한다. 응급서비스 담당자는 사례 2.1에서처럼 이러한 지각 역량에 크게 의존한다.

사례 2.1 | 소방활동의 '상황평가(Size-up)'

소방관에게는 화재가 발생할 때마다 '청취하고 관찰하는(Tune in and Observe)' 필수기능에 자신을 훈련시키는 것이 중요하다. 소방차가 출동하여 소화전을 찾을 때 그들이 무엇을 말하려 하는지 주변의 군중심리를 읽는다. 불이 뒤편에서 났을지 모른다. 그들은 공포상태에 있는가? 가능하면 멀리서 구조물을 훑어보고 도로에 보이는 모든 얼굴을 스캔하여 화재의 징조를 찾는다. 지붕으로 진입은 어떤가? 어떤 유형의 구조인가? 건물이 비정상적인 위험을 초래할 가능성은 있는가? 보이지 않는 장소에서 발생하고 있는 엷은 연무가 보이는가? 후각으로 곧 알아낼 수 있는가!... 당신의 감각은 행동할 준비가 되었다. 이 단계에서 정보가 많으면 많을수록 필요한 조치를 신속하게 취할 때 더욱 효과적일 것이다. 이 모든 것을 소방차에서 건물로 걸어가는 동안 생각해야 한다.(Grimwood, 1992 : p. 241)

상황을 정확하게 평가하는데 필요한 정보를 인식하지 못하는 데는 여러 가지 이유가 있다. Endsley(1995a)는 제1단계 상황인식과 관련된 다음과 같은 정보수집 오류를 지적했다.

- 데이터를 사용할 수 없다.
- 데이터를 검출/지각하기 어렵다.
- 데이터 탐색 또는 관찰 실패
- 데이터 오인

이러한 유형의 예는 많다. 주의의 범위를 좁히는 것을 때로는 터널 비전이나 고착오류(Fixation error) 또는 지각 세트(Perceptual set)라고 한다. 이는 우리가 한 요소에 너무나 집중하여 아무리 핵심적이고 중요한 것이라도, 다른 신호에 주의를 기울이지 못한 상황을 말한다. 이것은 항공분야에 두 건의 사고 예가 있으며, 이러한 사고는 조종사의 CRM 훈련을 도입하는 계기가 되었다(Kayten, 1993 참조). 1972년 이스턴 항공 L－1011 항공기가 Florida Everglades에 추락했다. 조종사 3명은 랜딩기어의 표시등이 왜 켜지지 않는지에 너무 집중하느라 누군가의 실수로 자동조종장치에 부딪쳐 일정고도 유지기능이 해제된 사실을 알아차리지 못했다. 6년 후인 1978년 United Airlines DC-8이 오레곤주 포틀랜드에서 공항부근의 무선표식 상공에서 한 시간 동안 선회 대기하다 추락했다. 조종사가 착륙장치 문제를 해결하고 비상착륙을 준비하는 동안 항공기 연료를 다 써버렸던 것이다. 의료분야에서는 마취 전문의가 환자에게 삽관에 너무 집중하여 환자의 뇌가 산소부족상황으로 상당한 시간이 지난 것을 알아차리지 못했다. 위에서 보여준 것처럼, 우리는 다른 직무의 생각 때문에 바쁘고 산만해져서 중대한 상황변화의 모니터링을 소홀히 하게 되다. 아래의 사례 2.2는 런던에서 발생한 폭동을 지휘한 경찰관 사례이다.

사례 2.2 | 경찰관의 상황인식

우리는 AllSaints 도로에 다다랐다. 이것이 실수였다. 왜냐하면... 우리는 갑자기 차에 투석하며 습격을 시작한 50여명의 군중과 마주쳤다. 이 상황을 어떻게 대처할 것인지, 그리고 Hole 경위가 맡은 루트에 주의하기 위해 '거리의 파수꾼들'에게는 무슨 말을 할 것인지를 생각하는데 너무 몰두해 있었다.(Notting Hill riot, Moore, 2002: p. 74)

놀랍게도 심리학자들은 인간의 지각력과 기억시스템의 오류 가능성이 쉽게 설명할 수 있다는 것을 발견했다. 특히 동적으로 변하는 환경에 있어서 변화를 알아차리지 못하는 현상이 있다. 결국 관찰자는 동일한 이미지에 핵심 요소가 변경되었음을 알아차리지 못한다. '보이지 않는 고릴라(Gorillas in our midst)'라는 제목의 '지속적 주의의 맹점(Sustained attentional blindness)'에 대한 연구에서 관찰자는 농구경기(실험실에서 촬영된)를 보고, 흰색 또는 반대팀인 검은색 옷을 보고 패스의 수를 세도록 요청했다. 게임도중 고릴라 옷을 입은 남자가 경기장을 가로질렀다. 대부분의 관찰자들은 공의 움직임에 몰두해 있었기 때문에 고릴라가 지나갔다는 것을 전혀 눈치 채지 못했다(Simons and Chabris, 1999). 외과의사나 조종사를 포함한 많은 전문가 그룹에서도 동일한 효과를 발견했다. 이 비디오는 일부 군 항공조종사들에게 너무 깊이 뿌리박혀 있어서 비행 전 설명회에서 '고릴라를 조심하라'고 한다. 고릴라 연구를 고안한 연구원들은 또한 시각적 인식의 약점을 보여주기 위해 다양한 비디오를 제작했다(이 장의 마지막 웹 사이트 참조).

현재 행하고 있는 직무와 관련된 정보를 수집하는 것을 중단했을 때 우리는 현재의 상황인식 또는 주의를 하기 위해 어느 정도 자기감시(Self-monitoring)를 하는 것으로 보인다. 이 책을 읽어 나가다 갑자기 마지막 3개 단락 중 어느 것 하나라도 이해하지 못했다는 것을 깨달았다면, 정신이 산만해졌을 뿐만 아니라 일종의 감시기능이 가동했다는 것이다. Smallwood와 Schooler(2006)는 마음의 표류(Mind wandering)에 대해 연구해 왔고 이를 '주의의 붕괴(zoning out)'라고도 한다. 이것은 전형적으로 우리의 마음이 지금 행하고 있는 직무를 벗어나 '일과는 상관없는 내면의 생각, 공상, 감정 그리고 다른 사색을 하는 경우'이다(p. 946). 이것은 또한 백일몽이라고도 하며 매우 일반적인 경험이다. 이것은 산만한 형태이지만 주의가 다른 외부의 자극보다 내부의 생각으로 옮겨간 것이다. 현재까지 '마음의 표류'는 실험실에서 주로 연구되어 왔지만 일정기간 동안의 집중된 주의를 필요로 하는 제어실 운용자나 마취의의 경우 안전과 밀접한 관계가 있다는 것을 고려해볼 때 추가 연구가 필요한 영역이다.

제2단계: 수집한 정보의 해석

상황인식의 두 번째 단계인 '현재 정보의 해석'에서는 무슨 일이 일어나고 있는지, 그리고 수집된 징후의 중요성을 이해하기 위해 현재의 상황을 타당하게 만들고 수집된 정보를 처리해야 한다. 만약 운전 중 앞차가 갑자기 브레이크를 밟고, 보행자들은 무언가를 보려고 멈추고, 사이렌 소리가 들린다면 앞에서 교통사고가 발생했다는 결론에 이를 것이다. 징후들의 조합 해석은 장기기억에 저장된 지식에 기초하는데 정보의 어떤 패턴이 응답 종류를 결정하고, 예를 들어 앞차에서 브레이크 등이 켜지면 나도 속도를 줄이고 멈춰야 한다는 것과 같은 것이다. 인간은 패턴매칭에 매우 능숙하므로 이 과정은 약간의 의식 과정(즉, 작업기억의 제한된 이용)만으로 매우 신속하게 처리되기 때문에 전문가에게는 자동적으로 느껴진다. 그러나 정보에 대한 우리의 해석은 사전 정보, 문맥 및 기타 요소에 의해 쉽게 왜곡될 수 있다. 착시의 감수성에 대한 많은 예가 있으며(Eysenck and Keane, 2005 참조), 지각에 대한 이러한 측면을 가르칠 때는 쉽게 입증할 수 있다.

실제 작업환경에서 숙련된 운용자는 제어판, 기기 판독, 레이더 플로트, 감시장비, 수술부위 상태 또는 재무 스프레드시트 등의 정보흐름을 인식하고 이해하는 방법을 신속하게 배운다. 이러한 분류와 이해의 과정은 '정신적 모델'이라고 불리는 지식구조(또는 'Schema')에 의해 촉진되며, 기억에 저장되고, 징후와 의미의 특정한 조합을 나타낸다. 이것은 특정 도시 또는 공항 활주로 배치, 사고 시 대응하는 조직계획 또는 장치구조(예: 냉각시스템의 구성부품 및 관련기능), 일련의 작업행위 순서 또는 행동 대응(예: 슈퍼마켓 계산대에서 일반적으로 발생하는 점원의 일) 등의 정신적 지도(Mental map)일 수 있다. 이 지식구조는 이전에 발생한 구체적이고 상세한 모든 표현이 아닌 사물이나 상황분류의 일반화된 원형이다. 아래에 있는 사례 2.3의 예는 마취의사가 문제를 인식하기 위해(가령, 진단할 때) 얼마나 다양한 징후의 조합을 이용하는지 보여준다.

사례 2.3 | 마취문제의 인식

모의실험에서 19세 환자는 일반적 마취하에 무릎 관절경 검사를 실행하고 있었다. 마취유도 시 입을 열 때 약간의 어려움이 있었다(예민한 징후). 그러나 호흡관을 삽입하는 데 어려움은 없었다. 그후 심박수가 증가하고 정상적 조치에 반응하지 않았다. 떨어지던 이산화탄소 수준은 약간 증가하고 체온 또한 올랐다. 마취의는 마취제에 의해 유발되는 치명적인 신진대사 이상인 악성고열병이라는 추정진단을 내렸다. 그는 정맥 및 동맥류 가스샘플을 채취했고 진단을 확인한 다음 생명위기에 대한 적극적인 치료를 시작하기 위해 도움을 요청했다. 특수약물을 사용한 조기치료로 생명을 위협할 수도 있었던 응급상황은 해결되었다. (Gaba et al., 1995: p. 24)

초보자는 대부분 정신적 모델을 갖고 있지 않으며, 갖고 있다고 해도 경험이 많지 않으므로 체계적인 분석과 가능한 해석을 해봄으로써 징후의 패턴을 이해하는데 더 많은 시간과 정신적 에너지를 투자해야 한다. 새로운 상황에 직면한 숙련된 전문가들도 역시 상당한 정신적 노력(작업기억에 많은 부담을 주는 과정)을 사용하여 상황을 해석해야 한다.

결과적으로 정신모델은 주어진 상황의 특성에 대한 기대치를 만든다. 개개인이 자신이 종사하는 분야의 정신모델 저장소를 가지고 있을 때, 인지된 이전 상황과 현재의 상황이 정확하게 일치할 필요는 없지만 유형을 분류하기에 충분한 특징은 나타나야 한다. Endsley(1997)는 이러한 정신적 모델은 다음과 같은 내용을 제공한다고 설명한다. 'a) 중요한 징후에 대한 주의의 동적 방향, b) 모델의 예측 메커니즘을 기반으로 환경의 미래상태에 대한 기대(예측 가능한 것과 예측 불가능한 것 포함) [아래 참조], c) 인지된 상황 분류와 전형적인 행동 간 직접적인 단일스텝 연결'(p. 275).

1994년 이라크 북부지역에서 발생한 아군 공격사건은 2대의 미국 전투기가 평화유지군 26명을 태운 미국 Black Hawk 헬기 2대를 실수로 격추한 사건은 지각에 대한 기대효과를 보여준다. Snook(2000)에 따르면 'F-15기 조종사들의 눈에는 그들이 실제로 봤던(예: 적기인 Hind형 헬기) 것이 영향을 미쳐 시각적으로 스쳐 지나갔을 것임이 분명하다.' 그중 한 명의 조종사 말에 의하면 '그 헬기를 봤을 때 Hind기 임을 전혀 의심하지 않았다. 그것을 봤을 때 그것이 Black Hawk일 거라고는 상상조차 하지 않았다'라고 했다(p. 80).

주어진 과제 또는 상황에 대한 정신적 모델은 경험뿐만 아니라 주어진 모든 사전정보로부터 형성된다. 많은 작업장에서 작업시작 전 업무에 대한 사전 브리핑을 하는데 그래야 관련된 사람들은 무엇을 해야 할지, 각 작업을 수행할 사람이 누구인지, 위험 요소가 무엇인지 그리고 그것들을 어떻게 하면 최소화하거나 어떻게 관리하는지를 명확히 알아야 한다. 물론 이것이 일반적으로는 좋은 생각이지만, 만약 브리핑이 정확하지 않으면 사례 2.4에서 런던의 소방대원이 설명했듯이 잘못된 정신모델이 작동한다.

사례 2.4 | 과제를 앞둔 소방관의 기대

우리는 호출현장으로 가는 중이었고 긴급중앙관제소에서는 우리가 '자동차 화재'(고의적 방화) 현장으로 간다고 알려주었다. 현장에 가까워지면서 어떻게 대응할 것인지에 관해 논의하고 있었는데, 예상하지 못했던 몇 가지 징후를 발견했다. 그 상황을 구경하는 사람들이 예상보다 많았으며, 보통의 자동차 화재보다 연기가 훨씬 많았고 현장은 파손된 자동차를 구경하는 현장보다 더 시끄러웠다. 우리는 도대체 어떤 '자동차 화재'이며 어떻게 대처해야 하는지를 생각했는데, 실제로 이것은 완전히 다른 종류의 상황이었음을 깨닫기 시작했다 – 실제 우리가 대처해야 하는 현장은 폭탄이 폭발한 것이었다.

잘못된 정보로 인해 이들은 잘못된 정신적 모델을 활성화시켜 작동했던 것이다. 그래서 그들은 현장에 보이는 정보를 수집하기 시작했다. 긴급중앙관제소는 첫 번째 응답자 또는 일반인이 제공한 정보에만 의존할 수밖에 없다. 부정확한 정보일 경우, 대응 소방관에게 한 브리핑은 잘못된 정신적 모델로 인한 부적절한 예상을 생성하게 된다(사례 2.5).

사례 2.5 | 경찰 총기사건

1999년 9월 22일 런던의 무장경관은 총을 든 아일랜드인에 대한 신고를 처리하기 위해 출동했다. 경관들은 이 남자와 대면했을 때, 그가 생명을 위협하는 것이라 오인하고 그를 사살했다. 사실 그는 스코틀랜드 출신인 Harry Stanley였으며, 테이블 다리를 들고 있었다(Independent Police Complaints Commission, 2006).

2005년 7월 22일, 런던에서 무슬림 테러리스트들의 4차례 자살 폭탄테러 공격직후, 경찰은 실수로 무고한 브라질인인 Charles de Menezes를 또 다른 자살 폭탄테러리스트라는 신고를 받고 출동해 지하철에서 그를 사살했다(Crown Prosecution Service, 2006).

결국 정신모델이 새로운 정보의 선택과 해석을 지시하는 효과적인 방법이긴 하지만, 잘못된 모델이 활성화되거나 생성되면 문제가 발생한다. 위에 언급한 바와 같이, 주요 위험 중 하나는 확증편향인데, 이는 모델이 실제 현재의 상황과 맞지 않지만 새로 들어오는 정보를 자신의 모델에 맞추어 해석하게 된다('사실을 왜곡'해서 끼워 맞춘다). 부당성을 증명하는 징후는 무시되거나 거절되거나 논의되지 않는다. 항공심리학자인 Roger Green은 흐린 날씨에 나이로비로 향하는 보잉 747기의 조종사가 고도를 7,500피트로 낮추라고 관제사가 요청했을 때 첫 부분 숫자를 듣지 못한 사례를 언급했다. 그들은 고도를 500피트로 낮추라는 것이 분명 틀렸다는 것을 알았지만 관제사에게 확인하지 않고 5,000피트일 거라는 결론을 내렸다. 나이로비는 해발 5,300피트에 있는데, Green은 '그렇다면 이 시점에 비행기는 지하로 향하고 있었다'고 말한다. 경보는 항공기가 구름을 뚫고 나와 조종사가 새로운 시각적 신호를 받았을 때 겨우 울렸고, 갑자기 실수를 깨달은 조종사는 고도를 바로잡았다(BBC Horison, 1984).

그들이 생각하는 곳이 아닌, 다른 곳에 있을 수 있는 것은 조종사들만이 아니다. 엔지니어와 기술자들은 사실은 가까운 곳에서 작업을 하고 있음에도 그들이 특정 구조물에서 작업하고 있다고 믿는 사고가 발생할 수 있다. 다시 말하면, 이러한 경우, 초기의 해석이 강하게 보이는 정보에 편견이 있을 수 있고 추정되는 정신적 모델과 일치하는 않는 징후는 무시된다. 의료분야에서 담낭수술이 상황인식의 실수로 담관을 절단하여 간 기능장애를 유발할 수 있다(사례 1.2 참조). Way et al.,(2003)은 '시각적 인지, 판단 및 인적 오류'의 원칙에 따라 252건의 복강경 담관손상을 분석한 결과, 외과 의사의 잘못된 판단(즉, 빈약한 상황인식)에서 주로 발생함을 발견했다.

Endsley(1995a)는 현재 우리가 경험하고 있는 상황을 이해하지 못하는 이유가 몇 가지 있을 수 있음을 시사했다.

- 정신모델 결여/빈약한 정신모델
- 부정확한 정신모델 이용
- 모델의 기본 값에 대한 과도한 의존
- 기억실패

경험을 쌓으면 개인은 수년간의 업무를 통해 상황과 업무에 대한 보다 풍부한 정신모델을 갖고 있다. 제2단계 '해석'의 일부는 상황 중의 위험 수준에 대한 평가도 포함한다. 조종사들의 위험인식에 관한 연구에서 기장들은 경험이 적은 부기장과 비교하여 위험판단을 내리는 데 다른 징후를 사용한다는 사실을 발견했다(Orasanu and Fischer, 1997). Thomson et al.(2004)은 또한 경험이 많은 군 조종사와 경험이 적은 조종사 간에 실시한 상황 위험평가에서 '정확성'의 차이를 발견했다. 전문가들이 더 풍부한 정신적 모델을 가지고 결과적으로 어떤 징후가 유익한지 알고 있다. 이 발견은 놀라운 일은 아니지만 전문가들이 이러한 판단을 내리는데 사용하는 징후를 식별하게 되면 초보자가 더욱 신속하고 정확하게 위험평가를 하는데 도움이 될 수 있기 때문이다.

제3단계: 미래상태 예측

'미래상태의 예측'으로 불리는 상황인식의 세 번째 단계는 제2단계를 기반으로 하며 다음에 무엇이 일어날 것인지 생각하는 것을 의미한다. 상황을 이해하고, 그것이 무엇을 의미하는지 이해한 다음 과거경험을 이용해서 저장된 지식을 사용하면, 그 상황이 앞으로 어떻게 전개될 것인지에 대해 미리 생각할 수 있다. Sarter and Woods(1991)는 이것을 '미래의 시스템 상태의 정신적 시뮬레이션과 갑작스러움을 없애기 위한 행동'이라고 서술했다. 한편으로는 결과의 기대감은 더 쉽게 주의를 기울이고, 적절한 주의를 기울이도록 할 수 있기 때문에 인식을 용이하게 한다. 반면에, 예기치 못한 것은 무시하거나 잘못 해석할 가능성도 있다'(p. 51). 예를 들어, 운전 중 전방에 사고가 발생했다면, 자동차가 움직일 수 없다는 것을 알게 된다. 그래서 옆길로 재빨리 들어가지 못한다면 그 대열에 끼인 채 1시간 이상 또는 더 오래 걸릴 가능성이 크다. 방어적인 운전은 현재의 위치보다 앞서 위협적인 상황이 전개되고 있음을 나타내는 징후에 대해 지속적인 주의를 기울여야 한다.

상황이 지속적으로 변화하는 역동적인 근무환경에서 상황인식의 이러한 예측단계는 매우 중요해서 때로는 '곡선길의 전방주의(Being ahead of the curve)'라고 한다. 조종사는 '비행기보다 앞에 있다'고 한다. 실제로 제트기조종사들에게, '현재 당신의 위치를 안다는 것은 너무 늦었다. 벌써 5마일이나 지났기 때문이다'라고 가르친다. 위험한 업무를 안전하게 수행하려면 작업자는 현재 상태보다 앞서 생각할 수 있어야 한다.

사례 2.6 | 해양석유시추: 유전 예측

해양석유 및 가스탐사의 경우, 특히 새로운 장소에서 작업 시 시추팀은 현재의 조건을 지속적으로 검토하고 미래의 조건을 예측하려 한다. '저장층에 다다르니, 예상보다 높은 압력을 받았다. 현재의 진흙층 중량계산에 대한 해결은 압력요인에 있을 수 있고, 만약 그것을 이해할 수 있다면 해결책을 제시할 수 있을 것이다. 또한 미리 예측하여 이것이 무엇을 의미하는지 파악하려했다. 가령, 이것이 2,000m의 상황이라면 2,500m에 이르면 어떤 영향을 받을까? 원래의 계획으로 돌아가거나 전혀 새로운 계획을 세울 것인가?'

외과의사는 상황인식, 특히 '예측'을 중시한다. 표 2.2는 수술하기 어려운 사례를 서술하는 지도의 와의 인터뷰에서 상황인식의 세 단계와 관련된 예를 보여준다(Flin et al., 2007).

표 2.2 외과의사의 상황인식 사례

상황판단	지도의 의견
인식(SA 1단계)	'뼈는 매우 부드러웠다.' '척수액이 계속 나왔다.' '면봉을 제거하자 피가 쏟아졌다.'
이해(SA 2단계)	'환자가 혈액 응고장애가 있다고 생각했다.' '수술 시작한 지 2시간이 지났는데 우리는 아직도 엑스레이를 검토 중이었고 결국 수술을 포기했다.' '상황을 우려하여, 우리는 ... 결정했다.'
예측(SA 3단계)	'우리가 피하려 하는 것은...' '척추관 막의 구멍을 치료하는 것은 기술적으로 매우 어려울 것이라는 결정을 내렸다.'

지도의는 연수의들에게 특정 행위나 개입으로 인한 효과를 예측할 수 있어야 한다고 훈련한다. 그들은 연수과정 중에 각 단계의 결과와 위험요소를 고려해야 하며 필요에 따른 대응책을 생각해 두어야 한다. 연수의의 상황인식 실패는 정신모델이 결여되었거나 부적절한 정신모델, 또는 현재 상황에 대한 앞날을 미리 생각하지 않아서 발생한다.

Jones and Endsley(1996)는 143건의 항공사고를 조사한 결과 조종사와 관제사에게 어떤 단계의 상황인식 실패가 있었는지 확인했다. 사고의 78%가 상황을 이해하는 데 필요한 정보가 없는 제1단계와 관련된 것임을 발견했다. 또한 가장 일반적인 제1단계 오류는 검색실패였다(모든 SA오류의 35%, Jones and Endsley, 1996). 모든 정보를 수집했을 때 발생한 문제가 훨씬 적었지만(17%) 잘못 이해한 경우가 있었고, 상황을 올바르게 인식한 후 예측에 실패한 경우는 5%에 불과했다. Sneddon et al.(2006)은 해양 시추 굴착장치에 대한 135건의 사고보고서를 조사한 결과 67%가 1단계 SA 실패에 해당한 것으로 나타났다(이것은 이해력과 예측의 실패보다 선례를 회상하기가 더 쉽다고 주장할 수 있다).

여러분이나 동료 또는 팀 전체가 올바른 상황인식 능력을 '상실'할 가능성이 있음을 나타내는 일반적인 '징후'는 다음과 같다(CAA, 2006; Okray and Lubnau, 2004).

- 애매함 : 둘 이상의 정보원에서 나온 정보가 일치하지 않음
- 고집 : 다른 모든 것을 배제하고 한 가지에만 집중
- 혼란 : 상황에 대한 불확실성 또는 당황(종종 불안이나 심리적 불쾌감 동반)
- 필요한 정보 부족
- 중요한 직무유지 실패(예: 비행 중 지속적인 연료 모니터링)
- 특정 점검사항 또는 목표달성 실패
- 갈등해소 실패 : 모순된 자료, 개인적 갈등
- 상황이 매우 옳지 않다는 직감

2.6 상황인식에 영향을 미치는 요인

상황인식은 근본적으로 의식 집중이나 주의의 수준에 관한 것이며, 이러한 인지능력에 영향을 미칠 수 있는 요인에 대한 좋은 증거가 있는데, 그중 일부가 그림 2.2에 나와 있다. 각 개인은 새로운 정보를 수집하고 정신적 인식을 유지할 수 있는 일정한 용량을 갖고 있다(용량은 조건에 따라 달라질 수 있다). 이것을 물병과 같은 용기에 비유할 수 있다. 현재 정보는 액체로 표시되었다. 물병이 가득 차지 않았다면 여전히 들어오는 정보(더 많은 액체)를 관리할 수 있다. 그러나 물병이 가득 차 있다면, 기존 액체를 제거하거나 덜어내지 않는 한 새 액체를 추가할 수 없다. 위험한 환경에서

그림 2.3 상황인식 용량을 나타내는 물병. 액체는 정보 및 현재의 정신적 부하를 나타낸다.

작업자들에게 이상적인 정신상태는 작업자들이 갑자기 증가하는 정보의 양에 대처해야 할 경우를 대비하여 여력(Spare capacity)을 남겨두는 것이다. 그림 2.3에 나타낸 이미지 유형은 이러한 비유를 표현하기 위해 상황인식 훈련에 가끔 인용되기도 한다.

피로와 스트레스는 상황인식의 질을 떨어뜨릴 수 있다는 것은 잘 알려져 있다. 우리가 피곤할 때, 인지능력과 새로운 정보 처리능력은 감소할 수 있다(즉 더 작은 물병이 된다). 피로(제8장)는 환경의 새로운 징후에 주의하고 의식에 대한 정보를 유지하는 것에서 주의력을 감소시키는 것으로 나타났다. 피로와 관련된 사고(선박 좌초, 충돌)는 주로 피로가 상황인식에 미치는 영향 때문이다. 불안감으로 자주 표현되는 스트레스(제7장)도, 유사한 해로운 영향을 주는데, 아마도 그 사람의 주의를 집중시키는 다른 문제나 걱정거리에 몰두하고 있기 때문일 것이다. 스트레스 수준이 작업자의 상황인식에 영향을 미치며 이는 결국 안전하지 않은 행동과 관련이 있다는 사실을 해양유전 시추작업자들에게서 확인했다. 특정 화학물질도 주의역량에 영향을 줄 수 있다. 일반적으로 카페인 같은 흥분제는 피로의 해로운 영향을 저지시키는 데 사용된다. 혈당수치에 따라 개인은 경계심을 더 많이 느끼거나 더 졸릴 수 있고, 따라서 상황인식에 영향을 미칠 수 있다.

위에서 설명한 대로 상황인식은 작업기억에 매우 의존적이므로 산만함, 방해, 자극과부하의 영향을 받는다. 복잡한 작업에 종사하는 작업자의 경우 매우 위험할 수 있다. 산만함과 방해는 수술실(Healey et al., 2006)에서 의료팀이 환자를 소생시킬 때(Marsch et al., 2005)와 같이 안전에 필수적인 영역에서 놀랍게도 종종 발생한다. 그러므로 작업기억에서 정보를 유지하려는 동료 작업자를 혼란스럽게 하거나 방해하지 말아야 하는 것은 '다른 사람을 배려하는' 일환으로 팀워의 중요한 요소이다. 어떤 병원에서는 약 조제 중인 간호사에게 '조제 중 방해하지 마세요'라고 인쇄된 옷을 착용한다. 산만함은 항공안전에 심각한 위협으로 인식되어 왔고, NASA의 Dismukes et al.(1998)은 조종사들을 위해 산만함을 관리하는 방법을 연구해 왔다. 초심자는 산만함으로 인해 업무를 수행하는데 방해받을 수 있다. 작업자가 보다 숙련되면 작업을 보다 더 자동으로 수행할 수 있으므로, 보다 적은 집중력으로 작업을 수행하게 된다. 즉 작업기억의 부하가 줄었다는 것이다.

2.7 상황인식 훈련

상황인식 훈련은 예를 들어 CRM 과정(제10장 참조)의 일환으로, 주로 안전한 운용을 유지하는 데 있어 상황인식의 중요성을 입증하고, 실례를 들어 이해시키는 것에 무게를 두는 경향이 있으며, 이 경우 뇌가 어떻게 정보를 처리하여 저장하는지를 설명하고, 상황인식 모델과 이에 영향을 미치는 요인을 설명한다. 특정 작업상황 또는 직무에서 더 높은 주의력을 유지하는 방법에 대한 정보가 제공될 수 있다. 몇 년 전, British Airways는 모든 조종사에게 상황인식에 대한 추가 훈련패키지를 도입했다.

입수 가능한 훈련가이드자료(예: Prince, 2000; Endsley and Robertson, 2000) 및 기타 훈련자료(CAA, 2006 참조)가 있다. 상황인식 훈련과 관련하여 직무수행능력에 차이가 있는지 장기간에 걸쳐 테스트한 확고한 연구는 거의 없다. 최근 유럽프로젝트 ESSAI(Enhanced Safety through Situation Awareness Integration in training)는 항공조종사를 위한 훈련자료를 개발했으며 SA 능력을 향상시키는데 도움이 될 수 있음을 보여 주었다(Banbury et al., 2007). Gaba et al.(1995)은 다음과 같은 상황인식측면을 마취 전문의에게 교육할 수 있다고 제안했다.

- 계기나 수술실 환경을 살피고 민첩하게 대응하는(Scanning) 실습
- 관련 데이터를 놓치지 않도록 체크리스트를 더 많이 사용
- 정신을 집중할 수 있는 보다 효과적인 주의배분 방법 인식
- 여러 가지 직무처리 실습
- 패턴인식 훈련 및 질병과 실패조건의 징후에 대응한 훈련

Endsley and Robertson(2000)은 업무관리, 중요한 징후의 인식, 이해력의 발달, 예측, 계획, 정보탐색 및 자가 점검활동에 대한 훈련을 지원한다. 상황인식에 대한 실용적인 훈련은 작업부하 및 주의가 산만한 상태에 따라 특정 징후와 상황을 조작할 수 있는 시뮬레이션 시설을 이용할 수 있다. 훈련 시나리오는 수시로 중단하여 연수생의 상황인식을 평가하고 검토하며 지도할 수 있다. Saus et al.,(2006)은 상황인식 단계와 연계된, 상황정지기능과 반사작용을 활용한 시나리오 기반훈련의 사격 시뮬레이터를 경관 훈련생들에게 제공했다. 이를 통해 SA의 주관적 평가 및 관찰자 평가뿐만 아니라 사격 수행능력도 향상되었다. 아래에 서술된 상황인식능력 측정도구는 이러한 훈련세션을 통하여 형성적인 평가 및 구조적 피드백을 제공하는데 사용될 수 있다.

2.8 상황인식 유지

안전이 필수인 많은 업무에서 상황인식의 중요성을 감안할 때, 상황인식의 저하에 따른 위험을 최소화하는 방법에 대한 조언을 제공할 수 있다.

a. **좋은 브리핑**–작업을 시작하기 전 작업자에게 주어진 작업의 성격과 위험을 이해할 수 있게 한다. 일부 직종(예: 항공승무원, 발전소 직원, 해양유전 시추작업자)에서는 사전 작업브리핑은 공식적인 위험평가와 함께, 허용되는 안전절차이다.

b. **업무 적합성** – 신체적 또는 정신적 적합성이 떨어지는 작업자(피로, 약물중독, 감염, 스트레스)는 상황인식 능력이 떨어진다.

c. **중요한 작업수행 중 산만함과 방해 최소화** – 이것은 개인에 따라 어느 정도 제어될 수 있지만 일반적으로 다른 팀원과의 협력이 필요하다. 작업과정 중 주의

가 산만해진경우, 작업순서가 유지될 수 있도록 몇 단계 '뒤로 되돌아가서' 확인하는 것을 제안한다.

d. **'무균상태 조종실(Sterile Cockpit)'** – 미국연방항공국(Federal Aviation Administration)은 '무균조종실'이라는 규칙을 도입했다. 이 규칙은 항공기가 중요한 비행단계(지상주행, 이륙, 초기상승, 최종접근, 착륙)에 있는 동안 승무원이 불필요한 업무나 기타 활동의 수행을 금지한다. 따라서 이 시간동안 비행과 관련 없는 대화는 금지한다. 무균조종실 규칙은 산만함을 줄이고 상황인식을 유지하는 데 도움이 된다. 이 규칙은 다른 작업장에서도 유용한 지침이 될 수 있다. 사례 2.7의 Walters(2002, p.43)는 무균조종실이 왜 중요한지에 대한 좋은 예를 제시한다.

사례 2.7 | 비무균(Non-sterile) 조종실

착륙 6분 전, 82명을 태운 Eastern Airlines DC-9기가 안개가 흩어져 있는 Charlotte공항 36번 활주로에 접근하고 있었다. 접근하는 동안 승무원들은 정치문제, 중고차, 미국경제에 대해 논의했다. 착륙 2분 전, 대화는 방금 통과한 유원지의 이야기로 바뀌었고 막 착륙허가가 났던 터였는데, 기장이 '이제 공항만 찾으면 돼...'라고 했다. 3초 후, 항공기는 활주로에서 3.3마일 떨어진 곳에 추락했고 74명의 사망자가 발생했다. 교통안전위원회는 빈약한 조종실 훈련이 원인이라고 지적했다.

e. **갱신(Updating)** – 상황의 정신적 모델과 실제 징후를 정기적으로 비교.

f. **감시(Monitoring)** – '멍해지는(zoning out)' 일이 있거나 최소한 이런 일이 발생할 가능성이 있는 상황과 자가 감시징후에 주의를 기울인다.

g. **자기주장(Speaking up)** – 절차, 목표, 다음 단계 등을 확신할 수 없을 때 그들의 의견을 주장할 수 있도록 격려한다. 제4장 자기주장 참조.

h. **시간관리(Time management)** – 조기 계획, 준비 및 주어진 시간 제약에 대항하여 '빨리빨리 증후군(Hurry-up syndrome)'을 피한다. NASA에서 31건의 항공사고를 조사한 결과(McElhatton and Drew, 1993), 사고의 55%는 조종사가 일정보다 뒤진 것으로 나타났다. 부족한 시간 내에 작업을 완료하려고 서두르는 것은 좋은 상황인식을 유도하지 못한다.

원자력발전소의 제어실 연구(Patrick and Belton, 2003)에서 향상된 기술에 따라 상황인식이 개선되는 6개 영역이 확인되었다.

- 계획(예: 가동 전 공장 상태를 확인)
- 문제해결(예: 문제의 징후를 예측하고 그 증상을 무시하지 않음)
- 주의(예: 공장 감시의 비용으로 지나치게 절차과정에 중점을 둠)
- 팀 조화(예: 정기적으로 팀 활동을 재검토)
- 지식(예: 주어진 정보의 오역)
- 의사소통(예: 수행하려는 행동의 구두표현)

상황인식은 경찰관이나 소방관 같은 긴급대응 업무에 필수적인 기술로 간주된다. Okray and Lubnau(2004, p.68)는 업무를 수행하는 동안 소방관은 주기적으로 다음과 같은 질문을 해야 한다고 한다. 내 주위에 무슨 일이 벌어지고 있는지 의식하고 있나? 그 일이 예상대로 전개되고 있나? 만약 아니라면 왜 틀린가? 만약 일이 잘못 된다면, 대책은 무엇인가? 리더는 이 모든 문제의 답을 알고 있나? 영국의 한 소방단체는 유사한 프롬프트 설정을 이용한다(Klein, 1999).

- 팀의 당면 목표는 무엇인가?
- 목표를 지원하기 위해 무엇을 하나?
- 무엇을 걱정하고 있는가?
- 현재의 문제, 규모 및 의도는 무엇인가?
- ___분 후 상황이 어떻게 될 것으로 생각하는가? 그 이유는?

대부분의 직장은 독립적으로 일하는 개인보다 팀에 배치되어 있기 때문에 협력 작업을 수행하는 팀이 어느 정도는 상황인식을 공유하고 그 일에 대한 정신모델도 공유하는 것이 중요하다. 본질적으로 이것은 모든 팀 구성원들이 '한목소리를 내는 것' 또는 '합심'하는 것을 말한다. 즉, 그들은 당면 업무에 대해 공통된 이해를 하고, 특정 행동의 책임자가 누구인지 알고 있으며 공통의 목표를 인식하고 있다. Reader et al.(2007)은 집중치료실 팀이 장래의 위험측면에서 환자의 상태에 대해 항상 완전하게 공유하지는 않다는 것을 발견했다. 정신모델의 공유 부족이 잘못된 상황과 연결될 수 있다는 것이 점점 더 분명해지고 있다(Wilson et al., 2007). 팀의 정신모델과 의사소통은 제4장에서 논의되며, 다른 팀원의 상황인식 능력이 좋은지 또는 그 능력이 감소했는지, 또는 팀의 나머지 구성원들과는 다른 정신모델을 사용하는지를 인지하는 방법을 제안한다.

작업장의 조건, 기구와 장비설계 그리고 이런 것들이 상황인식 향상을 위해 더 나은 환경을 제공할 수 있는지에 관한 많은 쟁점이 있다. 이 내용은 이 책의 범위를 벗어나므로, 자세한 내용은 Endsley(2003)를 참조 바란다.

2.9 상황인식 평가

특정의 전문성에 대한 상황인식 역량은 작업장 또는 시뮬레이터 관찰을 이용하여 평가할 수 있으며, 종종 행동평가 척도를 사용한다. 상황인식 평가척도(SARS: Situation Awareness Rating Scales)는 직무를 수행하는 작업자를 바라보는 관찰자에 의해 평가가 이루어진다(Bell and Lyon, 2000). 이 자체가 인지기술이므로, 대상자의 상황인지 상태를 직접 평가하는 것은 불가능하고, 따라서 평가자는 대상자에 대한 정보수집, 상황이해 또는 상황을 예측하는 특정 행위 및 의사소통에 주목해야 한다.

NTS 행동평가시스템의 대부분은 상황인식 카테고리를 포함하고 있다. 즉 관찰된 행동은 각 측면을 추론하는 데 사용된다. 예를 들어, 마취전문의의 NTS 평가시스템(ANTS, Fletcher et al., 2004)에서 상황인식 역량을 나타내는 행위는 다음과 같다.

- 환경을 자주 살핀다.
- 환자의 상태에 따라 감시빈도를 높인다.
- 수액과 약제를 투여하여 상황악화를 피한다.

다음은 빈약한 상황인식 역량을 나타낸다.

- 환자의 상태변화에 대응하지 않는다.
- 확인 없이 개별 징후에 대응한다.

- 사례와 관련된 잠재적 문제는 고려하지 않는다.

이러한 상황인식평가 수단은 작업을 방해하지 않도록 설계되었으며, 항공과 의료분야의 사례는 제11장에서 더 자세히 설명한다. 그 밖에도 상황인식을 측정하기 위한 많은 평가기법이 있으며, 안구운동을 추적하거나 특정시점의 상황과 관련하여 정신적 모델을 평가하기도 한다(Stanton et al., 2005). 이는 어떠한 위험요소 없이 중단할 수 있는 시뮬레이터의 직무수행 연구에 이용되는 경향이 많다. Endsley(1988)의 상황인식 글로벌평가기법(SAGAT: Situation Awareness Global Assess Technique)에서는 작업을 중단하고 오퍼레이터에게 당시의 작업과 관련된 상황에 대한 이해를 확인하기 위한 질문이 제시된다. 예를 들어, 모의 의료응급관리 훈련에서 시나리오가 중단되고 팀 구성원들은 환자상태와 현재의 치료계획에 대해 개별적으로 인터뷰를 수행할 수 있다(Flin and Maran, 2004). 때로는 그들의 답변이 서로 어긋나서 '모두가 동일 환자를 치료하고 있는 거 맞나?'라고 물을 수도 있다.

상황인식 평가기법(SART: Situation Awareness Rating Technique. Taylor, 1990)에서는 현재의 주의용량 수준과, 현재의 직무 및 상황이해를 명확하게 하기 위해, 직무수행 중에 자기평가척도를 이용한다. 또한 자기보고 설문지를 통해 작업자의 일반적인 상황인식 수준을 평가하기 위해 설계된 새로운 기준도 있다(Sneddon et al., 심사중; Wallace and Chen, 2005). 이 측정방법의 세부사항은 Stanton et al.(2005), Endsley and Garland(2000), 또는 Tenney and Pew(2006)를 참조 바란다. 특정 도메인의 경우, Wright et al.(2004)은 가상의 의료업무에 대한 측정을 논하고, Salmon et al.(2006)은 지휘명령 환경에 적합한 방법을 검토하며, Eurocontrol 보고서(2003)는 항공관제를 포함한 항공보안업무 분야에 대한 시책의 발전상황을 나타낸다.

2.10 결론

상황인식이란 작업환경을 이해하기 위해 주변에 존재하는 세계로부터 정보를 선택하여 이해하는 인지역량을 설명하기 위한 산업에서 일반적으로 사용되는 용어이다. 상황인식과 관련된 문제는 일반적으로 항공운항, 선박조종, 제어실 운용, 분쟁, 소방, 경찰 및 응급의료와 같은 역동적인 작업환경에서 사고의 원인으로 본다. 이 역량에서 추구하는 것은 상황인식에 영향을 미치는 요소에 대한 이해를 향상시켰으며, 최근의 연구는 위험도가 높은 직종에서의 상황인식 능력개발 및 평가에 중점을 두고 있다.

요점

- 상황인식의 3단계 모델은 정보수집, 이해 및 예측역량의 카테고리 요소들을 포함한다.
- 상황인식의 한계는 주로 인간의 기억시스템 구조, 특히 작업기억 구성요소와 관련이 있다.
- 상황인식에 영향을 미치는 요소는 스트레스, 피로, 전문지식, 작업부하, 주의산만 등이 있다.
- 강의실과 시뮬레이터훈련은 상황인식의 지식과 실습을 개발하기 위해 사용된다.
- 개개인의 상황인식 수준을 평가하기 위해 다양한 기술을 사용할 수 있다.

Key texts

Banbury, S. and Tremblay, S. (2004) (eds.) *Situation Awareness: A Cognitive Approach.* Aldershot: Ashgate.

CAA (2006) *Crew Resource Management (CRM) Training.* CAP 737. (2nd ed). Appendix 6 Situation Awareness. Appendix 4 Information Processing. Gatwick: Civil Aviation Authority. www.caa.org

Endsley, M. and Garland, D. (2000) (eds.) *Situation Awareness. Analysis and Measurement.* Mahwah, NJ: LEA.

Websites

Endsley's company: www.satechnologies.com

Papers from Royal Aeronautical Society conference on situation awareness: www.raes-hfg.com/xsitawar.htm, www.raes-hfg.com/xsitass.htm

ESSAI project – European project on situation awareness in aviation: www.nlr.nl/public/hosted-sites/essai/pages/reports.html

Visual Cognition video clips for training: www.viscog.com

references

Baddeley, A. (2004) *Your Memory: A User' Guide.* London: Carlton.

Banbury, S. and Tremblay, S. (2004) (eds.) *Situation Awareness: A Cognitive Approach.* Aldershot: Ashgate.

Banbury, S, Dudfield, H., Hormann, J. and Soll, H. (2007) FASA: Development and validation of a novel measure to assess the effectiveness of commercial airline pilot situation awareness training. *International Journal of Aviation Psychology,* 17, 131-152.

Bell, H. and Lyon, D. (2000) Using observer ratings to assess situation awareness. In M. Endsley and D. Garland (eds.) *Situation Awareness. Analysis and Measurement.* Mahwah, NJ: LEA.

CAA (2006) *Crew Resource Management (CRM) Training.* CAP 737. (2nd ed). Appendix 6 Situation Awareness. Appendix 4 Information Processing. Gatwick: Civil Aviation Authority. www.caa.org

Crown Prosecution Service (2006) *Charging decision on the fatal shooting of Jean Charles de Menezes.* Retrieved on 4 September 2006 from www.cps.gov.uk/news/pressreleases/146_06.html

Dekker, S. (2004) *Ten Questions about Human Error.* Mahwah, NJ: Lawrence Erlbaum.

Dieckmann, P., Reddersen, S., Wehner, T. and Rall, M. (2006) Prospective memory failures as an unexplored threat to patient safety. *Ergonomics,* 49, 526-543.

Dismukes, K., Berman, B. and Loukopoulos, L. (2007) *The Limits of Expertise. Rethinking Pilot Error and the Causes of Airline Accidents.* Aldershot: Ashgate.

Dismukes, K., Young, G. and Sumwalt, R. (1998) Cockpit interruptions and distractions. *ASRS Frontline,* 10, 1-8. www.asrs.src.nasa.gov/directline

Endsley, M. (1988) Design and evaluation for situation awareness enhancement. In *Proceedings of the Human Factors and Ergonomics Society 32nd Annual Meeting.* (Vol 1, pp. 97-101). Santa Monica: HFES.

Endsley, M. (1995a) Toward a theory of situation awareness in dynamic systems. *Human Factors*, 37, 32-64.

Endsley, M. (1995b) A taxonomy of situation awareness errors. In R. Fuller, N. Johnson and N. McDonald (eds.) *Human Factors in Aviation Operations.* Aldershot: Avebury.

Endsley, M. (1997) The role of situation awareness in naturalistic decision making. In C. Zsambok and G. Klein (eds.) *Naturalistic Decision Making.* Mahwah, NJ: Lawrence

Erlbaum Associates.

Endsley, M. (2003) *Designing for Situation Awareness.* London: Taylor & Francis.

Endsley, M. and Garland, D. (2000) (eds.) *Situation Awareness. Analysis and Measurement.* Mahwah, NJ: LEA.

Endsley, M. and Robertson, M. (2000) Training for situation awareness in individuals and teams. In M. Endsley and D. Garland (eds.) *Situation Awareness. Analysis and Measurement.* Mahwah, NJ: LEA.

Eurocontrol (2003) *The Development of Situation Awareness Measures in ATM Systems.* Brussels: Eurocontrol. HSR/HSP-005-REP-01.

Eysenck, M. and Keane, M. (2005) *Cognitive Psychology: A Student' Handbook*(5th ed). Hove: Psychology Press.

Flin, R. and Maran, N. (2004) Identifying and training non-technical skills for teams in acute medicine. *Quality and Safety in Health Care,* 13 (Suppl 1), i80–i84.

Flin, R., Youngson, G. and Yule, S. (2007) How do surgeons make intra-operative decisions? *Quality and Safety in Health Care,* 16, 235–239.

Gaba, D., Howard, S. and Small, S. (1995) Situation awareness in anesthesiology. *Human Factors,* 37, 20–31.

Gilson, R. (1995) Situation awareness. *Human Factors,* 37, 3–4.

Grimwood, P. (1992) *Fog Attack. Firefighting Strategies and Tactics.* Redhill, Surrey: FMJ Publications.

Hartel, C., Smith, K. and Prince, C. (1991) Defining aircrew situation awareness: Searching for mishaps with meaning. In D. Jensen (ed.) *Proceedings of the 6th International Symposium on Aviation Psychology.* Columbus Ohio: OSU.

Healey, A., Sevdalis, N. and Vincent, C. (2006) Measuring intra-operative interference from distraction and interruption observed in the operating theatre. *Ergonomics*, 49, 589–604.

Independent Police Complaints Commission (2006). *Harry Stanley – IPCC Publishes Decision and Report.* Retrieved 4 September 2006 from www.ipcc.gov.uk/pr090206_stanley.htm

Jones, D. and Endsley, M. (1996) Sources of situation awareness errors in aviation. *Aviation, Space and Environmental Medicine,* 67, 507–512.

Kayten, P. (1993) The accident investigator' perspective. In E. Wiener, B. Kanki and R. Helmreich (eds.) *Cockpit Resource Management*. San Diego: Academic Press.

Klein, G. (1999) *Situation Calibration Card.* Decision Skills Training. Instructor Guide

(NOO178-97D-1043). Fairborn, OH: Marine Corps Warfighting Laboratory.

Loft, S., Humphreys, M. and Neal, A. (2003) Prospective memory in air traffic controllers. In G. Edkins and P. Pfister (eds.) *Innovation and Consolidation in Aviation*. Aldershot: Ashgate.

McElhatton, J. and Drew, C. (1993) Time pressure as a causal factor in aviation accidents. In R. Jensen (ed.) *Proceedings of the Seventh International Symposium on Aviation Psychology*. Columbus, Ohio: Ohio State University Press.

Marsch, S., Tschan, F., Semmer, N., Spychiger, M., Breuer, M. and Hunziker, P. (2005) Unnecessary interruptions of cardiac massage during simulated cardiac arrests. *European Journal of Anaesthesiology*, 22, 831-833.

Miller, G. (1956) The magical number seven, plus or minus two: Some limits on our capacity for processing information. *Psychological Review*, 63, 81-97.

Moore, T. (2002) Police commander. In R. Flin and K. Arbuthnot (eds.) *Incident Command: Tales from the Hot Seat*. Aldershot: Ashgate.

O'Eea, A. and Flin, R. (1998) Site management and safety leadership in the offshore oil and gas industry. *Safety Science*, 37, 39-57.

Okray, R. and Lubnau, T. (2004) *Crew Resource Management for the Fire Service*. Tulsa, Oklahoma: PennWell.

Orasanu, J. and Fischer, U. (1997) Finding decisions in natural environments: The view from the cockpit. In C. Zsambok and G. Klein (eds.) *Naturalistic Decision Making*. Mahwah, New Jersey: LEA.

Patrick, J. and Belton, S. (2003) What's going on? *Nuclear Engineering International*, January, 36-40.

Prince, C. (2000) *Guidelines for Situation Awareness Training*. Report to FAA. Available on www.crm-devel.com

Reader, T., Flin, R., Mearns, K. and Cuthbertson, B. (2007) Team cognition in the intensive care unit: an investigation of team situation awareness. Paper presented at the Society for Industrial and Organizational Psychology, New York, April.

Salmon, P., Stanton, N., Walker, G. and Green, D. (2006) Situation awareness measurement: A review of applicability for C4i environments. *Applied Ergonomics*, 37, 225-238.

Sarter, N. and Woods, D. (1991) Situation awareness: a critical but ill-defined phenomenon. *International Journal of Aviation Psychology*, 1, 45-57.

Saus, E., Johnson, B., Eid, J., Riisem, P., Andersen, R. and Thayer, J. (2006) The effect of brief situational awareness training in a police shooting simulator: an experimental study. *Military Psychology*, 18, S3-S21.

Shrestha, L., Prince, C., Baker, D. and Salas E. (1995) Understanding situation awareness: concepts, methods, training. *Human Technology Interactions in Complex Systems*, 7, 45-83.

Simons, D. and Chabris, C. (1999) Gorillas in our midst: sustained inattentional blindness for dynamic events. *Perception*, 28, 1059-1074.

Smallwood, J. and Schooler, J. (2006) The restless mind. *Psychological Bulletin*, 132, 946-958.

Sneddon, A., Mearns, K. and Flin, R. (2006) Situation awareness in offshore drill crews. *Cognition, Technology and Work*, 8, 255-267.

Sneddon, A., Mearns, K. and Flin, R. (under review) Workplace situation awareness.

Snook, S. (2000) *Friendly Fire: The Accidental Shootdown of US Black Hawks Over Northern Iraq.* New Jersey: Princeton University Press.

Stanton, N., Chambers, P. and Piggott, J. (2001) Situation awareness and safety. *Safety Science*, 39, 189-204.

Stanton, N., Salmon, P., Walker, G., Baber, C. and Jenkins, D. (2005) *Human Factors Methods.* Aldershot: Ashgate.

Taylor, R. (1990) Situation awareness rating technique (SART): The development of a tool for aircrew systems design. In *Situational Awareness in Aerospace Operations.* Neuilly sur Seine: NATO -AGARD.

Tenney, Y. and Pew, R. (2006) Situation awareness catches on: What? So what? Now what? In R. Williges (ed.) *Review of Human Factors and Ergonomics Vol. 2.* San Diego: Human Factors and Ergonomics Society.

Thomson, M., Onkal, D., Avcioglu, A. and Goodwin, P. (2004) Aviation risk perception: A comparison between experts and novices. *Risk Analysis,* 24, 1585-1595.

Wallace, J. and Chen, G. (2005) Development and validation of a work-specific measure of cognitive failure: implications for occupational safety. *Journal of Occupational and Organizational Psychology,* 78, 615-632.

Walters, J. (2002) *Crew Resource Management is No Accident.* Wallingford, UK: Aries.

Way, L., Stewart, L., Gantert, W., Kingsway, L., Lee, C., Whang, K. and Hunter, J. (2003) Causes and prevention of laparoscopic bile duct injuries. *Annals of Surgery,* 237, 460-469.

Wilson, K., Salas, E., Priest, H. and Andrews, D. (2007) Errors in the heat of battle:

Taking a closer look at shared cognition breakdowns through teamwork. *Human Factors,* 49, 243–256.

Wright, M., Taekman, J. and Endsley, M. (2004) Objective measures of situation awareness in a simulated medical environment. *Quality and Safety in Health Care, 13 (Suppl1),* i65–i71.

Chapter 03

의사결정

3.1 소개

의사결정은 주어진 상황의 필요를 충족시키기 위해 판단 또는 옵션, 때로는 행동방침이라고 하는 대응책을 선택하는 과정으로 정의할 수 있다. 대부분의 작업운용환경에서는 업무환경을 감시하고 재평가하는 지속적인 사이클이 있으며, 그 다음 적절한 행동을 취한다. 의사결정에는 한 가지 방법만 사용되는 것이 아니라 상황에 따라 다른 의사결정 기법을 다른 시점에 사용할 수 있다. 의사결정의 조건은 시간 제약, 수행할 작업, 옵션의 실현 가능성과 의사 결정자에 대한 제약조건, 지원 및 자원에 따라 달라질 수 있다. 의사결정의 4가지 주요 구성요소는 아래 표 3.1에 제시되어 있다.

표 3.1 의사결정 요소

구분	요소
의사결정	상황 판단 / 문제를 명확히 정의 하나 이상의 대응방안 작성 및 고려 대응방안 선택과 실행 실행한 결과 검토

경영관리, 경제, 철학, 군사분야 등 의사결정에 관한 폭넓은 문헌이 있다. 이 장에서는 특히 고위험도 작업환경에서의 의사결정 능력과 관련된 심리학적 연구를 주로

다룬다. 전술적 또는 전략적 차원이 아닌 운용상의 의사결정에 초점을 맞추고 있으며, 이는 일선의 현장직원이 실시간으로 내리는 결정이다.[1] 자연주의적 의사결정(Naturalistic decision-making)이라고 불리는 최근의 연구분야는 숙련된 전문가들이 실제 상황에서 어떻게 결정을 내리는지 연구원들이 분석 조사한다. 의사결정 모델을 사용하여, 사람들이 운용상의 결정을 내리기 위해 사용하는 몇 가지 방법을 간략히 설명하며, 의사결정 역량의 측정과 훈련을 위한 제안을 한다.

3.2 의사결정 및 안전

의사결정 역량은 대부분의 작업영역에서 공통적으로 중요하지만, 사례 3.1에서 알 수 있듯이 작업자가 시간적 제약과 스트레스를 받으면 위험성이 높은 환경에서는 특히 중요시 된다.

사례 3.1 | 조종사들이 정지시킨 반대방향 엔진

1989년 1월 8일 일요일 저녁, British Midland 보잉737－400기 조종사는 Heathrow 공항에서 Belfast로 비행하는 동안 강한 진동을 느꼈다. 객실에서 타는 냄새와 연기가 났고, 이로 인해 조종사들은 오른쪽 엔진에 문제가 있다는 결론을 내렸다.(그들이 비행했던 B737 초기모델에서는 객실 에어컨시스템과 오른쪽 엔진이 연결되어 있었지만, 737-400모델은 왼쪽 엔진으로 바뀌었고, 조종사들은 아마도 이 사실을 모르는 듯했다.) 조종사가 이 문제를 평가하는 동안 항공기는 수평비행을 유지하였으며, 오토스로틀(자동추력조절장치)에 의해 양쪽 엔진의 동력이 줄었고 진동이 멈췄다. 그러나 이것은 우연에 불과했고, 실제 문제는 왼쪽 엔진에 있었으며, 그로 인해 터빈에 치명적인 고장을 일으켰다. 문제가 해결되었다고 믿고, 기장은 부기장에게 오른쪽 엔진을 정지시킨 후 본거지인 East Midlands 공항으로 비상착륙을 준비했다. 조종사들은 엔진에 어떤 문제가 있었는지 확인하려 했지만 임시착륙을 준비한 관제소와의 교신내용과 비행컴퓨터에 데이터 입력을 하기 위해 여러 번 확인이 중단되었다. 따라서 문제를 확인하려는 시도는 아직 끝나지 않은 상태였다. 심하게 손상된 좌측 엔진은 East Midlands 공항에 최종 진입하려고 추력장치를 높이자 완전히 고장이 났고 양쪽 엔진 모두 정지된 상태로, 결국 Kegworth

1) 우주왕복선 Challenger호(Vaughan, 1996)와 Columbia호(Starbuck and Farjoun, 2005)를 발사하기로 한 결정과 같이, 전술적 차원에서 잘못된 의사결정에 대한 유용한 조사보고서가 있다.

근처 M1고속도로 상에 추락했다. 8명의 승무원과 118명의 승객 중, 47명의 사망자와 79명의 부상자가 발생했다.(UK Air Accident Investigation Board, 1990)

1983년~1987년 사이 미국에서 발생한 항공사고를 분석한 결과 승무원의 부족한 판단력과 의사결정이 사례의 47%에 기인한 것으로 나타났다(NTSB, 1991). 조종실의 음성기록과 의사결정 오류 및 결과의 시뮬레이터 관찰자료는 문서화되어 분석되었다(FAA, 1991; Jensen, 1995). 그러나 의사결정 문제는 조종사들만의 문제가 아니다. 모든 고위험군 직업에는 안전한 직무수행을 위한 의사결정 역량의 중요성에 대한 많은 예가 있다(Flin et al., 1997; Montgomery et al., 2005; Zsambok & Klein, 1997). 다음 사례들은 다수의 사망자를 초래한 의사결정의 실패를 나타낸다.

- Hillsborough 축구경기장에서 관객들의 비상사태 발생당시 경찰서 상황지휘관의 결단력 부족(Taylor, 1990)
- 불타고 있는 Piper Alpha 유전플랫폼을 철수하기 위한 시설관리자의 결정지연, 연결되어 있는 두 개소 해양유전의 생산중단 결정지연으로 인한 상황악화(Cullen, 1990년)
- 이란-이라크 전쟁 중 이란 민항기를 적기로 생각하고 격추하도록 지시한 미해군순양함 Vincennes호 함장의 결정(Fogarty, 1988; Rogers and Rogers, 1992)
- 미 콜로라도 주 South Canyon 산불발생 시 소방관들에게 소방용구를 버리지말고 대피하도록 한 판단(Weick, 1996)
- 저 전력수준으로 전압발전기의 시험을 계속하도록 한 Chernobyl 원자력발전소 제어실운용자의 결정(Reason, 1997)
- 이라크에서 UN평화유지군을 수송하는 미국헬기를 적 헬기로 판단하고 격추한 미국 조종사 두 명의 판단(Snook, 2000)

상황발생 이후 나중에 깨닫고 현명해지는 것은 쉽지만, 그러한 행동을 할 당시 의사결정 당사자들은 분명히 그 행동이 옳다는 생각을 했을 것이다. 또한 제1장에서 설명한 것처럼, 작업자 오류 또는 잘못된 의사결정은 작업현장의 기술적 요소, 시스템적 요소 및 안전문화 요소에 의해 영향을 받는다.

안전과 위험이 표리관계에 있는 작업환경에서 의사결정을 이해할 필요성은 새로운 연구로서 자연주의적 의사결정(NDM) 분야를 낳았다.

3.3 자연주의적 의사결정(NDM : Naturalistic Decision Making)

시간적 제약이 있고, 위험도가 높으며, 동적인 작업환경에서의 의사결정은 인간의 수행연구를 전문으로 하는 심리학자들의 주의를 끌었다. 그들에 의하면, 고전적(즉, 이성적 또는 규범적) 의사결정 이론은 최적 또는 완벽한 해결책에 도달하려는 것이지만, 이와는 대조적으로, 시간적 제약이 있는 문제에 대해 납득이 가는 해결책에 도달하려는 것이 일반적인 자세이므로, 고전적 의사결정 이론의 적용은 한계가 있다는 것이다. 고전적 의사결정 이론은 경제학자나 비즈니스 분석가의 지지를 받고 있으며, 예를 들어 다속성 효용이론(Connolly et al., 2000 참조)과 같이, 각각의 중요한 특징을 지향하는 상태에 대해서 비교 검토하기 위한 세련된 수학적 기법도 있다. 이 분야의 기초 연구 대부분은 실험실에 기반을 두고 있으며, 자신의 작업환경에서 연구한 전문 의사결정자가 아닌, 대학생들이 정적이며 명백한 문제를 사용하여 실험을 수행하고 있다. 이 연구에서 복잡한 평가기법의 다양함이 등장했지만 파생된 방법 중 많은 부분은 너무 복잡하고 위험한 환경에서 일하는 작업자가 사용하기에는 시간이 많이 소요되었다. 그러나 체계적으로 옵션을 비교하는 기본적인 접근법은 여전히 가치가 있으며 이것에 대해서는 비교선택형 의사결정 항목에서 논의된다.

1980년대 후반, 빈약한 의사결정과 관련된 일련의 주요 사건들 이후, 심리학자들은 비행 조종실이나 군사 지휘부와 같은 분야에서 그들의 통상적인 환경에서 숙련자의 의사결정자 기술을 연구하기 시작했다(Flin et al., 1997; Klein et al., 1993; Zsambok and Klein, 1997). 이러한 새로운 접근법을 NDM이라고 불렀다. NDM 연구원들의 목적은 숙련자들이 높은 불확실성, 부정확한 정보, 변화하는 목표, 높은 시간적 제약 및 위험, 일상적으로 팀과 협력하며 조직적 제약을 받는 상황 하에서 어떻게 의사결정을 하는지에 대해 서술하는 것이었다. 이러한 자연주의적 접근법은 항공, 긴급 대응기관, 군대 이외의 시간에 쫓기는 작업장에서는 가치가 있다. 이것은 불확실성, 차선책의 선택, 가치기반의 결정이 일상적으로 존재하는 응급의료분야(예: 수술, 마취, 사고 피해

자의 생사, 집중치료)에서 의사결정 연구에 적용되었다(Falzer, 2004; Flin et al., 2007a; Gaba, 1992). 원자력발전소와 같은 고위험 분야에서 NDM은 제어실 통제관(Carvalho et al., 2005)과 비상관리자(Crichton et al., 2005)의 의사결정을 분석하는 데 사용되었다.

3.4 의사결정 모델

현장운용 작업환경에서 상황을 지속적으로 감시하고, 일의 상태를 평가하며, 적절한 조치를 취하여 결과를 재평가해야 한다. 이것은 때로 동적 의사결정(Dynamic Decision Making)이라 불리며, 화재진압이나 마취(예: Flin, 1996 참조) 같은 다양한 업무분야에서 이러한 과정을 설명하기 위해 만들어진 여러 모델이 있다. 다양한 모델은 공통의 근원적인 의사결정 단계를 나타내는 경향이 있으며, NDM 접근방식에 기초한 의사결정의 일반모델은 그림 3.1에 나와 있다. 이는 항공조종사들에 대한 연구를 통해(Orasanu, 1995, 그림 3.2 참조) 응용한 것이며 다양한 작업 운용환경에 적용되고 있다. 이 모델은 제2단계 프로세스를 나타낸다. i) 상황판단을 수행하고 ii) 대응결정방법을 사용하여 행동방침을 선택한다. Orasanu의 연구에서 조종사들은 상황

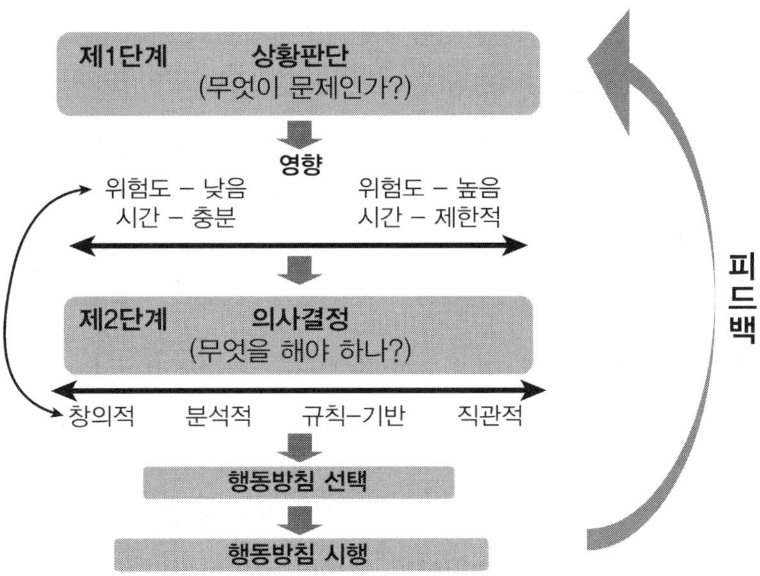

그림 3.1 의사결정의 단순 모델

판단에 크게 의존하는 것으로 밝혀졌으며, 이용 가능한 시간과 위험 예측에 따라, 직관, 규칙, 옵션 분석과 같은 하나 이상의 의사결정 방법을 사용했다. 의사결정 방법은 상황에 따라 요구를 충족시킬 수 있도록 선택하게 된다(Hammond, 1988 참조).

따라서 결정을 내리기 위한 인지과정은 두 단계가 있다. i) 무엇이 문제인가? ii) 무엇을 해야 하나? 이 문제를 논의할 차례이다.

i) 상황판단 – 무엇이 문제인가?

상황판단은 업무환경을 집중적으로 조사하고 평가하는 과정으로 정의된다. 화재현장의 소방지휘관이라면 이것을 '평가(Size-up)'라고 한다. 이것은 현재의 상황에 대하여 합리적인 해석을 시도해 보는 것으로, 대략적인 문제나 상황변화를 알아차리고 적절한 대응조치가 요구되는 경우에 실행된다. 어떤 상황에서는 개인이 한동안 그 임무를 수행해 왔지만, 다른 상황에서는 사건에 참여하는 경찰관이나 동료를 돕기 위해 호출된 의사와 같이 현장에 이제 막 도착한 경우도 있다.

상황판단의 제1단계가 의사결정에 매우 중요한 의미를 갖는다. 제2장에서 서술한 상황인식이라는 지속적인 인지적 모니터링은 주변의 환경과 상황에 주의를 기울이는 것이지만, 상황판단과 상황인식은 다르다. 의사결정의 상황판단 단계에서는 새로운 상황 또는 변화된 상황을 식별하고 이해하는 데 훨씬 더 의식적인 노력이 요구된다. 이 단계는 상황인식과 매우 유사한 지각 및 주의과정을 포함하며 전문적 능력, 작업부하 및 기대 등과 같은 요인에 의해 영향을 받는다.

제2장에서 설명한 바와 같이, 작업자가 작업환경과 수행해야 할 작업에 익숙해지면, 전형적인 상황과 주변 환경에 대한 기억을 유지하기 시작한다. 전문지식과 기능이 발달함에 따라 이것들은 기억에 축척되어 정신적 모델이 되며, 이것이 기억에서 나와 패턴매칭이 가능하게 되어 상황인식 과정을 촉진한다. 지속적인 감시를 통해 중요한 상태변화가 감지되면 보다 집중적인 상황판단이 이루어진다. 마취과 의사 Rall and Gaba(2005)는 이것을 '문제 인식'이라고 부른다. 이것은 입수 가능한 징후를 선택하여 하나의 패턴으로 묶어 문제를 인식하기 위해 장기기억의 저장소를 조사하여 무엇이 문제인지를 인식하는 것을 포함한다. 이 평가는 상황이 위험하다는 결론에 도달할 뿐이며, 다른 가능성이 있는 문제를 충분히 진단하지 않은 상태에서 개선책이 취해질 수도 있다. 어느 경찰서장의 말에 따르면, '1,000건의 일이 일어나고, 그중

100건에 대해서만 알고 있으며, 단지 10건에 대해서만 조치를 취할 수 있다. 따라서 사건현장 지휘관에게는 전개상황의 몇 가지 핵심적인 측면을 인식하고 이해하며 집중하는 능력이 핵심이다.'(Sarna, 2002, p. 40)

그림 3.1에서 볼 수 있듯이 의사결정 과정의 제1단계는 현재의 상황을 진단하는 것이다. 이 시점에서 의사결정자는 종종 관련된 팀과 함께, 직면한 상황을 설명하기 위해 정신적 모델을 구축한다. 외과 의료분야의 상황판단에 관한 연구 중에, Domingues et al.(2004)은 복강경담낭 제거수술(Key-hole surgery)을 받는 환자의 비디오를 보여준 일반 외과의들을 인터뷰했다. 테이프를 세 군데 정도 중지하고 외과의들에게 수술과정과 관련된 질문, 예를 들어, 이 수술을 개복 수술로 전환해야 한다고 생각합니까? 라는 질문을 했다. 또한 수술하는 시점에 안심하고 보고 있는지 그들의 '편안한 수준'을 평가하도록 했다. 테이프가 재생되는 동안, 외과의들이 생각하는 것을 큰 소리로 말하며 보고 있는 상황을 지속적으로(마치 그들이 수술을 진행하고 도움을 요청받은 것처럼) 해설해 달라고 요청했다. 그 결과 외과의들의 의사결정에서 편안한 수준판단, 위험평가, 결과예측 그리고 자기감시(예: '이 부분에서는 조심해야 한다') 등, 상황판단의 중요성을 보여주었다.

상황판단이 부정확할 경우, 그에 따라 행해진 의사결정도, 선택된 행동방침도 적절하지 않을 가능성이 크다. 사례 3.1의 Kekworth 항공기 추락사고에서 조종사들의 상황판단은 '우측엔진이 진동하고 있었으며 조종실로 연기가 들어왔다'고 했지만, 실제 화재는 좌측엔진에서 발생했었다. 그들의 의사결정(선택된 행동방침)은 직면한 문제에 정확한 판단이라고 생각했지만 실제 상황에서는 치명적이었다. 유사하게, 위에서 언급한 바와 같이, 미 해군군함 Vincennes호 함장은 그의 팀이 레이더 상 궤적을 잘못 분류하여 적군의 항공기로 오인한 후 항공기를 격추하라고 명령했다. 290명의 승객을 태운, 이란 여객기는 전원 사망했다. 함장과 그의 팀이 정확한 상황판단을 못했기 때문에 선택한 대응은 잘못되었다(Fogarty, 1988; Klein, 1998). 조종사들의 의사결정 오류가 더 많이 발생하는 이유는 상황을 올바르게 판단했으나 대응을 잘못한 경우보다, 상황을 오해했기 때문이다(Orasanu et al., 1993).

잘못된 상황판단은 제2장에서 서술된 여러 가지 요인들로 인해 발생한다. 상황의 징후들은 오해되거나 잘못 해석 또는 무시될 수 있으며, 이로 인해 발생할 수 있는 문제는 잘못된 생각으로 이어질 수 있다. 또는 위험 수준을 잘못 계산하거나 가용 시간을 잘못 판단할 수 있다(Orasanu et al., 2001). 출동현장에 경찰관들이 배치되는 순간에 중요한 결정을 하고 있으며, 이 시점에 동시에 개인 스스로의 위험과 상황적 위험을 추정해야 한다(Flin et al., 2007b). 또한 의사결정 실패는 모르는 사이에 상황이 바뀌어 운용자가 상황판단을 충분히 업데이트하지 않았을 때도 발생한다. 마취과 의사인 Rall and Gaba(2005: p3027)는 수술실에서 '잘못되는 일'에 대하여 논술했다. '수술 중 소량이더라도 지속적으로 아이의 출혈이 나타나면 혈류역학에 미묘한 변화가 일어나서 급기야는 급성으로 심장의 대상부전이 발생한다. 만약 진행 중인 문제의 미약한 징조라도 발견되지 않는다면, 뒤따르는 재앙은 "갑자기" 일어난 것처럼 보일지도 모른다.'

마찬가지로, 해양유전 및 가스시추 산업에서 '위험한 비탈길(Slippery slope)'이라는 용어는 현재 상황이 예상한 상황으로부터 어느 정도 빗나가서, 계획된 경로로 복귀하기 위해서는 개선책이 필요하다는 현실을 설명하는 데 사용된다. 시추선 감독관의 말에 따르면: '통제력을 잃고 생각 없이 행동하면 위험한 비탈길로 미끄러져 일이 걷잡을 수 없는 파국으로 다다를 수 있고 어떤 일을 하거나 행동을 취한 후 후회하게 된다.' 이와 유사하게, 시추선 기술자는 '우리는 궤도에서 이탈한 상황을 너무 늦게 깨달았고 이 상황에 대비한 비상계획도 없이 위험한 비탈길로 내려가고 있었다.' 고 말했다.

Orasanu가 이끄는 NASA심리학자 팀은 항공조종사들의 의사결정을 연구해 왔다. 이 팀은 조종사들이 시뮬레이터에서 비행하는 것을 관찰했으며 사고나 사고위기의 문제를 일으킨 상황에 대한 보고서도 조사했다. Orasanu and Fischer(1997)는 상황판단이 중요한 장면에서는 이용 가능한 시간과 위험수준의 판단이 매우 중요하며, 이 판단이 조종사가 선택할 의사결정방법을 결정하기 때문이라고 밝혔다. 그림 3.2와 같이, 충분한 시간은 없고 고위험 상황에서 조종사들은 알고 있는 규칙을 적용하는 전략을 더 신속하게 이용한다. 충분한 시간이 있을 경우(위험변수가 있을 때조차)도, 대안 행동방침을 비교평가하고 시간이 걸려도 더 엄격한 선택방법을 택할 수 있다.

시간추정(Time estimation)에 관하여, 항공분야 연구는(긴급의료 및 치안의 경우도 마찬가지로) 경험 있는 실무자가 경험 부족한 동료보다 이용 가능한 시간을 정확하게 예측하는 경향이 있으며, 후자는 이를 과소평가하려 한다. 전문가들은 문제의 상황에서 '시간을 벌기 위해' 이용할 수 있는 전략을 알고 있는 경향이 많다.

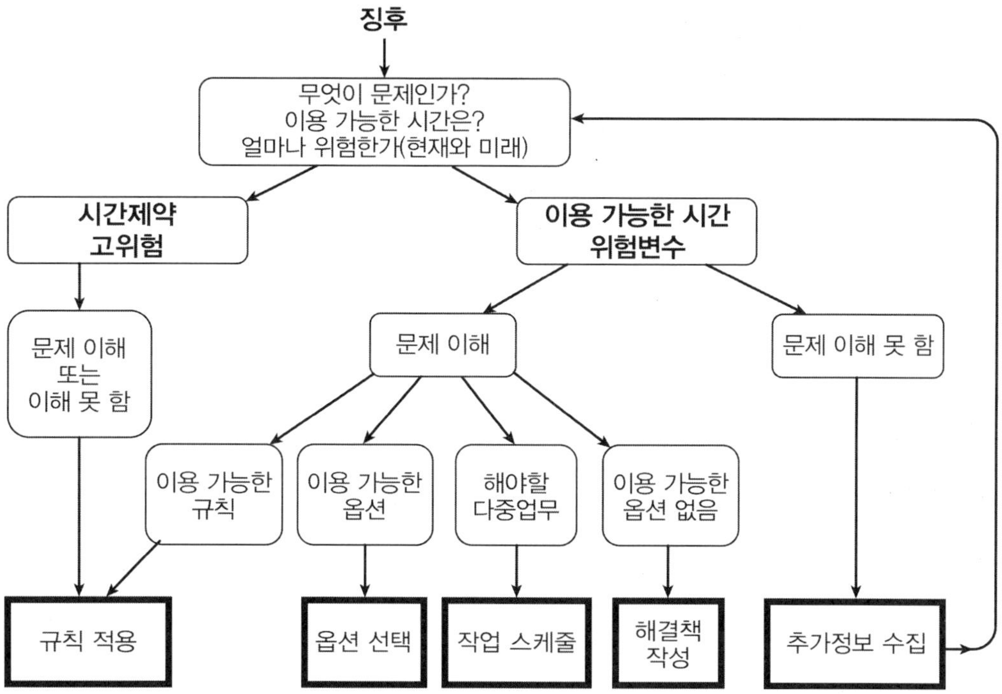

그림 3.2 항공조종사의 의사결정(Orasanu, 1995, p.1260)
Human Factors and Ergonomics Society의 승인 하에 게재.

그림 3.2는 그림 3.1과 같은 의사결정 모델의 기초가 되며, 옵션을 선택하거나 규칙을 적용하는 것과 같은 다른 결정방법은 다음 절에서 논의된다.

ii) 의사결정 방법 – 무엇을 해야 하나

그림 3.1과 3.2에서 볼 수 있듯이 의사결정의 두 번째 단계는 상황판단의 필요를 충족시키기 위한 행동방침을 선택하는 과정이다. 의사결정방법에는 다음과 같은 4가지 주요 방법이 있다.

a. 인식주도형–직감 (Recognition primed–Intuitive)
b. 규칙기반형 (Rule based)
c. 비교선택형 (Choice through comparisons of options)
d. 창조형 (Creative)

인식주도형 및 규칙기반형은 한 번에 하나의 대응 선택만이 고려된다. 비교선택형은 몇 가지 가능한 행동방침을 세운 뒤 동시에 비교한다. 창조형은 상황이 너무 생소해서 새로운 대응이 필요한 경우이다. 이 네 가지 방법은 어떤 상황에서는 아무것도 하지 않거나 일이 어떻게 전개되는지 보기 위해 기다리는 것이 최적의 행동방침일 수도 있다. 외과 연수의에게, '뭔가 하려고 서두르지 말고, 가만히 있어'라고 충고한다. 하지만, 초보자들은 아무것도 하지 않는 것이 더 많은 스트레스로 되어, 오히려 행동을 취함으로써 스트레스가 완화되는 것으로 보이므로, 경험 있는 의사들보다 기다리고 지켜보는 경향이 덜하다.

중요한 점은 네 가지 결정방법 중 어느 것이든 첫 번째 단계는 상황을 판단하는 것이다. 따라서 어떤 의사결정방법을 사용하든, 선택한 대응책의 유효성은 최초 상황판단의 정확도에 따라 달라진다.

a. 인식주도형 의사결정

이 의사결정 방식은 이전의 동일한 유형의 상황에 대한 대응을 기억하는 데 의존한다. 위에서 설명한 것처럼, 상황적 징조는 패턴이나 전형사례로 저장된 이전상황의 기억과 일치할 수 있다. 이를 인식주도형 의사결정(Klein, 1993) 또는 직감적 의사결정(Abernathy and Hamm, 1993; Claxton, 1997; Gigerenzer, 2007; Klein, 2003)이라고 부른다. 일부 전문가들은 '직감'이라는 단어가 그들의 기호에 비해 너무 신비주의적으로 생각하며, 이런 종류의 신속한 결정과정을 서술하기 위해 '제6감(Gut feel)'이라는 용어를 선호하는 사람도 있다. 이 과정은 지금 인식하고 있는 상황과 관련성이 있는 과거의 행동방침을 기억으로부터 신속하게 검색하는 것을 포함하고, 본능적이거나 정서적 대응과 관련이 있을 수 있다(Damasio, 1994 참조). 과거의 대응은 매우 빠르게 기억되기 때문에 이 상황에 대한 적절한 조치는 이전의 유사한 상황의 일련의 기억과 함께 저장되어 있었을 것이다. 그것은 규칙의 기억일 수도 있고, 또는 이 상황과 유사한 이전 상황에서 사용된 개인적인/관찰된 테크닉일 수도 있다. 이 경우, 행동방침을 선택하는 것은 거의 자동적인 과정으로 경험할 수 있으며, 의식적인 숙고는 아니다.

Klein(1993)은 인식주도형 의사결정 과정의 모델을 개발했다. 그는 소방서장들이 위험하고 시간 제약의 상황에서 어떻게 선택적인 행동방침을 비교하는지 알아내기 위해 그들을 연구하고 있었다. 소방서장들은 '그들이 "선택안을 만드는 것", "대체안을 고려하는 것" 또는 "발생확률을 평가하는 것" 등의 까다로운 일을 하는 것은 아니라고 주장했다. 그들은 이전의 경험을 기준으로 반응하고 행동한다고 한다. 즉, 상황의 필요에 맞게 계획을 만들고, 감시하고, 계획을 수정한다. 소방서장들은 두 가지 옵션을 비교하는 일조차도 드물었다. 게다가, 최적의 선택을 위해 탐색하는 것은 오히려 소방서장의 현장상황 통제력을 잃을 만큼 일을 지연시키는 듯했다'(p. 139). Klein은 그들이 상황판단이나 분류에 기초하여 적절한 행동을 할 수 있도록 민첩하게 생각하는 결정프로세스를 이용하고 있다는 것을 깨달았다. 그들의 목표는 최적의 행동방침보다는 상황을 통제할 수 있는 충분한 해결책을 찾는 것이었다. 일단 특정한 사건을 다루고 있다는 것을 인식하면, 보통 그 상황에 맞는 전형적인 대응책을 알고 있었다. 어떻게 실행에 옮길 것인지 상상하면서 그 행동과정의 가능성을 빠르게 평가하고, 무엇인가 중요한 것이 잘못될 수 있는지 확인한다. 만약 그들이 어떤 문제점을 예상한다면 그 계획은 수정될 수 있지만, 다른 방안을 생각하는 것은 최초의 대응책을 포기하였을 때뿐이다.

인식주도형 의사결정의 주요특징은 다음과 같다.

- 가능한 조치에 대해 여러 옵션을 생각하기보다, 상황을 이해하는 것이 중요하다.
- 상황의 대응책으로써, 과거의 경험에 기초하여 상기(Recall)한다.
- 실행된 대응책은 최적은 아닐 수 있지만, 실행가능하고 납득이 가능한 행동방침이어야 한다.

인식주도형 의사결정(RPD: Recognition-primed Decision-making)모델의 3가지 형태는 그림 3.3과 같다.

Klein(1998)은 RPD모델이 '의사 결정자들이 어떤 행동방침이 타당한지를 인식하는 것과, 그 행동방침이 이미징하는 것으로부터 평가하는 것, 이 두 과정을 융합한 것이다'(p. 24)는 설명을 한다.

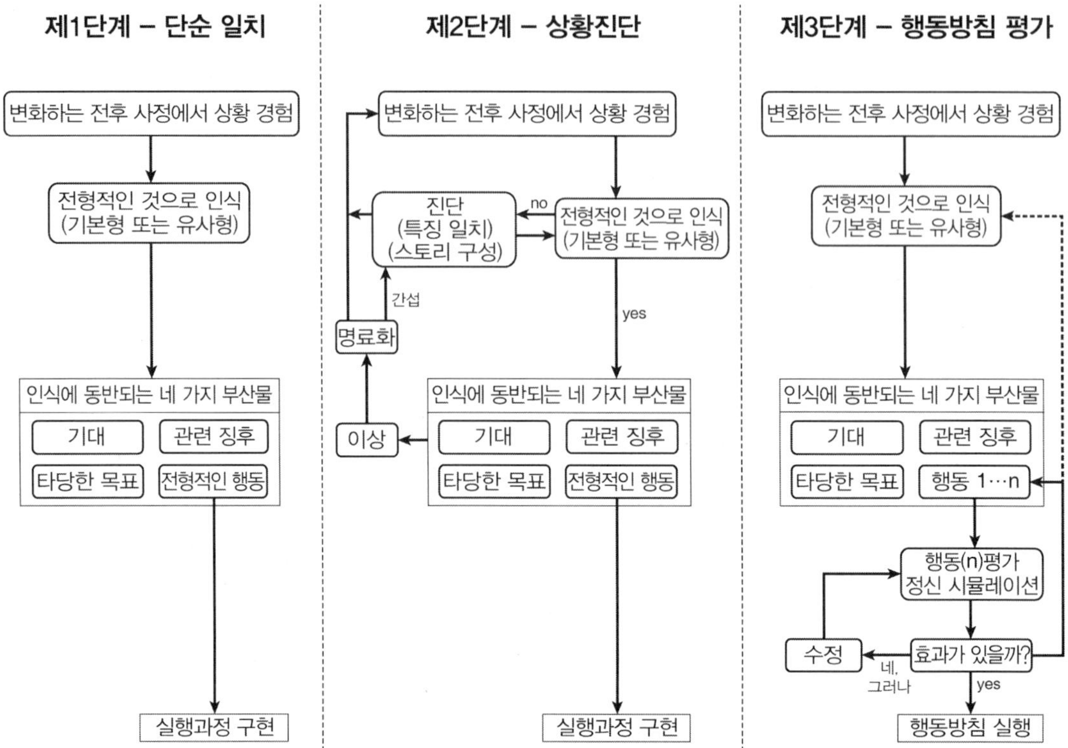

그림 3.3 인식주도형 의사결정(Klein, 1995)
(Kleinssociates의 승인 하에 게재)

이 모델의 기본형식인 1단계(단순 일치)는 의사 결정자가 상황의 유형을 인식하고, 그에 대해 알고 있는 적절한 대응을 파악한 후 이를 실행한다. 익숙하지 않거나 더 복잡한 상황(2단계: 진단)에서는 보다 명확한 상황판단(진단)단계가 표명된다. 여기에는 간단한 특징의 일치를 포함하여, 의사 결정자가 상황의 해석이나 환경 내 징후를 탐색하고 여러 가지 가능성을 생각하여, 그중 적절한 것을 선택하는 단계이다. 경우에 따라서, 의사 결정자 자신이 단서와 부합되는 타당한 설명이나 이를 설명할 수 있는 이야기를 구성함으로써 가능한 징후를 파악할 필요가 있다. 제3단계(평가)에서 의사 결정자가 취하는 행동이나 행위에 자신감이 없는 경우, 간단한 심리 시뮬레이션을 수행하여 발생할 수 있는 문제를 확인하고 실행할 수 있다. Klein은 이것을 '행동방침의 예행실습(Preplaying a course of action)'이라 부르고, 만약 이 시뮬레이션으로 우려가 생기면, 이 대응이 거부당하기 전에 수정하거나 조정하려고 시도한다. 다른 행동방침을 고려하는 것은 대응이 거부당했을 경우 뿐이다. 따라서 의사 결정자는 한

번에 두 개 이상의 옵션을 비교하지 않으며, 그 과정은 매우 자동적이거나 직관적으로 느껴질 수 있다.

사례 3.2 | 포화잠수에 있어서 인식주도형 의사결정

세 명의 민간 잠수부팀은 북해해저 300피트까지 포화잠수 상태였다. 이날 업무를 마치고 인원수송 예압캡슐(PTC)로 돌아갔다. 이 캡슐은 윈치로 해상시설의 플랫폼에 들어 올려 감압체임버(DDC)와 연결한다. PTC와 DDC는 모두 300피트의 해수압력을 유지하여 잠수부들이 해수면으로 그냥 올라왔을 때 생기는 감압증(잠수병)을 방지한다. DDC에 들어가면, 잠수부들은 PTC에 들어가기 전에 휴식과 수면을 취하고 다시 12시간 동안 작업한다. 작업이 끝나고, 잠수부들이 해면의 대기압으로 다시 회복하는 데는 며칠이 걸린다.

들어 올려진 PTC는 거친 파도에 부딪혀 플랫폼 하부로 들어갔고 PTC 물이 제거됐다. 또한 파도의 힘으로 PTC외부에 부착된 카메라가 PTC창문을 깨며 들어왔다. 잠수부들이 있는 고압캡슐 안의 공기가 깨진 유리를 통해 빠져나가기 시작했다. 오일 플랫폼에 있던 잠수감독관이 이 모습을 보고, 가스가 새는 소리를 듣고, PTC와 DDC를 연결하기도 전에 잠수부들이 죽을 것으로 판단하고, 즉시 윈치를 조작하여 PTC를 다시 300피트 아래로 하강시켰다. 다행히도, 잠수부들은 재빨리 잠수복과 호흡장치를 지니고 인접한 석유 플랫폼이 제공한 다른 PTC로 옮겨 탈 수 있었다(O'Connor, 2005).

소방관, 집중치료실 간호사, 군인, 조종사 및 해양 설치관리자 등 많은 전문가들이 RPD를 사용한다는 다양한 증거가 있다(Klein, 1998 참조). 마취과 의사의 경우, 모든 문제는 불확실성 하에서 결정을 내려야 하는데, '치명적인 부정적 결과로 빠르게 이어지는 것을 방지하기 위해 신속한 조치를 취해야 한다. 형식적인 연역적 추론을 통해 해결책을 도출하는 "기본 원칙들"은 이러한 문제들에 있어서는 너무 느리다. 복잡하고 동적인 업무분야에서 대부분의 발생상황에 대한 숙련자들의 초기대응은 그러한 상황에 사전 준비하여야 할 "규칙" 또는 "대응계획"은 기본적으로 나오게 되며, 발생상황이 확인되면 그 상황의 대응책에 대해서도 잘 알고 있다.'(Gaba, 1994: p. 2654). 이러한 유형의 의사결정은 시간 제약이 없는 경우에도 사용할 수 있지만, 특히 빠르고 되돌릴 수 없는 결정이 필요한 극단적인 상황에서도 이용될 수 있다(Orasanu, 1997). 예를 들어, 조종사들이 이륙을 중지하고 활주로에 남아있어야 할지(Harris and Khan, 2003), 무장경찰은 용의자를 쏠지 기다려야 할지를 결정해야 한다(Mitchell and Flin, in press). Gladwell(2005)은 자신의 저서 Blink에서 치안유지와 이런 유형의 또 다른 상황에서 신속한 결정과정에 대한 많은 예를 보여준다. 포화잠수의 경우(사례 3.2), 잠수감독관의 인식주도형 의사결정(즉, 신속한 상황판단과 대응)은 3명의 목숨을 구했다.

Klein은 RPD 기본모델에 두 개의 버전을 추가하는 것도 제안한다. 상황이 불확실할 때, 의사결정자는 그 상황의 가능한 징후들을 이해하기 위해 스토리구성 전략에 의존한다. 선택한 행동방침이 적절한지 확실하지 않은 경우, 이 방침이 효과가 있을지 또는 문제가 있을지를 생각하기 위해 멘탈 시뮬레이션을 수행할 수 있다(자세한 내용은 Klein, 1998 참조). 그러나 상황을 잘못 판단하고 잘못된 상황에 대해 적합한 규칙을 기억해내어 적용하면 RPD에서도 의사결정 오류가 발생하게 된다.

RPD의 장단점은 아래에 요약되어 있다.

인식주도형 의사결정	
장점	장점
• 매우 빠르다. • 의식적인 사고가 거의 필요 없다. • 만족스럽고 실행 가능한 선택이 가능하다. • 일상적인 상황에서 유용하다. • 스트레스의 악영향을 받기 어렵다.	• 사용자의 경험이 필요하다. • 판단근거의 설명이 어렵다. • 모델을 뒷받침하지 못하는 증거를 고려하기보다, 모델을 뒷받침 할 증거만을 찾도록 권장한다. (확증 편향)

요약하면, RPD 방법은 특히 시간 제약이 심하고, 비교적 경험 있는 작업상황에서 일하는 숙련된 전문가들에게 유용한 방법이며, 또한 극도의 스트레스가 있는 상황에서도 더 저항력이 있을 수 있다. 이는 작업기억을 매우 제한적으로 사용하고 주로 장기기억에 저장하기 때문이다(제2장 참조). 정의에 따르면 경험범위가 제한되어 있고 따라서 관련된 상황의 기억이 적기 때문에, 인식주도형 의사결정은 초보자가 사용할 가능성이 낮다. 초보자는 거의 모든 상황이 익숙하지 않고 의식적인 숙고와 배운 규칙을 적용해야할 필요가 있다.

b. 규칙기반형 의사결정

규칙기반형 의사결정은 흔히 소정의 과정기반형(Procedure-based) 의사결정을 의미하지만, 여기서는 규칙기반형이라는 용어를 사용한다. 규칙기반형 방법에는 발생한 상황을 식별하고 해당되는 절차의 규칙이나 과정을 기억해내거나 매뉴얼을 참고하는 것을 포함한다. 이 과정은 인식주도형 의사결정보다 더 의식적인 노력이 필요할 수 있다. 개인은 상황에 적합한 규칙을 찾기 위해 기억 해내거나 물리적으로 절차 매뉴얼 또는 점검표를 참조하여 대응책을 찾는다. 고위험 산업은 표준절차에 의해 '지배(Governed)'되며 운용요원은 조치를 취하기 전에 매뉴얼을 참조해야 하는 경우가 많다. 예를 들어 항공조종실에서는 문제가 발생했을 때 비상절차를 조종사가 모두 외우고 있거나 비행매뉴얼을 참고한다. 구체적으로 설명하자면 T−34멘토(미 해군 학생 조종사가 처음 타는 프로펠러식 훈련기)에서 브레이크 고장이 발생한 경우 대처할 비상절차가 나와 있다. 훈련생들은 이 절차를 외워야 한다.

1. 방향타와 정상브레이크로 방향제어를 유지한다. 필요에 따라 감속을 위해 베타 [프로펠러의 피치각을 변경하여 역추력 제공]를 사용한다.

준비되지 않은 지형으로 가는 것이 예상되는 경우 :

2. 컨디션 레버 ······ 연료차단(FUEL OFF)
3. T−핸들(소화핸들) ······ 당긴다(PULL)
4. 캐노피(조종석 덮개) ······ 긴급개방(EMERGENCY OPEN)
5. 배터리 스위치 ······ 오프(OFF)

항공기가 정지하는 경우 :

6. 좌석벨트 ······ 풀다(RELEASE)
7. 낙하산 ······ 풀다(UNFASTENED)
8. 항공기 탈출(www.bryanweatherup.com/gouge/Primary/C4001.html)

규칙기반형 의사결정은 빈번하게 일어나거나 위험한 상황에 대한 표준절차로 학습하는 초보자들이 광범위하게 사용한다. 절차(Procedures)는 전문가들에게도 유용하다.

예를 들어, 조종사들이 엔진 화재에 대처하는 절차를 기억한다면, 엔진을 끄고 불을 끄기 위해 무엇을 해야 할지 생각할 필요가 없다. 이렇게 되면 그들은 상황에 신속하게 반응할 수 있고, 착륙지점을 찾는 일과 같은 다른 중요한 요소들에 대해 생각할 수 있게 한다. 실습을 통해, 이것은 자동적으로 이루어지고 규칙은 적은 노력으로도 기억해낼 수 있게 되며, 효과적으로 직관적인 의사결정을 할 수 있게 된다. 이것이 조종 훈련생들이 표준 및 비상절차를 학습하고 실습하는 데 많은 시간을 할애하는 이유이다. 그림 3.4는 일련의 절차를 보여주는데, 단순한 의사결정트리(Decision tree)에 '만약~ 그러면(If~ then)'의 규칙형태로, 해양플랫폼 비상사태 시 시설관리자가 취해야 할 적절한 행동을 유도하기 위해 작성된 가이드이다.

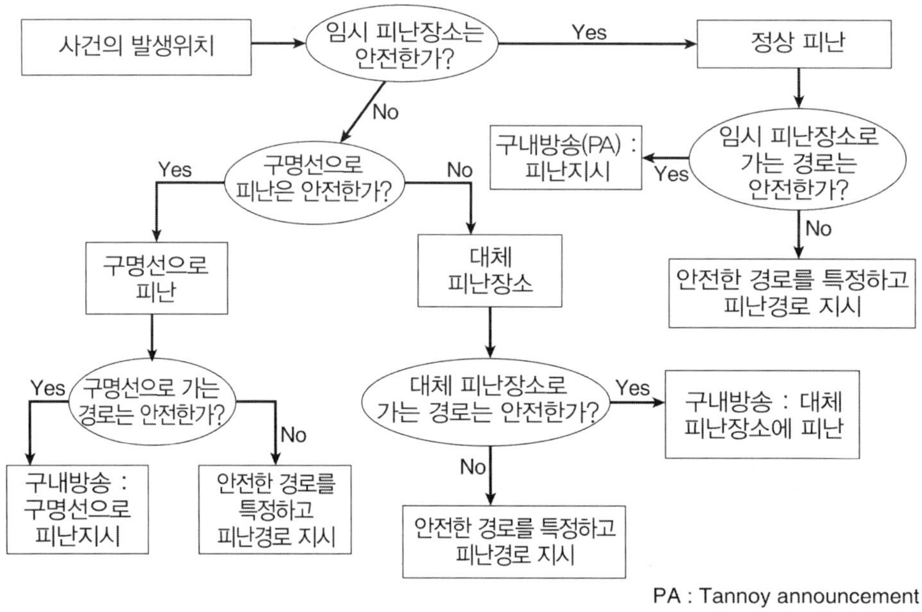

그림 3.4 해양 비상사태 시 의사결정 단계(Skriver, 1998)

절차의 적용은 상황이 지나간 후 특정한 결정의 정당성을 주장할 때도 도움이 되는데, 대응이 잘못된 경우 계획 탓으로 말하기 때문이다. 규칙에 기초한 의사결정에 지나치게 의존하는 것은 기술수준을 떨어뜨릴 수 있다(Skriver and Flin, 1996). 미지의 낯선 상황이 발생했는데 규칙이 없다면, 의사결정자는 새로운 행동방침을 정할 수 있을까? 산업계에서는 절차를 매우 강조하기 때문에 조직들은 모든 상황에 대한 절차를 작성하려고 한다. 이 결과, 규칙의 일부를 기억하거나 비상상황 시 쉽게 정할 수 있는 방대한 양의 절차매뉴얼이 만들어 진다. 퇴역한 영국 해군제독 Larken은 절차는 매우 유용한 반면, '나는 진정한 위기와 긴급한 의사결정의 범위에서 절차의 가치에 의구심을 갖고 있다. 내 경험에 따르면 중대한 의사결정은 절차가 소진되었을 때 시작되고, 경험상 절차는 사고에 있어서 "열의에 찬 상태에서" 곧 소진되어 버린다고 지적했다'(2002: p. 118). 규칙기반형 의사결정의 장단점은 다음과 같다.

규칙기반형 의사결정	
장점	장점
• 초보자에게 적합하다. • 규칙을 알면 빠르게 행동한다. • 전문가가 결정한 행동방침을 제시한다. • '규정된 절차를 따르는 것'으로 행동방침을 설명하기 쉽다. • 각 단계의 이유를 이해할 필요 없다.	• 매뉴얼을 참조해야 하는 경우 시간이 소요된다. • 규칙이나 절차를 찾을 수 없는 경우가 있다. • 방해를 받으면 한 단계를 놓칠 수 있다. • 규칙이 오래되었거나 부정확할 수 있다. • 저급한 기술일 수 있다. • 각 단계의 이유를 이해 못할 수 있다. • 잘못된 절차를 선택할 수 있다.

이 방법에서 의사결정 오류가 발생하는 것은 잘못된 규칙을 선택하고(익숙한 규칙을 선택할 위험이 특히 크다) 의사결정자가 생각한 상황과 일치하게 되는 결정오류가 발생할 수 있다. 이 규칙은 잊어버린 것이거나 매뉴얼이나 컴퓨터에서 찾기 어려운 절차일 수 있다. 우리 연구원 중 한 명은 고도로 훈련된 제어실팀이 대응하려는 비상사태에 완전히 잘못된 절차를 체계적으로 실행하는 데 20분을 투자한 사고 시나리오의 실습을 지켜보았다.

사고의 분석결과 개인이 특정규칙을 위반한 것으로 보인다. 규칙위반과 그 절차를 업데이트하는 시스템이 존재하는지, 그 문화와 관련된 조직적 요소가 역할을 한다. – 이 문제는 이번 장의 범위를 벗어나므로, 자세한 내용은 Reason(1997)을 참조바란다.

c. 비교선택형 의사결정

위에서 설명한 바와 같이, 이 방법은 분석적 의사결정이라고도 하며, 옵션을 비교하는 방법은 고전적 연구방법의 핵심이다. Orasanu(1997)는 이 방법을 선택적 의사결정이라고 부르고, 여기서도 이 용어를 사용하지만, 분석적이라는 단어는 옵션을 분석하기보다는 상황을 분석하는 것을 의미한다. 다시 말하지만 절차를 시작하려면 문제의 정체가 판명되어야 한다. 의사결정자는 기억력, 매뉴얼 또는 다른 팀원들로 부터 다양한 행동방침을 만들고, 그것들을 비교하여 그 상황의 요구에 가장 적합하다고 생각되는 것을 선택한다. 예를 들어, 경찰서장이 인질협상을 하고 있다면, 주어진 상황에서 비교할 수 있는 행동방침은 3~4가지 정도 될 것이다. 항공조종사가 계획되지 않은 장소에 착륙해야 한다면(예: 위급한 승객을 병원으로 이송하기 위해), 몇 개의 대체공항을 생각할 수 있고 항공기와 승객에게 가장 적합한 공항을 선택해야 한다. 이상적으로는 옵션의 모든 관련된 특징을 확인하고 그다음 상황의 요구에 맞는 정도에 따라 평가해야 한다. 이 결정방법은 우리가 휴가 목적지를 선택하거나 새 노트북을 선택할 때 자주 사용하는 방법이다. 의사결정트리(Decision tree)나 다속성 의사결정론(Multi-attribute decision theory), Bayesian 모델과 같은 수학적이고 통계적으로 최적의 선택을 할 수 있도록 도와주는 기법들도 있다. 그러나 이것들은 종종 상당한 시간과, 정신적 노력 그리고 대부분의 사람에게는 그것을 해결하기 위해 종이와 연필을 준비해서 머리를 쥐어짜내야 한다. 선택적 결정방법의 장점은 가능한 모든 대안을 신중하게 평가한다면 최적의 해결책에 도달할 가능성이 크게 향상된다.

실제로, 대부분의 의사결정자는 단순한 계산 등 많은 발견적 문제해결이나 간단한 방법을 이용하여 옵션을 비교하지만, 그 일련의 결정은 가장 친숙한 것을 고르거나 가장 최근에 검토한 것을 고르고, 처음 생각한 것을 선택하는 경향이 있다. 경험 많은 의사결정자들은 때로 '신속하고 검소한 발견적 의사결정방법'(Gigerenzer and Goldstein, 1996)이라 불리는 – 신속한 결정을 내리는 경험법칙을 사용한다.

일어날 수 있는 만일의 사태(Possible contingencies)와 옵션에 대한 사전 직무분석을 한 경우, 심각한 상황에서도 상당히 빠르게 비교검토가 가능하다. 충분한 준비를 통해, 위에서 설명한, 인식주도형 의사결정방법(RPD)도 신속하게 될 수 있다. 예를 들어, Larken(2002)은 전투 중 해군사령관의 의사결정은 '전략과 계획을 분석적으로 도출하고 RPD기반으로 만일의 사태에 대비해 응용행동을 고려하는 것(what-if분석)을 통해 많은 것을 얻을 수 있다'(p. 114)고 서술했다.

석유산업에서는 의사결정트리(Decision tree)의 형태로 옵션을 선택하는 규칙이 일반적으로 작업을 시작하기 전에 작성되어, 작업을 어떻게 수행하는 지에 대한 방향을 정한다. 어느 시추 엔지니어의 말에 따르면, '의사결정트리는 계획단계에서 운용의 불확실성을 해결하는 데 도움이 되지만, 작업의 실행단계에서는 실제로 의사결정트리를 사용하지는 않는다. 우리는 경험을 바탕으로 무엇을 해야 하는지는 알지만, 한 팀원으로서 해야 할 것이 무엇인지를 논의한다. 의사결정트리를 사용하지 않고도 문제에 대해 사전에 생각하여두면 도움이 된다.'고 서술했다.

비교선택형 의사결정방법에서 관련된 모든 옵션을 고려하지 않거나 최선의 행동방침에 대해 잘못된 선택을 하면 결정오류가 발생할 수 있다. 그 밖의 장단점은 다음과 같다.

비교선택형 의사결정	
장점	장점
• 대체 행동방침을 충분히 비교할 수 있다. • 근거가 될 수 있다. • 최적의 해결책이 될 수 있다. • 각종 기법을 이용할 수 있다.	• 시간이 소요된다. • 소음이 심하고 주의가 산만한 환경에 적합하지 않음 • 스트레스의 영향을 받을 수 있다. • 인식 과부하가 발생할 수 있고 의사결정이 '정지'될 수 있다.

d. 창조형 의사결정

이 방법은 혁신의 기반이 될 수 있지만, 낯선 상황에서 새로운 행동방침을 고안해야 하기 때문에, 시간 제약이 높은 환경에서는 자주 사용되지 않는 방법이다. Orasanu and Fisher(1997)에 따르면, 조종사들은 기내에 문제가 발생했을 때 이 방법을 거의 사용하지 않는다. 유명한 예로, '10억분의 1의 실현 가능성이 거의 없는' DC-10(United Airlines 232)기 중앙엔진의 고장으로 유압배관의 파손과 조종불가능 상황이 발생했다. 승무원들은 현재까지는 없던 새로운 해결책을 사용하려고 하였다. 나머지 두 엔진의 추력차이를 이용해서 상승하강 또는 선회 제어력을 회복했고 Sioux City 공항활주로에 비상착륙하여 많은 생명을 구할 수 있었다(Haynes, 1992). 고위험 상황에서 새로운 행동방침이 만들어져야 했던 또 다른 경우는 아폴로 13호의 달 탐사이다. 이륙직후 발생한 폭발로 우주선의 산소탱크가 손상되었다. Houston의 통제실 팀은 우주비행사들과 함께 계속 나타나는 새로운 문제에 대한 일련의 해결책을 고안해내야 했다.[2] 비행 중 응급상황의 또 다른 예로서는 외과의사가 다른 의사의 도움으로(두 명 모두 이 비행기의 승객이었다), 홍콩에서 런던으로 가던 중 기흉(Collapsed lung)을 일으킨 여성승객을 수술한 일이다. 흉부 벽을 절개하기 위한 수술은 마취약도 없이 에비앙 페트 물병, 끈끈한 셀로 테이프, 브랜디 병 및 기내 비치된 구급상자를 사용하여 수행되었기 때문에 창의적인 의사결정이 필요했다. 그 여성은 생명이 위독한 상태였지만 그들의 활약 덕분에 회복할 수 있었다(The Independent, Mar. 24, 1995).

이 결정방법은 드물게 사용되는 방법으로 대안이 없는 경우를 제외하고, 위험성이 높은 분야에 권장되지는 않지만, 일부 군 사령관들은 전쟁 중에는 이러한 종류의 의사결정을 내려야 한다고 주장했다. '창의적인 의사결정은 제창자 자신과 팀원이 더불어 이전 경험이나 예상되는 결과의 한계를 완전히 벗어나는 상황일 때 필요한 접근법으로 생각된다. 지도 없이 여행하는 것이다'(Larken, 2002: p. 115). 창의적 의사결정은 새로운 행동방침을 설계하고 평가하기에 충분한 시간이 있는 경우, 운용 관리계획 및 절차 개발단계에서 수행되어야 한다. 창의적 의사결정의 특징은 다음과 같다.

창조형 의사결정	
장점	장점
• 익숙하지 않은 문제에 대한 해결책을 제공한다. • 새로운 해결책을 발견할 수 있다.	• 시간이 소요된다. • 검증되지 않은 해결책이다. • 소음과 주의 산만한 환경에는 어렵다. • 스트레스 상태에서는 어렵다. • 정당화할 근거를 나타내기 어렵다.

동적 작업환경에서 의사 결정자는 일반적으로 주어진 시간, 익숙함, 직무요구사항 등에 따라 인식주도형, 규칙기반형 및 비교선택형으로 변경한다.

Crosskerry(2005)가 지적하듯이 임상관련 의사결정 중에 직감형과 분석형(비교선택형)을 비교할 때, '요령은 특정 직무에 적절한 인지활동을 일치시키는 것이다.'(p. R1). 이러한 다양한 방법을 설명하기 위해, 일부 사례가 표 3.2와 같이, 어려운 수술 중 의사결정을 설명하는 외과 지도의사와의 인터뷰로부터 제시되었다(Flin et al., 2007a).

2) Tom Hanks가 Jim Lovell로 출연한 "Apollo 13호"에서 잘 묘사되었다.

표 3.2 외과의사의 의사결정 예

의사결정 방법	외과 지도의사 서술
(i) 인식주도형	'나는 극도의 시간제약 상태에 있다 – 결정을 내릴 시간도 없다 – 출혈을 신속하게 멈추게 해야 하는데 신장기능이 정지할 때까지 20분밖에 없다. 출혈위치를 찾아 마취과 의사에게 알리고 고정시켰다. 정상 상태의 신장을 유지하기 위하여 냉각생리식염수를 신장에 주입하여야 한다.'
(ii) 규칙기반형	'만약 손상이 발생하면, 어쨌든 임상관리 지침에 따라 중단한다. 전문가로써 지속하고는 싶지만 다른 한편은 "첫째 손상을 입히지 않도록 한다"는 것을 잊지 말아야 한다. 따라서 나는 거기서 멈추고 두 번째 대안을 찾기로 한다.'
(iii) 비교선택형	'고려해야 할 세 가지 옵션이 있었고 이 단계에서 우리는 수술 후 회복실에서 발생할 수 있는 문제와 수술 중의 잠재적 위험과 균형을 맞추어야 했다.'
(iv) 창조형	'통상적인 관절은 어느 것도 맞지 않아서 우리는 다른 관절을 맞추었다.'

3.5 의사결정 전략의 요약

요약하자면, 그림 3.1에 나타난 것처럼, 운용상의 의사결정은 2단계의 인지과정으로 개념화될 수 있다. 첫 번째 단계는 문제의 본질을 밝혀내는 상황판단이다. 두 번째 단계는 그 구체적인 상황에 대하여 무엇을 해야 할지 결정하는 것이다. 고 위험분야에서 활동하는 전문가들로부터 얻은 증거에 따르면 그들의 의사결정은 다양한 방법(인식주도형, 규칙기반형, 비교선택형, 창조형)으로 수행한다. 결국, 최종적으로 채택되는 의사결정 방법들은 다음과 같은 여러 요인에 따라 달라진다. 의사결정자가 전문가인가 또는 초보자인가? 적용해야 할 규칙이 있는가? 상황이 익숙한가? 시간은 얼마나 있는가? 위험 수준은 어느 정도인가?

행동방침을 선택한 후에는 실행에 옮겨야 한다. 이것은 너무 당연한 것이어서 말할 가치가 없어 보일 수도 있지만, 특히 까다로운 조건에서 놓칠 수 있는 단계이다. 한 시뮬레이터 교관은 훈련생들이 어떤 행동방침을 결정하고도 주의가 산만해져서 잊어버리거나 스트레스 때문에 '동결(freeze)'되어 필요한 행동을 실행에 옮기지 못하는 것을 보았다고 했다(제8장 참조).

좋은 의사결정의 마지막 요소는 선택된 행동방침에 대한 이행결과를 검토하는 것이다. 상황은 개선되었나? 취해진 대응이 현재의 문제를 해결하고 있나? 등이다. 조종사들이 의사결정 훈련을 받을 때, 이 과정은 그들의 결정이 원하는 결과를 만들어냈는지 확인하는 과정으로써 중요한 단계로 강조된다. 선택한 옵션 또는 계획이 결과를 만들어내고 있는지 여부를 반복적으로 검토할 필요성과 관련하여, Orasanu(2005)는 항공조종사들이 소위 말하는 계획지속오류(Plan continuation error)를 범하는 경향이 있는 것을 발견했다. 이들은 위험이 크게 변화가 있는 경우에도 조종사들이 본래의 행동방침을 포기하지 않으려는 특징이 있으며, 예를 들어, 선택한 계획에서 벗어나지 않으려는 의도가 목적지에 다가갈수록 증가한다.

3.6 의사결정에 영향을 주는 요인

의사결정의 역량은 기술적 전문지식, 경험 수준, 상황에 대한 익숙함과 문제상황에 대응하는 훈련에 크게 영향을 받는다. 의사결정은 인지기술이기 때문에, 상황인식의 영향요인과 마찬가지로 스트레스, 피로, 소음, 주의산만 및 방해와 같은 많은 요소에 의해 영향을 받는다. 스트레스가 많은 상황에서 의사결정이 특히 취약하며, 그중에서도 비교선택형 의사결정은 선택하는 행동방침을 평가하여 비교하기 위한 시간과 정신적 노력이 필요하기 때문에 특히 취약하다. 극도의 스트레스가 인지과정에 미치는 부정적인 영향은 지나친 주의력(시야협착), 작업기억 용량의 손실, 장기기억으로부터의 검색이 제약을 받아 복잡한 것보다 단순한 전략을 선호하게 된다. 속도/정확도의 균형유지와 같은 전략의 변화는 실제로는 전혀 시간제약이 없음에도, 시간제약의 스트레스를 받는 것처럼 행동하는 사람들에게서 관찰될 수 있다(Orasanu, 1997).

일부 심리학자들은 극도의 스트레스가 의사결정에 반드시 해로운 영향을 미치는 것만은 아니고, 오히려 스트레스는 위에서 설명한 것처럼 정보가 처리되는 방식에 영향을 미칠 수 있다고 주장한다. 서술한 네 가지 의사결정 방식 중, 스트레스는 비교선택과 창조적 의사결정방법에 가장 큰 영향을 미치지만, 그러한 것들은 작업기억 공간과 같은 인지적 자원을 많이 필요로 하는데 스트레스 하에서는 작업기억 용량이 감소하기 때문이다. 인지적 처리의 의존도가 상대적으로 적은 인식주도형 의사결정방법은 스트레스의 영향을 덜 받는 것으로 보인다(Stokes et al., 1997). 마찬가지로,

규칙을 쉽게 기억하거나 체크 리스트를 쉽게 찾을 수 있는 경우, 규칙기반형 의사결정 방법은 스트레스가 많은 환경에서도 잘 기능한다(그림 3.5).

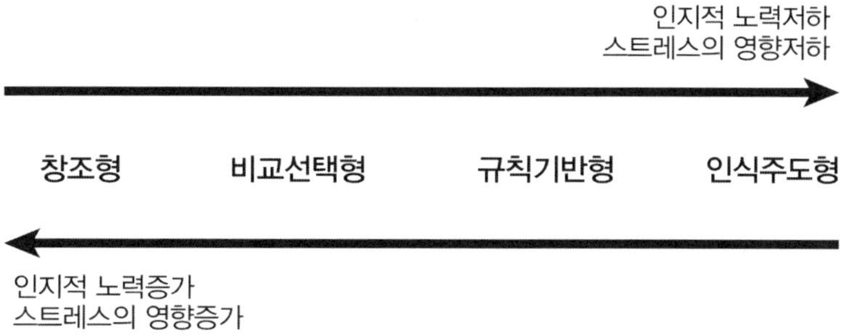

그림 3.5 의사결정 방법에 대한 스트레스 영향관계

Klein(1998)은 스트레스를 받을 때 발생하는 인지 변화는 사실 적응성을 나타내는 것이라고 한다. 예를 들어, 단순하게 기억으로부터 검색하는 전략은 이미 격감된 인지 자원에 대한 요구를 줄인다. 스트레스가 많은 상황에서 의사결정을 내리는 것은 쓸모 있는 정보의 불확실성 때문이고, 스트레스 반응을 느끼기 시작하여 주의 산만한 영향 때문일 수도 있다고, 그는 지적하기도 한다(스트레스에 대한 정보는 제8장 참조).

피로는 스트레스처럼 의사결정의 질에 영향을 미칠 수 있는 또 다른 조건요소이다. 하룻밤만 수면이 부족해도 유연성을 저해하고, 고집 오류(Perseveration error)를 증가시키며, 업데이트된 상황을 인식할 수 있는 능력을 잃어버릴 수 있다(Harrison and Horne, 1999). 최근 호주의 한 연구에서 Petrilli et al.(2006)은 국제선 근무여정에 따라(휴식을 취하지 않고) 시드니로 비행을 마친 Boeing 747-400 승무원과 4일간 휴식을 취한 승무원들과의 의사결정 능력테스트를 비교해 보았다. 승무원들에게 시뮬레이터를 사용하여 1시간 동안 비행하게 했으며, 비행 중 중요한 결정을 내려야 하는 상황을 만들었다. 그들의 상황인식, 옵션 및 계획, 결정 실행 및 결과평가와 관련된 수행을 분석했다. 그 결과에서 더 피로한 승무원들이 결정을 실행하는데 시간이 더 오래 걸리고 위험을 더 피한다는 것을 보여 주었다. 흥미롭게도 피곤한 승무원들은 더 많은 재확인 점검과 같은 방어적 행동을 상당수 했다는 것이다. 본 연구는 의사결정의 품질에 영향을 미칠 수 있는 조건을 인식하고 있는 작업자가 보상행동도 할 수 있음을 보여 준다.

의사결정의 질에 영향을 미칠 수 있는 다른 요인으로써, 개인적 스타일의 차이나 동료들과의 사회적 상호작용 등이 있으며, 이에 대해서는 다음 장에서 논한다. Walters(2002: p.15)는 조종사들의 의사결정에 관한 다수의 결정함정(Decision traps)이라 부르는 것에 대하여 서술하였으며, 이는 다른 영역에도 적용된다.

- 해결책을 서두름
- 의사소통 없음
- 전문가에게 이의를 주장할 의지가 없음
- 자기과신, 방심('당신은 걱정이 너무 많다')
- 시간이 없다고 추측
- 상담하지 않음
- 검토하지 않음

주어진 상황의 '함정'에 대한 인식은 사건분석, 사건 후 토론, 체계화된 실무환경 또는 시뮬레이터 관찰과 피드백을 통해 향상할 수 있다. 의사결정의 질에 영향을 미칠 수 있는 다양한 요소들을 의사결정 훈련모듈에 포함해야 한다.

3.7 의사결정 훈련

전통적으로 의사결정 훈련은 옵션 간 최적의 선택을 행하는 복잡한 기술을 학습하는 것에 초점을 두었다(Klein, 1998). 위에서 논의한 바와 같이, 이러한 방법은 매우 효과적일 수는 있지만, 실무자들이 신속하게 결정을 내려야 하고, 산만한 조건에서 부정확한 정보와 목표변경으로 인해 종종 방해받는 동적 또는 고위험 작업환경에는 적합하지 않다.

어떤 운용환경에서는 실무자들이 의사결정을 위한 과정이나 순서를 배우기도 한다. 예를 들어, 조종사가 비행 중 의사결정을 위한 기본단계를 훈련하기 위해 사용되는 여러 약어가 있다. Walters(2002)에 의한 DODAR가 가장 잘 알려져 있으며 British Airways가 사용하고 있다.

D(Diagnosis) : 진단　　　　　　　무엇이 문제인가?
O(Options) : 선택　　　　　　　선택사항은 무엇인가?
D(Decision) : 결정　　　　　　　어떻게 해야 하나?
A(Assign the tasks) : 직무할당　누가 무엇을 할 것인가?
R(Review) : 확인　　　　　　　무슨 일인가/이 상황에 무엇을 할 것인가?

다른 약자인 FOR−DEC(Hörmann, 1995)는 Lufthansa항공에서 사용한다.

F(Facts) : 사실
O(Options) : 선택
R(Risks and benefits) : 위험 및 이점
D(Decision) : 결정
E(Execution) : 실행
C(Check) : 확인

FOR−DEC 방법의 특징은 상황이 변화되지 않았을 때에는 프로세스의 처음으로 돌아가 각 단계를 확인하는 '순환'을 다시 시작하는 것이다.

이 두 단계모델은 모두 정보를 수집하고 결정을 재검토하는 중요성을 강조한다. 이 방법들은 심각한 시간적 제약을 받을 때는 매우 어려울 수 있으나 원칙적으로 선택사항을 만들 것을 제안한다. 어느 방법이든 기본적인 모델과 함께 가르친다고 하더라도, 의사결정을 내리는 다른 방법에 대해서는 언급하지 않는다. Klein(1998)은 실제 의사결정 과정은 순환적으로 상호작용이 있으나 이 두 단계모델의 의사결정은 선형 프로세스라고 암시하는 것이 문제라고 지적한다(그림 3.6 참조).

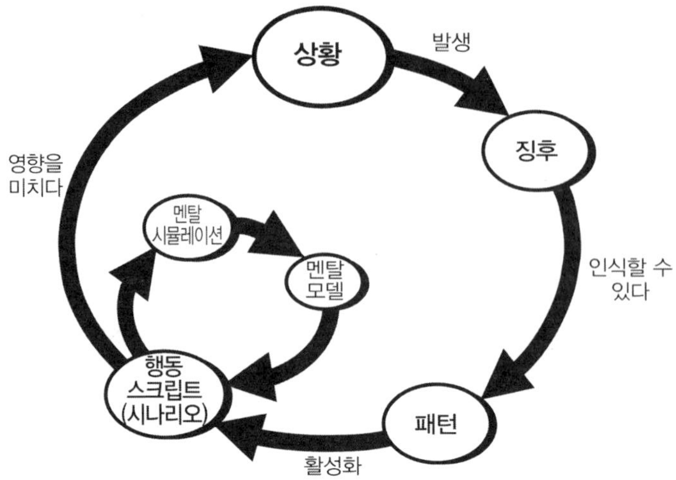

그림 3.6 의사결정의 순환성(Klein, 2003)

출처: 'Intuition At Work: Why Developing Your Gut Instincts Will Make You better At What You Do' by Gary Klein, Ph.D. Copyright © 2003 by Gary Klein, Ph.D. Doubleday, a division of Random House, Inc.의 승인 하에 게재.

자연주의적 의사결정(NDM) 접근법의 출현이후, 현실세계의 가혹한 환경에서 일하는 의사결정자들을 훈련시키는 방법에 관심이 높아져왔다. 군관계자들과 함께 일하는 심리학자들은 인지능력 훈련의 중점이 '무엇을 생각 하는가'에서 '어떻게 생각하는가'로 바뀌고 있다고 지적했다. Fallensen and Pounds(2001: p. 55)는 '규범적이고 형식이 정해진 모델은 복잡하고 불분명한 상황에서 사고하는 방법에 대한 지침을 제공하는 것은 한계가 있다'고 언급하고, 정말 필요한 것은 자연주의적 추론과정을 이해하여 현장의 숙련자들이 이러한 사고기술(Thinking skills)을 강화하고 확장하는 것이라고 지적했다. 실무자들이 유용하다고 생각하는 개념은 '메타인지(Metacognition)', 즉 생각하는 방식을 생각하는 것(Cohen et al., 1998)으로, 자신의 사고프로세스와 사고전략을 자각하는 것이다. 예를 들어, 운용자들은 자신이 최상의 의사결정 전략을 사용하고 있는지 아니면 다른 방법으로 전환해야 하는지를 생각해 보는 것이다. NDM 접근법에 따른 의사결정 기술훈련은 일반적인 의사결정 전략을 가르치기보다는 전문성 개발을 가능하게 함으로써 더 나은 결정을 내릴 수 있게 사람들을 가르치는 데 목적이 있고, 그리고 사람들이 사용하는 전략을 대체하려고 시도하기보다는 지원하는데 목적이 있다(Cohen et al., 1998; Klein and Wolf, 1995; Pliske et al., 2001). 초점은 개선된 상황판단을 위해 징후와 패턴을 인식하는 기술을 개발하고, 시뮬레이터나 정확도가 그다지 높지 않은 무대설정에서 의사결정 실습을 리더의 지도 하에 행하는 것, 훈련과 실습수행을 피드백 하는 것(Cannon-Bowers and Bell, 1997)에 맞춰져 있다. 높은 압박을 받는 상황에서 의사결정을 내려야 하는 리더는 스트레스 상황 하에서 체계적인 훈련도 주어져야 한다(Useem et al., 2005).

의사결정자의 실무 작업을 기록하는 혁신적인 방법을 고안한 Omodie et al.(1997)는 실제의 소방현장에 나온 소방서장의 머리에 카메라를 착용하여 촬영하게 하고, 그 후 그 영상을 사용하여 내용확인을 위한 대화나 테이프 리딩을 실시했다. 그 영상자료는 지휘관이 보고 있던 것, 또는 결정한 명령이나 회화 음성을 기록하였다. 이러한 기록은 사례연구를 이용하는 훈련에 귀중한 자료를 제공한다. 재현도가 높지 않은 무대설정에서 행하는 두 가지 의사결정 훈련기법은 다음에 설명되어 있다.

전술적 의사결정 게임

시뮬레이터는 업종에 관계없이 모든 작업환경에 사용할 수 있는 것은 아니기 때문에 다른 의사결정 훈련기법은 컴퓨터 기반이나 서류상으로 개발되어 왔다. 많은 전문가 집단에 공통으로 적합한 한 가지 특별한 방법은 미국 해병대에 의해 개발된 전술적 의사결정게임(TDG : Tactical Decision Game)이다(Schmitt, 1994). TDG는 간단한 서면 시나리오를 이용하여 복잡성을 포함한, 특히 의사결정능력 같은 NTS를 실습할 수 있도록 설계된 시뮬레이션이다. 일반적으로 4~10명으로 구성된 TDG 참가자는 시나리오와 함께 할당된 역할을 맡기도 한다. 관계분야의 전문가가 작성한 시나리오에는 문제 상황을 서술하지만, 여기에는 잘못되거나 모호한 정보가 포함되거나 중요한 정보가 누락되기도 한다. 그것은 해결되어야 할 딜레마를 찾는 것으로 끝이 난다. 참가자는 상황을 억제하거나 해결하기 위해 취할 조치를 결정해야 한다. 각 의사결정 시간(예: 2~5분)은 제한되어 있으므로 의사결정자에게 상당한 시간적 제약이 가해진다. 각 참가자는 자신만의 딜레마 해결책을 제시하고, 각자가 제안한 행동방침 간의 차이점과 유사점을 논의할 수 있는 공개토론이 진행된다. 참가자가 자신의 해결책을 제시하는 동안 진행자는 새로운 정보를 도입하여 추가 의사결정을 요구함으로써 실습의 폭을 넓힐 수 있다. TDG의 보고는 특정한 결정이 내려진 이유에 초점을 맞추며, 전체 참가자들 간에 전문지식을 공유할 수 있는 체계적인 기법의 제공을 목표로 한다. TDG는 원자력발전소나 교도소 및 마취과 의사와 같은 고위험 영역의 의사결정 훈련에 사용되어 왔다(상세내용은 Crichton et al., 2002 참조).

스토리텔링

전술적 의사결정 게임에서 하는 모든 것은 고위험 작업장 어디에서나 행해져온 체험이나 식견에 대한 이야기를 공식화하는 것이라고 주장할 수 있다. 우리가 경험한 바로는 조종사, 경찰관, 항공관제사, 군 장교, 소방관, 수술실 간호사, 유전 시추작업자, 외과의, 마취의 등이 서로의 '체험담'에 대한 이야기를 주고받는 것보다 더 좋아하는 것은 없을 것이다. 이것은 복도, 휴게실, 업무 중 또는 업무 후에도 이야기를 주고받으며, 이러한 과정에서 경험을 공유함으로써 배우기도 한다. 전문가들은 이러한 입증되지 않은 이야기를 기억하고 이를 활용하여 업무환경에 맞는 중요한 상황에 기억되는 패턴을 더욱 풍부하게 만든다. Okray and Lubnau(2004: p.240)는 소방관들의 의사결정에 대해 논의하면서, '가장 효과적인 훈련 프로그램 중 하나는 모든 소방서에 존재하는 체험담들이다... 이런 지루하고 오래된 소방관 이야기는 계속해서 전해지고 우리의 경험을 다른 소방관들과 나누는 방법이다... 체험담의 정확한 활용을 통해, 우리는 화재현장에 대응하는 능력을 높일 수 있다.' 전문 스토리텔러 Klein(1998)은 오래 전부터 이야기의 힘이 의사결정에 있어서 전문성을 형성한다고 주장해 왔다. 그는 실제 경험이 없는 사람들에게 간접경험을 할 수 있게 해주는 유용한 방식이라고 주장 한다. 그 이야기들은 상황과 사건을 이해하고 그로부터 교훈을 얻을 수 있도록 도움을 준다. 스토리텔링은 소방관들의 훈련을 위해 유익한 방법으로 밝혀졌다(Joung et al., 2006).

3.8 의사결정 능력평가

전문적인 의사결정기술의 역량평가는 서면 또는 구두시험으로 수행할 수 있지만, 이러한 방법은 축척된 지식을 활용하는 경향이 있고 일반적인 시험에서는 통상의 작업과는 다른 상황에서 이루어진다. 상황판단 설문지와 인터뷰 방법(Motowildo et al., 1990)은 직장에 있는 문제 상황과 다수의 대응 안을 참가자에게 제시한다. 그 상황이나 대응에 참가자들은 그 분야의 전문가들과 같은 행동을 선택할지 여부를 테스트하기 위해 고안되었으며, 때로는 충실도가 낮은 시뮬레이션으로 서술되기도 한다.

안전이 중요한 분야에서 의사결정능력을 평가하기 위해 선호하는 방법은 항공분야와 기타 작업환경에서도 이용이 증가하고 있는 시뮬레이터를 사용하는 것이다(Lee, 2005; Riley, in press). 이 경우, 다양한 상황에서의 의사결정이 요구되는 구체적인 사태를 훈련 또는 테스트 시나리오에 기록할 수 있다. 직무 장소에서 업무수행에 대한 관측도 할 수 있지만 항상 실현 가능한 것은 아니다. 의사결정의 인지과정을 직접 관찰할 수 없지만, 의사결정자가 다른 사람과 의사소통하거나 팀과 협력해야 하는 경우에는 의사결정의 지표가 되는 수많은 행동이 있어야 하며 때로는 의사결정 과정을 나타내는 행동도 다수 있어야 한다. 제11장에서는 의사결정을 포함한 비기술적 역량을 평가하기 위해 관찰되는 행동을 평가하는 방법을 서술한다. 하나의 예를 들어보면, NOTECHS의 프레임워크(부록1)에 있는 "의사결정" 항목은 항공심리학(예: Stokes et al., 1997)이나 조종사 의사결정 모델(예: Hörmann, 1995; Orasanu, 1993; 그림 3.2 참조)뿐만 아니라 숙련된 조종사들로부터 제공된 정보 등을 기반으로 한다.

NOTECHS의 우수한 의사결정의 예는 다음과 같다.

- 정보수집 및 문제 식별
- 다른 승무원과 함께 원인 및 요인 재검토
- 대안적 조치로 인한 위험을 고려하여 공유

잘못된 의사결정의 예는 다음과 같다.

- 문제 상황을 진단하지 않는다.
- 정보를 검색하지 않는다.
- 다른 승무원에게 의사결정의 방향을 알리지 않는다.

마지막으로, 의사결정 스타일을 평가하기 위해 선호하는 심리학 설문지(예: Scott and Bruce, 1995; Myers-Briggs Type Indicator, Myers et al., 1998)가 다소 있지만, 의사결정의 역량에 대해 나타내지는 않는다. 이 설문지는 다음과 같은 질문 군으로 구성되어 있다.

- 의사결정을 내릴 때 모든 옵션에 대해 주의 깊게 생각하는 편인가?
- 신속한 결정을 내려야 하는데 괜찮겠는가?
- 직감(Gut feel)에 의존하는가?
- 결정을 내리기 전에 다른 사람과 상의하는가?

이러한 질문 군은 훈련과정에서 선호하는 의사결정의 접근방식에 대한 피드백을 제공하고, 팀 간의 차이를 토론하는 데 이용할 수 있다.

3.9 결론

의사결정은 대부분의 직장에서 중요한 기술이지만 위험도가 높은 환경에서는 특히 중요하다. 또한 의사결정은 상황인식에 의해 감지되는 직무환경의 상태 변화에 의해 유발된다(제2장에서 논의). 본 장에서는 의사결정의 기본적인 단계(상황인식, 행동방침 선택, 그 방침의 평가)를 서술했다. 의사결정에 도달하는 네 가지 방법(인식주도형, 규칙기반형, 비교선택형, 창조형)도 서술하였다. 주어진 방법의 타당성은 의사결정의 역량수준이나 해당 상황의 제약에 따라 달라진다. 안전이 중요한 직장에서 의사결정자가 혼자서 일하는 경우는 드물며, 팀의 의사결정 문제는 제5장에서 다룬다.

요점

- 운용환경에서의 의사결정은 통상 상황판단과 행동방침의 선택, 두 단계로 이루어진다.
- 행동방침을 선택하는 방법에는 인식주도형, 규칙기반형, 비교선택형 및 창조형 방법이 존재한다.
- 의사결정은 스트레스와 피로와 같은 다양한 요인에 의해 영향 받는다.
- 의사결정자를 위한 훈련은 징후를 인식하는 것이나 어떤 행동을 취해야 할지 결정하는 실습과 같은 상황판단의 역량 강화에 초점을 둔다.
- 의사결정훈련은 다양한 방법을 기반으로 할 수 있으며, 충실도가 낮은 것과 높은

것, 양측의 시뮬레이션 모두를 활용할 수 있다.

Websites

Klein Associates: www.decisionmaking.com

Cognitive Engineering and Decision-making Technical Group of Human Factors and Ergonomics Society (naturalistic decision-making): http://cedm.hfes.org

Society for Judgment and Decision-making (study of normative, descriptive and prescriptive theories of decision-making): www.sjdm.org

Key texts

Cannon-Bowers, J. and Salas, E. (1998) (eds.) *Making Decisions Under Stress.* Washington: APA Books.

Flin, R. (1996) *Sitting in the Hot Seat: Leaders and Teams for Critical Incident management.* Chichester: Wiley.

Flin, R., Salas, E., Strub, M. and Martin, L. (1997) (eds.) *Decision-making under Stress.* Aldershot: Ashgate.

Klein, G. (1998) *Sources of Power. How People Make Decisions.* Cambridge: MIT Press.

Klein, G. (2003) *Intuition at Work.* New York: Doubleday.

Montgomery, H., Lipshitz, R. and Brehmer, B. (2005) (eds.) *How Professionals Make Decisions.* Mahwah, NJ: Lawrence Erlbaum.

references

AAIB (1990) *Report on the Accident to Boeing 737-400 G-OBME near Kegworth, Leicestershire on 8th January 1989.* Aircraft Accident Report 4/90. London: HMSO.

Abernathy, C. and Hamm, R. (1993) *Surgical Intuition.* Philadelphia: Belfus.

Cannon-Bowers, J. and Bell, H. (1997) Training decision makers for complex environments: Implications of the naturalistic decision making perspective. In C. Zsambok and G. Klein (1997) (eds.) *Naturalistic Decision Making.* Mahwah, NJ: Lawrence Erlbaum.

Carvalho, P., Santos, I. and Vidal, M. (2005) Nuclear power plant shift supervisor's decision-making during microincidents. *Industrial Ergonomics,* 35, 619–644.

Claxton, G. (1997) *Hare Brain, Tortoise Mind. Why Intelligence Increases when you Think Less.* London: Fourth Estate.

Cohen, M., Freeman, J. and Thompson, B. (1998) Critical thinking skills in tactical decision making: A model and a training strategy. In J. Cannon-Bowers and E. Salas (eds.) *Making Decisions Under Stress.* Washington: APA Books.

Connolly, T., Arkes, H. and Hammond, K. (2000) (eds.) *Judgment and Decision Making.* Cambridge: Cambridge University Press.

Crichton, M., Flin, R. and McGeorge, P. (2005) Decision making by on-scene incident commanders in nuclear emergencies. *Cognition, Technology and Work,* 7, 156–166.

Crichton, M., Flin, R. and Rattray, W. (2002) Training decision makers – tactical decision games. *Journal of Contingencies and Crisis Management,* 8, 208–217.

Crosskerry, P. (2005) The theory and practice of clinical decision-making. *Canadian Journal of Anaesthesia,* 52, R1–R8.

Cullen, D. (1990) *The Public Inquiry into the Piper Alpha Disaster.* London: HMSO.

Damasio, A. (1994) *Descartes' Error.* New York: Putnam.

Dominguez, C., Flach, J., McDermott, P., McKellar, D., Dunn, M. (2004) The conversion decision in laparoscopic surgery: Knowing your limits and limiting your risks. In K. Smith and P. Johnston (eds.) *Psychological Investigations of Competence in Decision Making.* Cambridge: Cambridge University Press.

FAA (1991) *Aeronautical Decision Making. Advisory Circular 60–22.* Washington: Federal Aviation Administration.

Fallensen, J. and Pounds, J. (2001) Identifying and testing a naturalistic approach for cognitive skill training. In E. Salas and G. Klein (eds.) *Linking Expertise and Naturalistic Decision Making.* Mahwah, NJ: LEA.

Falzer, P. (2004) Cognitive schema and naturalistic decision making in evidencebased practices. *Journal of Biomedical Informatics,* 37, 86–98.

Flin, R. (1996) *Sitting in the Hot Seat: Leaders and Teams for Critical Incident Management.* Chichester: Wiley.

Flin, R., Pender, Z., Wujec, L., Grant, V. and Stewart, E. (2007b, in press) Police officers' situation assessments. *Policing*, 30, 310–323.

Flin, R., Salas, E., Strub, M. and Martin, L. (1997) (eds.) *Decision Making under Stress.* Aldershot: Ashgate.

Flin, R., Youngson, G. and Yule, S. (2007a) How do surgeons make intra-operative decisions? *Quality and Safety in Health Care*, 16, 235–239.

Fogarty, W. M. (1988). Formal investigation into the circumstances surrounding the downing of a commercial airliner by the USS Vincennes (Tech Rep). Washington, DC: Department of Defense.

Gaba, D. (1992) Dynamic decision making in anaesthesia: Cognitive models and training approaches. In D. Evans and V. Patel (eds.) *Advanced Models of Cognition for Medical Training and Practice*. Berlin: Springer-Verlag.

Gaba, D. (1994) Human work environment and simulators. In R. Miller (ed.) *Anesthesia.* (4th ed.) New York: Churchill Livingstone.

Gigerenzer, G. (2007) *Gut Feelings. The Intelligence of the Unconscious*. New York: Viking.

Gigerenzer, G. and Goldstein, D. (1996) Reasoning the fast and frugal way: Models of bounded rationality. *Psychological Review*, 103, 650–669.

Gladwell, M. (2005) *Blink. The Power of Thinking without Thinking*. London: Penguin.

Harris, D. and Khan, H. (2003) Response time to reject a takeoff. *Human Factors and Aerospace Safety*, 3, 165–175.

Haynes, A. (1992) United 232: Coping with the 'one chance-in-a-billion' loss of all flight controls. *Flight Deck*, 3, Spring, 5–21.

Hammond, K. (1988) Judgment and decision making in dynamic tasks. *Information and Decision Technologies*, 14, 3–14.

Harrison, Y. and Horne, J. (1999) One night of sleep loss impairs innovative thinking and flexible decision making. *Organizational Behavior and Human Decision Processes*, 78, 128–145.

Hoffman, R. (2006) (ed.) *Expertise out of Context*. Mahwah, NJ: Lawrence Erlbaum.

Hörmann, H.-J. (1995). FOR-DEC: A prescriptive model for aeronautical decision making. In R. Fuller, N. Johnston and N. McDonald (eds.) *Human Factors in Aviation Operations*. Aldershot: Avebury.

Jensen, R. (1995) *Pilot Judgment and Crew Resource Management*. Aldershot: Ashgate.

Joung, W., Hesketh, V. and Neal, A. (2006) Using 'war stories' to train for adaptive performance: Is it better to learn from error or success. *Applied Psychology: An International Review*, 55, 282–302.

Klein, G. (1993) A recognition-primed decision (RPD) model of rapid decision making. In G. Klein, J. Orasanu, R. Calderwood and C. Zsambok (eds.) *Decisionmaking in Action*. New York: Ablex.

Klein, G. (1995) Naturalistic decision-making. Individual and team training. Seminar presented at the Robert Gordon University, Aberdeen.

Klein, G. (1998) *Sources of Power. How People Make Decisions*. Cambridge: MIT Press.

Klein, G. (2003) *Intuition at Work*. New York: Doubleday.

Klein, G., and Wolf, S. (1995). Decision-centred training. Paper presented at the Human Factors and Ergonomics Society, 39th Annual Meeting, San Diego.

Klein, G., Orasanu, J., Calderwood, R. and Zsambok, C. (1993) (eds.) *Decision Making in Action*. New York: Ablex.

Larken, J. (2002) Military commander – Royal Navy. In R. Flin and K. Arbuthnot (eds.) *Incident Command: Tales from the Hot Seat*. Aldershot: Ashgate.

Lee, A. (2005) *Flight Simulation*. Aldershot: Ashgate.

Lipshitz, R., Klein, G., Orasanu, J. and Salas, E. (2001) Taking stock of naturalistic decision making. *Journal of Behavioral Decision Making*, 14, 331–352.

Mitchell, L. and Flin, R. (in press) Police officers' decisions to shoot. *Journal of Cognitive Engineering and Decision Making*.

Montgomery, H., Lipshitz, R. and Brehmer, B. (2005) (eds.) *How Professionals Make Decisions*. Mahwah, NJ: Lawrence Erlbaum.

Motowildo, S., Dunette, M. and Carter, G. (1990) An alternative selection procedure: The low fidelity simulation. *Journal of Applied Psychology*, 75, 640–647.

Myers, I. et al.(1998) *Manual for Myers-Briggs Type Indicator*. Mountain View, CA: Consulting Psychologists Press.

NTSB (1991) *Annual Review of Aircraft Accident Data: US Air Carrier Operations Calender Year 1988*. NTSB/ARC-91/01. Washington: National Transportation Safety Board.

O'Connor, P. (2005). *A Navy diving supervisor's guide to the non-technical skills required for safe and productive diving operations*. Research Report 05–09. Panama City, FL: Navy Experimental Diving Unit.

Okray, R. and Lubnau, T. (2004) *Crew Resource Management for the Fire Service*. Tulsa: PennWell.

Omodie, M., Wearing, A. and McLennan, J. (1997) Head mounted video recording. A methodology for studying naturalistic decision-making. In R. Flin, E. Salas, M. Strub and L. Martin (1997) (eds.) *Decision Making under Stress*. Aldershot: Ashgate.

Orasanu, J. (1995) Training for aviation decision making: The naturalistic decision making perspective. In *Proceedings of the Human Factors and Ergonomic Society,*

39th Annual Meeting, San Diego. Santa Monica, CA: The Human Factors and Ergonomics Society.

Orasanu, J. (1997) Stress and naturalistic decision making: Strengthening the weak links. In R. Flin and K. Arbuthnot (Eds.) *Incident Command: Tales from the Hot Seat*. Aldershot: Ashgate.

Orasanu, J. (2005) Risk taking behaviours in pilots. Invited address. Quincentennial Conference, Royal College of Surgeons of Edinburgh. Available on Royal Society of Edinburgh website. www.rse.org

Orasanu, J., Dismukes, K. and Fischer, U. (1993) Decision errors in the cockpit. In *Proceedings of the Human Factors and Ergonomics Society 37th Annual Conference*. San Diego: HFES.

Orasanu, J. and Fischer, U. (1997) Finding decisions in natural environments: The view from the cockpit. In C. Zsambok and G. Klein (1997) (eds.) *Naturalistic Decision Making*. Mahwah, NJ: Lawrence Erlbaum.

Orasanu, J., Martin, L. and Davison, J. (2001) Cognitive and contextual factors in aviation accidents: Decision errors. In E. Salas and G. Klein (eds.) *Linking Expertise and Naturalistic Decision Making*. Mahwah NJ: Lawrence Erlbaum.

Petrilli, R., Thomas, M., Dawson, D. and Roach, G. (2006) The decision making of commercial airline crews following an international pattern. In *Proceedings of the Australian Aviation Society Conference*. Sydney, November.

Pliske, R., McCloskey, M. and Klein, G. (2001). Decision skills training: Facilitating learning from experience. In E. Salas and G. Klein (eds.) *Linking Expertise and Naturalistic Decision Making*. Mahwah, NJ: LEA.

Rall, M. and Gaba, D. (2005) Human performance and patient safety. In R. Miller (ed.) *Miller's Anesthesia*. Philadelphia: Elsevier.

Reason, J. (1997) *Managing the Risks of Organizational Accidents*. Aldershot: Ashgate.

Riley, R. (in press) *Handbook of Medical Simulation*. Oxford: Oxford University Press.

Rogers, W. and Rogers, S. (1992) *Storm Center: USS Vincennes and Iran Air Flight 655*. Annapolis, MD: Naval Institute Press.

Salas, E. and Klein, G. (2001) (eds.) *Linking Expertise and Naturalistic Decision Making*. Mahwah, NJ: Lawrence Erlbaum.

Sarna, P. (2002) Managing the spike: The command perspective in critical incidents. In R. Flin and K. Arbuthnot (eds.) *Incident Command: Tales from the Hot Seat*. Aldershot: Ashgate.

Schmitt, J. (1994) *Mastering Tactics. Tactical Decision Game Workbook*. Quantico, Virginia: Marine Corps Association.

Scott, S. and Bruce, R. (1995). Decision making style: The development and assessment of a new measure. *Educational and Psychological Measurement*, 55, 818-831.

Skriver, J. (1998) Decision making in offshore emergencies. Unpublished PhD thesis. University of Aberdeen.

Skriver, J. and Flin, R. (1996) Decision making in offshore emergencies: Are standard operating procedures the solution? In *Proceedings of Third International Conference on Health and Safety in Oil Exploration and Production, New Orleans, 9-12 June*. Paper SPE 35940. Richardson, Texas: Society of Petroleum Engineers.

Snook, S. (2000) *Friendly Fire: The Accidental Shootdown of US Black Hawks over Northern Iraq*. New Jersey: Princeton University Press.

Starbuck, W. and Farjoun, M. (2005) (eds.) *Organization at the Limit: Lessons from the Columbia Disaster*. Malden, MA: Blackwell.

Stokes, A., Kemper, K. and Kite, K. (1997) Aeronautical decision making, cue recognition and expertise under pressure. In C. Zsambok and G. Klein (eds.) *Naturalistic Decision Making*. Mahwah, NJ: LEA.

Taylor, P. (1990) *The Hillborough Stadium Disaster. Final Report*. London: Home Office, HMSO.

Useem, M., Cook, J. and Sutton, L. (2005) Developing leaders for decision making under stress: Wildland firefighters in the south Canyon fire and its aftermath. *Academy of Management Learning and Education*, 4, 461-485.

Vaughan, D. (1996) *The Challenger Launch Decision*. Chicago: University of Chicago Press.

Walters, A. (2002) *Crew Resource Management is No Accident*. Wallingford: Aries.

Weick, K. (1990) The vulnerable system: An analysis of the Tenerife air disaster. *Journal of Management*, 16, 571-593.

Weick, K. (1993) The collapse of sensemaking in organizations: The Mann Gulch disaster. *Administrative Science Quarterly*, 38, 628-652.

Weick, K. (1996) Drop your tools: An allegory for organizational studies. *Administrative Science Quarterly*, 41, 301-313.

Zsambok, C. and Klein, G. (1997) (eds.) *Naturalistic Decision Making*. Mahwah, NJ: Lawrence Erlbaum.

Chapter 04

의사소통

의사소통은 우수한 팀웍의 중요한 부분이며(Nieva et al., 1978) 작업현장의 효율과 안전에 필수적이다. 의사소통은 정보, 피드백 또는 대응, 아이디어와 감정의 교환이다. 이것은 지식을 제공하거나, 관련성을 도출하거나, 예측 가능한 행동패턴을 만들거나, 직무에 대한 주의력을 유지하는 하나의 관리도구이다(Kanki and Palmer, 1993). 의사소통은 다음과 같은 네 가지 구성요소로 세분화할 수 있다.

- 무엇 : 전달되는 정보
- 어떻게 : 전달하는 방법
- 왜 : 전달하는 이유
- 누가 : 정보가 전달되는 사람

이번 장에서는 작업현장에서의 일반적인 의사소통 기술을 살펴본다. 의사소통에 동반되는 문제가 서술되어 있으며, 서투른 의사소통이 안전에 미치는 영향에 대한 예를 제공한다. 의사소통 모델과 다양한 유형의 소통에 대하여 소개하며, 소통역량을 개선하기 위한 제안도 제시된다. 의사소통의 주요 요소는 표 4.1과 같다.

표 4.1 의사소통의 요소

구분	구성요소
의사소통	· 정보를 명확하고 간결하게 전달한다. · 정보교환 시 전후 사정 및 의도를 포함한다. · 특히 경청하여 정보를 수신한다. · 의사소통의 장애물을 식별하고 처리한다.

의사소통 행동은 조직의 정책, 가령, 표준운용절차(SOP: Standard Operating Procedure)에 따라 구성될 수 있고 훈련에 의해 구체화될 수 있는 하나의 기술이다. 의사소통은 또한 메시지가 전달되는 동안 상호작용의 품질이나 형식을 나타내며, 팀이나 그룹 환경에서 직무수행을 위한 수단이다. 지시사항을 발생시키거나, 의도를 말하거나, 정보의 송수신을 통해 행동의 조화와 협조가 이루어진다(Wiener et al., 1993). 의사소통은 인간 상호간의 협조에 핵심적인 활동이며 성공적인 직무완수를 보장하는 중요한 역할을 한다(Leplat, 1991).

정보를 교환하거나 행동의 조화가 실패하는 것은 팀 수행력의 좋고 나쁨을 구별하는 한 가지 요인이다(Driskell and Salas, 1992). 의사소통의 오류는 누군가 정보를 전달하는 데 실패하고, 잘못된 정보가 전달되거나 의사결정이 지연되었을 때 발생한다. 과거의 몇몇 해상사고에서는 같은 선박에 타고 있는 팀원 간이나 또는 위기상황에 관련된 각 관계자 간 정신모델의 교환에서 어려움이 나타났다. Warsash Maritime Academy의 시뮬레이션에서 관찰된 문제는 팀 구성원 간 및 팀 간 상황인식의 공유와 관련이 있었다. 시뮬레이션 훈련의 영상을 보면 팀장 스스로 이해한 상황을 팀원들에게 분명히 전달하기가 어렵다는 것을 보여주었다. 이러한 어려움은 팀원 내 의사소통에 국한되지 않고 팀 간에서도 일어날 수 있다. 긴박한 상황에서는 한 팀이 다른 팀의 정보 요구를 쉽게 잊어버리고, 예를 들어, 함교를 담당하는 팀과 기관실을 담당하는 팀은 훈련시나리오가 전개될 때마다 매번 상호 간 정보를 업데이트하는 데 실패하는 것과 같다(Barnett et al., 2006).

서투른 의사소통은 다른 작업현장에서도 사고의 원인으로 자주 언급되어 왔다. 예를 들어 1988년 있었던 Piper Alpha 유전폭발사고의 교대근무자 간 업무인계 실패(사례 4.1), 1990년 구조지원 센터와 Scandinavian Star호와의 의사소통 부족으로 인한 화재사고, 1977년 테네리페(사례 1.1 참조) 항공기 추락사고로 이어진 관제탑과 조종사들 간의 의사소통 등을 들 수 있다.

사례 4.1 | Piper Alpha 유전폭발사고

북해의 애버딘, 스코틀랜드 북동쪽 110마일 지점에 위치한, Occidental사의 Piper Alpha 유전 플랫폼 석유생산 갑판에서 1988년 7월 6일 폭발사고가 발생했다. 발생한 화재는 빠르게 번졌고 여러 건의 작은 폭발이 뒤따랐다. 더욱이 다른 두 곳 플랫폼들(Texaco Tartan and Occidental Claymore)이Piper Alpha와 같은 석유 송출라인에 연결되어 있었고, 첫 조난신호가 있은 뒤 한 시간이 지나도록 폐쇄되지 않았다. 그래서 이 두 군데 플랫폼의 석유가 Piper Alpha로 역류했고, 결국 화재를 악화시켰다. 플랫폼에 있었던 266명 중 61명만이 살아남았다. Piper Alpha 참사의 원인이 된 많은 요인 중 하나는 교대 근무자들 간 업무인계 시 관련정보의 전달실패였다. 압력안전밸브를 제거하고 블라인드 플랜지로 교체한 사실이 다음 교대근무자에게 전달되지 않았다. 이러한 정보를 모르고 야간근무자가 사고의 제 1원인으로 추정되는 행동을 하게 되었다. 결과적으로 영국의 해양유전산업은 작업절차에 대한 허가를 개정해야만 했다(교대근무 시 인계에 대한 논의는 이후 참조).

이러한 의사소통 문제는 광공업에서만 발생하는 것이 아니다. 의료분야에서는 47건의 출산 전후(정의에 따르면, 임신 후 20주~28주 간의 기간과 출산 후 1주~4주까지의 기간)의 사망 및 후유장애에 대한 사례연구에서 의사소통 문제가 근본원인으로 나타났다(72%: JCAHO, 2004). Reader et al.(2006)은 집중치료실에서 발생한 여러 부적합한 상황을 조사한 결과, 의사소통이 보고된 많은 사건의 주요 원인이 된다는 것을 발견했다.

정보교환은 의사결정, 상황인식, 팀 협조 및 리더십을 위한 핵심활동으로 다른 장에서 논의된다. 다른 사람들과 의사소통하는 능력은 개발되고 훈련될 수 있는 기술이다. 효과적인 의사소통은 정보공유, 조망수용(Perspective taking) 및 진정한 이해를 증진시킨다. 의사소통의 중요성은 효과적인 수행, 오류 감소 및 안전성 향상을 위해 아무리 강조해도 지나치지 않다.

4.1 의사소통 모델

의사소통은 일반적으로 일방향 또는 양방향으로 설명할 수 있다. 이러한 두 가지 의사소통 모델은 다양한 상황에서 경험할 수 있다.

그림 4.1에서 볼 수 있듯이 일방향 의사소통은 간단하게 이해될 수 있다. 발신자가 전달하고 싶어 하는 정보나 메시지는 발신자에 의해 단어나 다른 신호로 기호화되고, 한 명 이상의 수신자에게 전송되어, 수신자는 의미를 확인하기 위해 정보를 해독한다.

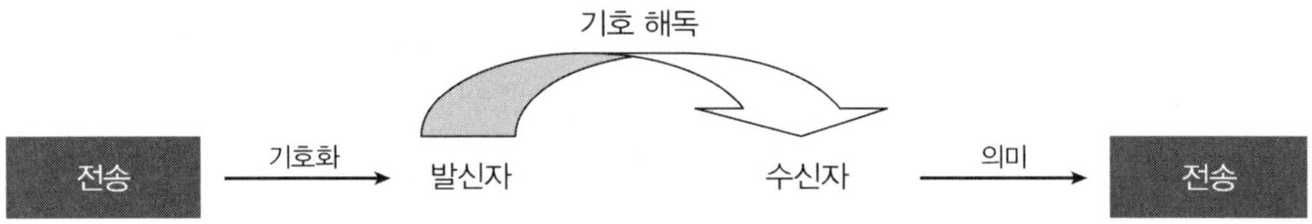

그림 4.1 일방향 의사소통의 단순 모델

이러한 형식의 의사소통은 예를 들어, 구두 또는 서면 지시사항, 이메일, 음성메일, 스피커를 통한 메시지 또는 텔레비전 등이 있다. 일방향 의사소통에는 표 4.2와 같이 몇 가지 장단점이 있다.

표 4.2 일방향 의사소통의 장단점

장점	단점
· 신속하다. · 보기에도 듣기에도 '정돈'되었다. · 발신자에게 통제권이 있다는 느낌이 든다.	· 일반적으로 사전계획이 필요하다. · 책임은 발신자에게 있다. · 피드백이 없다. · 수신자가 적절한 주의를 기울이지 않을 수 있다.

양방향 의사소통은 발신자가 수신자에게 정보를 전송하는 것을 포함하며, 수신자는 응답할 기회를 얻고 발신자가 되어 수신자에게 다시 정보를 전달하여 폐피드백 루프(Closed feedback loop)를 형성한다(그림 4.2 참조).

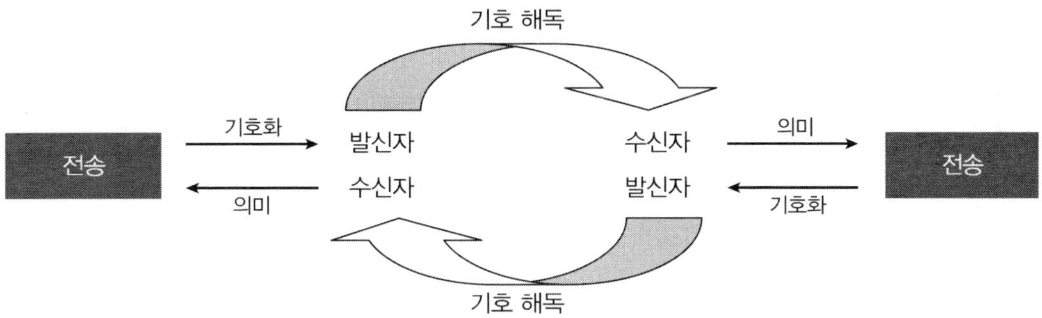

그림 4.2 양방향 의사소통의 단순화된 모델

양방향 의사소통은 발신자와 수신자 간에 정보가 오고 가는 대화, 전화통화, 무선통신, 전자메일 또는 기타 정보교류 중에 이루어진다. 일방향 의사소통과 비교하여 양방향 의사소통의 장단점을 표 4.3에 정리한다.

표 4.3 양방향 의사소통의 장단점

장점	단점
· 더 정확하고 신뢰할 수 있으며, 효과적으로 전달되는 잠재성이 있다. · 세부사항의 확인 및 수정이 가능하다. · 사전계획의 필요성이 줄어든다. · 수신자 자신의 확신이 늘어나 더욱 정확한 판단을 내린다. · 발신자와 수신자 양자의 책임이 있다. · 발신자와 수신자가 상호 이해를 위해 협력한다.	· 일반적으로 시간이 더 오래 걸린다. · 수신자도 응답을 위한 의사소통을 하여야 한다.

일방향 의사소통이 더 빠르고 효과적이기는 하지만, 양방향 의사소통은 정보를 이해하였다는 것을 확실하게 하기 위해 발신자와 수신자 모두에 의존하기 때문에 더 정확하다. 아래에 간단히 설명한 Garuda Airlines 항공 추락사고(사례 4.2)에서 볼 수 있듯이 양방향 의사소통을 사용하더라도 단순한 방향지시에 대해 발신자와 수신자 간에 혼동이 발생할 수 있다.

사례 4.2 | 양방향 의사소통의 치명적인 실패

1996년 9월 26일, Garuda Airlines 152편은 Indonesia, Jakarta에서 출발하여 Indonesia, Medan에 착륙예정 15분 전에 산으로 추락했다. 추락지점은 공항에서 20마일 떨어진 곳이다. 항공관제센터의 오류로 인해 기체는 알 수 없는 산불로 연기와 안개로 가려진 산악지대에 추락하게 되었다. 234명의 탑승객과 승무원 전원이 사망했다. 다음은 ATC와 Garuda항공 Airbus A300과의 대화내용이다.

ATC: GIA 152, 기수방위 046에 우선회, 로컬라이저 코스에 오면 보고바람.
GIA 152: 기수방위 040에 우선회, GIA 152, 코스에 오르면 보고함.
ATC: 우선회입니다.
GIA 152: 알았다 152.
ATC: 152, 지금 좌선회 합니까 ? 확인바람.
GIA 152: 지금 우선회하고 있습니다.
ATC: 152 OK, 계속 좌선회하고 있어요.
GIA 152: 아~ (잠시 멈춤) 좌선회 맞나요? 지금 선회하기 시작함.
ATC: OK (잠시 멈춤) OK.
(Aviation Safety Network, 2004).

일방향 의사소통과 양방향 의사소통의 중요한 차이점은 피드백의 역할이다. 피드백을 통해 발신자와 수신자는 정보의 의미를 이해하였다는 것을 상호간 확인할 수가 있다. 피드백은 의사소통의 루프(Loop)를 닫고 수신자가 메시지 본래의 의미를 해석할 때 오해를 방지하는 가장 간단한 방법이다.

피드백은 대화 중 간단하게 고개를 끄덕이는 것에서부터 서신으로 논평을 하거나 지적하는 등 다양하다. 피드백은 다음과 같은 3가지 유형이 있다.

1. 정보제공(Informational) : 수신자는 비평가적 응답을 제공한다. 예를 들어, 최초 주장에 대한 응답으로 객관적인 발언을 제공한다.
2. 수정(Corrective) : 수신자는 발신자의 메시지에 이의제기나 수정을 한다. 예를 들어, 초기 주장에 대해 명확히 하기 위해 질문이나 조회한다.
3. 보충(Reinforcing) : 수신자는 메시지의 수신을 확실하게 알린다. 예를 들어, 메시지를 잘 이해했다는 확인을 한다.

피드백은 품질, 수량, 관련성 및 방식을 포함해야 한다. 피드백이 없으면 메시지가 수신되었는지 확인하기 어렵다.

4.2 의사소통의 유형

언어는 기호와 상징(Signs and Symbols)으로 이루어진 의사소통의 한 형태이다. 언어는 구두(구어 또는 서면) 또는 비언어(즉, 수화, 몸짓 또는 음성 톤 등이 없는 언어; 음성 톤의 중요성에 대해 사례 4.3 참조)가 있다.

사례 4.3 | 미해군 항공요원에게 있어서 "음성 톤(어조)"의 중요성

특히 밤에, 항공모함에 항공기를 착륙시키는 일은 해군항공사들이 수행하는 가장 복잡하고 위험한 임무 중 하나이다. 조종사들이 이 목표를 달성하도록 지원하는 역할의 하나가 착륙신호사관(LSO: landing signal officer)이다. LSO들은 항공모함에 항공기의 최종 접근법과 착륙을 통제하기 위해 특별훈련을 받은 해군항공사들이다. LSO는 항공모함 갑판에서 항공기를 지켜보고 조종사와 무선음성교신을 통해 조종사들을 모함으로 유도한다.

LSO는 조종사들의 착륙을 돕기 위한 정보를 제공할 때 말을 사용할 뿐 아니라, 음성의 톤과 크기도 사용하도록 훈련받았다. 예를 들면, 조종사가 진입각(모함에 진입하는 항공기에 대해 규정된 하강조건)보다 약간 낮다면, LSO는 부드러운 음성으로 '조금 더 파워'라고 한다. 그러나 조종사가 진입각보다 너무 낮다면 LSO는 '파워 높여'라고 크게 말한다. 조종사들은 LSO가 지시하는 목소리 크기를 느끼고 파워를 조정하는 훈련을 받는다.

종종 인용되고(또는 잘못 인용되는) 일련의 의사소통 연구들은 1960년대 후반에 Mehrabian에 의해 수행되었다(e.g. Mehrabian and Ferris, 1967; Mehrabian and Wiener, 1967). 이 실험들은 말하는 것과 메시지를 받는 사람의 어조나 표정 사이에 모호성이 있는 상황에 기초했다. 연구원들은 발신자 메시지의 구성요소에 대해 수신자가 기울이는 주의 양(Amount of Attention)을 다음과 같이 분류할 수 있다고 결론 내렸다.

단어 :	7%
어조 :	38%
기타 비언어적 징후 :	55%
(예. 몸짓, 자세, 표정)	

이러한 분류의 일반화 가능성에 이의가 있을 수는 있지만, 그 의미는 비언어적 신호가 중요하다는 것이다. 비언어적 의사소통이 없는 의사소통은 단어의 오해로 이어질 수 있다. 게다가, 단어의 의미에 대해 확신이 없고 그 사람을 모를 때, 우리는 비언어적 징후에 더 많은 주의를 기울인다. 그러므로 사람들은 메시지를 전달하기 위한 가장 효과적인 의사소통 수단이 무엇인지 생각해봐야 한다.

West(2004)는 정보전달의 풍부함은 교환매체에 의해 결정된다고 말한다.

- 서면은 정보가 가장 풍부하지 않다.
- 전화 또는 화상회의의 정보전달은 약간 풍부하다.
- 대화는 가장 풍부한 정보전달을 실현한다. 이것은 언어적, 비언어적 소통 모두 해당하고, 즉 목소리 억양, 표정, 자세, 몸짓과 결합하여 전달된다.

이메일과 서신은 일반적으로 정보교환, 뉴스전달, 질문 등에 유용하다. 반면, 대면회의는 우려와 불만을 표현하고 갈등에 대한 해결책을 찾는 데 가장 많이 사용된다. 이러한 의사소통의 각 유형은 아래에서 논의한다.

회화(Spoken) 의사소통

회화로 전달하는 의사소통은 사회적이고 기능적이다. 사회적 수준으로 말하면, 관계를 구축하는 데 도움이 되고 팀이 작업을 수행하는 데 도움이 되는 도구이다. 실제로 교환되는 정보와 언어 및 타이밍 또한 중요하다. 그러나 연설내용 자체만으로는 종종 효과적인 의사소통이 불충분하다. “무엇을” 말하는 것이 중요한 것이 아니라 “어떻게” 말하는 것이 중요하다.

비언어적 의사소통

비언어적 의사소통은 의식적이거나 무의식적이거나, 말을 사용하지 않는 의사소통 방식이다. 이것은 다른 정보를 전달할 뿐만 아니라, 심리상태를 나타내는 주요 신호이다. 이것은 종종 보디랭귀지로 언급되며 좋은 예가 있는 책들이 많다(예: Morris, 2002; Pease and Pease, 2005). Malandro et al.(1989)은 작업현장과 관련된 다음 네 종류의 비언어적 의사소통으로 분류했다. (1) 표정과 시선 (2) 몸 움직임과 제스처 (3) 접촉 동작 (4) 목소리 특징과 질.

감정전달 외에도, 연구원들은 비언어적 의사소통이 언어적 의사소통을 보완하는 5가지 방법을 제시했다.

1. 말하는 내용을 반복한다(예: '아니요'라고 말하면서 고개를 가로젓는다)
2. 구두 의사소통을 보강하거나 강화한다(예: '나 화났다'고 말하며 인상을 찌푸린다)
3. 특정 단어나 구문을 강조하여 구두 의사소통을 강조한다(예: 그것이 맞다고 확신하나?)
4. 언어 메시지 부정(예: 미소 지으면서 '나 너 때문에 화났어'라고 말한다)
5. 언어 행동 대체(예: 어깨를 으쓱하며 상관없다고 표현하는 것)

하지만, 언어적인 의사소통과 마찬가지로, 비언어적 의사소통은 모호할 수 있고, 특히 다른 문화권의 사람과 의사소통 시 오해의 소지가 있다. 작업현장이 점점 다문화화 되면서, 어떤 문화권에서는 같은 몸짓이라도 다른 문화권에서는 완전히 다른 의미가 있다는 것을 인식하는 것이 특히 중요하다. 예를 들어, 엄지손가락을 올리는 것이 대부분의 서양 국가에서 행운이나 승인을 의미하는 반면, 중동문화에서는 외설적인 몸짓이다. 스쿠버 다이빙에서 자주 사용되는 'OK' 표시는(엄지와 검지로 원을 만들고 다른 손가락은 펴는 표시) 독일에서는 외설적인 몸짓으로 볼 수 있다. 단순한 머리 끄덕임은 서유럽, 중국, 북미에서는 '네'라는 의미로 받아들여지는 반면, 스리랑카와 많은 동유럽 국가에서는 '아니오'를 의미한다(예: Morris, 2002 참조).

비언어적 징후도 미묘할 수 있다. 아무런 의도 없이 한 몸짓도 특정한 의미가 주어질 수 있다. 마찬가지로 사람들은 누군가 거짓말을 하고 있는지 파악하기 위해 비언어적 징후를 사용하는 경우도 있지만(Zuckerman et al., 1981), 놀랍게도 전문인터뷰 진행자조차도 의사소통에서 속임수를 파악하는데 정확하지 않다(Vrij et al., 2004).

4.3 서면(Written) 의사소통

서면 의사소통은 직장에서 정기적으로 사용되고 전자 서면인 경우가 많다. 이 또한 오해와 오역이 있을 수 있어서 명확하고 정확하며 충분한 정보를 갖고 있는지 주의 깊게 확인해야 한다(사례 4.4 참조).

사례 4.4 | 투약 오류

2001년 4월 11일 워싱턴의 한 소아병원에서 한 외과 의사가 5개월 된 여자 아기에게 수술 후 통증을 처리하기 위해 2번의 '.5mg' 모르핀정맥주사를 처방했다. 그러나 기록원은 소수점을 보지 못했고 의약품관리부에 손으로 '5mg'으로 적었다. 간호사는 의약품관리부 기록에 있는 지시사항에 따라, 정맥주사로 5mg의 모르핀을, 그리고 두 시간 후 다시 5mg을 아기에게 투여했다. 두 번째 투약 약 4시간 후 아기는 호흡을 멈추고 심장마비를 일으켰다(Goldstein, 2001).
투약 오류의 주요한 원인 중 하나는 약자, 투여량 표현, 읽기 어려운 글씨체를 사용한다는 것이다. JCAHO(2001)는 잠재적 위험 소지가 많은 약자를 찾아냈다. 예를 들어, 'U'(Units의 약자)를 손으로 쓸 경우 0처럼 보이고, 소수점 뒤에 오는 0을 사용하거나(예: 2.0과 2) 앞의 예에서 볼 수 있듯이 소수점을 사용할 때 앞에 써야 할 0을 빼고 쓰는 것(예: 0.2를 .2)은 10배의 투약 오류결과를 가져올 수 있다. JCAHO(2001)는 이러한 유형의 오류를 방지하기 위해 몇 가지 권장사항을 제시한다.

- 처방자 전원이 공유할 수 있는 허용할 수 없는 약자와 기호목록을 작성한다.
- 의료진이 그 목록을 참조하도록 지침을 만들고, 준수하기 위한 순서를 취하도록 정책을 개발한다.
- 허용할 수 없는 약자를 사용했을 경우, 처방이 이루어지기 전에 처방내용을 처방의에게 확인하는 방침을 확립한다.

4.4 원격 의사소통

함께 일하는 팀원들은 같은 장소에서 일하며 주로 얼굴을 맞대고 대화한다. 팀 또는 팀 구성원들이 같은 장소에서 일하지 않을 때는 주로 정보기술을 활용하여 의사소통, 공동작업, 정보공유하고 자신들의 노력에 협동한다(Brown et al., 2006; Townsend et al., 1998). 따라서 물리적으로 멀리 떨어져 있는 팀원들은 직접적인 의사소통의 기회가 적으며, 그 결과, 비공식적으로 자발적인 교류가 결여될 수 있다. 팀 구성원들 간의 거리는 팀웍에 해로운 영향을 미치는 것으로 나타났다. 그것은 동질감 공유 결여, 구성원의 작업환경에 대한 상호인식 부족, 구성원의 역할과 책임에 대한 인식부족 문제를 야기한다(Mortensen and Hinds, 2001). 그렇다 하더라도, 많은 팀이 같은 공간에서 일하지 않는 경우가 많다. 지상에 있는 대원과 목표물에 대해말하는 폭격기, '해변'으로 돌아간 담당자와 의사소통하는 해상 석유시추플랫폼, 무선으로 해상승무원과 의사소통하는 잠수부들이 그 예이다.

이론적으로, 그룹웨어 기술과 회사 인트라넷과 같은 컴퓨터 기반시스템은 의사소통과 협조가 이루어질 수 있고 그룹 내에서 명확한 지식을 분담하는 것을 통해서 메커니즘을 제공함으로써 정보 교환을 지원한다. 그러나 실제로는 컴퓨터로 제어된 의사소통기술을 이용하는 그룹에서는 정보교환이 완전하지 않고 논의도 편향된 것으로 밝혀졌고, 또한 같은 장소에서 일하는 그룹보다 적은 정보를 교환하는데도 불구하고 더 많은 시간이 걸렸다(Hightower and Sayeed, 1996: Hollingshead, 1996). 마찬가지로, Driskell et al.(2003)은 의사소통의 도움이 기대되었던 컴퓨터 기반기술이 팀 활동에 부정적 영향을 미칠 수 있으며, 정보를 교환하고 해석하는 데 더 어려움을 주고, 그 결과 상호 간의 지식과 상황인식 공유에 지장을 초래한다고 지적했다.

4.5 의사소통의 장애물

Reason(1997)에 따르면, 조직사고를 유발하는 의사소통 문제는 다음과 같이 분류될 수 있다.

- 의사소통에 필요한 채널이 존재하지 않거나, 기능하지 않거나, 또는 정상적으로 사용하지 않을 때 발생하는 시스템 실패
- 채널은 존재하지만 필요한 정보가 전송되지 않는 경우의 메시지 실패
- 채널도 존재하고, 메시지도 맞게 전송되었지만, 수신자의 오역이나 너무 늦게 도

착하는 경우의 수신 실패(p.135)

이러한 의사소통 문제는 인적오류로 이어질 수 있으며 안전성과 수행력에 영향을 미칠 수 있다. 정보를 전달하고자 하는 사람이 다른 팀원들에게 중요하거나 업데이트된 정보를 알리는 일을 소홀히 할 수 있다. 게다가, 잘못된 의사소통은 오해나 오역이 생기면 발생한다. 이는 팀 구성원이 상황에 대해 서로 다른 평가(제2장, 제6장 참조)를 할 때, 즉, 사실을 확인하거나 피드백을 요청하기보다 상황을 다르게 '해석'하거나 일을 추정하여 하는 경우 발생한다.

의사소통 품질을 저하시킬 수 있는 위험요소는 다음과 같다(CAA, 2006).

- 전달과정 중 실패(예: 불분명하거나 모호한 메시지 전달, 언어상 문제)
- 전달매체로 인한 어려움(예: 배경 소음, 왜곡된 이야기)
- 수신 중 실패(예: 다른 메시지로 예상, 메시지 오역, 메시지 무시)
- 의사소통의 감정적·비감정적인 수준 간의 간섭으로 인한 실패(예: 논쟁)
- 듣기·말하기 등의 물리적 문제(예: 청각장애, 산소마스크·방호장비 착용)

표 4.4에 요약된 바와 같이, 내부 및 외부요인으로 인해 의사소통에 장애가 발생할 수 있다. 내부 장애물은 개인에 기인할 수 있는 반면, 외부 장애물은 환경에 기인할 수 있다.

표 4.4 내부 및 외부 의사소통의 장애물

내부	외부
· 언어 차이 · 문화 · 동기부여 · 기대 · 과거 경험 · 선입관 · 지위 · 감정/기분 · 청각장애 · 음성크기	· 소음 · 방해 또는 주의 산만 · 위치적, 시간적 간격 · 시각적 징후 부족(예: 몸짓언어, 제스처, 표정)

4.6 팀 내 의사소통 향상을 위한 추천사항

효과적인 의사소통은 이 책에서 논의되는 대부분의 비기술적 역량에 있어 중요한 역할을 한다. 높은 신뢰성을 요구하는 다양한 산업분야에서 수행된 조사를 바탕으로, 특히 팀 내 의사소통을 개선하기 위한 여러 가지 제안을 할 수 있다. 의사소통의 네 가지 측면인 명시성(Explicitness), 타이밍(Timing), 자기주장(Assertiveness), 적극적 청취(Active Listening)에 대해 아래에 설명한다.

명시성(Explicitness)

명시성이란 어떤 행위가 필요한지, 그것을 누가 해야 하는지를 명확하게 말하는 것을 의미한다. 명시성은 모호함을 피하기 위해 필요하다. 명확하다는 것은 수신자는 발신자가 무엇을 알고 있는지, 무엇을 생각하는지, 추정하지 않는다는 것을 뜻한다. 오류의 발생을 줄이기 위해 충분한 정보량이 포함되도록 한다. 그렇다 하더라도, 메시지는 가능한 한 짧아야 하며, 필요한 정보를 제공하면서 수신자에게 부담을 주지 않아야 한다. 발신자와 수신자 모두에게, 주의력과 인지적 자원의 비용을 고려하여 때문에(특히 작업부하가 많을 때는) 가장 관련성 있는 정보만 제공하는 것이 중요하다. 미해군 비행대는 이것을 '간결 의사소통(Comm-brevity)'으로 부른다. 또한 표준화된 의사소통의 패턴을 이용할 경우 수신자에게 도움이 된다. Kanki et al.(1989)은 표준화된 방식(따라서 예측 가능한)으로 의사소통하는 조종사들은 그러한 언어를 사용하지 않는 팀보다 업무조정이 더 잘 된 것으로 나타났다. 자유도가 높은 의사소통 패턴이 유효한 것은 확신이 낮은 직무에서만 나타난다(Tushman, 1977). 음성알파벳(Alpha의 A, Bravo의 B 등)은 알파벳을 전달하는 표준방법으로 자주 사용된다. 비록 이 방법이 항공업계에서 사용되고 있긴 하지만, 다른 업계에서도 이해할 수 없는 단어의 철자를 불러주거나, 또는 알파벳과 숫자 코드로 식별되는 시설의 부품명칭을 설명할 때 음성알파벳의 채택을 권장한다.

타이밍

발신자는 수신자가 하고 있는 다른 직무활동에도 신경을 써야 한다. 발신자는 너무 이르거나 늦지 않고 가장 적절한 시간에 정보를 제공해야 한다. 발신자는 말하고 있는 상대의 현재 직무 양을 파악하고 있어야 한다. 상대가 긴급사항을 처리하고 있거나 매우 바쁘다고 판단되면, 중요한 사안이 아닌 이상 그들에게 말을 걸어서는 안 된다. 주의산만과 작업중단 문제는 제2장에 요약되어 있다. Orasanu(1993)는 수행력이 높은 항공기 기장들은 작업부하가 높은 상황에서 통상적인 경우보다 대화가 감소한다는 것을 발견했다. 지시의 횟수는 줄었고 계획과 전략에 관한 의사소통은 증가했다. 또한 정보는 팀 구성원이 요청하기 전에 제공하는 것이 팀 효율을 높일 수 있다(Volpe et al., 1996).

자기주장

팀의 부하직원일수록 자기 의견을 주장하는 행동이 필요하다는 것이 항공분야연구에서 두드러지게 주목받았다(Jentsch and Smith-Jentsch, 2001). 조종실의 음성녹음 분석에서 부기장들은 기장의 판단에 의문을 제기하는 것을 꺼리는 경향이 있다는 것을 보여 주었고, 이러한 자기주장 부족으로 인한 항공기 추락사고도 있었다(예: 1977년 테네리페 사고, 1982년 워싱턴 사고, 사례 4.5 참조). 추가 근거는 시뮬레이터를 이용한 연구에서도 나왔다. 예를 들어, Foushee and Helmreich(1988)는 최종 착륙접근 중 기장이 정상상황이 아닐 때, 부기장이 통제권을 장악하지 못하여 항공기가 추락한 것이 25%나 되는 것으로 나타났다.

사례 4.5 | 부기장의 자기주장 부족: Air Florida 90편 추락사고

Air Florida 90편 보잉 737기는 1982년 1월 13일 Washington DC의 Washington National 공항에서 출발하여, Florida주 Fort Lauderdale로 비행할 예정이었다. 77명의 승객과 5명의 승무원이 탑승했다. 폭설로 인해 공항을 임시로 폐쇄하면서 예정 이륙시간이 약 1시간 45분 지연되었다(NTSB, 1982).

동체에 설빙이 부착된 상태로 36번 활주로를 이륙한 후, 항공기는 고도를 충분히 높이지 못하고, 14번가의 Street Bridge의 북쪽 울타리에 부딪혀 얼어붙은 Potomac강에 추락했다. 4명의 승객과 1명의 승무원만이 살아남았다. 더욱이, 항공기가 다리와 충돌하면서 운행 중인 7대의 차량을 덮쳤고 다리의 울타리와 난간 일부가 파괴되었다. 차량에 있던 4명도 사망했다.

NTSB(국가운수안전위원회)는 이 사고의 원인이 아마도 이륙 전 및 이륙 시 조종사가 엔진의 방빙(Anti-ice)장치를 사용하지 않아서 일어난 것으로 판단했고, 항공기 기체표면에 빙설이 있는 상태로 이륙하기로 결정한 것, 그리고 이륙초기부터 부기장이 엔진계기판의 이상(Anomalous) 측정값을 기장에게 지적을 하였음에도 불구하고(압력센서에 연결된 튜브가 동결되어 일부분만 개폐되었기 때문에 계기판에는 높은 추력으로 나타났고, 그 결과 엔진출력 레버는 정상 이륙위치로부터 상당히 가깝게 세팅되었다) 기장은 이륙을 중지하지 않았다는 것을 인정했다. 부기장은 뭔가 잘못되었다는 것을 알고 있었지만, 그가 사용한 언어는 기장의 충분한 주의를 끌기에 정확하지도 적극적이지도 않았다. '부기장은 "그건 아닌 것 같지 않나요?" "아, 그건 아닙니다"라고 말했다. 기장의 대답은 "맞아 80노트잖아." 그래도 다시 부기장은 우려를 나타냈다. "아니, 저는 그렇게 생각 안 합니다." 그러나 기장은 대답하지 않았다... 부기장은 항공기가 "120노트"로 가속하는 동안 계속 우려를 나타냈다.'(NTSB, 1982: p.64)
사고의 배후요인으로서, 활주로의 제빙작업 지연과 관제센터의 이륙허가가 나는 동안 항공기는 지속적으로 눈에 노출되었고, 그리고 승무원의 겨울철 운항경험이 부족한 것도 있었다.

의료 서비스와 같은 다른 분야에서의 최근 연구는 그룹 내에서의 지위 차이가 다른 사람의 행동에 이의를 제기하는 등 의사소통 행위에 악영향을 미친다는 것을 보여주었다(Edmondson, 2003; Reader et al., in press). 자기주장은 과도한 수동적 태도와 독단적 태도 사이에 위치하는 상황으로 이해될 수 있다.

- **수동적(Passive)** : 자신의 주장을 하지 못하거나, 다른 사람들이 자신의 말이나 행동을 무시하기 쉬운 방식으로 주장한다. 이러한 의사소통은 일반적으로 감정을 솔직하게 표현하지 못하는 것이며, 이것은 갈등을 피하기 위한 목적일 수도 있다. 수동적 의사소통은 논의되는 문제가 사소한 경우 적합할 수 있다.
- **자기주장(Assertive)** : 이 의사소통 방식은 모든 당사자의 영역을 존중하고, 감정의 분출은 없지만 실습을 필요로 한다. 자기주장은 문제에 집중하고 방어적이거나 감정적으로 되는 것을 피하고자 지속성, 객관성 및 정당성이 필요하다. 자기주장은 탐구와 변호를 해야 하는 면도 있다. 탐구는 추가 정보를 얻기 위한 질문으로 정의된다. 이를 위해서 의사소통자는 자신의 입장을 확립하고 의문을 해결하기 위해 필요한 추가정보를 얻을 수 있어야 한다. 변호는 자신의 입장을 밝히고 방어하는 의사표명으로 정의된다.
- **독단적(Aggresive)** : 자신의 의견을 말하지만, 상대방의 의견은 무시하는 방식으로 맞선다. 독단적인 행동은 언어와 비언어의 암시를 이용하여 나타낸다. 방어적이고 거만한 발언을 하는 것, 중요한 것을 불성실한 태도로 임하는 것, 위압적인

태도를 취하는 것 등이 해당된다. 그러나, 비상사태와 같이 시간적 제약을 받는 상황에서는 더욱 독단적인 행동이 요구될 수도 있다.

자기주장적인 행동은 연설내용과 같은 언어적 암시뿐만 아니라, 눈 마주침, 자세, 몸짓과 같은 비언어적 암시들로 구성한다(Ross and Altmaier, 1994). 자기주장이 요구되는 상황에서는 상대방의 요청거부, 거절, 비판에 대처 등이 필요하다(자기주장 입장을 취하기 위한 제안은 표 4.5 참조, 보다 상세사항은 Jentsch and Smith−Jentsch, 2001, or Patterson, 2000 참조).

표 4.5 자기주장 입장을 취하기 위한 제안

언어적	비언어적
• 내용: – 자신이 하고 싶은 말을 결정하고, 구체적이며 직접적으로 한다. – 솔직한 표현; '너 때문에 괴롭다!' – 발언의 일관성; 필요하다면 반복한다. • '나'라는 말을 사용한다. • 어떠한 반응에도 자기주장적으로 대응하여 타인이 사기를 꺾지 못하도록 한다. • '고장 난 음반기술'(Borken record technique): – '당신이 하는 이야기는 알지만...' • 해결책을 제시한다. • 피드백을 입수한다.	· 눈 마주침 · 자세 · 몸짓 · 표정 · 목소리, 억양과 음량 · 타이밍

적극적 경청(Active listening)

경청은 능동적 과정이며 듣는 사람의 노력이 필요하다. 선배들이 상대방의 의견에 경청하는 법을 배우지 않는다면 그 후배들에게 자기주장을 하도록 가르치는 것에서 얻을 것이 없다. 심지어 이상적인 상황에서 경청하는 사람이 관심은 있어도 실제로 듣는 것은 일부분(보통 약 1/3 정도)만 들리고, 만약 관심이 없다면 그 이하일 것이다. 의사소통의 초반부에 후반부보다 더 많이 경청하는 경향이 있는데 – 후반부에 가서는 경청하는 사람이 남의 말에 끼어들 기회를 찾고 있을 수 있다. 이것을 '갭 탐색(Gap Searching)'이라고 때때로 불린다. 아래의 표 4.6은 효과적인 경청을 위해서 해야 할 일과 하지 말아야 할 일의 목록이다.

표 4.6 효과적인 경청을 위해 해야 할 일과 하지 말아야 할 일

해야 할 일	하지 말아야 할 일
• 인내심을 가진다. • 질문을 한다. • 협력적이 된다. • 쉬운 말로 바꾸어 표현한다. • 눈을 마주친다. • 적극적인 신체언어를 사용한다.	• 자기 생각을 논의한다. • 우회한다(주제를 바꾸기 위해 핵심단어를 찾는다). • 방해한다. • 다른 사람의 문장을 끝낸다. • 미리 예측한다(그 사람이 다음에 할 말을 예측한다). • 무시한다. • 다른 직무를 준다.

팀 구성원은 효과적인 업무수행을 위해, 위에 서술한 모든 의사소통 역량이 필요하다. 이러한 역량의 적용은 특히 브리핑하는 동안 중요하다.

4.7 브리핑

브리핑은 팀 구성원과 공유하는 정신모델(Shared mental model)을 개발하는 것이 중요하다(이 개념 설명은 제2장 참조). 브리핑은 세 가지 유형으로 나눌 수 있다. 교대근무 인수인계, 업무 또는 임무의 사전 브리핑 및 사후 브리핑. 각 브리핑 유형은 아래에서 논의한다.

교대근무 인수인계

연속적인 프로세스를 운용하는 산업계에서는 교대근무의 인수인계를 통해 연속성이 유지된다. 새로운 근무시간 법안이 제정되는 것은 의료서비스와 같은 많은 조직에서는 더 많은 교대 근무자가 늘어나고 있음을 뜻한다. 이러한 연속성에 대한 주요 장애물은 의사소통의 불량으로 인해 퇴근자와 출근자 간 효과적인 인수인계가 실패했다는 것이다. 인수인계의 목표는 교대 근무자간 임무에 관한 정보를 정확하고 신뢰할 수 있는 의사소통을 통해, 안전하고 효과적인 업무의 연속성을 보증하는 것이다(Lardner, 1996).

의사소통 장애, 특히 교대근무 인수인계 중 발생하는 장애는 고위험 산업에서는 사

고로 이어진다. 의사소통 부족, 또는 의사소통 장애는 사고요인의 하나로 간주되며, 실제로 근무교대 시 또는 그 전후의 사고율은 높다(사례 4.6 참조).

사례 4.6 | 교대근무 실패가 사고로 이어지는 예

1. **Sellafield 해변사건(HSE, 1983).** Sellafield는 많은 핵 재처리 시설이 소재하는 Irish Sea 해안에 있는 영국북부지역이다. 교대근무 시 의사소통의 실패로, 바다로 방출하기에 적합한 액체가 포함된 것으로 생각했던 탱크가 – 실제로는 방사능 물질을 함유하고 있어 – 바다로 방출되어 환경적 위험이 발생했다. 탱크 내용물에 대한 서면 설명이 여러 번 연속적으로 교대근무자에게 전달되었다. 이로 인해 탱크 내용물에 대한 서면 설명이 변경되었다. 탱크의 내용물을 정확한 용어로 설명하지 못했으며, 잘못 기록된 업무일지 내용은 페이지마다 복사되어 오류가 발생했다.
2. **BP Texas City 정유공장 폭발사고.** 2005년 3월 Texas City(USA) 정유 공장의 이성질화(Isomerisation) 장치 기동 시 일련의 실수로 인하여 15명이 사망하고 170명 이상 부상자가 발생했다. 이성질화 반응 유닛은 라피네이트, 즉 저옥탄가 연료를 무연가솔린의 고옥탄가 기재로 전환시키기 위한 장치이다. 이 장치의 일부는 164피트 높이의 탑으로 구성되어 있다. 폭발 당시 탑의 액량 레벨은 정상보다 20배에 달했다. 야간 작업팀이 탑으로 들어오기 시작했고, 다음 날 주간 작업팀까지 교대가 계속되었다. 주간 작업팀 팀장은 지각을 했고 나가는 야간 교대팀(교대근무 1시간 전에 퇴근)이나 야간 팀장으로부터 어떠한 인계도 받지 못했다. 이 과정과 관련하여 중요한 두 명의 운용자 간 인계가 정유공장 출입문에서 이루어졌으며, 인계시간과 내용은 불충분했다(US Chemical Safety and Hazard Investigation Board, 2005).

교대근무 인수인계 및 기타 책임 인계와 관련하여, 의료기관에서 발생할 수 있는 의사소통 문제 때문에, 영국의료협회(British Medical Association, 2004)는 "환자의 안전은 안전한 인수인계로부터(Safe Handover, Safe Patients)"라는 권고 책자를 발간했다. 이 책자에는 교대근무 시 인수인계를 개선하기 위해 5가지 질문이 제시되어 있다.

- 누가 관여해야 하는가? 인수인계는 퇴근 근무자와 출근 근무자 간의 대면회의여야 한다. 또한 관리자(예: 병동 관리자)도 인수인계 시 참석하여 사안이나 지속되고 있는 문제점을 인식하고, 효과적인 인수인계의 중요성을 인식하고 있음을 설명해야 한다.

- **인수인계는 언제 이루어져야 하는가?** 인수인계는 모든 관련 정보를 교환할 수 있는 충분한 시간과 정해진 시간에 실시되어야 한다. Lardner(1996, p.14)는 철저한 인수인계를 수행하기 위해 집중해서 주의를 기울여야 하는 많은 특정 사례를 밝혀냈다. 다음과 같은 상황을 포함한다.
  - 공장 유지보수 중, 특히 교대근무 중에 작업이 지속될 경우
  - 안전장치가 정지상태인 경우
  - 통상적인 업무상황에서 이탈할 경우
  - 장기간 업무에서 이탈한 경우
  - 숙련자와 비숙련자 간 인수인계가 이루어지는 경우

- **인수인계는 어디서 이루어져야 하는가?** 인수인계가 가장 많이 이용되는 작업장 근처에서 이루어져야 하며, 충분한 공간에서 교대 근무자들이 모두 참석할 수 있어야 한다. 정유공장 출입문은 인수인계 장소로 적합하지 않다(사례 4.6참조). 전화, 알람, 포켓벨 등으로 인한 주의 산만을 줄이기 위한 시도가 이루어져야 한다.

- **인수인계는 어떻게 이루어져야 하는가?** 인수인계는 공식적이고, 예측 가능해야 하며 일관된 형식을 따라야 한다. Leonard et al.(2004)은 SBAR이라는 약자로 알려진 상황대응형 브리핑 도구가 의료현장에서 환자를 인도하는데 효과적인 지침이 될 것이라고 제안한다. SBAR은 다음을 나타낸다.
  (1) 상황(Situation) : 환자에게 무슨 문제가 있는가?
  (2) 배경(Background) : 임상치료의 배경과 내용은 무엇인가?
  (3) 평가(Assessment) : 문제가 무엇이라 생각하는가?
  (4) 추천의견(Recommendations) : 문제를 해결하기 위해서 나는 무엇을 할 것인가?
  직원은 장비를 검사하기보다는 인수인계에 최대한 주의를 기울여야 한다. BMA(2004)는 비상시를 제외하고는 장비를 검사하는 것보다 교대에 신경 쓰기를 권장하며, 인수인계 시 '삐삐음 제거' 상태로 지정할 것을 권고한다.

- **무엇을 인수인계해야 하는가?** 서면 메모, 또는 전자식 업무일지는 퇴근 근무자가 작성하여 출근 근무자에게 인계해야 한다. 구두에 의한 양방향 의사소통은 서면

일지로 보완해야 한다. 출근 근무자들은 정보를 수동적으로 받으면 안 된다. 모든 일지는 표준형식을 따라야 하며, 구두에 의한 의사소통은 서면 정보를 명확하게 하려고 보충하게 된다(효과적인 브리핑을 수행하기 위한 권장사항의 요약은 표 4.7 참조).

임무 전/직무 브리핑

인수인계를 위해 BMA(2004)가 제시한 5개의 질문은 임무 전 또는 직무 브리핑에도 동일하게 적용된다(표 4.7 참조). 모든 팀 구성원(후배와 선배들)은 브리핑에 참석해야 한다. 물론 임무 전/직무 브리핑은 업무를 시작하기 전에 이루어져야 한다. 모든 팀원들이 모일 수 있는 충분한 공간의 작업장 근처에서 브리핑을 수행해야 한다. 그리고 교대근무의 인수인계와 같이, 브리핑은 공식적이고 예측 가능한 구조여야 한다.

표 4.7 효과적인 브리핑을 수행하기 위한 추천사항

	교대근무 인수인계	임무 전/직무 브리핑	결과보고
누가?	관리자를 포함한 모든 교대 근무자	팀원 전원	
언제?	정해진 시간에	임무/직무 전	임무/직무 전
어디서?	팀원 전원이 참석할 수 있는 작업장 근처		
어떻게?	공식적이고 예측 가능한 구조의 양방향 의사소통		공식적이거나 또는 비공식적
무엇을?	서면 메모와 양방향 의사소통		팀이 수행할 모든 정보

미 공군은 비행 전의 브리핑에 대해 엄밀한 구성을 요구한다. 예를 들어, 공군의 전형적인 비행 전 브리핑에는 다음 정보가 포함된다.

1. 시간 맞춤 : 모든 조종사가 동일 시간으로 맞춘다.
2. 일반사항 : 호출 부호, 총 중량, 이륙 시간 등
3. 목표 또는 목적지
4. 항법/비행 계획 : 예: 비행임무 계획, 장애물
5. 의사소통 : 횟수, 절차, 방식 등
6. 무기 : 탑재장비 품목, 안전장치 해제시기 등
7. 날씨 : 현지 날씨, 항로상 날씨 등

8. 비상시 : 작전중지, 팀 협력방법 등
9. 특별지침 : 정보, 안전상 제반사항 등

일반적으로 팀장이 브리핑을 주도해야 한다. 그러나 다른 팀원들의 의견을 듣고 받아들이는 것도 중요하다. 기술적·비기술적 문제가 모두 포함된 업무와 관련된 모든 관련 정보가 논의되어야 한다. 구두에 의한 양방향 의사소통을 해야 하지만, 구두에 의한 정보를 서면으로 추가하는지 여부는 직무에 따라 달라질 수 있다. 수술실의 직무 전 브리핑을 위한 점검표는 Makary et al.(2006)을 참조하기 바란다.

강평(Debriefing)

팀이 과제를 마친 후 강평을 하지 않기가 쉽다. 많은 경우 사람들이 일을 마친 후에 가장 하고 싶지 않는 것은 그들의 업무에 대해 토론으로 시간을 보내는 것이다. 그럼에도 불구하고, 상황 후 강평을 수행하는데 시간 들이는 것은 훈련을 증진하기 위해 강조되어야 할 사항이다(표 4.7 참조). 따라서 고위 경영진과 팀 리더는 강평회를 격려하는 것이 중요하다.

팀 리더는 보고과정에서 효과적으로 강평을 완수했는지 확인하는 것이 중요하다. 그러나 팀 리더에게 보고하는 것이 항상 가장 적합한 사람은 아닐 수도 있다. Tannenbaum et al.(1998)은 강평 시 보여야 할 8가지 팀 행동을 밝혔다.

1. 사고 후 리뷰 초기에 자기평가(Self-critique)를 행한다. 효과적인 브리핑 환경은 팀 구성원들이 혼란스럽거나 실수를 했을 때 그들이 쉽게 인정할 수 있는 편안함을 느끼는 환경이어야 한다. 따라서 이러한 행동을 격려하기 위해 사회자는 브리핑 중에 그러한 행동을 배려한다.
2. 다른 사람들의 피드백과 아이디어를 받아들인다. 결과보고 시 효과적인 학습을 위해 팀원들은 자신의 행동에 대한 다른 사람들의 피드백을 기꺼이 수용한다. 이것을 격려하기 위해 사회자는 이러한 행동을 배려한다.
3. 사람 중심의 피드백은 피하고 직무 중심의 피드백에 주목한다. 특정 팀 구성원에 대한 평가 판단의 피드백은 피해야 한다. 오히려, 팀원의 개인적인 공격 대신, 여러 가지 행동과 관련한 수행 피드백을 활용한다.

4. 피드백을 제공할 때 구체적이고 건설적인 제안을 제공한다. 팀 리더가 개인과 팀 모두의 개선영역을 명확히 하고 요약할 수 있도록 돕기 위해 구체적이고 건설적인 피드백(애매하거나 부정정적인 피드백과는 반대되는)을 제공하는 것이 효과적이다.
5. 브리핑 중 팀 구성원이 적극적으로 참여하도록 권장하고 단순히 팀 수행에 대한 자신의 견해만 언급하지 않는다. 사회자는 단순히 팀원들에게 일방적인 설명을 하는 것이 아니라, 논의를 활성화 시켜야 한다.
6. 브리핑은 직무의 기술적인 측면뿐만 아니라, 예를 들어 팀웍과 같은 비기술적 측면에 대한 논의를 포함하도록 유도한다. 팀 구성원들은 항상 자신들의 직무수행과 관련된 특정 팀웍 행동을 이해하지 못하기 때문이다.
7. 차기의 보고를 수행할 때는 선행하였던 브리핑 및 팀 수행을 참조한다. 지속성, 신뢰성 및 일관성의 감각을 제공하기 때문이다.
8. 수행력 개선은 각 팀원에 관한 것인지, 팀 전체에 관한 것인지 알린다.

4.8 의사소통 훈련 및 평가

의사소통 훈련은 항공승무원의 CRM(Crew Resource Management) 훈련모듈의 구성요소이다. 이것은 일반적으로, 듣기, 명확한 표현, 비언어적 의사소통, 자기주장 그리고 위에서 서술한 다른 여러 가지 특성과 같은 의사소통의 측면을 포함한다. 한편, Kanki and Smith(2001)는 의사소통이 CRM의 독립적인 구성요소로 가르치면, 항공업계와 같은 고 신뢰성 조직 수행의 기술적 및 비기술적 양측면에 있어서 무엇보다 중요한 것을 놓치게 된다고 지적한다. 그들은 의사소통 훈련은 아래와 같은 3가지 목적으로 이루어져야 한다고 제안한다.

- **기술적 목적을 달성하기 위한 의사소통.** 의사소통 훈련은 기술적 훈련과 결합되어야 한다. 표준적 전문용어와 표현의 사용은 기술훈련 중에 강화되어야 한다.
- **절차상의 의사소통.** 표준절차에 관한 의사소통은 암기하고, 반복 실습하여 사용해야 한다. 예를 들어, 비행훈련생들은 처음 조종실에 들어갈 때부터, 조종 역할

을 다른 조종사에게 인계할 때 정해진 3단계 의사소통을 하도록 배운다(즉, 조종사 1: '내가 조종 한다', 조종사 2: '당신에게 조종을 맡긴다.' 조종사 1: '내가 조종 한다.')

- **CRM 목적을 달성하기 위한 의사소통**. 이 장의 초반에 설명한 대로, 의사소통은 다른 모든 비기술적 역량을 뒷받침한다. 따라서 의사소통 훈련은 CRM 훈련의 각 구성요소에 융합되어야 한다.

의사소통은 행동관찰척도(Behavioural observation scales)와 같은 기법을 사용하여 효과를 평가할 수 있다(제11장 참조). 관찰된 의사소통은 이러한 모범 예와 상대적인 평가에 이용할 수 있다. Beaubien et al.(2004)은 의사소통을 위한 행동 점검표를 제시했다(표 4.8 참조).

표 4.8 의사소통에 대한 행동관찰척도(Beaubien et al., 2004)

의사소통의 행동 예제
팀 리더 : • 팀원의 의견을 수렴하여 적극적인 작업환경을 조성 • 비평하지 않고 듣기 • 최저 수준의 안전상태를 명확히 확인 • 유사시의 비상계획 수립 **팀 구성원** : • 자신의 이해도를 구두로 표현 • 유사시의 비상계획에 대한 이해도를 구두로 표현 • 일관성을 유지하여 구두 및 비언어적 반응 표현 • 질문에 적시 응답

4.9 결론

의사결정, 상황인식, 팀웍, 리더십 그리고 스트레스관리와 같은 비기술적인 역량과 더불어, 의사소통 기술은 안전하고 효과적인 수행을 위해 필수적이다. 모든 조직에 걸쳐, 효과적인 의사소통의 중요성은 모든 수준에서 인식해야만 한다. 효과적인 전달과 이해를 촉진하기 위하여, 의사소통의 내용(예: 사용되는 단어)은 소통의 유형 및 비언어적 징후와 결합되어야 한다.

특히 팀에서 예를 들어 업무일지와 공식 브리핑 및 결과보고와 같은 표준적인 의사소통 구조가 도입되는 경우 더 효과가 있다. 대면 대화, 이메일, 전화 등과 같은 다양한 의사소통 방식은 상황에 따라 관련된 의사소통 요건에 적합하도록 채택해야 한다.

요점

- 효과적인 의사소통은 학습하고, 개발하며, 개선할 수 있는 기술이다.
- 피드백이 포함된 양방향 의사소통 방식을 이용하면 소통 과정에서 생기는 오해를 피할 수 있으며, 일방향 의사소통 방식보다 더 효과적인 의사소통을 제공한다.
- 의사소통 결여, 불량 의사소통, 추측 표현, 피드백 부족, 등 모두가 의사소통 문제의 원인이 된다.
- 비언어적 의사소통과 능동적(적극적) 경청은 구두 의사소통만큼 중요하다.
- 의사소통이 원활하지 않은 현장의 사고를 재검토하여 관련된 교훈을 얻어내야 한다.
- 의사소통은 특히 지리적으로 분산되어 있는 원격 의사소통에 의존하는 팀에게, 효과적인 팀워을 위해 필수적이다.
- 표준적인 결정사항(Protocols)은 교대 근무자 간의 의사소통을 강화한다. 의사소통의 어려움을 줄이기 위해서는 적절한 교대 또는 업무 인수인계에 대한 프로토콜을 수립해야 한다.

Suggestions for further reading

British Medical Association (2004) *Safe Handover: Safe Patients*. London: British Medical Association. (download from www.bma.org.uk)

CAA (2006) *Crew Resource Management (CRM) Training. CAP 737*. Hounslow, Middlesex: Civil Aviation Authority.

Kanki, B.G. and Palmer, M.T. (1993) Communication and crew resource management. In E.L. Wiener, B.G. Kanki and R.L. Helmreich (eds.) *Cockpit Resource Management*.

New York: Academic Press.

Lardner, R. (1996). *Effective Shift Handover: A Literature Review.* Offshore technology report *OTO 96 003.* London: HMSO.

Morris, D. (2002) *Peoplewatching. The Desmond Morris Guide to Body Language.* London: Vintage.

Patterson, R. (2000). *The Assertiveness Workbook: How to Express your Ideas and Stand up for Yourself at Work and in Relationships.* Oakland, CA: New Harbinger Publications.

Searles, G.J. (2005). *Workplace Communication: The Basics.* London: Longman.

Websites

UK Health and Safety Executive. Human factors: Safety critical communication: www.hse.gov.uk/humanfactors/comah/safetycritical.htm

references

Aviation Safety Network (2004) AT C transcript Garuda Flight 152-26 September 1997 [online]. Available at: http://aviationsafety.net/investigation/cvr/transcripts/atc_ga152.php

Barnett, M., Gatfield, D. and Pekcan, C. (2006) Non-technical skills: the vital ingredient in world maritime technology? In *Proceedings of the International Conference on World Maritime Technology.* London: Institute of Marine Engineering, Science and Technology.

Beaubien, J.M., Goodwin, G.F., Costar, D.M. and Baker, D. (2004). Behavioural Observation Scales (BOS). In N.A. Stanton, A. Hedge, K. Brookhuis, E. Salas and H. Hendrick (eds.) *Handbook of Human Factors and Ergonomic Methods.* Boca Raton, FL: CRC Press.

Brown, K., Huettner, B. and James-Tanny, C. (2006) *Managing Virtual Teams: Getting the Most from Wikis, Blogs and other Collaborative Tools.* London: Wordware.

BMA (2004) *Safe Handover: Safe Patients.* London: British Medical Association.

CAA (2006) *Crew Resource Management (CRM) training. CAP 737.* Hounslow, Middlesex: Civil Aviation Authority.

CAA (2004) *CAP716 Aviation Maintenance Human Factors* (EASA/JAR145 Approved Organisations). Sussex: CAA Safety Regulation Group.

Cullen (1990) *The Public Inquiry into the Piper Alpha Disaster* (Cm 1310)). London: HMSO.

Driskell, J.E. and Salas, E. (1992) Collective behaviour and team performance. *Human Factors*, 34, 277-288.

Driskell, J., Radtke, P. and Salas, E. (2003) Virtual teams: effects of technological mediation on team performance. *Group Dynamics: Theory, Research, and Practice,* 7, 297-323.

Edmondson, A. (2003) Speaking up in the operating room. How team leaders promote learning in interdisciplinary action teams. *Journal of Management Studies*, 40, 1419-1452.

Foushee, H.C. and Helmreich, R. (1988) Group interaction and flightcrew performance. In E. Wiener and D. Nagel (eds.) *Human Factors in Aviation*. San Diego, CA: Academic Press.

Goldstein, A. (2001). Overdose kills girl at children's hospital. *Washington Post*, 20 April.

Hightower, R. and Sayeed, L. (1996) Effects of communication mode and prediscussion information distribution characteristics on information exchange in-groups. *Information Systems Research*, 7, 451-465.

Hollingshead, A.B. (1996) The rank order effect in group decision making. *Organizational Behavior and Human Decision Processes*, 68, 181-193.

HSE (1983) *The Contamination of the Beach Incident at British Nuclear Fuels Limited, Sellafield, November 1983*. London: HMSO.

JCAHO (2004) *Sentinel Event Alert, Issue No. 30.* Oak Brook, Illinois: Joint commission of accreditation of healthcare organizations.

JCAHO (2001) Medication errors related to potentially dangerous abbreviations. *Sentinel event alert, Issue No. 23.* Oak Brook, Illinois: Joint commission of accreditation of healthcare organizations.

Jentsch, F. and Smith-Jentsch, K. (2001) Assertiveness and team performance: More than "Just Say No". In E. Salas, C. Bowers and E. Edens (eds.) *Improving Teamwork in Organisations*. Mahwah, NJ: Lawrence Erlbaum.

Kanki, B.G., Lozito, S. and Foushee, H.C. (1989) Communication indices of crew coordination. *Aviation, Space and Environmental Medicine*, January, 56-60.

Kanki, B.G. and Palmer, M.T. (1993) Communication and crew resource management. In E.L. Wiener, B.G. Kanki and R.L. Helmreich (eds.) *Cockpit Resource Management*. San Diego: Academic Press.

Kanki, B.G. and Smith, G.M. (2001) Training aviation communication skills. In E. Salas,

C.A. Bowers and E. Edens (eds.) *Improving Teamwork in Organizations*. Mahwah, NJ: Lawrence Erlbaum.

Lardner, R. (1996) *Effective Shift Handover: A Literature Review*. Offshore technology report OTO 96 003. London: HMSO.

Leonard, M., Graham, S. and Bonacum, D. (2004) The human factor: the critical importance of teamworking and communication in providing self care. *Quality and Safety in Health Care*, 13, i85-i90.

Leplat, J. (1991). Organisation of activity in collective tasks. In J. Rasmussen, B. Brehmer and J. Leplat (eds.) *Distributed Decision Making: Cognitive Models for Co-operative work*. London: John Wiley.

Makary, M. et al.(2006) Operating room briefings: Working on the same page. *Joint Commission Journal on Quality and Patient Safety*, 32, 351-356.

Malandro, L, Barker, L. and Barker, D. (1989) *Nonverbal Communication*, 2nd ed. Reading, MA: Addison-Wesley.

Mehrabian, A. and Ferris (1967) Inference of attitudes from nonverbal communication in two channels. *Journal of Consulting Psychology*, 31, 248-252.

Mehrabian, A. and Wiener, M. (1967) Decoding of inconsistent communications. *Journal of Personality and Social Psychology*, 6, 109-114.

Morris, D. (2002) *Peoplewatching. The Desmond Morris Guide to Body Language*. London: Vintage.

Mortensen, M. and Hinds, P. (2001) Conflict and shared identity in geographically distributed teams. *International Journal of Conflict Management*, 12, 212-238.

Nieva, V. F., Fleishman, E. A. and Rieck, A. (1978) *Team dimensions: Their identity, Their Measurement, and Their Relationship* (Defence Technical Information Center Research Note 85-12). Alexandria, VA.

NTSB (1982) *Air Florida, Inc., Boeing 737-222, N62AF, Collision with 14th Street Bridge near Washington National Airport, Washington, DC, January 13, 1982.* (NTSB Report Number AAR-82/08). Washington, D.C.: NTSB.

Orasanu, J. M. (1993) Decision-making in the cockpit. In E.L. Wiener, B.G. Kanki and R.L. Helmreich (eds.) *Cockpit Resource Management* (pp.137-168). San Diego: Academic Press.

Patterson, R. (2000) *The Assertiveness Workbook: How to Express Your Ideas and Stand up for Yourself at Work and in Relationships*. Oakland, CA: New Harbinger Publications.

Pease, A. and Pease, B. (2005) *The Definitive Book of Body Language*. London: Orion.

Reader, T., Flin, R. and Cuthbertson, B. (in press) Factors affecting team communication in the Intensive Care Unit. In C. Nemeth (ed.) *Improving Healthcare Team Communication – Building on Lessons from Aviation and Aerospace*. Aldershot: Ashgate.

Reader, T., Flin, R., Lauche, K. and Cuthbertson, B. (2006) Non-technical skills in the intensive care unit. *British Journal of Anaesthesia*, 96, 551–559.

Reason, J. (1997). *Managing Organizational Accidents*. Aldershot: Ashgate.

Ross, R.R. and Altmaier, E.M. (1994) *Intervention in Occupational Stress. A Handbook of Counselling for Stress at Work*. London: Sage Publications.

Tannenbaum, S.I., Smith-Jentsch, K.A. and Behson, S.J. (1998) Training team leaders to facilitate team learning and performance. In J.A. Cannon-Bowers and E. Salas (eds.) *Making Decisions Under Stress: Implications for Individual and Team Training* (pp. 247–270): American Psychological Association.

Townsend, A., DeMarie, S.M. and Hendrickson, A.R. (1998) Virtual teams: Technology and the workplace of the future. *Academy of Management Executive* 12, 17–29.

Tushman, M. (1977) Special boundary roles in the innovation process. *Administrative Science Quarterly*, 22, 587–606.

US Chemical Safety and Hazard Investigation Board (2005) *Fatal Accident Investigation Report: Isomerisation Unit Explosion Final Report, Texas City, Texas, Usa*. Washington, D.C.: US Chemical Safety and Hazard Investigation Board.

Vrij, A., Akehurst, L., Soukara, S. and Bull, R. (2004) Detecting deceit via analyses of verbal and nonverbal behaviour in children and adults. *Human Communication Research*, 30, 8–41.

Volpe, C.E., Cannon-Bowers, J.A. and Salas, E. (1996) The impact of cross-training on team functioning: An empirical investigation. *Human Factors*, 38, 87–100.

Weick, K. (1990). The vulnerable system: An analysis of the Tenerife air disaster. *Journal of Management*, 16, 571–593.

West, M.A. (2004) *Effective Teamwork. Practical Lessons From Organisational Research* (2nd ed.). Leicester: BPS Blackwell.

Wiener, E., Kanki, B. and Helmreich, R. (1993) (eds.) *Cockpit Resource Management*. San Diego, CA: Academic Press.

Zuckerman, M., DePaulo, B.M. and Rosenthal, R. (1981) Verbal and non-verbal communication of deception. In L. Berkowitz (ed.) *Advances in Experimental and Social Psychology* (Volume 14, pp1–59), New York: Academic Press.

Chapter 05

팀웍

5.1 소개

이번 장에서는 팀 업무와 관련된 역량을 중점적으로 다룬다. 다른 전문지식을 가진 사람들이 동일한 목적으로 협력해야 하기 때문에, 팀은 조직의 중요한 특징(Feature)이다. 어떻게 하면 팀 기능을 잘할 수 있는지에 대해서 비즈니스, 스포츠 및 군사분야에서 심리학연구의 초점이 되어왔고(Hackman, 2002; 2003), 가상 팀에 관해 서술한(Brown et al., 2006) 것을 포함하여, 팀 관리 및 개발 방법에 대한 책들은 수백 권에 달한다(예: Clutterbuck, 2007; West, 2004). 작업현장의 안전관리를 위한 효과적인 팀웍의 중요성이 대두되고, 최근에는 고위험성 작업환경의 팀이 연구자들의 주요 주제가 되었다(Awad et al., 2005; Turner and Parker, 2004; Glendon et al., 2006). 이번 장에서는 팀 내 의사결정, 팀웍 문제, 훈련기법 및 스트레스가 팀웍에 주는 영향 등을 비롯하여 특히 그룹행동, 팀 육성과 효율성을 포함한, 안전성 결과와 관련된 팀웍 역량에 대한 이론적 배경을 설명한다.

조직에서 팀이 광범위하게 존재하는데도 불구하고 불충분한 의사소통, 불명확한 역할분담 또는 심지어 팀의 일원으로 기능할 준비가 되어 있지 않은 팀원까지, 항상 기대에 부응하는 것은 아니다(Lencioni, 2005). 그러나 팀은 조직의 성공과 기능에 큰 영향을 미칠 수 있다. 업무에 있어 유연성과 대응력을 높이기 위해, 광범위한 전문가들과 여러 기능을 넘나드는 전문가들로 구성된 팀의 수요가 증가하고 있다(Kozlowski,

1998). 변화하지 않는 팀은 거의 없으며, 현대의 조직에서 팀원들은 빈번하게 바뀐다. CRM 훈련의 핵심개념은 특정 팀을 강화하는 것이 아니라, 그들이 어느 팀에서 일하든 개개인을 더 유능한 사람으로 만드는 것이다.

이 장에서는 팀의 의사결정을 위한 역량을 포함하여 팀웍의 개요를 설명한다. 여기에서 논하는 팀 형태는 동일 장소에서 공유하는 목표를 실행하는 실무수준의 그룹(전형적으로 2~10명)이다. 팀의 각 구성원은 효율적으로 일하는 능력과, 자기의 목표를 수행할 수 있는 능력도 필요하다(West, 2004). 팀웍 역량을 위한 다양한 유형의 훈련에 대해서도 서술한다(제10장 참조).

5.2 팀이란 무엇인가?

Salas et al.(1992, p.4)에 따르면, 팀의 정의는 다음과 같다.

> 상호간, 공통의 가치 있는 목표·목적·사명을 향해, 동적으로 상호의존하며 상호작용에 적응하면서, 각자가 수행해야할 특정의 역할과 기능을 분담하고, 팀원으로서 한시적인 활동을 하는 두 명 이상으로 구성된 명확한 집단

팀 자체도, 각 팀원들처럼 활동목표가 있다. West(2004)는 조직에서 팀으로 작업할 때의 이점을 다음과 같이 서술한다.

- 변화하는 조직의 환경, 전략, 구조 간 일관성을 창출하여 조직전략 수립
- 신속하고 경제적인 제품 및 서비스 개발 및 제공
- 조직이 더욱 효과적으로 학습하고 그것을 유지할 수 있도록 지원
- 아이디어 상호교류로 인한 혁신 촉진
- 현대적 조직의 복잡한 구조에서 개인은 처리할 수 없는 정보를 집약하고 연결하여 정보를 효과적으로 처리
- 팀원은 팀에서 활동하지 않는 직원보다 더 높은 수준의 참여와 헌신을 보여주고 스트레스 수준도 낮음

개인이 팀원으로 활동할 때의 역량으로서, 포괄적 주요소는 다음과 같다.

표 5.1 팀웍의 분류와 요소

구분	요소
팀웍	다른 사람을 지원한다. 충돌을 해소한다. 정보를 교환한다. 활동을 조정한다.

팀웍은 대부분의 작업환경에서 업무의 중심이 되며, 해저유전, 가스생산, 석유화학, 항공, 의료 및 해양과 같은 고위험을 동반하는 산업에서 특히 중요하다. 일반적으로 팀은 과제를 달성하기 위해 편성된 순간부터 효과적으로 기능해야 하므로, 팀원들은 처음부터 어떻게 협력할 것인지를 공통적으로 이해해야 한다(CAA, 2004). 예를 들어, 원자력산업에서 효과적인 제어실 운용은 의사소통, 협조, 협력 등의 역량을 포함하여, 높은 수준의 팀 수행에 의존한다(Stanton, 1996).

수년간 심리학자들은 사람들이 다른 사람들과 함께 있을 때 어떻게 행동하는지 연구해 왔으며, 집단행동에 대한 광범위한 문헌이 존재한다(Baron and Kerr, 2003; Brown, 1999). 최근에는 작업그룹의 수행을 이해하고 팀 구성 및 역량에 대한 현재의 지식을 증가시키기 위한 상당한 진전이 이루어졌다. 집단행동 심리학에 의하면, 팀 수행의 기본적인 프로세스모델은 그림 5.1과 같이 나타난다. 이 모델은 개인요인(예: 경험, 역량), 리더십 및 팀 구성(예: 역할, 규범, 지위 차이)이 집단활동(예: 의사소통, 협조, 의사결정 같은 과정)에 어떻게 영향을 미치는지 보여주고, 그것이 생산성, 안전성, 만족감과 같은 결과적인 사항에 영향을 주는 것도 나타낸다. 리더십에 대해서는 다음 장에서 논의된다. 구조상의 요인은 그룹의 크기(많은 직무에 있어서 가장 적합한 최적 인원은 약 5명)뿐만이 아니라, 해당그룹이 수립한 규범이나 규칙, 지위의 차이 또는 조직계층(Reader et al., 출판 준비중), 팀원에게 맡겨지거나 주어진 역할(Belbin, 2003, 아래에서 논의) 및 전체의 단결이나 구심력도 관련이 있다.

그림 5.1에서와 같이, 팀원에게 주어진 역할도 팀의 효율성에 영향을 준다. 이것은 팀원의 실질적인 역할과 책임뿐 아니라, 팀 내 개인성격과의 균형도 관련이 있다. Belbin(2003)에 따른, 팀 역할에 관한 자기인식의 유형분류는 팀이 유효하게 기능하기

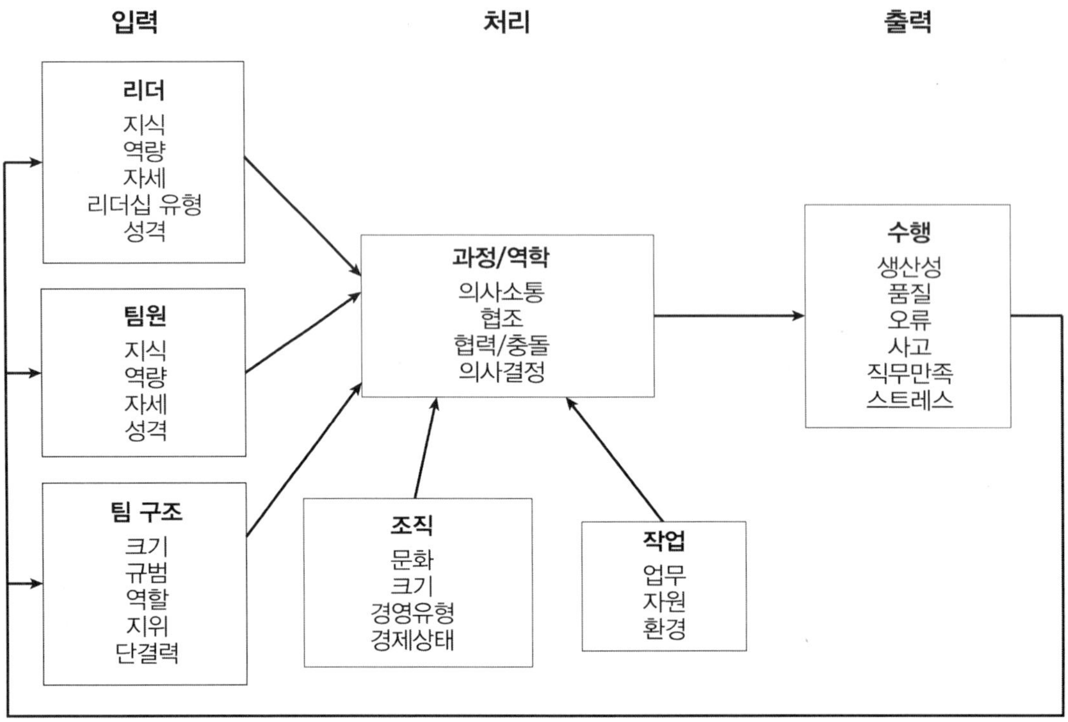

그림 5.1 팀 수행의 프로세스모델

(Steers, 1988; Unsworth and West, 2000에서 인용)

위해 필요하다고 제안한다. 그의 조사는 팀이 성공하기 위해서 팀원들이 수행해야 할 9가지의 역할(조정역(Coordinator), 기획역(Shaper), 실행역(Implementer), 완성역(Finisher))을 나타냈다. 그렇다고 팀이 9명으로 구성될 필요는 없으며, 각 팀원은 한 가지 이상의 역할을 할 수 있지만, 역할의 균형이 필요하다. 팀원에게는 자신의 특성과 장점을 존중해주기 위한 목적으로, 자신이 맡을 수 있는 역할이 있다. Belbin의 접근방식은 효과적인 팀은 다양한 관점과 특징을 가진 사람을 필요로 한다는 것을 강조한다. 그러나 다양한 구성원으로 이루어진 팀은 조화를 이루기 어려운 행동에 대한 가치관과 타인에게 기대하는 행동의 차이가 있으므로, 팀 통합에는 어려움을 겪을 수 있다. 비록 그것이 팀워을 향상시킨다는 조사결과는 제한적이지만(Furnham et al., 1993), Belbin의 접근방식은 팀원들이 어떻게 협동할 수 있는지에 대해, 하나의 도구로서 매니저들로부터 많은 지지를 받는다.

작업팀의 효율성은 리더십 역량, 적절히 설계된 직무와 팀 구성, 정보자원이나 보수를 얻기 위한 배경상황 등, 여러 가지 특징에 따라 유효하게 기능한다(Hackman,

1987). 함께 협업하는 그룹의 성과는 생산성 또는 품질측면으로 측정될 수 있고, 안전과 관련하여 그 성과는 일반적으로 오류나 사고로 측정할 수 있다. 또한 그룹의 일원으로서 느낄 수 있는 직무만족도나 업무상스트레스 수준과 같은 개별적인 영향도 있다.

팀원이 팀에 미치는 영향에 있어서, Hackman(2003)은 팀웍의 효율성은 다음과 같은 세 가지 프로세스가 통합된 것이라고 주장한다.

a. 업무 기여: 얼마나 많은 팀원이 공동작업에 지원하는가?
b. 수행 전략: 직무수행 및 그 상황에 대해, 얼마나 적절한가?
c. 지식과 역량: 팀원이 직무에 적용하는 지식과 역량수준은 적절한가?

5.3 팀웍 요소

본 책자에 정의된 다른 역량과 마찬가지로, 팀웍은 많은 요소로 구성되어 있다(표 5.1 참조). 이 행동들은 조정, 의사소통, 협업 등, 그림 5.1의 프로세스 요소와 관련이 있다. 각 요소들을 아래에 서술한다.

다른 팀원 지원

팀 과제를 수행하고 경험을 공유함으로써, 팀원들은 사회적 유대감과 강한 애착을 형성하여 팀웍에 대한 정서적 배경을 형성한다. 팀웍의 이점에는 팀원들이 느끼는 정서적 만족감의 향상이 포함될 수 있다(West, 2004). 효과적인 팀웍은 적절한 때 작업부담을 분담하고, 개인이 각자의 책임을 인정하며, 좋은 작업관계를 유지하고 솔직함을 확립함으로써 다른 팀원을 지원하는 것도 포함한다. 이러한 상호간의 지원은 팀원이 직무를 수행하는 데 도움이 되는 조언과 정보를 제공하는 등, 정보지원과 관련이 있으며, 팀의 협조성 향상과도 연결된다.

갈등 해소

갈등(Conflict)은 통상 부정적인 의미로 팀의 성과저하나 심지어는 해체로까지 이어질 수 있지만, 팀 내의 건설적인 갈등은 가치가 있으며, 탁월함과 우수한 품질 및 창의력의 원천이 된다. West(2004)는 갈등해소를 위한 역량으로서 다음을 열거한다.

- 장해가 되는 갈등은 제거하고, 유용한 토론을 장려한다.
- 갈등관리전략(Conflict management strategy)을 갈등의 근원과 본질에 연결한다.
- 한쪽이 이기면 다른 쪽은 지는(win-lose) 제로섬게임과 같은 전략보다는 양쪽이 이기는(win-win) 융합적 전략을 사용한다.

과제(무엇을 해야 할까?), 팀 프로세스(누구의 일인가?) 개인 간의 차이(나는 ...을 싫어한다)로 인한 갈등이 발생할 수 있다. 역할과 책임의 명확성은 팀 프로세스의 갈등을 줄이고, 객관적이고 비감정적인 관점을 유지하여 개인 간 차이 및 업무갈등의 잠재요인을 최소화한다(Lingard et al., 2002).

팀원 간 갈등을 관리하는 것 또한 자기주장(Assertiveness)과 관련이 있다. 자기주장은 타인의 권리를 침해하지 않으면서 자신의 권리를 보호하고, 상대를 존중하며 소통하는 것을 의미한다. 자기주장의 예는 아래와 같다.

- '그렇다면, 당신이 말하고자 하는 것은...'
- '당신에게 이것이 중요한지 알겠지만, 나한테도 중요하다. 서로 더 입장을 명확하게 대화해서 이 문제를 해결해 나갈까요.'
- '나는 ...라고 생각합니다. 나는 ...라고 느낍니다. 나는 ...라고 믿습니다'
- '당신이 ...을 해주면 정말 고맙겠습니다만'

자기주장을 뒷받침하는 요소로는 지속적(주제에 집중하는), 객관적(주제에 대한 감정보다 문제 자체에 주목하는)이고, 비판은 공격이 아니라 오히려 피드백이라 생각하며 받아들이고, 진실을 확인하고 사실을 유지하며, 적절한 유머를 사용하여 긴장을 줄인다. 그러나 그룹구조의 요인은 그림 5.1에 지적된 것 같은 유형의 행동에 영향을 미친다. 팀 내에서 자신이 낮은 지위에 있다고 생각하는 팀원은 토론에 적극적으로 참여하지 않으며, 타인에게 주장하거나 도움을 요청하기 위해 발언하지도 않는다는 것이 자주 입증되었다(Edmondson, 2003; Reader et al., 출판준비 중). 따라서 팀원이 적절한 때에 발언할 수 있는 역량과, 그러한 자신감을 갖추기 위한 자기주장 훈련이 중요하다(제4장에서도 자기주장에 대해 논했다).

정보교환

팀으로 활동 시, 모든 수준의 효과적인 정보교환은 매우 중요하다(CAA, 2006). 의사소통에 대해서는 제4장에서 자세히 논의했지만, 팀원이 필요한 과제를 수행하고 목적을 달성할 수 있도록 하기 위해 구두 및 서면 의사소통은 모두 필수요소이다. 담낭제거수술의 비디오영상에서 의사소통을 분석한 결과, 외과의사들은 상황인식이 좋을 수 있으나, 그 상황이 반드시 다른 팀원과 항상 공유되는 것은 아니었다(Dominguez et al., 2004). West(2004)는 팀워크을 위한 의사소통 역량을 다음과 같이 소개한다.

- 개방적 운용을 극대화하는 의사소통 활용
- 개방적이며 지원적인 의사소통 방식 사용
- 능동적 청취역량 이용
- 비언어적 메시지 주의
- 다른 팀원들과 인사, 적절한 대화 등 대인관계상 가치관 활용

협조(Co-ordination)

단순히 숙련된 그룹이 수행하는 작업과는 다르게, 협조는 더 나은 팀워크을 가능하게 한다(CAA, 2006). 협조하지 못하면 의사소통이 붕괴되고, 오류 및 갈등이 증가하는 상황이 생긴다. 한명의 팀원에게 업무부하가 걸리지 않도록 팀 작업량을 균등하게 배분하고, 서로의 수행을 모니터링하며, 위에 설명한 바와 같이, 상호 효과적인 정보교환과 지원을 한다.

5.4 무엇이 좋은 팀을 만드는가?

무엇이 좋은 팀, 매우 우수한 팀을 만들까? 항공업계에서 효과적인 팀워크은 사례 5.1에 서술되어 있듯이 새로운 상황을 해결하기 위해 기장과 부기장이 협력하는 사례이다.

사례 5.1 | 항공업계의 효과적인 팀웍

'Gimley Glider'라고 불리는 사고사례가 있다. 보잉 767기가 Canada 상공을 지나는 중에, 흔한 일반적 이유로 연료가 떨어졌다. 우수한 측정장비 등 전반적으로 모든 시스템적 기기들이 있었는데...

...Winnipeg로부터 60마일 거리에서 연료는 떨어졌고, 그대로 Winnipeg까지 갈 방법이 없었다. 그런데 거기서 두 가지 일이 벌어졌다. 하나는 부조종사가 항로의 바로 아래 호수 끝에 버려진 활주로가 있음을 상기했다. 그가 공군 파일럿시절에 비행하던 장소였다. 또 하나는 기장이 우수한 글라이더 조종사였으므로 기체를 그 좁은 활주로로 바꾸어 비행했다. 기장이 부기장에게 말하기를 "한번 옆으로 미끄러져볼까?"(방향키를 밀어 옆으로 향하고 주날개를 반대로 기울이면, 고도처리를 하여도 속도가 오르지 않고, 착륙 직전에 반대로 밀어 똑바로 돌아오는 비행)

...이것은 정말 놀라운 일이었다. 그 후 시뮬레이터로도 성공하지 못했다.

_2005년 5월 James Reason 교수와 Radio National(Australia) 인터뷰에서.

고도의 수행력을 유지하는 팀의 공통적인 특징은 다음과 같이 다양한 영역에서 확인되었다(Salas and Cannon-Bowers, 1993).

- 각 개인의 업무 숙련도(팀원은 자신의 업무뿐 아니라 팀웍에 필요한 역량도 갖추어야 한다)
- 명확하고 간결한 의사소통
- 과제에 대한 동기부여(팀원은 팀으로서의 의식을 갖고, 일을 잘 수행하기 위해 동기부여 되도록 한다)
- 공동의 지향(팀원들이 다른 팀원들과 관련하여 자신을 보는 방식)
- 공유된 달성목표 및 임무

수행력 향상을 위한 추가적인 요건은 다음과 같은 사항도 포함된다.

- 서로의 요구를 예측하기 위한, 과제 또는 다른 팀원들의 역할과 책임에 대한 이해 공유(정신모델을 공유한다)
- 팀 리더십
- 집단 효력감(Collective efficacy)('팀다움(Teamness)', 즉 팀원들이 팀에 대한 믿

음 또는 원하는 성과를 달성할 수 있다는 능력에 대한 믿음)
- 예상('강한 변화'를 예측한다)
- 유연성(과제에 맞는 자원 재 분배조정 및 과제에 적합한 전략변경)
- 효과적이고 암시적 의사소통(서로의 요구를 인식함으로써 달성)
- 자신의 수행 감시제어(자기 교정)

우수한 팀의 수행은 훈련을 통해 개발할 수 있지만, 이러한 요건들은 팀 및 팀 기능의 복잡성과 동적 특성에 대한 명확한 이해를 바탕으로, 집중 지향적이며 방향성이 분명한 시책이 요구된다. 팀이란 개인들의 집합체보다 더한 의미가 있고, 고도의 수행 팀은 자연히 생기는 것이 아니라 만들어지는 것이다. 따라서 팀 훈련의 중요성이 문제가 되는 것이다(제10장 참조). 팀에서 활동하는 개인의 훈련은 육성하여야 할 능력, 지식, 역량, 자세, 그리고 훈련의 달성목표, 방법, 도구 등에 기초한다. 팀웍에서 생길 수 있는 문제를 최소화하기 위해(아래 참조), 팀원이 자신의 역할과 과제를 학습할 수 있는 팀의 '정체성'을 개발하고, 훈련, 경험공유 및 팀 기능의 반영을 통하여 다른 팀원의 역할을 이해해야 한다. 팀들이 효과적으로 협조하기 위해, 보다 자동적인 방안을 확립할 필요도 있다(Klein, 1998). 팀원은 팀 내에서 수행되는 작업이 어떻게 되는지, 폭 넓게 허용된 프로세스에 대해서도 알아야 한다.

5.5 사고원인이 되는 팀웍 문제

우수한 팀웍은 실수를 줄이고 현장의 안전을 유지하기 위해 특히 중요하다. 특히 항공업계는 팀웍의 실패가 사고로 이어지는 많은 사례가 있으며(Wiener et al., 1993 참조), 앞에서도 논의한 바와 같이, 이는 곧 CRM 및 기타 NTS 개발의 계기가 되었다. 사례 5.1에 보여준 우수한 팀웍과는 대조적으로 해군의 팀웍 실패사례를 아래 사례 5.2에 서술한다.

사례 5.2 | 원자력잠수함에서 팀웍 실패

2001년 9월 9일 오후, 미해군의 공격형 핵잠수함 Greeneville은 Hawaii Oahu 해안 앞바다에서 일본 어업훈련선 Ehime Maru와 충돌했다. 충돌당시 Greenevill은 승선한 민간인 승객들에게 긴급부상기술을 보여주고 있었다. 잠수함이 수면으로 떠오르자 Ehime Maru를 들이받고, Ehime Maru는 10분도 안 되서 침몰했다. 35명의 일본인 승선원 중, 강사와 학생 26명은 구조되었고 9명이 사망했다.

국가교통안전위원회(2005)는 충돌원인은 선장의 과도한 명령스타일과 주요 당직원들의 팀웍 및 의사소통의 실패라고 결정했다. 사고를 유발한 비기술적 역량의 주요 결함에 대한 개요는 아래와 같다.

- 당초의 예상시간보다 늦어져, 선장은 승무원들을 재촉하여, 그 결과 안전 운항을 위한 권고조치가 생략되었다.
- 수중음파탐지 담당과 무기관제 담당 두 명 모두, 해당 해역에서 탐지된 대상물에 대해 파악했으나, 그 후 그들이 선장에게 전달한 정보는 불충분하고 잘못된 정보를 제공하였다.
- 경험이 미숙한 제 2갑판사에게 운항시키는 것이 아니고, 선장은 잠수함 거동의 적절함을 감시·확인해야 하지만, 실제 운항권한은 자신이 갖고 그것을 선언하지도 않았다. 그는 구체적인 깊이와 방향을 지시했고, 제 2갑판사는 다이빙 담당과 조타수에게 이를 전달하기만 했다.
- Greeneville이 잠망경 심도까지 부상하기 전에, 선장은 사령실 요원들에게 음파탐지 영상은 '느낌이 좋다'고 했다. 그러나 실제의 문제로서, 선장은 부근 해상에 있던 어선에 대한 상황인식이 불충분하여, 결과적으로, 팀원들에게 제한된 상황인식을 조장하였고, 선원들이 선장의 보좌를 어렵게 만드는 결과가 발생하였다(p. 47).

Greeneville 사령실에서 효과적인 자원관리에 필요한 양방향 의사소통의 실패는 선장이 민간인에 대응했다는 것 때문에 더욱 위태롭게 조장되었다. 16명의 민간인 방문객들은 사령실 요원들에게 실제적인 면에서도, 의사소통의 면에서도 장해가 되는 요인을 만들었다.

NTSB(2005); Roberts and Tadmore(2002)

세간의 이목을 끄는 사고들 – PanAm 401편 추락(1972), England의 Flixborough 화학공장폭발(1974), 테네리페의 PanAm과 KLM 충돌(1977), 미국 Three Mile Island 사고(1979), USS Vincennes 사고(1988) – 로부터, 세 가지 주요한 팀웍 문제를 발견했다(Rouse et al., 1992).

- **명확하게 정의되지 않은 역할**: 모든 사례에서 역할에 대한 명확성과 적절성에 대한 결여가 발견하였다. 예를 들어, 1972년 PanAm 401편 사고당시(사례 5.3 참조), 승무원의 집중력과 기체조종에 대한 주의력은 무시되었다.
- **명확한 협조체제 결여**: 위에 열거 한 사고 중 두 가지 사례는 팀워크 내에 상반되는 목표를 적절히 조율하지 못한 이유이다. Three Mile Island 원자력발전소의 방사능물질 방출원인은 가동중단보다는 펌프를 보호하는 것에 초점을 맞추고 있었던 것이다. Flixborough 화학공장에서는 안전보다 운용지속에 중점을 두고 있었으며, 그 결과 발전소가 전파되었다.
- **의사소통 실패**: 테네리페에서 발생한 항공기 충돌사고는 비기술적 역량(사례 1.1)의 실패를 설명하기 위해 과거부터 이용되는 전형적인 사례이다. 사례 5.4에서는 팀 내부 및 팀 간의 의사소통 문제를 보여주기 위해 사고의 또 다른 측면도 보여준다. 비록 영어가 항공분야의 공용어이지만, 모국어가 아닌 사람들에게는 억양과 어휘차이가 문제가 된다. 의사소통의 결여와, 부정확하게 전달된 의사소통이, 두 항공기의 지상충돌 원인이 되었다.

사례 5.3 | 401편 추락사고(1972)

1972년 12월 29일, 승객 163명과 승무원 13명, 총 176명이 탑승한 여객기 Lockhead L-1011가 Miami 국제공항 북서쪽 19마일 지점에 추락했다. 총 99명의 승객과 5명의 승무원이 이 사고로 사망했다. New York발 Miami행 비행기가 착륙을 위해 활주로를 향하고 있었을 때, 3개의 착륙기어 라이트 중 2개의 라이트만 들어오고 전륜라이트가 점등되지 않았다는 것을 운항승무원이 인식했다.

NTSB(1973)는 이 사고원인을 '운항승무원이 최후의 4분간, 계기판을 주시하지 못했고, 예측하지 못했던 하강이 지상과의 충돌을 피할 수 없을 만큼 빠른 단계를 감지하지 못한 것에 기인한다.'라고 했다. 더욱이 보고서는 '승무원은 전방착륙기어 위치표시시스템의 오작동에 대한 집착으로, 계기판에서 주의가 분산되었고 예측 이외의 하강을 감지하지 못했다'라고 언급했다.

기장, 부조종사, 항공기관사 모두 전륜라이트에만 집중하느라, 아무도 기체의 비행상황을 감시하지 않았다.

다른 항공사고에 대한 공식조사기록을 추가분석한 결과, 승무원들 간 협조가 중요한 순간에 실패한 사고들이 있었다(Helmreich and Foushee, 1993).

- 폭설상태에서 이륙 시, 부조종사는 이륙 시 추력설정이 이상한 것을 느꼈으나, 기장에게 이륙중지를 요청할 정도의 주의를 끌지 못했으므로, 결과적으로 Wahsington D.C.의 Potomac강으로 추락했다.
- 비행기 조작과는 관계없는 의사소통으로 주의가 산만해진 승무원은 체크리스트를 마지막까지 확인하지 못한 채, 이륙 시 주날개 플랩이 작동되지 않아 추락했다.
- 기장, 부기장, 관제사 간 연료상태에 대한 의사소통 실패로, 결국 연료가 완전히 바닥나서 추락했다.

사례 5.4 | 테네리페 참사(1977)

다음은 1997년 3월 27일, 테네리페에서 발생한 KLM과 PanAm Boeing 747의 충돌 시 조종실 음성녹음에 나오는 마지막 부분의 내용이다(ICAO Circular 153-AN/56(p. 22-68)에서 인용).

참고: **KLM - KLM 기장(KLM 2-부조종사, KLM 3-항공기관사)**
APP - 테네리페 관제탑
RDO - PanAm 의 무선통신(부조종사)

KLM ...4805 이륙준비 완료...비행계획승인(ATC clearance)대기 중

APP KLM 8705, Papa Beacon까지 비행승인, 상승 시 고도 90 유지하고, 이륙 후 우선회, 방위 040으로 Las Palmas VOR로부터 325 코스에 회합하세요.

KLM 알겠다, Papa Beacon까지 비행승인확인, 고도 90, 우선회, 040에서 325 코스에 회합, 지금 이륙한다.

KLM 2 이륙

APP OK

RDO 아니요...

APP 이륙신호 대기.

RDO 아직 활주로 주행 중, 클리퍼 1736

RDO와 APP의 의사소통은 동시송신이고, KLM 조종실에서는 잡음이 심해 - KLM 승무원은 메시지를 듣지 못했다.

APP 알겠다, 알파1736 활주로가 정리되면 보고 바란다.

RDO OK, 정리되면 알려주겠다.

APP 고맙다

KLM 3	아직 활주로가 정리되지 않았나?
KLM	그게 무슨 말이야?
KLM 2	그렇다니까.
KLM 3	PanAm이 아직 활주로에 있는 거야?
KLM	그러네 [강한 어조].

Pan Am 기장에게, 700m 앞의 KLM Boeing기 착륙등이 보였다. 그리고 두 비행기는 충돌했다.

항공사고는 특히 상세히 기록되어 있지만, 의료분야의 부작용에 대한 연구(Leonard et al., 2004; Reader et al., 2006; Vincent, 2006) 및 다른 산업(Turner and Parker, 2004)에서는 팀 내의 지위차이와 역할 혼란에 관련된 의사소통이나 협조문제가 중요한 요인으로 자주 서술되었다.

팀웍의 문제는 특정 팀의 경험 수준, 즉 각 팀원의 경험과 관계없이 팀이 얼마나 오랫동안, 얼마나 효과적으로 협력해 왔는지에 따라 발생할 수 있다. 경험이 부족한 팀의 구성원들은 자신들의 개인적 업무와 종합적 목표에 더 집중하는 경향을 보인다. 역할과 책임 면에서도 경험이 부족한 팀에서는 혼란이 생길 수 있다. 일부 팀원은 자신의 업무를 전적으로 수행하지 못하고, 혼자 작업할 때보다 팀으로 일할 때 열심히 하지 못하며, 다른 팀원의 요구에 둔감하여 결국 노력의 손실이 있을 수 있다. 반면, 협동하는 일에 익숙하고 경험 풍부한 팀원들은 팀의 종합적인 상태에 초점을 두고, 팀 전체와 자신을 동일시하며, 팀의 목적을 달성하기 위해 팀원이 다른 사람들을 보완하거나 도움을 요청하여 서로를 지원한다(Klein, 1998). 팀 수명(Lifespan)의 여러 단계에서 발생하는 변화는 팀의 경험과 관련 있다.

5.6 팀의 발전단계

Tuckman(1965)은 팀의 초기 형성단계에서부터 수행과정을 통해, 표 5.2에 나타난 것처럼, 일련의 단계를 경험한다고 제안한다.

표 5.2 팀의 발전단계(Tuckman, 1965)

단계	정의
형성기	팀을 처음 구성할 때, 일반적인 특징으로서, 애매하고 혼란스럽다. 이 단계에서 팀원들은 업무에 정통하지 않고, 협동하지 않는 자세를 취하거나, 의사소통에 있어 조심스럽고, 피상적이며 비인간적일 수 있다.
격동기	팀원들 간 갈등이 있을 수 있고 배정된 작업에 대한 일부의 반발이 있을 수 있는 어려운 단계이다. 팀원들 간 과제의 진전이 부족한 상황에서 유리한 입장이나 좌절감 등에 대한 지위 다툼이 있을 수 있다.
표준기	팀원들 간의 개방적인 의사소통이 이루어지고, 팀의 당면과제를 직시한다. 일반적으로 허용되는 절차와 의사소통의 패턴이 수립된다.
통합기	팀은 목표달성에 모든 관심을 집중한다. 이 단계에서 팀은 긴밀하고 지원적이며, 열린 마음으로 신뢰하고, 자원이 풍부하고 효과적인 팀이 된다.

팀의 최종주기인 해산단계가 Tuckman and Jenson(1977)에 의해 추가되었다. 이 단계에는 역할 종료, 과제 완료, 의존성 감소 등이 포함된다. 특정과제를 위해 모인 프로젝트팀 같은 일부 팀은 명확한 해산단계가 있지만, 다른 팀들은 이 단계가 없는 경우가 많다. 모든 팀이 이러한 단계를 거치거나 갈 필요는 없다는 점에 유의해야 한다. 예를 들어, 항공승무원, 제어실 팀및 의료 팀(예: 사고나 응급 시) 등은 특정과제를 달성하는 팀으로서 역할과 절차에 관한 기준이 이미 준비되어 있기 때문에, 형성기 및 표준기 단계를 거칠 필요가 없다.

이러한 단계는 반드시 모든 팀의 발전을 정확하게 표현하는 것은 아니지만, 실증적인 지원이 제한되어 있더라도 이것은 일반적으로 받아들여지는 모델이다. 팀 내에는 팀의 발전에 악영향을 미칠 수 있는 끊임없는 변화나 변동기간을 거칠 수 있다. 일부 팀원들은 이미 서로를 알고 있을 수 있으며 팀 내에서 빠르게 상호작용을 확립할 수 있다. 또한 몇 단계가 생략되거나 각 단계 간 경계가 애매할 수도 있으며, 같은 단계를 반복해야 할 경우도 있다.

5.7 팀 효율성(Effectiveness)

Guzzo and Dickson(1996)에 따르면, 팀 효율성은 그룹이 생산한 성과물로 표시된다(그림 5.1 참조). 여기에는 생산의 양과 질, 속도, 팀원에게 미치는 팀의 중요성, 향후 효과적으로 활동하기 위한 팀의 능력향상 등이 포함된다. 위험성이 높은 작업환경에서 오류나 사고로 평가될 수 있는 안전성은 중요한 성과이다. 효과적인 팀이 되기 위해서, 채용선발이나 훈련을 통해 각 팀원의 직무 숙련도가 향상될 수 있다(Tannenbaum et al., 1996). 우수한 팀은 팀원의 능력과 이용 가능한 자원뿐 아니라, 팀웍을 완성하기 위해 상호작용에 이용하는 프로세스에 의해 좌우된다(Marks et al., 2001). 즉, 팀원은 상호간 의존하여 역할을 수행하기 때문에, 팀원 간의 상호작용을 개선함으로써 팀의 효율성을 향상시킬 수 있다(Salas et al., 1992). 수술실 팀과 같이, 서로 다른 분야의 전문지식을 가지고 있고 한정된 기간만 협동하는 사람들로 구성된 팀은 관계를 빨리 구축할 필요가 있다. 프로젝트팀의 경우도, 팀원들은 서로 다른 분야에 속해 있으며 이러한 유형의 팀은 제한된 기간만 존재하지만, 그럼에도, 일반적으로는 몇 주나 몇 개월 지속되므로, 팀원들은 같이 보조를 맞추어 팀 프로세스를 구축하는 것이 가능하다.

팀웍 행동과 태스크웍 행동(Taskwork behaviour)

여기에서 팀웍과 태스크웍의 차이점을 강조하고, 팀 수행을 이해하는 것이 중요하다(Salas et al., 2002).

- '태스크웍'은 팀원이 수행하여야 하는 작업활동, 즉 팀웍의 기술적 측면과 관련된 행동을 말한다. 태스크웍 행동에는 작업요건, 작업절차, 작업관련정보의 이해 등이 포함된다.
- '팀웍' 역량은 팀원들이 효과적인 팀으로 기능하기 전에, 구축해야 하는 행동상의 상호작용과 태도가 반영된다. 팀웍 행동은 팀원의 역할과 업무에 관계없이, 효율적인 팀 기능을 확립하는 방안과 관련이 있으므로, 태스크웍과는 구별된다.

효과적인 팀 수행은 태스크워과 팀웍 역량의 융합으로 달성된다. 특히 비정상 상황에서 종종 형편없는 팀웍 역량에 기인하여 팀웍의 문제가 발생한다. McIntyre and Salas(1995)는 표 5.3과 같이 상호의존적이며 효과적인 수행에 기여하는 네 가지 팀웍 행동과 두 가지의 팀 행위규범을 제안했다. 이러한 팀웍 행동은 팀원 간의 기능적 상호작용, 관계성, 협력, 의사소통 및 협조의 질을 강화한다.

표 5.3 팀웍 행동과 수행규범(Salas Et al., 2000, p.24)

	차원	정의
팀웍 행동	수행 감시	팀원은 다른 팀원의 행동을 관찰하고, 자신들의 행동도 또한 관찰되고 있다는 것을 인정한다.
	피드백	팀원 간 자유롭게 피드백을 제공하고 수용할 수 있는 분위기
	폐루프 커뮤니케이션	팀원이 메시지를 보내는 3단계 스텝으로, 다른 팀원은 수신된 메시지에 대한 피드백을 제공하고, 원본을 보낸 팀원은 의도한 메시지가 잘 수신되었는지 확인한다.
	백업 행동	다른 팀원과 경쟁하거나, 도움을 주거나 받을 수 있는, 의지를 나타내는 팀원들 간의 행동
팀 수행규범	팀원으로서 자기인식	팀원들이 우선 먼저 자신을 팀의 구성원으로 보고, 두 번째 개인으로 보는 자세와 가치관
	팀원으로서 상호의존성 제고	각 팀원의 성공은 다른 팀원의 성공여부에 달려 있다는 것이 반영된 팀원의 자세

이에 더하여, 적응력, 상황인식의 공유, 리더십, 팀 관리, 대인관계, 협조, 의사소통 및 의사결정 등의 요인도 포함된다.

팀웍을 검토하기 위한 다양한 접근법이 제안되었다. 여기에는 기본적 집단행동 모델(예: McGrath, 1984, 또는 그림 5.1)과 작업팀의 구체적인 분석이 포함된다. Salas와 그의 동료들은 군사 팀에 관한 광범위한 연구를 실시했다(2002; 2004; 2006). 아래와 같이, 이들이 확립한 팀 효율성모델은 관련된 요인에 대한 종합적인 설명을 제공하고 있다.

팀 효율성의 통합모델(Salas et al., 2002)

팀 효율성 통합모델의 주요개념 중 하나는 능력(Competence)에 관한 것, 즉 개인에게 요구되는 지식, 역량, 태도(Knowledge, Skills, Attitudes: KSA)이다. 이 KSA는 훈련을 통해 향상시킬 수 있다. 이 모델은 팀의 성과에 영향을 미치는 개인, 팀, 과제의 특성, 작업 구조, 그리고 팀이 기능하는 조직적 특성(그림 5.1 참조)에 대해 서술하지만, 이번 장에서는 KSA 관련 능력(Competence)이 효과적인 수행을 위한 핵심요소이기 때문에 중점적으로 서술한다. 이 모델은 또한 발전적인 협조와 의사소통의 패턴을 정의한다.

팀을 구성하는 각 팀원은 일반적으로 팀의 특정한 역할과 관련된 구체적인 과제에 책임을 지게 된다. 이 태스크웍을 검토하는 것은 개개인의 수행성과에 관한 문제의 근원을 진단하는 데 도움이 될 수 있다(Johnston et al., 1997). 개인의 특성에는 팀웍에 가져오는 지식, 역량, 동기, 태도, 성격 등이 포함되며, 이는 모두 팀 수행에 영향을 미친다. 수행활동을 위해 개인의 능력과 동기는 필요하지만, 그것만으로는 불충분하며, 효과적인 팀 수행을 위해서는 관련된 모든 조건을 갖추어야 한다.

- **지식기반 능력**: 공통된 목표 또는 목적을 향해 노력함으로써, 팀 구성원은 자신의 역할과 책임에 대한 지식 및 다른 팀원의 지식과 함께, 미래상황에 대한 수행을 예측하고 계획할 수 있도록, 현재의 지식을 이용한다(Cannon–Bowers et al., 1995). 각자가 팀 동료의 역할, 업무 및 팀이 직면한 상황에 대해 호환 가능한 정신모델(즉 지식구조)을 가져야 한다. 이러한 지식구조에 의해, 각자가 일상적인 상황뿐만 아니라 팀이 지금까지는 경험해보지 못한 새로운 상황이거나 부하를 받는 상황에 직면했을 때, 어떻게 활동하면 좋을지를 예측할 수 있도록 해준다. 이러한 지식은 직장에서 팀이 어떻게 기능하여야 하는지를 나타내는 선언이나 '업무방침'과 같이 문서형태로 요약될 수 있다.
- **역량기반 능력**: 팀 내에서 개인이 목표를 달성하고, 효과적이고 정확하게 수행하기 위해 각자가 취하는 태도와 행동을 협조, 의사소통, 동기화 및 적응하는 것을 말한다. 역량기반의 팀 능력은 적응력, 상황인식 공유, 상호수행 감시, 동기부여, 의사결정, 자기주장, 대인관계와 갈등해소 등이 포함된다. 팀웍 상황에서 팀원의 이러한 역량은 정확하고 시기적절하게 수행하고 행동함으로써 목표와 임무를 달성할 수 있도록, 팀에 제공해야 한다.
- **태도기반 능력**: 집단으로서 상호의존적으로 활동하기 위해, 개인 및 팀 차원에서

갖추어야 할 단결력, 사기, 동기부여 등을 의미한다. 더욱이, 집단으로서 효력감, 비전 공유, 상호신뢰 및 팀워의 중요성에 대한 믿음은 바람직한 태도이다. 직무와 팀워의 중요성에 대한 각자의 생각, 타인에 대한 존중, 타인의 의견을 듣기 위한 마음준비, 타인의 행동을 예측하거나 고려하는 능력은 중요하다.

효과적인 팀 수행은 각자의 KSA뿐만 아니라 학습능력, 지도력, 위험부담 성향, 적응력, 스트레스에 대한 내성 등과 같은 팀의 상호작용과 기능을 촉진하는 각자의 특성에도 의존한다(Paris et al., 2000). 리더십의 질(제6장에서 논의)도 팀 수행에 영향을 미친다(Klimoski et al., 1995). 반드시 각 팀원이 동일한 KSA를 필요로 하지는 않지만, 호환될 수 있어야 한다는 것은 중요하다. 표 5.4에 나타낸 것처럼, 업무의 특성·속성 및 팀의 특성·속성의 어느 쪽으로든 분류된다(paris et al., 2000). 특성적 능력은 특정 팀 또는 업무에만 관련되어 있다는 것을 의미하지만, 속성적 능력은 어떤

표 5.4 팀 능력 체계(Paris et al., 2000, 표 4에서 인용)

	팀 속성(Team-generic)	팀 특성(Team-specific)
업무 속성 (Task-generic)	**범용적**(Transportable) – 다른 업무상황과 팀 모두에 적용 – 팀원이 다양한 팀과 다양한 업무를 수행할 때 필요	**팀 조건적**(Team-contingent) – 팀의 특정인원에게는 특별하지만, 특정업무에는 특별하지 않음 – 팀원은 고정적이지만, 업무는 변화
	• 테스크포스 • 프로세스 활동팀 • 프로젝트팀	• 자체관리적 업무팀 • 관리팀 • 부문팀
업무 특성 (Task-specific)	**업무 조건적**(Task-contingent) – 특정업무와 관련이 있지만 특정인원에 의존하지 않음 – 팀원은 특정업무를 수행하지만, 동일한 팀 동료와 지속적으로 수행하지 않음	**문맥 주도적**(Context-driven) – 특정업무 및 팀 형태에 의존함 – 팀원은 고정적이고, 업무량이 적음
	• 민항기 승무원 • 전문 비상팀 • 의료팀	• 원자력발전소 운전팀 • 해양석유팀 • 군사팀 • 응급의료팀 • 스포츠팀

팀이나 업무와도 관련이 있다. 다양한 형식의 팀에 요구되는 능력은 팀의 업무와 팀원의 구성과 관련이 있다.

KSA와 관련된 능력은 이러한 4종류의 팀 유형에 따라 다르다. 예를 들어, 팀원이 고정적인 팀에서는 팀 동료들이 갖고 있는 지식(문맥 주도적이고, 팀 조건적 능력)을 필요로 하지만, 팀원이 고정되어 있지 않은 팀에서는 그 정도로 필요하지 않다(업무 조건적이고, 범용성 있는 능력 필요).

팀 정체성

팀 정체성이란 팀원이 업무를 수행하는 동안 팀을 어느 정도로 상호의존적 단위로 인식하고 그 관점에서 업무운용을 하는지를 의미하며(Militello et al., 1999) 다음을 포함한다.

- **모든 구성원 참여** : 자기주도적 행동 및 다른 팀원이 참여하도록 격려하는 행동을 포함하여, 팀웍에 팀 구성원이 참여하고 팀 목표에 도달하기 위해 책임을 진다.
- **보상 및 지도** : 팀이 그 역할, 기능, 책임을 충족하지 못하는 경우, 팀 자원을 부족한 영역의 어느 부분까지 이동시킬 것인가에 대한 정도를 말한다. 예를 들어, 팀원이 자신의 할당된 역할이나 기능에서 진전되거나, 할당된 기능을 추가하여, 팀이 목표를 달성하도록 돕는다.
- **대인관계 측면** : 이용되고 있는 다양한 테스트나 분별법으로 결정되는 팀 구성원들의 조화 또는 대립 형태를 말한다.

팀웍은 다양한 KSA를 유연하게 통합한 것으로, 개인과 팀 모두에 관한 것이다. 팀원들이 목표달성을 위해 적절한 능력과, 수행에 적응하고 향상시키기 위해 사용하는 KSA가 업무에 따라 발휘될 때 팀웍이 생긴다. 팀웍을 구성하는 KSA가 팀의 훈련목표가 되기 때문에 팀웍의 본질을 이해하는 것이 중요하다.

팀 프로세스 및 조정(Interventions)

팀 프로세스와 팀 조정은 팀이 생산하는 것에 영향을 준다. 팀 프로세스는 그림 5.1 및 아래에 서술한 바와 같이, 협조, 의사소통 및 문제해결을 포함한다. 고위험을 동반하는 작업현장에서는 팀이 의사결정을 내릴 때 나타날 수 있는 다양한 동기, 안건, 의견 및 조직방침의 영향과 같은 부가적인 복잡성으로 인해, 특히 팀의 의사결정에 중점을 둔다(아래 참조). 업무의 요구에 충족하도록 생각하고, 문제를 해결하고, 의사결정하여, 총괄적으로 행동을 취하는 지적인 독립체로서의 팀 운용능력(Militello et al., 1999)은 다음과 같은 사항들을 포함한다.

- **목표실현**: 팀의 목표를 이해하고 그 목표를 향한 팀 행동의 방향을 정하는데 이용되는 목표를 명확히 하는 능력, 모든 팀원에게 목표의 의의를 공유하도록 이해시키는 능력, 그리고 이 공유된 이해는 실행가능한 시간적 요소를 포함한다.
- **동적인 초점유지**: 팀의 계획 또는 의사결정을, 적절한 시간범위나 관련된 개념 및 정보의 범위에 집중시키기 위한 팀 능력. 팀은 가장 중요한 징후에 주의를 기울이고, 앞으로 다가오는 상황을 예상하고 대처하기 위해, 적절한 시간에 초점을 맞추기 위한 팀 능력에도 영향을 미친다.
- **상황판단**: 작업상황에 대해 팀이 공유할 수 있는 이해를 형성하는 능력, 즉 무슨 일이 일어나고 있는지에 대한 타당한 복수의 시나리오를 형성하고, 모호함이 해소될 때까지 대체 가설을 유지한다. 팀은 다양한 팀원의 의견을 구하고 여러 출처의 정보를 고려하는 차이(Divergence)를 허용해야 한다. 여기에는 애매한 정보와 불확실성을 확인하거나 기각할 수 있을 때까지 유지하는 것이 포함된다. 수렴(Convergence)이란 가능한 한 진실에 가까운 상황판단을 위해 다양한 관점을 활용하는 팀 능력이 함축되어 있다. 지도, 도표, 메시지 및 회의를 이용하는 것은 관련 팀원이 상황을 유사하게 보고 유사한 관점에서 작업하는데 도움이 되는 방법이다.
- **명확한 기대**: 팀원에게 행동방침의 진행상황에 대한 기대치를 분명하게 표현하는 것은 팀이 관련정보에 주의를 기울이는데 도움이 되며, 주의를 환기시키는 역할을 하여, 그 결과 메시지의 중요성을 파악하고 신속하게 대응할 수 있는 팀의 능력이 향상된다.
- **행동방침의 가시화 및 평가**: 팀의 계획이 어떻게 협조되어 실행되는지 가시화하고, 어디에 문제 발생의 가능성이 있는지를 확인하기 위해, 종합적인 경험을 활용하는 능력과 관련이 있다.

- **감시**: 팀워활동이 효과적인지 비효과적인지 그 징후를 자체적으로 검사할 수 있는 능력이다. 팀은 어느 정도 팀으로서 기능하고 있는지를 인식하고, 과제를 만족하기 위해 조정할 수 있다. 효과적인 행동을 인식하는 능력은 팀이 장래에 이를 사용할 수 있는 능력이 향상되는 것이다. 또한 특정한 팀 수행전략을 필요로 하는 상황을 예상하기 위해, 장래를 바라볼 수도 있다.
- **조정**: 현재의 전략이 비효과적이거나 기능하지 않을 때 전략을 변경할 수 있는 능력이다. 또한 장래의 작업이나 상황의 요구를 충족하기 위해 다른 전략이 필요할 수 있는 변화를 예상할 수 있는 능력도 포함된다.
- **차이점과 모순을 발견**: 팀의 정보기반과 가정(Assumptions)의 차이점을 발견하고 없애기 위해, 존재할 수 있는 불일치나 모순에 대하여, 제거하거나 해결되도록 주의하면서, 적극적으로 인식하고 대처한다.
- **시간관리**: 기한이 마감되기 전에 목표를 달성하는 팀의 능력. 시간관리는 하나의 작업결과가 언제 어디서나 그 다음 작업에 대한 입력으로 연결되도록, 하위작업(Sub-tasks)을 배열하는 것이 포함된다.

위에 서술한 것 이외에도, 팀 수행의 전체적인 효과에 기여하는 많은 추가 요인이 있다고 해도, 효과적인 팀 수행의 복잡성을 강조할 뿐이다. 의사소통, 협조, 의사결정 및 문제해결을 통한 각 팀원과 리더의 능력이 팀의 활동과 목표달성을 실현할 수 있게 해 준다.

팀 효율성 모델은 다양한 팀 수행모델, 팀 연구 및 이론에 기초한 통합된 접근법을 제공한다. 팀 수행에 영향을 미치는 개인과 팀의 능력을 포함하고, 동기와 성격측면뿐만 아니라 의사결정, 상황인식과 같은 측면도 강조한다. 팀 효율성 연구는 팀이 무엇을 하고 느끼며 생각하는지를 이해하는 데 큰 진전을 이루었으며, 팀 프로세스를 검토하기 위한 훈련방법을 개발할 수 있게 되었다(Salas and Cannon-Bowers, 1997).

5.8 팀 의사결정

팀워의 핵심적인 측면 중 하나는 팀의 의사결정이다. 팀 의사결정이란 공통의 목표를 달성하기 위해 상호 의존하는 개인들에 의해, 전원이 동의하여 하나의 결정에 도달하는 과정을 말한다(Orasanu and Salas, 1993). 팀 의사결정은 둘 이상의 정보원 또는 업무에 대한 관점을 결합하여 의사결정에 도달한다는 점에서 개인의 의사결정과는 구별된다. 팀 구성원들은 비록 동일한 목표를 향해 일을 하지만, 결정에 도달하기 위해서는 다른 가치관, 동기, 이해 및 의견을 결합한다. 경우에 따라서는 팀 구성원이 팀 리더에게 정보를 제공하여 리더가 결정을 내릴 수도 있다. 그러나 보통은 팀의 의사결정과정의 구성요소가 각 팀원들에게 분배된다(Zsambok, 1997). 사례 5.5는 아폴로 13호 사례(1970)에서 우주비행사들과 관제사 간 발생한 팀의 문제해결과 의사결정에 대하여 서술한다.

사례 5.5 | Apollo 13호 사례의 팀 의사결정(1970)

아폴로 13호의 우주비행사들과 관제센터 관련사례의 해결은 '성공한 실패'로 언급되어 왔다. 유명한 인용문인 '휴스턴, 우리에게 문제가 생겼다'는 말은 우주선에서 폭발이 일어났고, 주전원인 연료전지에 공급되는 산소가 감소하여, 전기계통이 손상되고 있다는 것을 전하는 소식이었다. 비행사들은 이 상황을 해결하기 위해 3일 간 지상 관제팀과 긴밀하게 협력했다.
지상에서는 관제사들이 모든 전문가나 기술자들과 협력하여 컴퓨터시뮬레이터를 포함한 네트워크를 구축하여, 궤도수정, 조정조작, 설비류 자원관리를 위한 판단 등의 문제를 해결하려 했다.
(http://liftoff.msfc.nasa.gov/Academy/History/APOLLO-13/mission-report.html)

협업에 따른 문제해결 역량은 다음과 같다(West, 2004).

- 주어진 어떠한 문제에도, 적절한 수준의 사람이 참여하고,
- 팀원들이 어떻게 상호작용하는지를 구조화함으로써 일부의 팀원에 의한 지배적 태도와 같은, 팀 문제해결에 장해가 되는 것을 방지한다.

상황인식의 공유

팀 의사결정에는 상황인식의 공유(Salas et al., 1995) 및 정신모델의 공유(Orasanu and Salas, 1993)와 같은 개념도 포함된다.

- '공유된, 팀 전체의 상황인식'이란 지금 일어난 상황에 대해 팀원들이 어느 정도

의 동일한 해석을 공유하는지를 의미한다(Cannon-Bowers et al., 1993; Zsambok, 1993). 상황인식의 공유는 작업이나 팀 환경에 대한 공통된 이해를 발전시키기 위해 정보를 수집하고 이용하는 팀원들의 능력으로 정의된다(Salas et al., 2006). 동적 환경에서는 팀원들이 현재 상황을 인식하지 못하고 현실과 다른 인상을 갖기 쉽고, 따라서 의사결정을 내릴 때는 모순된 관점으로 어려움이 생기기 쉽다. 이 경우 팀원들 간 갈등도 일으킬 수 있다. 그러나 모든 팀원이 모든 정보를 받는 것은 필요하지 않고, 자신의 역할과 관련된 정보만 받는 것이 중요하다. 모든 팀원이 상황인식을 공유하기 위해 동일한 정보를 모두가 제공받는다면 정보과다가 발생할 수 있다. 팀원이 각자의 작업을 완수하기 위해 어떤 정보가 어떤 팀원에게 전달되어야 하는지 생각할 필요가 있고, 동시에 팀웍과 팀원들의 행동이 어떻게 업무 완수에 기여하는지, 전체를 파악하고 있어야 한다. 담낭적출수술의 비디오영상에서 의사소통 측면을 분석하면, 외과 의사들의 상황인식이 좋을 수도 있지만, 그것이 반드시 다른 팀원들과 항상 공유되는 것은 아니라는 것을 보여주었다(Dominguez et al., 2004).

Endsley and Jones(2001)에 의해 개발된 상황인식 공유를 지원하는 도구는 아래 표 5.5에 나와 있다. 이러한 특징들은 일반적으로 기본 정보공유의 중요성, 다른 팀원들이 공유해야 할 사항에 대한 이해, 상황이 어떻게 바뀔지에 대한 예상에 의해 우수한 팀 기능이 촉진된다.

표 5.5 상황공유의 요건(Endsley and Jones, 2001에서 인용)

무엇을? (데이터)	• 작업 및 도구 • 환경 • 다른 팀원
다음은 무엇을? (이해)	• 자신의 목적 상태 • 타인의 목적 상태 • 자신의 행동이 타인에게 미치는 영향력 • 타인의 행동이 나 또는 목적에 미치는 영향
결국은 무엇을? (예상)	• 팀원과 리더의 행동

기본 데이터단계는 운용시스템 및 그 환경에 대한 정보를 공유하는 것이다. 다음으로, 팀원들은 자신이 무엇을 하는지, 그것이 자신의 활동에 어떻게 영향을 미치는지,

그리고 그것이 전체의 목표에 어떻게 영향을 미치는지 이해해야 한다. 마지막 단계에서는 팀원들은 다음에 무엇을 할 것인지, 그리고 다른 팀원들은 무엇을 할 것인지에 대해 미리 생각한다.

- 정신모델의 공유는 '팀원이 업무에 관한 정확한 이해와 예측을 형성하고, 자신들의 활동을 협조하여 업무나 다른 팀원의 요구에 맞게 행동을 취할 수 있는 지식 구조(Knowledge structures).'로 정의된다(Cannon-Bowers et al., 1993, p. 228). 팀 내에서 정신모델의 공유는 중요한 프로세스 작용에 대하여 팀원이 동일한 이해를 가지고 있는 것과 관련이 있다(Klein, 2000). 중요한 프로세스란 예를 들어, 과제달성에 관하여 각 팀원의 역할과 기능, 작업특성, 설비 등이 포함된다. 정신모델의 공유를 확립하는 것은 활동을 협조하고 변화하는 요구에 적응하며, 과제나 다른 팀원의 요구를 예상하기 위해 팀 능력을 향상시키는 것으로 연결된다. 팀 기능을 정기적으로 검토하면 팀 적응력과 반응력을 향상시키는데 도움이 된다(West, 2000). 아래에 서술한 역할교섭의 4단계 훈련(West, 2004)은 팀원의 역할과 기능을 보다 잘 이해할 수 있도록 도움을 주는데 이용할 수 있다.

1단계: 팀원은 목표와 주요한 활동을 열거한다.
2단계: 팀원은 상호간의 역할에 대한 정보를 검토한다.
3단계: 팀원은 상호간의 역할에 어떤 행동을 채택해야 하는지 주목한다.
4단계: 팀원들이 짝을 이뤄 결과를 검토하고, 다양한 요구에 대한 합의에 도달하기 위해 협의한다.

사례 5.5에 서술된 Apollo 13호 사례에서는 지상관제관들은 무엇이 문제이고 어떻게 해결할 수 있는지를 인식했어야 하기 때문에, 상황인식을 공유하는 것이 매우 중요했다. Klein(1998)은 관제관들은 우주선에 무슨 일이 발생했는지 '전체 그림'을 그려야했으며, 그것에 따라 비행사들의 구출계획을 생각할 수 있었다고 지적한다. 사례 5.6은 석유·가스산업의 전문가들은 전체 그림으로 어떻게 문제를 해결하고 결정을 내리는지 보여준다.

사례 5.6 | 석유·가스산업의 팀 의사결정

'기술적인 문제는 비교적 간단하게 처리된다. 우리는 모든 옵션을 준비하고, "확대된 브레인"을 움직여 올바른 기술적 해결책을 찾는 것은 서비스 공급자이든 누구든 필요하다면 연구진까지도 포함하여, 우리가 할 수 있는 최선의 해결책을 찾는다.
팀원들 관련하여, 우리는 팀 리더들을 모아서 특정상황을 어떻게 가장 잘 처리할 수 있는지 논의하고, 머리를 맞대고 앉아서 팀원들과 그 상황을 헤쳐 나가기 위해 노력한다. 우리는 문제점에 대해 시간을 끌지 않는다. 그렇다고 지금 당장 처리해야할 안건보다 우선순위가 낮다고 의도적으로 방치하지는 않지만, 그것은 기록되고, 문서화되어, 다시 문제점에 몰두할 것이다.'라는 것이 석유·가스 시추팀원의 말이다.

팀 의사결정의 어려움

Orasanu and Salas(1993)에 따르면, 팀 의사결정에서 실패한 원인은 의사소통 불량, 논리적 오류, 부적절한 상황평가 및 동조해야 하는 압력 등이다. 개인과 비교하여 팀은 인지적 자원이 많으므로 보다 원활한 활동이 가능할 것으로 예상된다. 예를 들어, 팀원은 상호간의 수행을 모니터링하고, 지식이나 정보를 공동관리하며, 전략과 의견을 제안하고, 다른 관점을 제공하며, 과제를 분담하여 작업량을 줄이고, 상호간 피드백과 비평을 제공할 수 있다. 그러나 팀 의사결정은 다음과 같은 어려움이 존재한다.

- 집단사고(Groupthink): 본래 Janis(1972년)에 의해 알려진 집단사고는 그룹의 단결력을 유지하기 위해 종종 존경받는 지도자의 제안을 이의 없이 수용하게 되어, 합리적 판단을 중단하게 된다. 권위자에게 거역하는 행위를 망설이는 예는 사례 5.7과 같이, 1961년 발생한 Bay of Pigs 사건이 있다.

사례 5.7 | Pigs bay 사건(1961)

1961년, 쿠바 망명그룹에 의한 쿠바 침공은 케네디 대통령 및 그의 측근 고문들의 승인으로, CIA의 지원을 받아 이루어졌다. 그 침공은 쿠바 군에 의해 쉽게 격퇴되어 실패로 돌아갔다. 케네디 대통령과 보좌관들은 젊었고, 낙관적이었으며 시민의 권리와 민주주의에 전념했지만, 그들은 이 침공이 성공할 수 있을 것으로 생각했었다. 그들은 대통령을 필두로 외부의 의견으로부터 고립되어 보이는 응집력 있는 그룹을 형성했다.

- **억제(Inhibition)** : 각 팀원은 결정에 필요한 정보제공은 금지되었다고 느낄 수 있지만, 이미 그룹에 공유되고 있는 정보는 제공한다.
- **이의제기 실패(Failure to challenge)** : 팀원들은 유사한 목표를 공유하는 전제로, 그 전제를 기준으로 운용함으로써, 잘못된 합의나 팀원 대다수가 규범을 무시하는 것으로(Pluralistic ignorance) 이어질 수 있다.
- **의사소통 부족/경험공유** : 팀원들은 유사한 생각을 할 수도 있지만 모두 다를 수도 있다. 또 다른 문제는 다른 사람들과 단어(예: 위험, 위협, 가능성)에 대한 이해를 공유한다고 생각하여도, 실제로는 다르게 해석하는 문제도 있다. 집중치료실(ICU) 환자에게 대응이 지연된 사례에서 관련 직원들은 모두 '이동가능(Bumpable)'이라는 용어를 사용하고 있었는데, 이것은 ICU에서 외부로 이동 가능한 환자를 말하는 것이었으며, 그러나 전문그룹에 따라 그 용어는 약간씩 다른 의미를 가지고 있다고 인식된다(Cook, 2006).
- **의사결정** : 팀 내에 적의, 협조결여, 동기결여 등의 요인으로 인하여 팀이 부적절한 결정을 할 수 있다.
- **지위** : 상급 팀원은 하급 팀원이 제공한 적절한 정보도 거부할 수 있다.
- **조직방침** : 팀이 운용하는 조직적 토양이 팀 의사결정에 영향을 미칠 수 있다.

팀 의사결정 개선

위에서 서술한, 팀 의사결정의 어려움을 개선하는 한 가지 방법은 선진팀 의사결정 모델(ATDM)을 적용하는 것이다. 이는 Zsambok et al.(1992)에 의해 개발되었고, 더 효과적인 전략적 의사결정을 달성하기 위한 고위급 군 장교를 위한 훈련프로그램이다. 이 프로젝트는 단기간 동안만 활동할 수 있는 팀의 의사결정을 관찰, 진단 및 개선하는 데 필요한 기술을 장교들에게 제공하는데 초점을 맞추었다. ATDM 모델은 높은 수행력을 나타내는 팀이 소유한 10가지 주요행동을 명확히 하였다. 이 모델은 당초 기획팀을 위해서 개발되었지만(Klein et al., 1993; Klein and Miller, 1999) 이후 작전팀을 위해 개량되었다(Thordsen et al., 1996). 두 팀의 차이는 기획팀의 임무는 계획을 세우는 것이고, 작전팀의 임무는 계획을 수행하여 완수하는 즉 계획을 실행하는 일이다.

그림 5.2는 ATDM 모델의 세 가지 주요 구성요소이다.

- 팀의 정체성은 팀원이 팀을 하나의 독립된 단위로 보는 관점에서 업무에 종사하고 있는 동안 어느 정도 그 관점으로 기능하고 있는지를 서술한다.
- 팀의 개념수준(또는 팀의 사고)은 문제를 생각하고 해결하며, 총체적으로 조치를 취하는 팀의 집단정신과 관련이 있다.
- 팀의 자체감시는 다른 모든 프로세스의 규제 프로세스이다. 팀이 자신을 관찰하면서 업무를 수행하기 위한 활동능력이다.

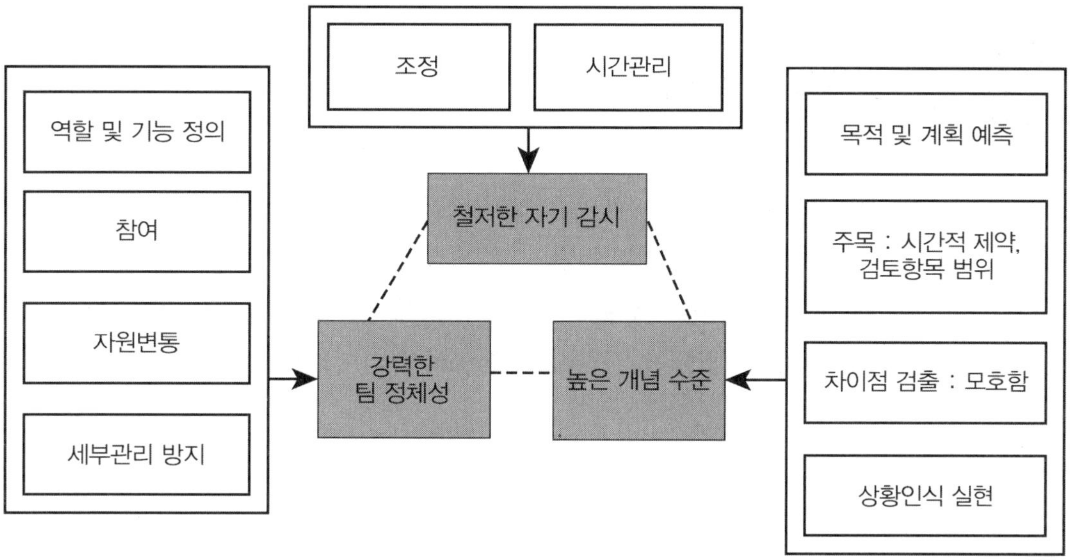

그림 5.2 ATDM(선진팀의 의사결정 모델) (Zsambok et al., 1992)
Reproduced by permission of Klein Associates Inc.

ATDM은 훈련도구 및 평가도구의 기반을 형성하기 위한 것이다. 이용하기 전에 팀원들과 관계자에서 모델의 상세한 설명과 개념 및 행동사례가 제공되어, 팀의 수행을 평가하기 위해 10가지 중요한 행동에 대한 설문지형식을 이용한다. ATDM은 운용상의 의사결정이 아닌 전략적인 의사결정 목적으로 개발되었기 때문에 새로운 상황에 맞게 추가적인 검토 및 수정이 필요하다.

훈련팀의 의사결정

팀의 의사결정은 조직설계, 시스템설계 또는 공식 팀훈련을 통해 개선할 수 있다(Orasanu and Salas, 1993). 팀 의사결정의 효과적인 훈련은 정신적 시뮬레이션을 이용하여 대체안을 평가하기 위해, 상황인식에 관한 팀 훈련,즉 팀원들의 정보와 해석을 신속하게 결합하고, 공유된 정신모델을 발전시키기 위해 의사소통한다. CRM 훈련과정은 일반적으로 승무원들이 정보자원과 작업부하를 관리하고, 스스로의 행동을 협조시켜, 효과적인 의사소통이 가능하도록 한다. 제10장은 팀의 의사결정훈련에 사용할 수 있는 도구와 기법에 대한 자세한 설명이 제공된다.

5.9 팀워과 스트레스

팀원들이 훈련받고, 의욕이 강한 경우, 그들의 팀 조화는(신체적, 감정적, 관리적) 스트레스에 더욱 유연하고 강인하다. 높은 스트레스는 의사소통의 감소와 잘못된 결정 같은 오류의 증가로 이어지는 것으로 밝혀졌다. 작업환경에 있어서 팀 수행에 악영향을 미치는 운용환경의 스트레스요인은 다음과 같다(Cannon-Bowers and Salas, 1998).

- 복수의 정보자원
- 불완전하고, 상충되는 정보
- 빠르게 변화하고 전개되는 시나리오
- 팀 조화를 위한 여건
- 부적당한 신체적 조건
- 수행에 대한 압박
- 시간적 제약
- 높은 작업부하/정보부하
- 청각적 부담/방해
- 위협

개입(Interventions)은 이러한 스트레스요인이 팀 수행, 특히 팀 의사결정에 미치는 영향을 줄이는 것을 목표로 한다. 팀 적응 및 조화는 다양한 훈련개입(예: 상황기반 훈련, 팀 리더훈련, 교차훈련)의 범주이며, 팀원에게 팀웍의 중요성을 가르치고 중요한 팀웍 역량을 도입할 수 있게 설계되었다(Serfaty et al., 1998). 팀웍의 훈련에 대해 아래에 보다 자세히 논의한다.

높은 작업부하와 스트레스를 받으면서도 우수한 수행을 유지하는 팀은 낮은 수행력의 팀과는 다른 협동전략을 사용하는 것으로 나타났다(Serfaty et al., 1998). 높은 수행팀은 어려운 과제에 직면했을 때, 스스로의 의사결정 전략, 협동전략, 심지어 구조조차도 적응할 수 있는 능력을 갖고 있다. 효과적인 팀은 작업환경이나 작업에 대한 상황 의존적 정신모델뿐만 아니라, 다른 팀원의 직무와 능력에 대한 정신모델도 공유하는 것으로 시사되고 있다. 상황변화나 팀원들의 요구변화를 예측할 수 있는 능력은 특히 스트레스 상태 하에서 팀의 우수한 수행에 기여한다.

팀 협동훈련에서 학습한 주요 교훈은 다음과 같다(Serfaty et al., 1998).

- **적응력 있는 팀은 높은 수행력을 나타낸다**: 의사결정과 팀웍 프로세스의 유연성은 스트레스에 대한 성공적인 적응전략을 통해 실현된다. 직무의 불확실성이나 시간적 제약과 같은 스트레스요인은 행동, 전략 및 조직적 구조를 변화시킨다.
- **팀 적응협동훈련은 가능하다**: 스트레스가 많은 상황을 극복하기 위해, 협동과 의사소통 전략은 훈련 가능하다. 그 전략에는 적응적 협동전략과 정기적 상황 업데이트가 포함된다.
- **비교적 간단한 훈련으로 팀 수행에 현저한 향상을 달성할 수 있다**: 훈련의 원칙(예: 지시, 설명, 실천, 피드백)은 팀웍 역량을 향상시킨다.
- **지식의 공유는 필요하지만, 그것만으로 충분하지 않다**: 공유하는 정신모델에 따라 기능하고, 그것을 갱신 및 유지하는 팀 협동전략이 필요하다. 효과적인 팀 훈련은 팀이 공유한 정신모델을 개발할 수 있도록 돕는 능력과 이러한 정신모델을 사용하여 팀을 훈련시키는 능력에 달려 있다.
- **수행을 극대화하기 위해, 지식훈련은 팀 역량훈련과 결합되어야 한다**: 정신모델의 공유를 강화하는 일은 팀에 긍정적인 영향을 미치고 결과적으로 팀 수행력에 긍정적인 영향을 미쳐야 한다. 공유된 정신모델은 교차훈련과 같은(팀원에게 다른

팀원의 직무나 역할을 숙지시키는 훈련) 추가적인 개입을 통해 향상될 수 있다. 팀원들이 상황에 대한 공통된 인식과 이해를 공유함에 따라, 팀 수행력은 향상된다.

위에 서술한 많은 연구들은 스트레스 하의 전술적 의사결정(TADMUS)연구 프로그램 하에서 해군전투정보센터 팀들과 함께 수행되었다(자세한 내용은 Cannon−Bowers and Salas, 1998 참조). 연구프로그램의 목적은 복잡한 팀 프로세스를 이해하고 팀 훈련전략을 개발하는 것이었다. 연구개념 및 후속성과 대부분은 다양한 환경의 제어실 요원 및 운용팀에도 적용될 수 있다.

5.10 팀워 훈련

사외연수에서 예를 들어 페인트볼링 게임, 자일타고 하강하기 등과 같은 팀 구축 연습은 팀이 이미 확립되어 있거나 고정된 팀이 있다면, 팀의 과제 수행에 거의 영향력을 미치지 않는다는 것이 판명되었으나, 팀원들의 관계나 타인에 대한 태도 및 팀 단결력에는 종종 영향을 미치는 것으로 나타났다(Tannenbaum et al., 1996). 그러나 팀워의 역량개발 측면에서 명확한 역량개발 목표가 포함되지 않는 한 효과는 거의 없다. 따라서 팀 수행을 향상시키기 위한 팀워 훈련은 구체적인 훈련 목표에 의존하고, 그 훈련은 지속적으로 팀워에 초점을 두어야 한다. 또한 기존에 확립된 팀의 훈련은 CRM 훈련에서 다루는 것과 같이 팀 내에서 보다 잘 수행하기 위한 개인 훈련과는 차이가 있다(제10장 참조).

Salas와 연구팀은 1990년대 후반 미해군항공전투센터(USNAWC)의 팀 수행력을 향상시키기 위해 고안된 다양한 팀 훈련기술을 개발하고 테스트했다. 이 연구는 1988년 전자센서의 데이터를 잘못 해석하여 이란의 민항기가 미국의 순양함 Vincennes에 의해 격추된 사건으로부터 실시되었다(Orasanu and Salas, 1993). 이 군사연구로부터 개발한 팀 훈련교육전략 중 네 가지 예, 즉 교차훈련, 팀 자기수정훈련, 상황기반 훈련, 팀 촉진훈련 등에 대하여 서술한다.

상호교차훈련(Cross training)

Volpe et al.(1996)은 팀 구성원이 팀 동료의 직무에 대해 훈련받는 학습전략을 교차훈련으로 정의한다. Salas and Cannon-Bowers(1997)는 이러한 유형의 훈련은 특히 직원 이직률이 높은 경우 유용한 것으로 추천한다. 교차훈련의 3단계 수준은 제공된 정보의 깊이에 따라 차이를 확인할 수 있다(Blickensderfer et al., 1998).

- **입장 명확화**(Positional clarification): 팀원들의 상호 역할과 책임을 전반적으로 이해시키는 데 그 목적이 있다. 토론, 강의, 실연 등을 통해 이러한 지식을 제공한다.
- **입장 구조화**(Positional modelling): 이 유형의 교차훈련은 팀원들에게 더 높은 수준의 이해를 제공한다. 각 팀원의 임무를 논의하고 관찰한다. 이 역량을 통해 팀원들은 각 팀원의 임무와 다른 팀원과 어떤 관계가 있는지를 모두 알게 된다. 훈련은 시뮬레이션 상황에서 팀 동료들을 관찰하는 내용으로 구성된다.
- **입장 전환화**(Positional rotation): 가장 높은 수준의 교차훈련이다. 팀원들에게 동료의 구체적인 작업과 그 작업이 어떻게 상호작용하는지에 대해, 직접 또는 실제 체험하는 기회가 부여된다. 비록 팀원들이 다른 역할의 전문가가 되는 것이 목적은 아니지만, 팀원들은 높은 수준의 협조와 상호의존이 필요한, 동료들이 수행하는 구체적인 임무에 대한 기본적인 능력을 습득하여야 한다. 이 유형의 훈련은 각 팀원이 고도의 전문성을 가진 팀에는 적합하지 않지만, 필요한 경우 다른 팀원의 역할을 맡도록 요청받는 팀에서는 적합하다.

교차훈련은 효과적인 훈련전략으로 평가되었다(예: Volpe et al., 1996). 그러나 조직은 교차훈련을 통해 얻을 수 있는 이익과, 그에 따라 팀 내에서 개별수준의 전문성을 개발할 시간을 충분히 허용하지 못하는 시간적 비용과의 문제 사이에서 균형을 유지해야 한다(McCann et al., 2000).

팀 자기수정훈련(Team self-correction training)

팀의 자기수정훈련은 효과적인 팀은 상황을 재검토하고, 오류를 수정하며, 전략에 대해 논의하고, 장래의 상황을 계획한다는 전제 하에 진행된다(Salas and Cannon–

Bowers, 2000). 따라서 훈련은 일반적으로 발생하는 프로세스에 대한 지침만 제공하면 된다. 이 유형의 훈련은 '팀원이 자신의 태도, 행동 및 인식을 수정하는 자연스러운 메커니즘'이다(Blickensderfer et al., 1997: p.268). 팀원들이 피드백을 제공한다. 동료의 피드백은 역량이나 이해를 향상 시키는데 도움이 되는 매우 효과적인 전략으로 나타났다(Norton, 1992).

팀 자기수정훈련에는 여러 단계가 있다. 첫째, 논의될 상황을 명확히 하기 위해, 또한 분석의 방향성을 설정하기 위해, 학습목표를 명확히 나타내야 한다. 팀원들이 불필요한 비판을 받고 있다는 느낌이 안 들고 토론이 논쟁으로 발전하지 않도록 하는 것이 중요하다. 다음단계는 오류식별과 문제해결이다. 이 단계를 통해 팀은 발생한 오류에 대해 논의하고, 이것이 향후 작업수행에 미칠 관련성을 논의할 수 있다. Blickensderfer et al.(1997)은 이 훈련이 팀원의 비기술적 역량에 관한 지식(예: 공유하는 정신모델을 만들 때 지식)에 가장 중요한 영향을 미칠 것이라고 제안한다. 이것은 기술기반의 능력에 대한 긍정적인 효과를 낳을 것이며, 그 결과 팀원들의 역할에 대해 더 깊게 해할 수 있게 되고, 단결력과 집단으로서의 적응력에 관한 자세의 향상으로 연결된다.

피드백이 효과적이기 위해서는 위협적인 태도로 제공되어서는 안 되며, 문제행동의 결과를 보여주고, 장래에 발생할 수 있는 문제를 방지하기 위한 긍정적인 제안을 제공해야 한다(Ilgen et al., 1979). 실제 훈련을 어떻게 수행하는지에 대한 보다 자세한 내용은 Smith-Jentsch et al.(1998)이 미해군 팀에 적용한 자기수정훈련 개론을 참조하기 바란다. 모의실험에 참가한, 개설준비 중이었던 전투정보센터 팀의 사례연구 형태로서, 이 훈련의 효과성을 제공한다.

상황기반 훈련(Event-based training)

'상황기반 훈련은 학습목표, 실습설계, 성과측정 및 피드백을 밀접하게 연계하여, 효과적인 방식으로 체계적인 훈련을 구성하는 교육적 접근방식이다.'(Dwyer et al., 1999: p.191) 상황기반 훈련(EBT)은 우선 과제분석과 허용 가능한 성과기준을 수립하여 훈련목표를 구체화하는 것이다.

각 훈련목표를 위해, 특정의 구체적인 학습목표가 훈련실습에 포함되도록 한다. 훈련목표는 행동요소들 중 항상 부족하거나, 수행 역량이 쇠퇴하거나, 실행이 곤란하여 숙련도를 유지하기에 충분한 빈도로 실습할 수 없었던 것들이다(Dwyer et al., 1999). 학습목표가 정해지면, 다음 단계는 학습목표에 대한 '유발상황(Trigger events)'을 명확히 한다. 이러한 상황은 자극조건이나 실습에 내재되어 있는 단서들로, 참가자들의 대응이 필요하다. 이와 같이, 참가자들에게 각 학습목표와 관련된 과제를 실습할 기회를 제공하고, 수행을 평가할 수 있는 제어된 상황을 제공한다. 이상적으로는 각 학습목표에 복수 이상의 상황을 지정해야 한다. 이러한 상황들은 난이도가 다르며 실습 동안 여러 지점에 도입되는 것이 좋다. 마지막 단계로, 수행측정에서 얻은 데이터는 참가자들에게 피드백 되어야 하며, 그것은 다시 학습목표와 연결된다. EBT는 훈련 시 구조와 제어를 제공하여, 실습에서 올바른 과제를 보여준다. Dwyer et al.(1999)은 13~19명의 군관계자들에게 사용했던 EBT에 관한 두 가지 사례를 서술하였다. 3단계 임무(계획, 연락, 공격)에서 수일동안의 훈련이 진행되는 동안 수행능력이 향상되는 것을 확인하였다.

팀 촉진훈련(Team facilitation training)

팀 촉진훈련은 팀 리더가 효과적인 학습환경을 조성하고, 보다 공식적인 훈련경험을 지원하며, 팀 토론을 촉진하고 장려함으로써 학습을 자극하도록 설계되었다. 팀 리더는 다양한 방식으로 팀의 효율성에 기여할 수 있지만, 한 가지 중요한 역할은 진행 중인 팀 개발을 촉진하는 것이다(Kozlowski et al., 1996). 이러한 유형의 훈련은 참가자에게 효과적으로 팀을 촉진시킬 수 있는 역량을 제공하기 위한 것이다.

Tannenbaum et al.(1998)은 사전 브리핑과 사후 강평에 있어 나타내야할 8가지 항목의 팀 리더 행동을 명확히 하였다. 이에 대해서는 제4장 의사소통 편에서 서술하였다. Tannenbaum et al.(1998)은 해군전함의 모의전투 정보센터 팀에서 해군사관 5명으로 이루어진 14개 팀의 훈련을 실시했다. 각 팀의 리더는 효과적인 사전 브리핑과 사후 상황리뷰에 대한 훈련을 하루 동안 받았다. 훈련을 못 받은 리더들로 구성된 팀과 비교해 보면, 훈련받은 팀 리더들이 더 효과적인 브리핑 행동을 보였다. 또한 더욱 효과적인 팀워크를 보여주었고, 더 나은 수행성과도 달성했다.

5.11 팀웍 평가

팀웍의 역량평가는 다양한 척도를 이용하여 행할 수 있다(예: Stanton et al., 2005 참조). 그 방법으로서 작업현장, 시뮬레이터, 기타 그룹행동(예: 전술적 의사결정게임에서 문제해결)으로부터 팀을 관찰하는 것이 포함된다. 이러한 각각의 상황에서 팀웍을 평가하기 위해 전문가의 조언이나 팀 수행에 대한 동료의 평가도 포함될 수 있다.

팀웍의 역량평가에는 행동평가시스템(Behaviour rating system)도 이용할 수 있다. 이것은 팀 전체의 팀웍을 평가하거나(예: Undre et al., 2006), 개별 팀원의 팀웍 역량을 평가할 수도 있다(제11장 참조). 항공부문에서 개발된 NOTECHS 행동지표시스템(부록1 참조)에서 개인의 팀웍 역량은 팀 구축과 유지, 다른 팀원 배려, 다른 팀원 지원 및 갈등해소 등의 요소와 함께 '협동' 카테고리에 속한다. 마취의료분야에서는 행동평가시스템(ANTS) 내에 팀웍 카테고리가 있고, 이는 '팀 환경 하에서 효과적인 팀 협동작업을 완수하고 팀의 만족감을 달성하기 위해, 어떤 역할이든, 다른 사람들과 협력한다. 특히 과제보다는 팀에 주안점을 둔다'(Fletcher et al., 2004, p.168). 여기에는 다음과 같은 다섯 가지 요소가 있다.

- 팀원들과의 협조활동
- 정보교환
- 권한 및 자기주장 이용
- 능력평가
- 다른 팀원 지원

동료평가는 자신이나 다른 팀원의 과제에 대한 기여도, 책임을 지는 의지, 필요한 지원과 제공되는 지원의 양, 아이디어를 촉진할 수 있는 능력, 팀 내의 문제해결능력, 협력 등의 측면을 동료들이 평가하는 설문지 형식으로 구성된다. 이러한 동료평가는 팀 상호작용과 역량의 강약점을 식별하는데 사용할 수 있다. 질문형식의 평가는 팀원이 자신의 팀 또는 부서의 팀웍 측면에 서 의견을 제공하기 위해 이용할 수도 있다(Flin et al., 2004; West, 2004; Awad et al., 2005; Crichton, 2005; Reader et al., 2007).

5.12 결론

고 신뢰성이 요구되는 산업에서는 한 팀으로 모여 신속하게 수행할 필요가 있는지, 또는 시간적 여유를 갖고 구성하여 한동안 함께 행동할 팀이 좋을지, 협동(Co-ordination)은 팀의 전반적인 수행에 매우 중요하다. 팀 구성원들은 그 업무에 필요한 다양한 경험과 능력을 가져오기 때문에, 팀은 단순한 부분의 총합보다 더 중요하다. 팀웍은 고도로 숙련된 개인들의 집합을 뛰어넘는 이점이 있다. 항공부문에서는 팀 협동에 의해 얻을 수 있는 이점으로 다음과 같은 사항이 포함된다.

- 개인의 오류감지 및 교정하는 용장성(Redundancy)에 의한 안전성 향상
- 기존의 모든 자원을 체계적으로 이용하여 효율성(Efficiency)을 높임으로써 비행 중 관리 향상

효과적인 팀은 조직 내에서 체계화되고 지원되며, 다른 팀원을 지원하고 존중하며, 상황변화에 유연하게 적응할 수 있다. 팀원은 상황, 직무 및 목표에 대한 정신적 모델을 공유해야 한다. 팀의 협동은 훈련목표를 통해 향상될 수 있다. 팀 협동과 관련된 문제점은 항공, 의료, 군사, 석유화학 등 여러 분야의 사례에서 볼 수가 있다. 팀 협동에 대한 다양한 이론이 고찰되었고 협동훈련을 위한 지침이 제시되었다. 결국, 효과적인 팀 협동은 시행착오나 행운에 따라 얻어지는 것이 아니라, 팀웍의 지식역량, 능력, 그리고 의도된 훈련의 중요성을 인식하는 것에 의해 얻을 수 있는 성과이다.

요점

- 불확실하고 고도의 작업이 요구되는 빠르게 변화하는 오늘날의 조직구조에서 팀은 더욱 중요해지고 있다. 팀은 조직 내에 내재되어 있는 보다 큰 사회시스템의 일부이다.
- 팀웍의 문제는 주요한 사고의 예에서 보고되었으며, 명확하게 정의되지 않은 역할, 명확한 협조의 부재, 갈등해소 실패, 의사소통 부족이나 문제 등이 포함된다.

- Salas와 동료들에 의한 팀의 정의는 '공통의 가치 있는 목표·목적·사명을 위해, 상호간 동적으로 의존하면서 상호작용하고 적응하며, 구성원이 수행해야할 특정한 역할과 기능을 분담하고, 한시적으로 팀원활동을 하는 두 명 이상의 집단'이라고 했다. 고도로 숙련된 개인들의 집합을 넘어 팀으로서의 이점을 실현하기 위해, 팀의 협조가 필요하다.
- 팀 의사결정이란 공통의 목표를 달성하기 위해 개인이 상호의존하여 내리는 결정에 도달하는 과정을 말하며, 팀 상황인식 및 공유된 정신모델과 같은 개념에 의존한다.
- 팀의 조화훈련을 통해 적응 팀(Adaptive team)을 구성할 수 있다. 적응적 협조는 훈련 가능하며, 비교적 간단한 훈련 대책으로 팀 수행에 상당한 개선이 이루어질 수 있다.

Suggestions for further information

Key texts

Hackman, J.R. (2002) *Leading Teams. Setting the Stage for Great Performances*. Harvard: Harvard Business School Press.

Swezey, R. and Salas, E. (eds.) (1992) *Teams. Their Training and Performance*. New York: Ablex.

West, M. (2004) *Effective Teamwork: Practical Lessons from Organizational Research* (2nd ed). Leicester: BPS Blackwell.

Websites

Hackman, J.R.: http://www.leadingteams.org

CAA: http://www.caa.co.uk/docs/33/CAP737.PDF, Appendix 7

Team Performance Laboratory, University of Central Florida: www.tpl.ucf.edu

references

Awad, S. et al.(2005) Bridging the communication gap in the operating room with medical team training. *The American Journal of Surgery*, 190, 770-774.

Baron, R. and Kerr, V. (2003) *Group Process, Group Decision, Group Action* (2nd ed). Milton Keynes: Open University Press.

Belbin, R.M. (2003) *Team Roles at Work*. Oxford: Butterworth-Heinemann.

Blickensderfer, E., Cannon-Bowers, J. and Salas, E. (1997) Theoretical bases for team self-correction: fostering shared mental models. *Advances in Interdisciplinary Studies of Work Teams*, 4, 249–279.

Blickensderfer, E., Cannon-Bowers, J. and Salas, E. (1998) Cross training and team performance. In J. Cannon-Bowers and E. Salas (eds.) *Making Decisions Under Stress: Implications for Individual and Team Training* (pp. 299–311). Washington, D.C.: American Psychological Association.

Brown, R. (1999) *Group Processes* (2nd ed). Oxford: Blackwell.

Brown, K., Huettner, B. and James-Tanny, C. (2006) *Managing Virtual Teams: Getting the Most from Wikis, Blogs, and other Collaborative Tools*. London: Wordware.

CAA (2006) *Crew Resource Management (CRM) Training. CAP737. Guidance for Flight Crew, CRM Instructors (CRMIs) and CRM Instructor-Examiners (CRMIEs).* Hounslow, Middlesex: Civil Aviation Authority.

CAA (2004) *CAP716 Aviation Maintenance Human Factors (EASA/JAR145 Approved Organisations)* Sussex: CAA Safety Regulation Group.

Cannon-Bowers, J. and Salas, E. (1998) Individual and team decision making under stress: Theoretical underpinnings. In J. Cannon-Bowers and E. Salas (eds.) *Making Decisions Under Stress. Implications for Individual and Team Training*. Washington, D.C.: APA.

Cannon-Bowers, J.A., Salas, E. and Converse, S. (1993) Shared mental models in expert team decision making. In J. Castellan (ed.) *Individual and Group Decision Making: Current Issues*. Hillsdale, NJ: LEA, 221–246.

Cannon-Bowers, J.A., Tannenbaum, S.I., Salas, E. and Volpe, C.E. (1995) Defining team competencies and establishing team training requirements. In R. Guzzo and E. Salas (eds.) *Team Effectiveness and Decision Making in Organisations* (pp. 333–380). San Francisco, CA.

Cook, R. (2006) Being bumpable: Consequences of resource saturation and nearsaturation for cognitive demands on ICU practitioners. In D. Woods and E. Hollnagel (eds.) *Joint Cognitive Systems*. London: Taylor & Francis.

Crichton, M. (2005) Attitudes to teamwork, leadership and stress in oil industry drilling teams. *Safety Science*, 43, 679–696.

Clutterbuck, D. (2007) *Coaching the Team at Work*. London: Brealey.

Dominguez, C., Flach, J., McDermott, P., McKellar, D. and Dunn, M. (2004) The conversion decision in laparoscopic surgery: Knowing your limits and limiting your risks. In K. Smith and P. Johnston (eds.) *Psychological Investigations of Competence in Decision Making*. Cambridge: Cambridge University Press.

Dwyer, D., Oser, R., Salas, E. and Fowlkes, J. (1999) Performance measurement in distributed environments: Initial results and implications for training. *Military Psychology*, 11, 189–215.

Edmondson, A. (2003) Speaking up in the operating room: How team leaders promote learning in interdisciplinary action teams. *Journal of Management Studies*, 40, 1419–1452.

Endsley, M. and Jones, D.G. (2001) A model of inter- and intrateam situational awareness: Implications for design, training and measurement. In M. McNeese, E. Salas and M. Endsley (eds.) *New Trends in Cooperative Activities: Understanding System Dynamics in Complex Environments* (pp. 46–67). Santa Monica, CA: Human Factors and Ergonomics Society.

Fletcher, G., Flin, R., McGeorge, P., Glavin, R., Maran, N. and Patey, R. (2004) Rating non-technical skills: Developing a behavioural marker system for use in anaesthesia. *Cognition, Technology and Work*, 6, 165–171.

Flin, R., Fletcher, G., McGeorge, Sutherland, A. and Patey, R. (2004) Anaesthetists' attitudes to teamwork and safety. *Anaesthesia*, 58, 233–242.

Furnham, A., Steele, H. and Pendleton, D. (1993) A psychometric assessment of the Belbin team-role self-perception inventory. *Journal of Occupational and Organizational Psychology*, 66, 245–257.

Glendon, I., Clarke, S. and McKenna, E. (2006) *Human Safety and Risk Management*. Sydney: CRC Press.

Guzzo, R. and Dickson, M.W. (1996) Teams in organisations: Recent research on performance and effectiveness. *Annual Review of Psychology*, 47, 307–338.

Hackman, J.R. (1987) The design of work teams. In J. Lorsch (ed.) *Handbook of Organizational Behaviour* (pp. 315–342). Englewood Cliffs, NJ: Prentice-Hall.

Hackman, J.R. (2002) *Leading Teams. Setting the Stage for Great Performances*. Harvard: Harvard Business School Press.

Hackman, J.R. (2003) Learning more by crossing levels: Evidence from airplanes, hospitals, and orchestras. *Journal of Organisational Behavior*, 24, 905–922.

Helmreich, R. and Foushee, H. (1993) Why crew resource management? Empirical and theoretical bases of human factors training in aviation. In E. Wiener, B. Kanki and R. Helmreich (eds.) *Cockpit Resource Management*. New York: Academic Press.

Ilgen, D., Fisher, C. and Taylor, M. (1979) Consequences of individual feedback on behaviour in organizations. *Journal of Applied Psychology*, 64, 531–545.

Janis, I.L. (1972) *Victims of Groupthink*. Boston: Houghton-Mifflin.

Johnston, J.H., Smith-Jentsch, K.A. and Cannon-Bowers, J.A. (1997) Performance measurement tools for enhancing team decision-making training. In M.T. Brannick, E. Salas and C. Prince (eds.) *Team Performance Assessment and Measurement*. Mahwah, NJ: LEA.

Klein, G. (1998) *Sources of Power. How People Make Decisions*. Cambridge, Massachusetts: The MIT Press.

Klein, G. (2000) Cognitive task analysis of teams. In J.M. Schraagen, S.F. Chipman and V.L. Shalin (eds.) *Cognitive Task Analysis*. Mahwah, NJ: LEA.

Klein, G. and Miller, T. (1999) Distributed planning teams. *International Journal of Cognitive Ergonomics*, 3, 203–222.

Klein, G., Zsambok, C.E. and Thordsen, M.L. (1993, April) Team decision training: Five myths and a model. *Military Review*, 36–42.

Klimoski, R. and Jones, R.G. (1995) Staffing for effective group decision making: Key issues in matching people and teams. In R. Guzzo and E. Salas (eds.) *Team Effectiveness and Decision Making in Organisations* (pp. 291–332). San Francisco, CA: JosseyBass.

Kozlowski, S.W.J., Gully, S.M., McHugh, P.P., Salas, E. and Cannon-Bowers, J. (1996) A dynamic theory of leadership and team effectiveness: Developmental and task contingent leader roles. *Research in Personnel and Human Resources Management*, 14, 253–305.

Kozlowski, S.W.J. (1998) Training and developing adaptive teams: Theory, principles and research. In J. Cannon-Bowers and E. Salas (eds.) *Making Decisions Under Stress. Implications for Individual and Team Training* (pp. 115–153). Washington, DC: American Psychological Association.

Kramer, R.M. (1998) Revisiting the Bay of Pigs and Vietnam decisions 25 years later: How well has the groupthink hypothesis stood the test of time? *Organizational Behavior and Human Decision Processes*, 73, 236–271.

Lencioni, P. (2005) *Overcoming the Five Dysfunctions of a Team*. Chichester: Wiley.

Leonard, M., Graham, S. and Bonacum, D. (2004) The human factor: The critical importance of effective teamwork and communication in providing safe care. *Quality and Safety in Health Care*, 13, 85-90.

Lingard, L., Reznick, R, Espin, S, Regehr, G. and De Vito, I. (2002) Team communication in the operating room. Talk patterns, sites of tension and implications for novices. *Academic Medicine*, 77, 232-237.

Marks, M.A., Mathieu, J.E. and Zaccaro, S.J. (2001) A temporally based framework and taxonomy of team processes. *Academy of Management Review*, 26, 356-376.

McCann, C., Baranski, J., Thompson, M. and Pigeau, R. (2000) On the utility of experiential cross-training for team decision making under time stress, *Ergonomics*, 43, 1095-1110.

McGrath, J.E. (1984) *Groups: Interaction and Performance*. Englewood Cliffs, NJ: Prentice Hall.

McIntyre, R.M. and Salas, E. (1995) Measuring and managing for team performance: Emerging principles from complex environments. In R. Guzzo and E. Salas (eds.) *Team Effectiveness and Decision Making in Organisations*. San Francisco, CA: Jossey Bass.

Militello, L., Kyne, M.M., Klein, G., Getchell, K. and Thordsen, J. (1999) A synthesized model of team performance. *International Journal of Cognitive Ergonomics*, 3, 131-158.

National Transportation Safety Board (1973) *Eastern Air Lines, Inc., L-1011, N310EA, Miami, Florida, December 29, 1972*. NTSB report number: MAB-05-01. Washington, D.C.: NTSB.

National Transportation Safety Board (2005). *Collision between the U.S. Navy Submarine USS Greeneville and Japanese Motor Vessel Ehime Maru Near Oahu, Hawaii, February 9, 2001*, NTSB report number: MAB-05-01. Washington, D.C.: NTSB.

Norton, S. (1992) Peer assessment of performance and ability: An exploratory metaanalysis of statistical artefacts and contextual moderators. *Journal of Business and Psychology*, 6, 387-399.

Orasanu, J. and Salas, E. (1993) Team decision making in complex environments. In G. Klein, J. Orasanu, R. Calderwood and C. Zsambok (eds.) *Decision Making in Action*. Norwood, NJ: Ablex.

Paris, C.R., Salas, E. and Cannon-Bowers, J.A. (2000) Teamwork in multi-person systems: A review and analysis. *Ergonomics*, 43, 1052-1075.

Reader, T., Flin, R. and Cuthbertson, B. (in press) Factors affecting team communication in the Intensive Care Unit. In C. Nemeth (ed.) *Improving Healthcare Team Communication: Building on Lessons from Aviation and Aerospace*. Aldershot: Ashgate.

Reader, T., Flin, R., Lauche, K. and Cuthbertson, B. (2006) Non-technical skills in the Intensive Care Unit, *British Journal of Anaesthesia*, 96, 551-559.

Reader, T., Flin, R., Mearns, K. and Cuthbertson, B. (2007) Interdisciplinary communication in the intensive care unit. *British Journal of Anaesthesia*, 98, 347-352.

Roberts, K. and Tadmore, C. (2002) Lessons learned from non-medical industries: the tragedy of the *USS Greeneville. Quality and Safety in Healthcare*, 11, 355-357.

Rouse, W.B., Cannon-Bowers, J. and Salas, E. (1992) The role of mental models in team performance in complex systems. *IEEE Transactions on Systems, Man, and Cybernetics*, 22, 1295-1308.

Salas, E. and Cannon-Bowers, J. (1993, August) Making of a dream team. Paper presented at the American Psychological Association Conference, Toronto.

Salas, E. and Cannon-Bowers, J.A. (1997) The anatomy of team training. In L. Tobias and D. Fletcher (eds.) *Handbook on Research in Training*. New York: Macmillan.

Salas, E., Rhodenizer, L. and Cannon-Bowers, J.A. (2000) The design and delivery of crew resource management training: Exploiting available resources. *Human Factors*, 42(3), 490-511.

Salas, E., Burke, C.S. and Stagl, K.C. (2004) Developing teams and team leaders: Strategies and principles. In D.V. Day, S.J. Zaccaro and S.M. Halpin (eds.) *Leader Development for Transforming Organizations. Growing Leaders for Tomorrow*. Mahwah, NJ: Lawrence Erlbaum.

Salas, E., Cannon-Bowers, J. and Weaver, J. (2002) Command and control teams: Principles for training and assessment. In R. Flin and K. Arbuthnot (eds.) *Incident Command: Tales From the Hot Seat*. Aldershot: Ashgate.

Salas, E., Dickinson, T., Converse, S. and Tannenbaum, S. (1992) Toward an understanding of team performance and training. In R. Swezey and E. Salas (eds.) *Teams. Their Training and Performance*. New York: Ablex.

Salas, E., Prince, C., Baker, D.P. and Shrestha, L. (1995) Situation awareness in team performance: Implications for measurement and training. *Human Factors*, 37, 123-136.

Salas, E., Wilson, K.A., Burke, C.S., Wightman, D.C. and Howse, W.R. (2006) A checklist for crew resource management training. *Ergonomics in Design*, 14, 6-15.

Serfaty, D., Entin, E.E. and Johnston, J.H. (1998) Team coordination training. In J. Cannon-Bowers and E. Salas (eds.) *Making Decisions Under Stress. Implications for Individual and Team Training*. Washington, D.C.: American Psychological Association.

Smith-Jentsch, K., Zeisig, R., Acton, B. and McPherson, J. (1998) Team dimensional training: A strategy for guided team self-correction. In J. Cannon-Bowers and E. Salas (eds.) *Making Decisions Under Stress: Implications for Individual and Team Training* (pp. 271-298). Washington, D.C.: American Psychological Association.

Stanton, N. (1996) Team performance: communication, co-ordination, co-operation and control. In N. Stanton (ed.) *Human Factors in Nuclear Safety*. London: Taylor & Francis.

Stanton, N., Salmon, P., Walker, G., Baber, C. and Jenkins, D. (2005) *Human Factors Methods. A Practical Guide for Engineering and Design*. Aldershot: Ashgate.

Steers, R.M. (1988) *Introduction to Organizational Behaviour* (3rd ed). Glenview, IL: Scott Foresman.

Tannenbaum, S.I., Salas, E. and Cannon-Bowers, C. (1996) Promoting team effectiveness. In M. West (ed.) *Handbook of Work Group Psychology*. Sussex, England: Wiley and Sons.

Tannenbaum, S.I., Smith-Jentsch, K.A. and Behson, S.J. (1998) Training team leaders to facilitate team learning and performance. In J.A. Cannon-Bowers and E. Salas (eds.) *Making Decisions Under Stress: Implications for Individual and Team Training* (pp. 247-270). American Psychological Association.

Thordsen, M.L., McCloskey, M.J., Heaton, J.K. and Serfaty, D. (1996) *Decisioncentred Development of a Mission Rehearsal System* (Contract N61339-95-C-0101 for Naval Air Warfare Center Training Systems Division, Orlando, FL). Fairborn, OH: Klein Associates.

Tuckman, B.W. (1965) Development sequence in small groups. *Psychological Review*, 63, 384-399.

Tuckman, B.W. and Jensen, M.A.C. (1977) Stages of small group development revisited. *Group and Organisational Studies*, 2, 419-427.

Turner, N. and Parker, S. (2004) The effect of teamwork on safety processes and outcomes. In J. Barling and M. Frone (eds.) *The Psychology of Workplace Safety*. Washington: APA Books.

Undre, W., Sevdalis, N., Healey, A., Darzi, A. and Vincent, C. (2006) Teamwork in the operating theatre: cohesion or confusion? *Journal of Evaluation in Clinical Practice*,

12, 182–189.

Unsworth, K. and West, M. (2000) Teams: The challenges of cooperative work. In N. Chmiel (ed.) *Work and Organizational Psychology*. Oxford: Blackwell.

Vincent, C. (2006) *Patient Safety*. Oxford: Churchill Livingstone.

Volpe, C., Cannon-Bowers, J. and Salas, E. (1996) The impact of cross-training on team functioning: An empirical investigation. *Human Factors*, 38, 87–100.

West, M. (2000) Reflexivity, revolution, and innovation in work teams. In M. Beyerlein, D. Johnson and S. Beyerlein (eds.) *Product Development Teams* (pp. 1–29). Stamford, CT: JAI Press.

West, M. (2004) *Effective Teamwork: Practical Lessons from Organizational Research* (2nd ed). Leicester: BPS Blackwell.

Wiener, E., Kanki, B. and Helmreich, R. (1993) *Cockpit Resource Management*. San Diego: Academic Press.

Zsambok, C.W. (1993) Advanced team decision making in C2 settings. In *Proceedings of the 1993 Symposium on Command and Control Research*. McLean, VA: SAIC, 45–52.

Zsambok, C. (1997) Naturalistic decision making research and improving team decision making. In C. Zsambok and G. Klein (eds.) *Naturalistic Decision Making*. Mahwah, NJ: LEA.

Zsambok, C., Klein, G., Kyne, M. and Klinger, D. (1992) *Advanced Team Decision Making: A Developmental Model* (Contract MDA903-90-C-0117) (pp. 111–120). US Army Research Institute for the Behavioral and Social Sciences. Fairborn, OH: Klein Associates.

Chapter 06

리더십

6.1 소개

기원전 219년 전투코끼리 군단을 이끌고 피레네와 알프스를 넘은 Hannibal, 기원전 330년 경 이라크에서 인디아에 걸친 영토를 정복한 Alexander 대왕같은 리더들의 위업은 대대로 이어져 내려오고 있다. 20세기의 위대한 리더십에 대한 예들도 있다. 1916년, Ernest Shackleton은 그들이 타고 가던 Endurance호가 얼어붙은 남극빙하에 갇힌 이후, 2년여 동안 빙상을 가로지르는 여정 끝에 탐험대원 전원을 생환시켰다(Shackleton, 2001). Mahatma Ghandi는 1947년에 집단적 비폭력, 불복종을 통해 인도를 영국에서 독립하도록 이끌었다. 이 모든 사례에서 리더들은 그들의 추종자들에게 영감을 주는 역할을 했다. 직장에서도, 효과적인 운용을 위해 구성원이나 팀의 리더십이 중요한 것은 마찬가지이다(Yukl, 2005). 팀 리더는 비즈니스, 산업, 의료, 공공서비스 및 군대를 포함한 모든 업무환경에 존재한다. 그들의 주요 책임 중 하나는 업무수행을 극대화하기 위해 안전하고 효과적인 팀 기능을 만들어 감으로써 효과적인 팀을 구성하는 것이다. 이번 장에서는 리더십의 개념과 직장에서의 팀 리더들의 행동을 탐구한다. 리더의 특성, 행동, 역량 및 스타일과 리더십 이론이 논의된다. 리더십이 타고난 자질로 여겨지는 경우가 많지만, 리더십 기술은 훈련될 수 있다. 리더십을 향상 시키는 기법에 대한 지침도 서술했다.

팀 리더는 '그룹 내 다른 사람들의 업무를 지휘하고 조정하기 위해 임명, 선출 또는 비공식적으로 선택된 사람'으로 정의된다(Fiedler, 1995: p.7). 팀 리더십은 팀 구성원의 활동을 지도하고 협조하고, 함께 일하도록 격려하며, 성과를 평가하고, 업무를 배정하고, 팀의 지식, 기술 및 능력을 개발하고, 동기부여하며, 기획하고 조직화하여, 팀의 긍정적인 분위기를 조성하는 것이다(Salas et al., 2004). 팀 구성원의 생각과 행동은 팀 리더의 생각과 행동에 의해 영향을 받는다. 리더의 형태는 다양하다. 어떤 리더는 직무 전문가로 해당 업무를 잘하기 때문에 그 지위에 위치한 리더도 있다. 어떤 리더는 사람들을 잘 상대 한다. 어떤 리더는 둘 다 잘하며 어떤 리더는 어느 쪽도 잘하지 못한다. 팀 리더는 팀의 핵심 역할을 한다. 리더의 역할은 보통 직무기술서에 서술되어 있지만, 리더십은 정의하기가 쉽지 않다. 리더십이란 개인적 자질, 행동, 스타일 및 리더와 팀 구성원들이 채택한 전략 등을 말하며, 팀이 목표를 달성하는 방법과 그 여부에 영향을 미친다. 표 6.1은 리더십 기술과 관련된 요소를 보여준다.

표 6.1 리더십 요소

구분	요소
리더십	권한 사용 표준 유지 계획 및 우선순위 작업부하와 자원관리

그러나 이러한 리더십 기술은 팀 리더뿐만 아니라 다른 팀원에게도 적용될 수 있다. 팀이라는 환경에 있어서, 팀원들 또한 위에서 서술한 요소의 측면에서 리더십 기술을 사용할 수도 있다. 예를 들어, 필요한 경우 권한을 행사하고, 표준을 유지하고, 계획하고, 우선순위 지정, 작업부하 및 자원관리를 수행한다. 따라서 리더십은 팀 리더의 역할을 넘어 확장되어, 팀 내에서 나타나는 리더십을 고려하여 업무를 분담하여 협조하고 활동하는 사람들의 결과로써, 팀에서 이끌어낼 수 있다(Day et al., 2004).

6.2 리더십과 안전

우수한 리더십이 팀 수행에 영향을 미칠 수 있다는 것을 알고는 있지만, 사례 6.1의 예와 같이 리더십 능력이 부족하면 사고가 발생할 수 있다는 것도 분명하다.

사례 6.1 | 리더십 부족의 예: South Canyon 화재(1996)

Colorado주 South Canyon의 산림화재에서 소방대 리더가 허술한 결정을 한 것이 밝혀졌다. 일반적으로, 대규모 산림화재 진압 시, 현장의 리더 1명이 복수의 소방분대의 효과적이고 안전한 화재진압에 대한 전반적인 책임을 진다. 리더가 의사결정을 하는 마음가짐이 부족한 상태에서 극도의 스트레스(예: 시간 제약, 다중의 업무)와 모호한 권한이 결합되어, 결과적으로 12명의 소방대원이 사망했다.

당일 근무 중이던 삼림소방대 팀 리더는 몇 시간에 걸쳐 방화선을 구축한 후 소방대원들이 위험에 처해있음을 인식했다. 이 방화선은 소방관들의 유일한 탈출구였지만, 결정은 너무 늦게 내려졌고, 6명의 소방대원만이 가까스로 안전지점에 도달했으며 다른 12명의 소방대원들은 화마에 휩싸였다. 이틀 동안 불길은 거세게 타오르고 상황은 점점 더 악화되었다. 팀 리더가 몇 가지 표준 운용절차를 위반했다는 것은 리더십의 훈련부족을 의미한다. 그들의 거점 하에 화재동향을 관찰하는 감시원을 배치하지 않았다. 그리고 그는 화재진압 능력에 대해서도 과신하고 있었다. 또한 5개 주에서 파견된 3명의 리더와 3명의 소방대원이 애매한 통솔권한으로 인하여 명령과 위임에 있어서 혼란을 야기했다.

결과적으로, 삼림소방대 팀 리더는 리더십 부족과 정보 부족(특히 중대한 날씨정보를 받지 못했다)뿐만 아니라(예: 화재감시원을 지정하지 않았고, 다른 소방관들과 무선교신을 하지 않았으며, 개개인의 위치를 모르는 등) 상황인식이 부족했다(Useem et al., 2005).

효과적인 리더십은 직장 내 안전한 수행을 유지하기 위해 중요한 것으로 나타났다(Hofmann and Morgeson, 2004; Glendon et al., 2006). 예를 들어, 리더는 규칙 및 절차 준수(Thompson et al., 1998)와 같은 직장의 주요 안전활동에 영향을 미치며, 또한 중대사고나 비상사태를 관리해야 한다(Flin, 1996). 현재 산업계에서는 '안전 리더십(Safety Leadership)'이라는 용어가 사용되고 있으며, 이는 안전상 중대사가 발생한 경우 관리자나 감독자의 리더십 행동을 말한다. Flin and Yule(2004)은 다음과 같은 예를 열거하였다.

- 작업자의 안전행동 감시 및 강화
- 작업자의 안전활동에 참여
- 솔선적인 안전운동 지원
- 생산성보다 안전성을 강조

영국의 석유·가스 산업에는 안전의 단계적 변화(Step change in Safety)라는 프로그램이 있으며, 이것은 업계 전반적으로 모든 관리자 계층으로부터 대표자들을 단결시키는 안전 포럼이다. 이 프로그램의 활동 중 하나는 안전 리더십 훈련의 도입이었다. 안전 리더는 불안전행위를 지적하고, 도전하며, 안전한 행동을 촉진하여 위험이 없는 현장을 만드는 환경을 조성해야 한다(Step Change in Safety, 2006). 북해 잠수부들은 사고위험을 관리하는 감독의 능력에 대한 신뢰가 사고예방에 가장 중요한 요인이었다고 보고했다(Osman et al., 2003). 결국 감독자의 위험 관리능력과 자세, 관리의 입장에 있는 사람의 리더십 기술이, 잠수작업의 안전성과 유효성에 매우 중요하다. 리더십 기술은 사례 6.2에서 설명한 바와 같이, 지금까지 경험한 적이 없는 위험한 사고를 관리하는 데 핵심이 된다.

사례 6.2 | 석유·가스 시추산업에서 효과적인 리더십의 예

6,000ft의 채굴관(드릴링 장비를 해저에 연결하는 파이프)이 약 3,200ft에서 분리되었다. 지금까지 경험한 적이 없는 사고를 관리하기 위해, 사고관리팀(IMT: Incident Management Team)이 구성되었다. IMT는 사고대응 책임자와 사고대응의 각 부분에 책임을 갖는 다수의 팀 리더들로 구성되었다. 의사결정 측면에서 각 팀 리더는 종종 어렵고 도전적인 결정을 내려야 했고, 그러한 결정에 대한 책임을 받아들여야 했다. 각 팀 리더들은 문제점을 철저히 논의하고, 예상되는 것을 토론하며, 기한을 정했다. 또한 팀 리더는 적절한 팀원에게 업무를 위임하고 적절하게 수행되고 있는지 확인해야 했다. 마지막으로, 팀 리더들은 사고대응에 깊게 관련된 중요문제에 집중해야 했고, 다른 업무나 요구에 방해받지 않았다. 이것은 특정 시점에 관련이 없는 직무를 포기하게 하고, 우선 활동순위 및 조치와 관련이 있다. 이는 이러한 작업이 간과되었다기보다 더 적절한 시기가 될 때까지 보류하였다는 것을 의미한다(Crichton et al., 2005).

안전에 대한 연구에 의하면, 다양한 분야의 전문가가 모여 있는 혼성팀에서 팀원들이 위험하고 불확실한 동적상황에서 협력행동을 해야 할 때 가장 효과적으로 팀 기능을 발휘시키는 리더는 변화의 필요성을 설명하여 동기부여의 근거를 전달하고 직위 차이에 대한 우려를 최소화하는 사람이다. 이를 통해 팀원들이 적극적으로 자신의 의견을 말하고 사전예방적(Proactive)인 조화에 참여한다. Edmondson(2003)은 심장수술에 관한 연구에서 수술을 주도하는 담당 외과의가 행동하는 것에 따라 그 팀원들은 새로운 기술을 더 빨리 배울 수 있다는 것을 발견했다.

6.3 리더십 기술은 무엇인가?

리더십은 (반드시) 해야 한다고 리더가 믿는 것을 다른 사람들이 하도록(하기를 원하는), 개인 간의 영향, 목표설정 그리고 의사소통 등을 동반한 예술로 정의되어 왔다(Furnham, 2005). 리더가 사용하는 권한은 유형에 따라 다를 수 있다. 예를 들어, 위압형(징벌권), 보상형(보상권), 합법형(지위권), 전문가형(특정기술이나 지식) 그리고 관계형(부하 지명권) 같은 여러 요인에 의해 영향을 받는다. 리더들은 또한 민주적 유형에서부터 독재적 유형까지 다양한 스타일이 있을 수 있다. 훌륭한 팀 리더는 업무수행에 초점을 맞추고 팀원의 지식, 기술 및 업무태도를 향상할 수 있는 환경을 조성해야 한다.

효과적인 리더십 프로세스는 조직 내 팀의 성공을 위한 중요한 요소이다(Zaccaro et al., 2001). 비기술적 역량의 측면에서 직장에서의 효과적인 리더십은 협동과 설득을 통해 동기부여와 함께 기능을 충분히 수행하는 팀 내에서 안전한 업무수행을 달성하는 데 도움이 된다. 상황에 따라 달라질 수 있지만 자율형 팀에서조차 팀에 영향력을 미치는 사람이 있다. 항공업계에서는 항공기의 리더는 '신념과 행동이 다른 사람의 생각과 행동에 영향을 미치는 사람으로 정의된다. 사례나 설득력 있는 설명을 통해, 그룹의 목표와 욕구에 대한 이해를 통해, 리더는 변화와 영향력의 중요 수단이 된다'(CAA, 2006: Appendix 7, p.3). 이 기술은 표 6.1에 나와 있는 요소가 포함되며, 아래에 자세히 설명한다.

권한행사와 자기주장

자기의 주장과 팀원 참여의 균형을 유지하고 상황에 따라 결정적인 조치를 취할 준비를 함으로써, 적절한 도전과 대응 분위기를 조성하는 능력을 말한다. 또한 리더는 언제 자신의 권한을 행사하여 안전한 직무를 완수해야 하는지도 알아야 한다.

표준의 제정 및 유지

이는 작업을 수행하기 위한 표준운용절차(SOPs)나 다른 팀원이 기준이탈 시 필요한 감독 및 개입과 같은 필수적인 표준 준수와 관련이 있다.

계획입안 및 우선순위 지정

이 요소는 최고의 성과를 달성하기 위해 리더가 체계화된 목표관리 및 권한이양을 행하고, 적절한 계획기법 및 우선순위 지정 방법 등을 사용한다. 이것은 또한 계획이나 의도를 전달하며 조정하는 것을 포함한다.

업무량과 자원관리

리더는 자신뿐만 아니라 팀의 업무량과 자원 또한 관리해야 한다. 여기에는 업무량을 발생시키는 기본 요인을 이해하고 업무량의 갑작스런 변동을 방지하기 위한 작업배분 기술을 개발하는 것이 포함된다. 업무량이 많은 이유는 비현실적인 작업기한과 자원부족 등이다.

리더가 요구하는 기술은 다양한 것들이 있으며, 이것은 군사, 산업계 등 어떤 분야의 조사에서 나온 것인지에 따라 달라질 수 있다. 아래에 몇 가지 형태가 나와 있다. 예를 들어, Zaccaro et al.(2001)은 팀 수행에 영향을 미치는 리더십의 특징은 다음사항이 포함된다고 제안한다.

- 팀 리더 및 다른 팀원의 적극적 참여
- 팀의 방향을 정하고, 그 방향에 따른 진행을 극대화하기 위해 팀을 조직
- 팀원으로부터 존경받는다.
- 전문영역 지식이 풍부하며, 각 팀원의 전문분야도 존중한다.
- 팀 목표와 수행의 기대치에 대한 논의를 포함하여 열린 의사소통을 장려하고, 팀에 대한 공헌의식과 의견일치를 촉진한다.

Flin(1996)의 긴급사건 지휘관에 관한 연구에 따르면 가장 효과적인 리더는 다음과 같다.

1. 상황(수행직무/해결문제, 분위기, 팀의 역량 및 동기)을 진단하고,
2. 다양한 스타일(예: 위임, 자문, 코칭, 촉진, 지시)을 이용하여,
3. 그 상황에 자신의 스타일을 맞춘다.

군사 팀에 대한 연구결과, Salas and Cannon-Bowers(1997)는 다음과 같은 기술이 필수적이라는 것을 발견했다.

1. 사회적 구조를 정하고, 자유로운 의사소통을 장려하며, 팀의 결속을 발전시키기 위해 자기 자신을 공개한다.
2. 효과적인 의사소통으로 수행에 영향을 미치는 문제를 팀원에게 전달한다.
3. 팀을 계획, 구축, 조정한다.
4. 직무에 집중하도록 팀을 유지한다.
5. 팀원에게 정보제공을 요청하고, 잠재적 문제점은 공개적으로 논의한다.
6. 상황인식을 관리하여 팀 내 결속을 유지한다.
7. 팀원에게 피드백을 제공하며, 그 성공률은 리더의 스타일에 의존한다.
8. 팀의 진행상황에 맞게 팀원의 역할을 조정한다.
9. 팀 목표와 수행업무를 정하고 장려하여 책임이나 의견일치를 이끌어낸다.

리더는 팀의 목표를 달성할 수 있도록 많은 책임을 지고 있으며, 복잡한 문제를 해결하는 것은 그 중의 하나이다. Salas et al.(2004)은 문제해결을 위한 리더의 행동을 4가지 범위로 제안했다(표 6.2 참조).

이러한 행동은 적응력 있는 팀의 수행을 촉진하기 위해 무엇을 해야 하는지를 보여주며, 모든 팀에서 이를 적용할 수 있다고 제안했다.

표 6.2 팀 리더의 문제해결 행동방식(Salas et al., 2004)

요소	하위 요소
정보검색과 구조화	정보 획득 정보의 체계화 및 평가 피드백 및 제어
문제해결 시 정보이용	필요사항 및 요구사항 명확화 계획 및 조정 정보 전달
인력자원 관리	인력자원 조달 및 배치 인력자원 육성 인력자원 동기부여 인력자원 활용 및 감시
물적자원 관리	물적자원 조달 및 배분 물적자원 유지 물적자원 활용 및 감시

요약하자면, 숙련된 리더십은 다양한 상황을 처리하는 데 필요하며, 의사결정, 의사소통, 팀웍, 상황인식 등 이 책의 다른 부분에서 논의되는 다양한 기술과 능력에 의존하다. 상황적 요구는 리더가 어떻게 행동할 수 있고 어떻게 보이는지에 대해 영향을 미친다. 업무분야나 직무내용에 따라 리더의 다른 특성 또는 행동이 요구될 수 있다. 따라서 상황적 또는 조직적 요인은 리더의 태도와 행동을 지원하거나 또는 방해할 수도 있다. 다음 부분은 효과적인 리더십을 설명하기 위해 다양한 리더십 이론에 대해 서술한다.

6.4 리더십 이론

리더십을 설명하기 위해 특성이론, 스타일이론, 정황(상황)이론, 그리고 최근, 카리스마와 혁신적 이론을 포함한 다양한 이론을 제안한다(Northouse, 2006, 또는 Yukl, 2005 참조). 이러한 이론들을 간략히 요약한다.

6.4.1 특성이론(Trait theory)

특성이론에 따르면, 효과적 리더십의 원천은 신체적, 심리적 특징이 있다는 것을 나타낸다. 예를 들어,

- 신체적 특징(연령, 신장)
- 사회적 배경(훈련, 사회적 지위)
- 지적 능력(지능지수(IQ), 언어 구사능력)
- 성격(자신감, 스트레스 인내성)
- 목표 지향(달성 욕구)
- 사회적 역량(개인적 능력, 재치)

이러한 특성은 리더와 리더가 아닌 자를 구분하고, 성공한 리더와 성공하지 못한 리더를 구분하기 위해 고려되었다(Stodgill, 1948). 마찬가지로, Arnold et al.(2004)에 따르면, 리더의 특성은 리더가 아닌 자에 비해 다음의 항목에서 더 우수한 경향이 있다고 한다.

- 지능
- 지배력/권력
- 자신감
- 에너지/지속성
- 업무지식

사례 6.3 | 시추 팀의 리더십 특성

원유시추 분야의 비기술적 역량을 식별하는 프로젝트에 참여하는 시추팀원들은 자신들의 리더를 '열정적이다', '열린 생각으로 경청한다', '좋은 업무환경을 만든다', '매우 친숙하다'라고 표현한다. 그(팀 리더)는 '정직하고, 지원을 해주며, 방향을 제시하고, 책임과 과제를 위임하지만, 세세하게 간섭하지 않아, 팀원들은 자신들을 믿어준다는 느낌을 받는다.'(Crichton and Flin, 2004)

비록 어떤 특성들이 리더의 역할을 맡으려는 의지에 영향을 미칠 수는 있지만, 그러한 특성이나 특징이 모든 상황마다 효과적인 리더가 될 것인지를 보증하는 명확한 증거는 없다. 특성이론에서 한 가지 문제는 팀원들의 역할이 간과되고 있다는 것과 주변상황의 효과가 거의 고려되지 않았다는 문제가 있다(Sadler, 1997). 특성들의 목록은 종종 그들이 성공적인 것으로 본 리더들의 조사로부터 수집되었다. 그러나 특성이 리더를 형성한 것인지, 리더의 역할이 특성을 만드는지는 불확실하다. 특성이론은 리더가 보여주는 특징을 서술한 것이지만, 효과적인 리더십을 위해 이러한 특성들이 언제 그리고 왜 필요한지 설명하지는 않는다(Furnham, 2005). 예를 들어, 'General George Patton 장군과 같은 위협적인 언어로 연설하는 리더가 있는가 하면, 자비심으로 이끈 Mahatma Gandhi와 같은 리더도 있고, 또는 도덕적 신념이 추종자들에게 영감을 주었던 Martin Luther King Jr.와 같은 리더도 있다.'(Fortune, 2003)

6.4.2 스타일이론(Style theory)

이 접근방식은 리더의 특성보다는 관리 스타일에 초점을 맞춘다. 이 이론의 초기에는 리더의 관찰, 행동의 분류, 그리고 어떤 스타일이 가장 효과적인지 또는 전혀 효과가 없는지를 결정하는 것에 기초했다. 한 분석에서는 세 가지 기본적인 리더십 스타일이 확인되었다(Lewin et al., 1939).

- **권위주의(지시형)**: 중앙 집권적 권한, 작업방법 지시, 일방적 결정, 직원의 참여를 제한
- **민주주의(참여형)**: 직원을 의사결정에 참여시키고, 권한을 위임하며(권한 분산), 업무방법과 목표를 결정하는데 참여하도록 권장
- **방임주의**: 리더가 최소한의 관여로 직원들에게 의사결정의 완전한 자유를 주고, (요청이 있을 경우) 자원을 제공하며, (문의 시) 질문에 답한다.

다른 분야에서는 팀 리더가 과제를 완수하는 데 더 관심이 있는지, 또는 팀원의 만족에 더 신경을 쓰는지에 초점을 맞춘 연구가 있다. Blake and Mouton(1964)은 이 두 가지 스타일을 – 업적에 대한 관심과 인간에 대한 관심 – '관리자 유형(Managerial grid)' 모델을 제안하였다. 비용의 효율성 및 이익과 관련된 생산에 대한 관심과 친목도모, 부하직원 업무지원, 직원의 중요한 문제에 대한 관심 등으로 서술되었다. 이에 따라 표 6.3과 같이 5가지의 리더십 스타일로 나타냈다.

표 6.3 리더십 스타일(Blake and Mouton, 1964)

스타일	관심사	
	업적	인간
사교형	낮음	높음
무관심형	낮음	낮음
조직관리형	중간	중간
권위-복종형	높음	낮음
팀 관리형	높음	높음

어떤 리더십 스타일이 더 효과적인 결과를 만드는지에 대한 명확한 증거는 없다. 하지만 참여적인 리더십과 인간 중심적인 리더십 모두 부하나 팀원들의 만족도를 높여주는 듯했다.

이러한 유형의 접근방식은 이후에 지나치게 단순화된 것으로 간주되었으며, 관찰된 모든 리더의 행동을 표현한 것은 아닌 것으로 간주되었다. 특성이론과 유사하게, 이 접근법은 상황적 맥락에 거의 관심을 기울이지 않았고 어떤 스타일이 어떤 상황에서 가장 효과적인지 설명하지 않았다. 반면에, 이 접근법은 리더들에게 초점이 맞추어진 것이 아니라 그들이 무엇을 했는지에 더 초점을 맞추었다. 리더를 좀 더 효과적으로 만들기 위한 훈련은 강조되었으므로 일부 트레이너들은 여전히 이 "관리자 유형"의 변형모델을 사용한다.

6.4.3 정황/상황이론(Contingency/Situational theory)

리더십에 대한 정황 또는 상황적 접근은 1970년대에 등장했으며, 모든 상황에 효과적인 한 가지 리더십 스타일은 없고 상황에 맞게 바뀌어야 한다고 제안했다. 최상의 리더십 스타일은 팀 규모, 환경적응, 기술 및 전략 등의 제약조건에 따라 달라진다. Fiedler(1967)의 정황이론, Vroom and Yetton(1973)의 스타일이론, 그리고 Hersey and Blanchard의 상황이론을 포함하여 많은 이론들이 존재하며, 아래에 간략하게 설명한다.

Hersey and Blanchard(1977; Hersey et al., 2000)는 리더의 효과는 부하의 성숙도(능숙함과 직무 측면) 수준에 맞는 리더 스타일에 달려 있다고 주장했다. 그리고 배려(Consideration)와 구조생성(Initiating structure)의 두 가지 범주에 따라 네 가지의 다른 리더십 스타일이 존재한다고 하였다. 배려는 팀 내 사람들의 복지, 대인관계에 대한 관심, 팀 내의 친목과 접근성을 장려하는 것과 관련이 있다. 구조생성은 특히 역할과 활동 같은 직무와 관련이 있다. 이 조합을 이용하여 아래의 네 가지 스타일을 만든다.

- 지시형(많은 과제/낮은 인간관계 행동) : 부하들에게 많은 방향을 제시하고 역할과 목표를 정의하는데 상당한 주의를 기울이는 것이 특징이다. 대부분의 경우 역량은 낮지만 의욕적인 신입직원을 다루는 데 가장 적합하고, 과제의 중요도가 낮거나 반복적인 경우 또는 단기간 내 완료해야 하는 경우 적합하다.
- 설득형(많은 과제/높은 인간관계 행동) : 대부분의 지시는 리더에 의해 주어지고, 팀원들이 능력은 가지고 있지만 참가태도에 변동성이 있을 경우 자기가 하는 일에 주인의식을 갖도록 격려한다.
- 참여형(적은 과제/높은 인간관계 행동) : 의사결정은 리더와 부하들/팀원들이 공유하며, 리더의 주된 역할은 의사소통을 용이하게 하는 것이다. 팀원의 능력은 높지만 참가태도를 보장할 수 없을 때 사용한다.
- 위임형(적은 과제/낮은 인간관계 행동) : 리더는 문제 또는 쟁점을 파악하지만, 팀원의 능력과 의욕이 높은 경우 대응의 수행 책임은 팀원에게 주어진다.

이러한 접근방식을 효과적으로 적용하기 위해서, 리더는 상황진단 기술과 팀의 요구에 적절한 다양한 스타일을 갖춰야 한다. Yukl(2005)은 상황에 적합한 리더십에 영향을 미치는 주요 요인을 아래와 같이 요약하였으며, 그중 일부는 일선 관리자나 감독자에게 적합하다.

- 조직계층의 하위 관리자는 참여형 리더십을 이용하지 않는 경향이 있으며, 기술적 문제에 집중하고 부하들의 수행을 감시할 가능성이 높다.

- 생산현장의 관리자는 영업 또는 인사부문의 관리자보다 더 독재적이고, 참여형 태도가 낮은 경향이 있다.
- 업무가 더 구조화될수록 리더는 지시형이 되며, 참여형이 되지 않는 경향이 있다. 이러한 유형의 행동은 작업이 단순할수록 더 실행하기 쉽기 때문이다. 업무가 더 복잡해지고 구조화되지 않을수록 리더들은 부하에게 더 의존한다.
- 리더들은 부하직원이 증가함에 따라 참여도가 낮고 더 독재적이며, 부하에 대한 배려나 지원할 가능성이 낮다.
- 상황(예: 시간제약, 위험)에 따른 스트레스가 증가할수록, 리더는 더 지시적이고 업무 지향적이며 배려심이 부족해진다.
- 부하의 수행과 능력이 감소함에 따라, 리더들은 점점 더 폐쇄적이며 지시적으로 되고, 처벌적이며 구조적 반응을 보이고 배려와 참여가 줄어드는 경향을 보인다.

정황이론을 입증할 때, Klein et al.(2006)은 적응적 리더십을 언급한다. 이것은 계층적이고 탈 개별화된 분산리더십(Shared leadership) 시스템으로 정의된다. 저자들은 이러한 형태를 극한적인 행동팀의 리더십으로 언급한다. 즉 '고도로 숙련된 팀원들이 협조하여, 예측 불가능하며 상호의존성이 높고 사회적 중대성을 가진 과제를, 빈번히 발생하는 팀 구성원의 변화에 대응하면서 신입멤버의 훈련도 실행한다.'(p. 590). 극한적인 행동팀은 긴급 상황, 불확실성 및 중요도가 높은 곳에 운용된다. 예를 들어, 응급의료 트라우마 팀(Trauma team) 같은 곳이다. 적응형 리더십은 동적인 권한위임이 특징이며, 따라서 선임 리더는 후배 리더에게 신속하게 권한을 위임하거나 다시 철회를 반복한다. 그 결과 행동팀의 수행 신뢰성이 향상되고, 신입팀원도 과제를 진행하면서 배우기 때문에 능력이 향상된다는 것이 특징이다.

이러한 동적인 상황에서의 리더십 형태는 업무나 팀원 또는 리더의 특성에 따라 가장 적절한 리더십 스타일이 어떻게 달라지는지를 보여 준다. 긴급성과 새로운 변화성이 낮은 상황에서 또한 팀원의 역량과 행동이 적절하다고 판단되는 상황에서는 상위 리더는 부하에게 위임한다. 반면에, 긴급하고 매우 새로운 상황에서는 상위 리더는 본인이 리더로서의 역할을 계속 유지할 가능성이 높다.

이러한 접근방식은 리더십을 발휘하여야 하는 상황에 적합한 다른 리더십 스타일에 역점을 둔다. 예를 들어, 지시적 스타일은 신속한 대응이나 판단이 필요한 경우 요구된다. 그럼에도 불구하고, 이러한 이론들은 부분적으로는 미국의 편견 때문에 비판을 받아 왔다는 지적이 있다. 결국, 문화적인 영향은 간과되었고, 주로 리더와 직속 부하들 간의 관계에 초점이 맞추었으며, 조직구조나 정책에 대해 제한적인 관심만을 보였다(Bolman and Deal, 1997).

6.4.4 혁신적 리더십이론(Transformational leadership theory)

리더는 종종 영감을 주거나 카리스마 있는 인물로 인식되는데, 이들은 공통의 비전과 목표를 제시함으로써 부하들을 화합시키고 동기부여를 할 수 있다(Burns, 1978). 이 리더십이론의 가장 최근개념이 교환적·혁신적 리더십(Transactional and Transformational leadership)이다(Bass, 1990;Bass and Riggio, 2006). 교환적 리더는 부하직원에게 일종의 교환을 제공하는데, 즉 수행력이 좋으면 보상을 하고 목표를 달성하지 못한 경우에는 기존 업무방식을 유지한다. Bass(1990)는 또한 '자유방임형' 리더십 개념을 언급하는데, 리더가 책임을 포기하고 의사결정을 피하는 것을 말한다. 이러한 리더십 스타일은 교환적이지도 혁신적이지도 않다. 혁신적인 리더는 명확한 비전과 임무를 제시하는 동시에, 개인들의 장점을 대우하고 자유로운 사고를 장려한다. 이러한 리더들은 카리스마를 발휘하여 주요 성과에 대한 인식을 높이고, 부하가 팀 또는 조직목표를 자신의 것보다 우선시하도록 격려하며, 부하들의 책임감, 도전 및 개인적 성장을 더 강하게 키워준다(Bass, 1985). Bass and Avolio(1990)는 표 6.4에 서술된 이러한 두 가지 교환적 및 혁신적 리더십 스타일은 팀 내에서 매우 다른 상호작용으로 이어지지만, 결합될 경우 수행이 강화되는 결과를 나타낼 수 있다.

표 6.4 교환적·혁신적 리더십 스타일(Bass and Avolio, 1990)

교환적 리더십	혁신적 리더십
조건부 보상: 노력에 대한 보상 교환, 성과에 대한 보상 약속, 업적달성 인정	**카리스마**: 비전과 사명감을 주고, 자부심을 심어 주며, 존경과 신뢰를 얻음
예외 관리(능동적): 규칙 및 표준에서 벗어난 부분을 감시, 검색하고 시정조치 취함	**영감**: 높은 기대치를 전달하고, 활동의 동기가 되는 상징을 활용하여 노력에 집중하고, 간단한 방법으로 중요 목표를 표현함
예외 관리(수동적): 표준이 충족되지 않는 경우에만 개입	**지적 시뮬레이션**: 지성, 합리적 행동 및 신중한 문제해결을 추진 **개별적 배려**: 직원을 개별적으로 훈련, 코치, 조언함

두 스타일은 서로 배타적이지 않으며, Bass는 리더들이 두 가지 스타일을 조합하여 활용해야 한다고 주장한다. 교환적 리더십은 모든 관리의 기초이며 기대되는 수행력의 수준을 가져온다. 그림 6.1에서 볼 수 있듯이 혁신적 리더십은 이러한 토대를 기반으로 기대 이상의 향상된 동기부여와 수행을 이루어낸다.

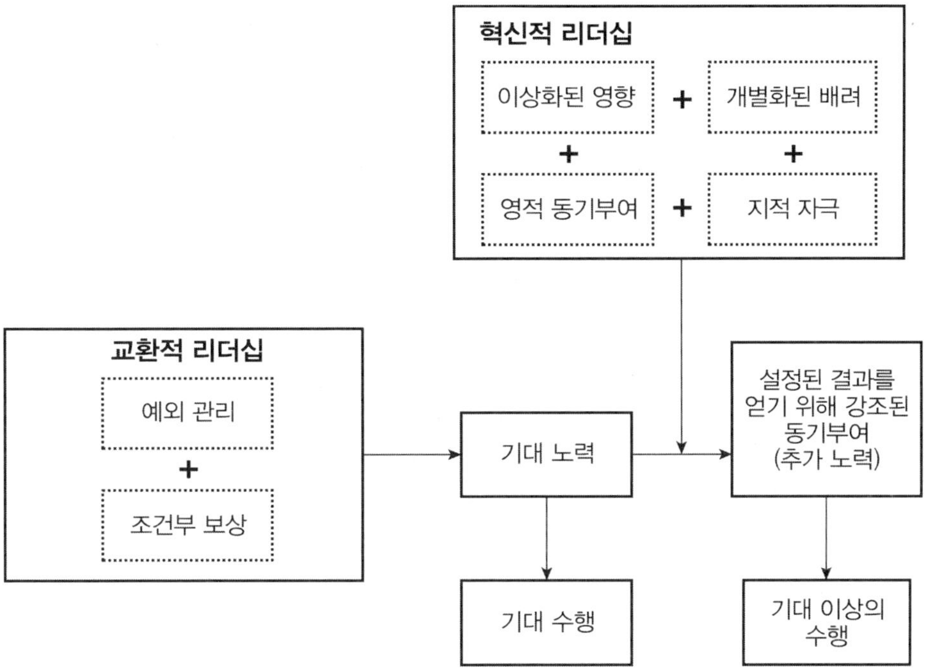

그림 6.1 교환적·혁신적 리더십의 확대효과(Bass and Avolio, 1990, p.237)
Reprinted with permission of Elsevier(JAI Press)

혁신적 리더는 이러한 행동을 덜 보이는 사람들보다 팀에서 더 긍정적으로 평가받는다. 혁신적 리더십은 부하들의 만족도, 동기부여 및 수행과 관련하여 효과적인 것으로 나타났다(Yukl, 2005). 또한 이 이론은 작업장의 안전과 관련하여 광범위하게 테스트되었으며, 보다 혁신적인 스타일을 보여주는 팀 리더들이 작업장에서 불안전한 행동과 사고를 줄인다는 연구 결과가 일관되게 나타났다(Zohar, 2003).

이러한 접근 방식에 대한 비판으로써 부하들이 어떤 일을 어디까지 하는지는 새로운 방식과 새로운 시각으로 보는 방법을 지원하는 아이디어에 달려 있다는 지적이다(Howell and Avolio, 1993). 또한 카리스마와 혁신적인 리더십에 대한 주요 행동은 모호할 수 있는데, 두 리더십 유형 모두 – 동의어로 취급되기도 하지만 타당한 차이점은 있다 – 동시에 발생하는 경우는 드물다(Yukl, 2005).

리더십 이론의 개요

리더십은 효과적인 팀 수행에 중요한 것으로 인식되고 있으며 리더십 기술은 훈련을 통해 모든 팀원에 의해 개발되어야 한다. CAA(2006)가 주장하는 바와 같이, 리더십은 팀웍의 불가결한 요소이며, 리더의 자질은 팀과의 성공적인 관계에 달려 있다. 위에서 서술한 다양한 이론들이 보여 주듯이 효과적인 리더십은 특징, 행동, 스타일 그리고 카리스마의 조합이다. 이러한 이론들은 특정 훈련과정과 실무훈련(OJT)을 통해, 각 개인의 리더십 기술을 향상시킬 수 있다는 것을 보여 준다. Salas et al.(2004)은 위에서 설명한 바와 같이 전통적 리더십 이론과 표 6.5에서 설명한 팀 리더십에 대한 기능적 접근방식 측면에서 리더십을 구별한다.

표 6.5 전통적 리더십과 기능적 리더십(Salas et al., 2004)

전통적 리더십	기능적 (팀) 리더십
상황이 변해도 불변	상황에 따라 동적으로 변함
부하의 역할과 관계가 약하게 연결	긴밀한 상호의존성 및 화합 필요
리더를 상황, 목표, 부하에게 맞춤	변화하는 내·외부의 사태에 대응하도록 팀 프로세스 구축, 조정

리더십에 대한 기능적 접근법은 팀 리더의 주요한 역할은 일을 완수한다는 것에서 제안되었다(McGrath, 1962). 리더십은 목표를 정의하고 달성할 수 있도록 도움을 주면서, 문제의 상황을 파악하고 진단하며, 해결책을 찾아내고, 선택한 해결책을 실현하면서 협조하고 적응할 수 있는 팀 수행을 촉진하는 사회적인 문제해결의 한 형태이다.

6.5 스트레스 하의 리더십

고위험 조직의 팀 리더도 위험도가 낮은 조직의 리더와 마찬가지로, 대부분의 시간은 단순히 프로세스를 관리하기 때문에 특별한 것은 아니다. 그러나 고위험 조직의 관리자와 감독자는 긴급 상황에 있어서 선두에서 지휘해야 하는 즉 사고의 지휘관

역할을 수행해야 하는 경우가 발생할 수 있다. 이 경우 리더의 지식, 기술 및 능력은 사고에 대응하는 중요한 역할을 하게 된다(Flin, 1996). 사례 6.4는 1988년의 Piper Alpha 참사를 서술한다.

사례 6.4 | Piper Alpha 참사(1988)

1988년 7월 6일 Occidental Petroleum(Caledonia) Ltd의 Piper Alpha 석유 및 가스생산 플랫폼의 생산데크에서 폭발이 일어났다. 이 폭발은 임시 플랜지에서 누출된 가스 응축액 연기의 점화로 인해 발생한 것으로 그 후 밝혀졌다. 불은 빠르게 번졌고 그 후에 소규모 폭발이 여러 차례 일어났다. 20분 후에 주요 폭발이 발생했는데, 근처의 플랫폼(Texaco 소유의 Tartan)에서 Piper Alpha로 가는 파이프라인이 파열되어 발생했다.

Sefton(1992)은 사고대응에 대해 언급하면서, Piper Alpha 참사가 더 효과적으로 관리될 수 있었다고 관찰하고, '전체적인 지휘 명령체계가 무너진 것으로 보인다'고 말했다(p. 6). Lord Cullen은 공식적인 조사를 위한 보고서에서 다음과 같이 말했다. '참사가 있던 날 밤에 직면한 문제의 대응실패는 종래의 OIM[Offshore Installation Managers: 해양시설 관리자들 – 석유플랫폼의 최고 관리자] 임용 및 훈련은 극심함 스트레스 하에 의사결정이나 그의 명령 하에 부하들을 이끌 수 없는 사고의 대응능력을 보장할 수 없다는 것을 명확히 보여준다.'(Cullen, 1990: 20.59, p. 353).

모든 현장의 리더가 사고 시 유능한 지휘관이 될 수 있는지 여부는 논란의 여지가 있다. 해양 유전시설 관리자인 Ullman(1994)은 플랫폼 관리자로부터 해양유전의 비상사태에 대처하는 지휘관의 입장도 될 수 있는 상황에 대해 서술한다. 그는 석유산업이 요구하는 것은

> ...Clark Kent 같은 슈퍼맨일겁니다. 화강암 같은 얼굴에 일그러진 미소로 1년이면 364일을 사무실 의자에 앉아 생각 없이 업무를 보다가 비상경보를 듣자마자 벽장 속으로 사라졌다가 순식간에 늘어진 망토와 팬티스타킹을 입은 위에 얌전한 반바지로 마무리하고는 가슴에 크게 OIM이라고 새겨진 옷을 입고 나타나요. 세상을 구할 준비가 된 사람, 석유산업 경영자는 그런 사람을 어디서 찾을까요. 아마도 신만이 알겠죠. 적임자가 나타나면 저도 가서 직무설명서와 급료등급표를 보고 싶네요.(p. 5)

시간제약, 위험, 동적 상황, 높은 정보부하 및 불확실성으로 특징지어지는 스트레스 상황 하에서 팀의 수행력은 리더의 유능함과 관련 있다(Burgess et al., 1992). 지휘명령은 종종 리더십과 동의어로 간주되지만, 어떤 이들은 리더십과는 별개라고 주장한다(Arbuthnot, 2002). 지휘권 행사는 팀 구성과 사기진작 측면을 포함하여, 상호존중과 이해측면을 개발하는 것이 필요하다. 따라서 특별한 상황이 아닌, 일상적 상황에 기초한 리더십 역량은 지휘명령의 기반으로써 작용한다.

Brunacini(2002)는 1950년대 자신이 Phoenix 소방서 소속일 때 경험한 각기 다른 사건의 현장지휘관 스타일과 그 영향이 팀원들에게 주는 효과를 서술하고 있다. 그는 자신이 어떻게 Battalion Chief 1의 지역통제 하에 있었으나 Battalion Chief 2의 지휘하에 다수의 상황을 대응했는지 설명한다. 두 대대장은 사례 6.5에서 설명한 바와 같이 사고관리 방식이 달랐다.

사례 6.5 | 화재사고 지휘관의 다양한 접근방식(미국)

'소방대장 1은 전통적인 1960년대 스타일의 전형적인 소방관이었다. 그는 적극적이고, 독단적이며, 지적이고, 매우 경험이 많은(약 30년 이상) 섬세한 점까지 챙기는 관리자였다. 그가 경청하는 때는 그가 말(사실은 설교에 가까운)을 하지 않는 경우에만 드물게 이루어졌다. 소방대장 2는 더 젊고, 조용하고 유머감각이 뛰어났다. 그는 사람들을 "쉽게 다루었고" 지나치게 관리하지 않았다.'

어느 사고에 대응 시, Brunacini는 소방대장들이 보여준 두 가지 다른 접근방식이 소방관들에게 미치는 영향을 설명했다.

'소방대장 1은 도착하자 차에서 내려서 급하게 사고가 일어난 주변을 봉쇄하고, 마주치는 모든 사람들에게 모순이 있는 명령을 외쳤다. 확대되는 화재에 대한 그의 전형적인 대응은 우선 도착한 1차 소방팀에게 소방호스를 지참하여 안쪽에 위치하도록 지시하고, 그 후 도착한 2차 소방팀은 외부에서 내부로 방수포로 물을 뿌리게 했다. 이러한 비효율적인 지시의 결과, 우리가 구할 수도 있었던 많은 재산이 불에 탔고 소방관들은 불필요하게 물벼락을 맞았다...

'...소방대장 2는 현장에 도착하면, 차에서 내려 문에 기대어(보기에는 무심한 듯) 있곤 했다. 그는 대원들을 차 있는 곳으로 불러(그 당시에는 무전기가 없었다) 얼굴을 보며 그들에게 업무를 지시했다. 그는 대원들에게 "자네 생각은 어떤가?"라고 질문을 던지며 침착하게 대원들을 참여시켰고 – 그러고는 적극적으로 귀를 기울여 대원들과 함께 현장과 기능에 대해 동의를 얻고 전개해 나아갔다. 그는 절대 목소리를 높이지 않았고 상황을 판단하고, 소방활동의 효과를 관찰할 때는 보통 파이프를 피우곤(또 다른 무심한 행동) 했다. 그는 항상 오래된 노란색 패드가 있는 클립보드를 가지고 있었고, 누가/어디에서/어떤 작업 등 그가 지시한 것들을 뭉툭한 연필로 적었다. 소방활동이 진행되는 동안 그가 차를 떠나는 것을 본 적이 없고 흥분하는 것도 본 적이 없다.'(Brunacini, 2002. p. 60)

나중에 언급되겠지만, 멘토링은 종종 리더들에게 유용한 훈련기법으로 제안되며, Brunacini의 설명에 따르면, 부정적인 사례와 긍정적인 사례를 모두 제공할 수 있다. 사례 6.5의 두 사건 지휘관들의 리더십 스타일은 소방관들에게나 그 사건에 대해 완전히 다른 결과를 낳았다. 스트레스 하에 리더에게 중요한 것으로 간주되는 특성과 역량은 표 6.6과 같다.

긴급대응팀의 리더들은 급변하는 상황에 대응하여 리더십 스타일을 변화시킬 수 있어야 한다. 즉, 상황적 요구에 대응하여 협의적이기보다는 좀 더 지시적 방식으로 전환할 수 있는 능력을 가져야 한다. 이러한 변화는 리더의 성격, 조직문화, 팀의 전문성, 그 팀에 기대하는 것, 업무의 관리구조에 따라 달라진다(Flin, 1996). 사고에 대한 지휘명령 기술의 핵심은 리더십, 팀 관리, 스트레스관리, 상황(위험)평가 및 의사

표 6.6 스트레스 하의 리더 특성 및 역량(Flin, 1996, pp.42-44)

주제	세부사항
리더의 특성	• 리더십 역할의 수행의지 • 정서적 안정성 • 스트레스에 대한 내성 • 결단력 • 조절된 위험부담 • 자신감 • 자기 인식
리더의 역량	• 리더십 능력 • 의사소통 기술, 특히 브리핑과 경청 • 권한위임 • 팀 관리 • 시간제약과 특히 스트레스 하의 의사결정 • 상황판단(상황인식) • 행동방침의 계획 및 실행 • 자신과 부하의 침착성 유지, 스트레스 관리 • 발생 가능한 돌발사태에 대한 사전준비계획

결정 등으로 확인되었다(Flin and Arbuthnot, 2002).

스트레스 하의 팀 리더의 행동은 정상적인 상황의 리더의 행동과는 종종 다르다. 스트레스가 많은 상황에서 리더는 일반적으로 명령, 제안, 관찰 및 자신의 의도전달 역량을 포함하여 모든 팀원들에게 의사소통을 시작하며(Oser et al., 1991), 그리고, 팀원에게서 받는 직무에 대한 정보제공을 더 잘 듣는 자세는 취할 수 있지만, 그것을

표 6.7 스트레스 하의 리더의 원칙, 역량 및 지식(Burgess et al., 1992)

원칙	원칙	지식
1. 팀원에게 피드백 제공	팀원의 직무수행과 관련된 정보전달	
2. 직무수행 정보수집	팀원에게 직무수행상황 정보요청	팀원의 수행을 이중 확인하고, 피드백 제공, 팀원의 역량수준 확보
3. 팀 구성	구체적이고 확실한 역할, 기대치 전달, 잠재적 위기 상황에 앞서 역할 전략논의, 올바른 순서로 정보전달이 되도록 팀원들 지도	
4. 팀의 협동업무 조정	팀원 상호관계 역할 논의, 상호의 존성 논의, 상호관계가 팀 수행에 미치는 영향 설명, 필요한 경우 상호간 의사소통하도록 조언	팀원 능력 및 상호관계, 인식에 따라 팀 구성, 팀원 각자의 목표를 팀 목표에 맞추도록 지도
5. 전략적이고 간결한 의사소통 활용		팀원들이 당면 과제에 집중하도록 함
6. 향후 위기에 대한 준비와 계획	예상치 못한 상황인식에 대한 훈련, 긴급상황 시 필요한 행동방침에 대한 훈련	발생 가능한 위기상황에 대처하기 위한 전략수립
7. 목표달성을 위한 팀원 지원	팀원에게 임무/업무관련 구체적 목표 제공, 동기부여를 위한 조언 제공	팀원 의욕을 저해할 수 있는 장애물 제거
8. 목표달성에 개인적 관심 유도	팀 수행에 영향을 미치는 문제와 관련된 정보전달	
9. 팀원 요구에 대한 민감한 인식 유지		팀원의 장단점 인식, 팀원 입장의 인식에 따라 발생할 수 있는 잠재적인 문제를 효과적으로 식별
10. 팀원이 접근하기 쉽고 위압감이 없도록 인식		협력적 상호관계를 위한 신뢰 및 기회 확립, 팀원이 실수할 경우 지원, 리더가 잘못 되었다고 판단 시 올바른 의사소통 허용, 팀원의 건설적 비판을 받아드릴 수 있는 의사소통 허용

따를 가능성은 낮다(Driskell and Salas, 1991). 스트레스 하의 효과적인 팀 리더의 원칙, 기술 및 지식은 표 6.7에 서술한다(Burgess et al., 1992).

이러한 팀 리더의 원칙은 극심한 스트레스를 받는 상황하의 리더들 훈련 지침의 기초로 사용될 수 있다. 사례 6.6은 King's Cross 화재대응에 런던 경찰청 경감의 행동이 어떻게 관리에 영향을 미치는지 서술한다.

사례 6.6 | King's Cross 화재(1987)

1987년 11월 18일, 한 승객이 에스컬레이터에서 작은 화재가 났다고 신고했고 지하철역에서 근무 중인 직원이 현장을 점검했다. 평소 이 역에서 근무하지 않는 이 직원은 역장이나 선로 통제사에게 사고를 보고하지 않았다. 다행히도 그 당시 지하철역에 있던 한 런던경찰관이 런던 소방대에 신고를 했다. 그러나 승객들이 대피해 매표소 앞에 모여 있는 동안 불길은 더욱 커졌다. 소방대원을 포함해 총 31명이 사망했다(Fennell, 1988). 이 사고에 대응했던 경감이 받은 표창장에는 '...신속하게 상황을 파악한 후 행동 하였다.결과적으로, 재해를 처리할 수 있도록 효율적이며 효과적인 백업이 가능하게 되었다.'(Fennell, 1988: p. 90)

6.6 추종력(Followership)

추종력은 팀원에게 미치는 관리자의 리더십 영향력으로 정의된다(Conger et al., 2000). 리더십은 리더가 소유하는 것이 아니라, 추종력을 포함하는 한 과정이다. 부하가 없다면 리더나 리더십도 존재하지 않는다(Hollander, 1993; Wiener et al., 1993). 리더십과 마찬가지로, 추종력도 학습 가능한 기술이지만(CAA, 2006), 부하직원의 훈련으로써 실습하는 것은 리더의 입장을 깎아내리는 것이 아니고 보좌역할을 하는 것이다. 훈련의 효과는 리더나 관리자의 리더십 행동이 관리자를 향한 부하직원의 반응에 따라, 그리고 부하직원 자신에 대한 반응과 일에 대한 자신의 노력에 어떻게 영향을 미치는지에 따라 알 수 있다.

리더십과 추종력은 서로 얽혀 있지만, 아직 동등한 수준으로 검토되고 있지는 않다. 리더십이 더 많은 관심을 받기는 하지만, 적극적인 추종력이 존재하는 팀이나 그룹에 있어서 리더와 팀원 간의 관계를 이해하는 것이 필요하다(Hollander and Offerman,

1997). 추종력의 원리에 대하여는 리더십의 카리스마이론과 연관시켜서 조사되었다. 카리스마성 리더십은 부하의 수행 수준뿐만 아니라, 동기부여와 만족도를 더 향상시키는 것으로 이루어졌다(Shamir et al., 1993). Conger et al.(2000)에 따르면, 카리스마성 리더의 팀원들은 그들의 리더가 비범하다고 생각한다는 점에서 리더에 대한 존경심을 키운다. 이러한 팀원들은 리더가 목표를 설정하고, 팀원에 대한 정체성을 형성하기 위한 비전을 채택하여, 공동체로서의 정체성을 더욱 향상시키기 위해 팀이 무엇을 달성해야 하는지 더 많은 이해와 현실적인 평가를 한다.

리더에 대한 비평은 일이 잘 되는지 안 되는지에 따라 달라질 수 있으며, 이것을 '리더십의 환상(The romance of leadership)'이라고 부르기도 한다. 일이 정말 잘 풀리면, 이는 리더의 역량 덕분이라고 하지만, 일이 잘 풀리지 않는다면, 리더는 자질부족으로 비난받는다(Meindl et al., 1985). 그러나 만약 아무 일도 일어나지 않는 적당한 정도라면, 평균적인 리더십 덕분이라고 하지는 않는다.

6.7 리더십 역량훈련

리더십 역량훈련 코스는 영국 리더십·관리협회(Institute of Leadership and Management)에서 일선 관리자를 위해 개발되었으며, 일반적으로 리더십 및 팀 구성, 의사소통, 계획변경, 스트레스 관리와 문제해결 등이 포함된다. 자기진단 설문지(Self-report questionnaires)는 종종 리더 스타일에 대한 인지도를 평가하기 위한 훈련에 사용되는데, 예를 들어, Bass and Avolio(1991)의 Multifactor Leadership Questionnaire (Mindgarden 웹사이트 참조)는 혁신적·교환적·자유방임적 리더십의 정도를 측정한다. 또한 팀원 또는 동료들이 리더의 스타일을 평가하도록 할 수 있다.

리더나 팀원들은 각자가 새로운 경험을 추구하고 전력을 기우려 경험을 연마하여 적응력 있는 수행과 전반적인 팀의 효율성에 대한 보다 효과적인 역량과 지식을 개발하기 위해 노력하여야 한다(Salas et al., 2004). 리더는 명확한 방향성을 제시하고, 수행 환경을 조성하며, 과정을 지도할 뿐만 아니라, 팀원 개개인과 전체의 역량을 훈련 및 개발함으로써 팀의 수행과 효율성을 높인다(Hackman and Walton, 1986; Kozlowski et al., 1996).

항공업계에서 일부 CRM 과정은 '관리, 감독 및 리더십'에 대한 항목도 포함된다. 구체적으로는 적절한 리더십 역량개발이나, 권한위임, 업무 우선순위 결정, 권한 또는 자기주장의 활용 같은 측면을 포함한다(CAA, 2004). 조종사들은 기장 진급을 위한 과정으로, 지휘역량을 특화한 훈련을 받아야 한다.

효과적인 리더십 훈련방법의 설계

리더십 훈련내용은 특정 직무/상황을 위한 기술의 한 부분으로써 초점을 맞추거나 또는 일반적인 기술 및 행동에 초점을 맞출 수 있다. 효과적인 훈련은 효과적인 계획(Design)에 의존한다. 리더십 개발을 위해 훈련 프로그램을 계획하는 것은 리더십이론과 학습이론 양쪽 모두를 기초해야 하며, 효과적인 훈련 프로그램을 계획하기 위한 지침은 다음과 같다(Yukl, 2005).

- **명확한 학습목표**: 학습목표는 훈련생들이 습득할 것으로 예상되는 행동, 기술 및 지식을 서술해야 한다.
- **명확하고, 의미 있는 내용**: 훈련생의 사전지식을 바탕으로 내용을 구축하고, 중요한 측면에 초점을 맞춘다.
- **내용의 적절한 순서**: 훈련활동은 학습을 용이하게, 단순한 아이디어에서 복잡한 아이디어로 전환되도록 조직적이고 순서대로 이루어져야 한다.
- **훈련방법의 적절한 결합**: 훈련방법은 학습할 지식, 기술, 태도 및 행동에 적합해야 한다.
- **적극적인 실천을 위한 기회**: 행동을 실습하거나, 기억에서 정보를 기억해 내는 것과 같은 습득해야 할 기술을 실천에 옮긴다.
- **관련성 있고, 시기적절한 피드백**: 피드백은 이용 가능한 다양한 출처로부터 얻어야 하며 건설적이어야 한다.
- **훈련생들의 자신감**: 훈련과정을 통해 훈련생의 자기효력감(Self-efficacy)과 달성기대감(Expectation)이 강화되어야 하며, 훈련생은 진보와 성공을 경험하도록 한다.
- **적절한 후속(Follow-up) 활동**: 복잡한 기술의 습득은 예를 들어, 진행상황과 문제점을 검토하기 위해 훈련 종료이후 적절한 간격으로 후속 세션을 개최함으로써 향상시켜야 한다.

Salas et al.(2002)은 팀 리더를 위한 역량훈련은 다음이 포함되어야 한다고 제안한다.

- 협동, 의사소통 및 팀 수행을 원활하게 하기 위해 다른 팀원의 역할에 대한 지식 개발
- 비평적 사고(Critical thinking) 역량
- 팀 내의 지속적인 학습 촉진

사례 6.7 | 해군 전투정보센터(CIC) 장교의 메타인지 훈련

해군 CIC(Combat Information Center) 장교들을 위해 개발된 메타인지 기술 훈련과정의 내용(Cohen et al. 1998)은 시나리오 기반의 실습으로 구성되어 쌍방향 시뮬레이션과 피드백을 사용했다. 훈련내용은 다음과 같다.

- '스토리'를 작성, 검증하여, 평가한다. 즉, 의사결정권자는 상황평가를 기준한 스토리를 만드는 것으로 상황이해를 향상시키지만, 스토리는 실제로 알려진 것 또는 관찰된 것과 예상한 것을 비교하여 평가된다. 신뢰할 수 없는 가정을 너무 많이 사용하여 스토리를 구성하면, 다른 평가나 스토리가 나올 가능성이 있다.
- 전형적 스토리의 구성요소를 확인하는 실습이나 실례에 따라, 적대적 의도의 스토리를 훈련생의 지도용으로 사용할 수 있다.
- 스토리의 신뢰성·설득성을 평가하기 위하여 "스토리를 비판한다". 그러한 목적으로 숨겨진 가정을 지적하고, 다른 사실해석을 행하기도 한다.
- 더 주의 깊게 생각해야 하는 타이밍. 비평적 사고를 사용하는 것이 항상 적절한 것은 아니지만, 의사결정을 내리기 전 이용 가능한 시간에 평가해야 한다. 사령부의 입장에서는 a) 지연의 위험이 수용 가능한 경우, b) 즉시 행동 조치하면 발생 가능성이 있는 오류 비용이 높은 경우, c) 상황이 일상적이지 않거나 어떤 식으로든 문제가 있는 경우, 결정이 지연될 수 있다.

피드백은 시나리오 진행 중에 필요에 따라 힌트 형식으로 강사가 제공했으며, 실습이 끝나고 토론을 통해서도 제공되었다.

메타인지 훈련을 이용한 5～6명의 장교그룹을 대상으로 한 연구는 비평적인 사고기술은 배울 수 있는 것이고, 의사결정 과정뿐만 아니라 의사결정의 결과개선까지도 할 수 있다는 것을 보여 주었다. 이러한 기술은 전술적인 의사결정에 있어서 중요하다. 경험을 쌓은 의사결정자가 불확실성을 효과적으로 처리하는 데 도움이 되기 때문이다. 비평적인 사고기술은 장교그룹 뿐만 아니라 팀원들에게 상황에 대해 정신모델을 공유하여 도움을 줌으로써 적용이 확장되는 것이

판명되었다. 더구나, 계속되는 불확실성에 대해 메타인지모델이 공통인식 되어, 팀원들 각자가 갖고 있는 관련정보를 서둘러 자발적으로 제공하도록 한다.
본 연구에 참가한 훈련생은 해군장교들이였지만, 이 훈련은 육군 전투지휘관(Cohen et al., 1997a)과, 헬기 조종사(Cohen et al., 1997b)에게도 이용되었다.

메타인지라고도 알려진, 비평적 사고기술은 간단히 '사고방식에 대한 사고'로 정의될 수 있다. 이것은 기억, 이해, 행위를 포함하여, 자기 자신의 생각을 성찰하고 조절하는 기술(Flavell, 1979)을 말하며, 암묵적, 무의식적 지식뿐만 아니라 명시적, 의식적, 사실에 기반을 둔 지식을 모두 포함한다. 메타인지 기술은 다양한 직무와 관련된 인지적 요구나 그 직무에 대한 구체적인 대처방안을 나타낸다. Cohen et al.(1998)은 메타인지 훈련은 제1단계로써 인지직무분석(제9장 참조)을 행하고, 사고전략과 정보의 체계화방법 및 의사결정을 확정하는 것으로 구성되어야 한다고 지적한다. 훈련 계획서로써, 정보기반 세션(예: 강의)과 실습기반 세션(예: 시나리오기반 훈련, 사례6.7 참조)을 이용하여 커리큘럼을 개발할 수 있다.

리더십 훈련기법

팀 리더를 위한 훈련은 종종 강의, 일대일 코칭, OJT, 부하·상사·동료로 부터 받은 피드백, 멘토링 및 야외에서의 체험활동으로 구성되어 있다(Bass and Riggio, 2006; Yukl, 2005). 효과적인 리더십 개발은 이러한 실습과 기술훈련에 초점을 맞춘, 다음과 같은 특정 기법을 조합할 수 있다.

- **행동역할 모델링**: 이 기법은 리더의 대인관계 능력을 향상시키기 위한 실연과 역할극에 바탕을 두고 있다. 강사가 행동으로 보여주는 모델링 또는 비디오를 통해 효과적인 행동을 보여준 후, 훈련생들은 필요한 행동을 실천하고 건설적인 피드백을 받는다. 이 기법은 특정 상황에 있어서 효과적이고 구체적으로 정해진 행동에는 유용하지만, 유연한 적응행동이나 인지적 지식을 훈련하는 데는 적합하지 않을 수 있다.
- **사례연구**: 이 기법은 장시간 경과에 따른 상세한 상황설명에서부터, 리더가 거기까지 경험한 특정사고를 간략히 소개하는 등, 조직 내의 상황을 서술하는 데 사

용한다. 구체적인 사례나 상황을 처리하는 방법(예를 들어, 작전행동, 유지관리 활동)은 리더십을 위해 분석 및 의사결정의 역량실습에 사용할 수 있다. 개인 또는 그룹이 권고안을 작성한 후, 조직이나 리더가 실제로 행했던 것과 비교한다. 사례연구의 이점은 리더가 직면할 수 있는 상황에 대한 이해가 증가하고, 그 상황을 대처하기 위한 다른 방법들을 강구할 수 있다.

- **시뮬레이션**: 시뮬레이션은 훈련생에게 복잡한 문제를 분석하여 의사결정을 행하고, 동시에 팀의 지휘를 실행하도록 요구한다. 그러나 사례연구와는 달리, 훈련생은 시나리오가 전개됨에 따라 자신들의 의사결정에 대한 결과를 고려하여 처리해야 한다. 시뮬레이션은 많은 수의 참가자들이 역할극에 참여하여 대규모로 이루어질 수도 있고, 또는 정확도 높은 시뮬레이터로 단일팀으로 구성된 소규모로 할 수도 있다. 전술결정게임(제10장 참조)과 같은 충실도가 낮은 시뮬레이션 게임도 이용할 수 있다. 훈련생들은 대인관계능력(리더십, 의사소통, 팀웍)과, 의사결정과 상황인식 같은 인지능력에 대한 피드백을 받는다.

위의 모든 기법의 목적은 리더의 입장으로 리더십 기술을 관찰하고, 학습하며, 실천할 수 있도록 하는 것이다. 훈련생들에게 도전적이고 다양한 상황에 대처하는 방법을 학습할 기회가 주어짐에 따라 훈련생들의 이해도는 향상된다. 훈련생들은 또한 자신의 수행에 대한 피드백을 받고, 자신의 경험과 수행을 반영하여 이해를 증진시키는데 이를 사용하도록 추천한다.

Day and Halpin(2001)은 공식훈련, 경영자 코칭, 멘토링, 야외에서의 시험체험활동 등을 포함하여, 리더를 육성하기 위한 산업계의 모범사례를 검토했다. 이 조직들의 리더십 개발과 다양한 유형의 리더십 개발훈련을 검토하여 모범사례 원칙을 제시했다.

- 성공적인 리더십의 개발 노력은 영향력 있는 사람을 프로그램의 주도자로 지정할 필요가 있다(가급적 최고경영자).
- 리더십 역량은 어디에나 있다. 리더십 개발계획은 조직 전체를 통해 체계적으로 실행되어야 한다.
- 가장 효과적인 리더십 개발의 실례는 구체적인 비즈니스 목표와 직결된다.
- 리더십 개발은 관리자들을 기업 가치관에 따르게 하고, 견고하고 일관성 있는 문화를 구축하기 위해 이용된다.

- 리더십 개발은 일회성 상황이 아니라 체계적인 과정이다.
- 성공적인 리더십 개발은 혁신적인 방법을 이용하기보다 지속적인 훈련에 더 많이 좌우된다.
- 리더의 중요한 역할은 더 많은 리더를 육성하는 것이다. 잠재성 높은 리더는 효과적인 리더십 교육 커리큘럼을 디자인하고 제공한다.
- 리더십 개발은 모호한 상황에서 창의적인 해결책을 제공하는 기업가적 변혁자(Entrepreneurial change agent)를 만드는 것이다.
- 리더십 개발은 미래를 위한 투자이다. 대부분의 투자와 마찬가지로, 배당(Dividends)이 실현되기까지는 몇 년이 걸릴 수도 있다.

리더십 개발은 조직문화 및 조직전략과도 관련이 있으며, 모범적인 수행을 실천하는 조직은 이러한 훈련이 미래에 대한 투자라는 것을 인식하고 있다.

6.8 리더십 역량평가

리더십 역량을 평가할 수 있는 방법에는 직속상사에 의한 평가와 임원 등 더 상급자에 의한 평가 등과 같이 다양한 방법이 있다(Yukl, 2005 참조). 다른 비기술적 역량과 마찬가지로, 리더십의 역량 평가는 관찰 및 행동평가를 이용하여 수행할 수 있으며, 이에 대해서는 제11장에서 더 자세히 서술된다. 한 가지 예로, 조종사를 위한 NOTECHS 행동지표(Flin et al., 2003)는 리더십 역량에 관한 카테고리와 구성요소가 포함되어 있다(표 6.8 참조).

표 6.8 리더십 역량을 위한 NOTECHS 행동지표

구분	요소	행동 사례
리더십 및 관리역량	권한과 자기주장 이용	관계성과 직무수행을 확실하게 하기 위해 지도력 발휘
	기준 유지관리	직무의 수행상황이 기준에서 벗어날 경우 개입
	계획 및 조정	의도와 목표를 명확히 한다.
	업무량 관리	직무수행을 위해 충분한 시간을 할당한다.

이러한 요소는 설정된 환경에 한정되므로, 즉 위의 요소와 행동사례는 항공업계에서 도출된 것이다. 특정영역 별 카테고리 및 요소로서 다른 예도 있다. 예를 들어, 외과의사 시스템의 비기술적 역량(NOTSS)에서는 리더십 요소를 표준설정하여 유지하며, 다른 스텝들을 지원하고 심리적 압박에 대처하는 것으로 구성되어 있다(Yule et al., 2006).

6.9 결론

이 장에서는 리더와 리더십을 서술하고 리더가 요구하는 역량, 기술 및 지식에 대해 논했다. 지난 1세기에 걸쳐, 리더의 성격적 특성, 주목해야 할 행동 그리고 상황의 영향력에 초점을 맞춘 여러 가지 리더십 이론들이 제안되었다. 이론들은 다소 중복되는 것으로 보이지만, 어느 이론이라도 리더십의 개념에 대한 단일적인 설명을 제공하지 못한다. 팀 리더십에 대한 기능적 접근을 이용하여 팀원들의 지식, 기술 및 태도를 개발함으로써 팀 수행을 향상시킨다는 관점에서 리더가 행해야 할 역할에 대하여 서술하였다.

리더가 필요한 역량, 지식, 기술, 태도, 스트레스 하의 리더십, 팀 리더와 팀원들 간의 상호관계 등과 같은 측면 및 리더십 지침이 논의되었다. 리더와 팀원은 독립하여 운용되지 않고, 조직으로서 전체 상황의 일부이다. 리더에게 기대하는 전반적인 직무를 설명하기보다, 리더십의 역량과 지식을 중점적으로 언급하였다.

리더십에 대한 현재의 대부분은 산업계나 군사 팀 관리자에 기반을 두고 있다는 것은 인정된다. 다른 유형의 조직에서 '현장'에 있는 리더들의 행동에 대한 실증연구가 보고된 것은 많지 않다. 그럼에도 불구하고, 이러한 이해의 상당 부분은 직장에서의 안전하고 효과적인 수행에 대한 직접적인 책임이 있는 리더에게는 어떠한 작업이든 적용 가능하다. 조직의 효과성은 리더와 팀원의 행동에 따라 달라진다. 이것은 리더십 개발의 지속적인 실천이행과 리더 자신의 리더십 기술을 연구하고 반영하기 위한 격려가 필요하다.

고신뢰도 조직에서 리더는 안전하고 효과적인 팀 수행에 중요하며, 리더와 팀원 간의 상호작용이 이 차이를 만든다. 리더는 만들어질 수 있고, 리더십 역량도 훈련을 통해 단순히 리드하는 것뿐만 아니라 훌륭하게 리드하는 리더가 될 수 있음을 제안한다.

요점

- 리더십은 주로 팀 리더와 관련이 있지만, 팀원들도 리더십과 함께 부하로서의 역량(Followership)도 발휘하여야 한다.
- 팀 리더의 주요 역할은 비전을 제시하고, 팀의 방향을 제시하며, 팀을 구성하고 유지하여 같이 활동할 수 있는 상황을 만들고, 팀이 성공할 수 있도록 코치하고 지원하는 것이다.
- 특성이론(효과적인 리더십을 위한 독특한 신체적 및 정신적 특성에 주목), 행동이론(관찰 가능한 리더의 행동에 주목), 정황/상황이론(상황에 맞는 리더십 스타일의 변화에 주목), 그리고 혁신적 이론(카리스마와 동기부여에 주목)과 같은 다양한 리더십 이론이 제안되었다.
- 팀 리더는 다양한 상황에 대응하려면 리더십 스타일(예: 권한위임적, 상담적, 민주적, 지도적)을 변경할 수 있어야 하며, 모든 상황에 효과적인 단일 리더십 스타일은 존재하지 않는다.
- 긴급을 요하는 상황에서는 팀 리더는 지휘관의 역할이 필요하다. 이는 스트레스가 많은 상황에서 팀원들을 지휘하기 위한 특정 역량이 필요하다.
- 팀 리더는 행동, 기술, 지식 및 태도 측면에서 자신의 경험을 반영하고 특정훈련 및 제안된 피드백을 통해 자신의 리더십 역량을 개발해야 한다.

Key texts

Flin, R. and Arbuthnot, K. (eds.) (2002) *Incident Command: Tales from the Hot Seat*. Aldershot: Ashgate.

Hackman, J.R. (2002) *Leading Teams. Setting the Stage for Great Performance*. Harvard: Harvard Business School Press.

Bass, B. (1990) *Bass and Stodgill's Handbook of Leadership: Theory, Research and Managerial Applications* (3rd ed). New York: Free Press.

West, M. (2004) *Effective Teamwork. Practical Lessons from Organizational Research*.

(2nd ed). Oxford: BPS Blackwell

Yukl, G.A. (2005) *Leadership in Organisations.* (6th ed.). Upper Saddle River, NJ: Prentice Hall.

Websites

Hackman, J.R: http://www.leadingteams.org

CAA: http://www.caa.co.uk/docs/33/CAP737.PDF, Appendix 7

Step Change in Safety (2006): http://stepchangeinsafety.net/stepchange

Mindgarden: www.mindgarden.com for MLQ transformational leadership test

references

Arbuthnot, A. (2002) Key issues in incident command. In R. Flin and A. Arbuthnot (eds.) *Incident Command: Tales from the Hot Seat* (pp. 10–31). Aldershot: Ashgate.

Arnold, J., Silvester, J., Patterson, F., Robertson, I., Cooper, C. and Burness, B. (2004) *Work Psychology. Understanding Human Behaviour in the Workplace* (4th ed.). Harlow: Pearson Education.

Bass, B.M. (1985) *Leadership and Performance Beyond Expectation.* New York: Free Press.

Bass, B. (1990) *Bass and Stodgill's Handbook of Leadership: Theory, Research and Managerial Applications* (3rd ed). New York: Free Press.

Bass, B. and Avolio, B. (1990) The implications of transactional and transformational leadership for individual, team, and organisational development. In R. Woodman and W.A. Passmore (eds.) *Research in Organizational Change and Development* (pp. 231–272). Volume 4. Greenwich, Conn: JAI Press,

Bass, B.M. and Avolio, B.J. (1991) *The Multifactor Leadership Questionnaire.* Palo Alto, CA: Consulting Psychologists Press.

Bass, B. and Riggio, R. (2006) *Transformational Leadership.* (2nd ed.) Mahwah, NJ: Prentice Hall.

Blake, R.R. and Mouton, J.S. (1964) *The Managerial Grid.* Houston, TX: Gulf.

Bolman, L.G. and Deal, T.E. (1997) *Reframing Organizations. Artistry, Choice and Leadership* (2nd ed.) San Francisco: Jossey-Bass.

Brunacini, A. (2002) Incident command functions. In R. Flin and K. Arbuthnot (eds.)

Incident Command: Tales from the Hot Seat. Aldershot: Ashgate.

Burgess, K.A., Salas, E., Cannon-Bowers, J.A. and Hall, J.K. (1992) Training guidelines for team leaders under stress. Paper presented at the 36th Annual Meeting of the Human Factors Society, Atlanta, Georgia.

Burns, J.M. (1978) *Leadership*. New York: Harper and Row.

CAA (2006) *Crew Resource Management (CRM) Training. CAP737. Guidance for Flight Crew, CRM Instructors (CRMIs) and CRM Instructor-Examiners (CRMIEs)*. Hounslow, Middlesex: Civil Aviation Authority.

CAA (2004) *CAP716 Aviation Maintenance Human Factors (EASA/JAR145 Approved Organisations)*. Sussex: CAA Safety Regulation Group.

Cohen, M.S., Freeman, J.T. and Thompson, B. (1998) Critical thinking skills in tactical decision making: A model and a training strategy. In J. Cannon-Bowers and E. Salas (eds.) *Making Decisions Under Stress: Implications for Individual and Team Training*. Washington, D.C.: American Psychological Association.

Cohen, M.S., Parasuraman, R., Serfaty, D. and Andes, R. (1997a) *Trust in Decision Aids: A model and Training Strategy*. Arlington, VA: Cognitive Technologies.

Cohen, M.S., Thompson, B. and Freeman, J.T. (1997b) Cognitive aspects of automated target recognition interface design: An experimental analysis. Arlington, VA: Cognitive Technologies.

Conger, J.A., Kanungo, R.N. and Menon, S.T. (2000) Charismatic leadership and follower effects. *Journal of Organisational Behavior*, 21, 747-767.

Crichton, M. and Flin, R. (2004) Identifying and training non-technical skills of nuclear emergency response teams. *Annals of Nuclear Energy*, 31, 1317-1330.

Crichton, M., Lauche, K. and Flin, R. (2005) Incident command skills in the management of an oil industry drilling incident: A case study. *Journal of Contingencies and Crisis Management*, 13, 116-128.

Cullen, The Hon. Lord (1990) *The Public Inquiry into the Piper Alpha Disaster*, vols I and II (Cm 1310). London: HMSO.

Day, D.V. and Halpin, S.M. (2001) *Leadership Development: A Review of Industry Best Practices* (Technical report 1111). Alexandria, VA: US Army Research Institute for the Behavioral and Social Sciences.

Day, D.V., Gronn, P. and Salas, E. (2004) Leadership capacity in teams. *The Leadership Quarterly*, 15, 857-880.

Driskell, J.E. and Salas, E. (1991) Overcoming the effects of stress on military performance: Human factors, training and selection strategies. In R. Gal and A.D. Mangelsdorff (eds.) *Handbook of Military Psychology*. Chichester: Wiley.

Edmondson, A.C. (2003) Speaking up in the operating room: How team leaders promote learning in interdisciplinary action teams. *Journal of Management Studies*, 40, 1419-1452.

Fennell, D. (1988) Investigation into the King's Cross Underground Fire. Department of Transport, London: HMSO.

Fiedler, F. (1967) *A Theory of Leadership Effectiveness*. New York: McGraw-Hill.

Fiedler, F.E. (1995) Cognitive resources and leadership performance. *Applied Psychology: An International Review*, 44, 5-28.

Flavell, J.H. (1979) Metacognition and cognitive monitoring: A new area of cognitive-developmental inquiry. *American Psychologist*, 34, 906-911.

Flin, R. (1996) *Sitting in the Hot Seat: Leaders and Teams for Critical Incident Management*. Chichester: Wiley.

Flin, R. and Arbuthnot, K. (eds.) (2002) *Incident Command: Tales from the Hot Seat*. Aldershot: Ashgate.

Flin, R., Martin, L., Goeters, K., Hoerman, H., Amalberti, R., Valot, C. and Nijhuis, H. (2003) Development of the NOTECHS (non-technical skills) system for assessing pilots' CRM skills. *Human Factors and Aerospace Safety*, 3, 95-117.

Flin, R. and Yule, S. (2004) Leadership for safety: Industrial experience. *Quality and Safety in Health Care*, 13, Suppl 1, i45-i51.

Fortune Small Business magazine (2003) The Best Bosses. http://www.fortune.com/fortune/smallbusiness/managing/articles/0,15114,487500,00.html

Furnham, A. (2005) *The Psychology of Behaviour at Work. The Individual in the Organization*. (2nd ed). Hove: Taylor & Francis.

Glendon, I., Clarke, S. and McKenna, E. (2006) *Human Safety and Risk Management*. (2nd ed.) London: Taylor & Francis.

Hackman, J.R. and Walton, R.E. (1986) Leading groups in organisations. In Goodman and Associates (eds.) *Designing Effective Work Groups* (pp. 72-119). San Francisco: Jossey-Bass, .

Hersey, P. and Blanchard, K.H. (1977) *The Management of Organisational Behaviour* (3rd ed.). Upper Saddle River, NJ: Prentice Hall.

Hersey, P., Blanchard, K.H. and Johnson, D.E. (2000) *The Management of Organisational Behaviour* (8th ed.). Upper Saddle River, NJ: Prentice Hall.

Hofmann, D. and Morgeson, F. (2004) The role of leadership in safety. In J. Barling and M. Frone (eds.) *The Psychology of Workplace Safety*. Washington: APA Books.

Hollander, E. (1993) Legitimacy, power, and influence: A perspective on relational features of leadership. In M. Chemers and R. Ayman (eds.) *Leadership Theory and Research. Perspectives and Directions* (pp. 29–47). San Diego: Academic Press.

Hollander, E.P. and Offerman, L.R. (1997) *KLSP: The Balance of Leadership and Followership*. Maryland: Academy of Leadership Press.

Howell, J. and Avolio, B. (1993) Transformational leadership, transactional leadership, locus of control, and support for innovation: Key predictors of consolidated business unit performance. *Journal of Applied Psychology*, 78, 891–902.

Klein, K.J., Ziegert, J.C., Knight, A.P. and Xiao, Y. (2006) Dynamic delegation: Shared, hierarchical and deindividualised leadership in extreme action teams. *Administrative Science Quarterly*, 51, 590–621.

Kozlowski, S.W.J., Gully, S.M., Salas, E. and Cannon-Bowers, J. (1996) Team leadership and development: Theory, principles, and guidelines for training leaders and teams. In M. Beyerlein, S. Beyerlein and D. Johnson (eds.) *Advances in Interdisciplinary Studies of Work Teams: Team leadership*. Volume 3. Greenwich, CT: JAI, 253–292.

Lewin, K., Lippett, R. and White, R. (1939) Patterns of aggressive behavior in experimentally created 'social climates'. *Journal of Social Psychology*, 10, 271–299.

McGrath, J.E. (1962) *Leadership Behavior: Requirements for Leadership Training*. Washington, DC: US Civil Service Commission Office of Career Development.

Meindl, J.R., Ehrlich, S.B. and Dukerich, J.M. (1985) The romance of leadership. *Administrative Science Quarterly*, 30, 78–102.

Northouse, P. (2006) *Leadership: Theory and Practice*. (4th ed.) London: Sage.

Oser, R.L., Prince, C., Morgan, B.B. and Simpson, S.S. (1991) *An analysis of Aircrew Communication Patterns and Content*. Technical report 90-009. Orlando, FL: Human Factors Division, Naval Training Systems Center.

Osman, L. Adie, W. and Cairns, J. (2003) *Attitudes to Safety Culture among Professional Divers And Offshore Workers*. Suffolk, UK: HSE Books.

Sadler, P. (1997) *Leadership*. London: Kogan Page.

Salas, E. and Cannon-Bowers, J.A. (1997) The anatomy of team training. In L. Tobias and D. Fletcher (eds.) *Handbook on Research in Training*. New York: Macmillan.

Salas, E., Burke, C.S. and Stagl, K.C. (2004) Developing teams and team leaders:

Strategies and principles. In D. Day, S. Zaccaro and S.M. Halpin (eds.) *Leader Development for Transforming Organizations. Growing Leaders for Tomorrow*. Mahwah, NJ: Lawrence Erlbaum.

Salas, E., Cannon-Bowers, J. and Weaver, J. (2002) Command and control teams: Principles for training and assessment. In R. Flin and K. Arbuthnot (eds.) *Incident Command: Tales from the Hot Seat*. Aldershot: Ashgate.

Sefton, A. (1992, April) Introduction to the first offshore installation management conference: Emergency command, Aberdeen.

Shackleton, E. (2001) *South!: The story of Shackleton's Last Expedition 1914-1917*. Santa Barbara, CA: Narrative Press.

Shamir, B., House, R. and Arthur, M.B. (1993) The motivational effects of charismatic leadership: A self-concept based theory. *Organisational Science*, 4, 387-409.

Step Change in Safety (2006) http://stepchangeinsafety.net/stepchange.

Stodgill, R. (1948) Personal factors associated with leadership: A review of the literature. *Journal of Psychology*, 24, 35-71.

Thompson, R.C., Hilton, T.F. and Witt, L.A. (1998) Where the safety rubber meets the shopfloor: A confirmatory model of management influence on workplace safety. *Journal of Safety Research*, 29, 15-24.

Ullman, M. (1994) A funny thing happened to me on the way to the forum. In Collected Papers of the Third Offshore Installation management conference, Robert Gordon University, Aberdeen, April.

Useem, M., Cook, J. and Sutton, L. (2005) Developing leaders for decision making under stress: Wildland firefighters in the South Canyon fire and its aftermath. *Academy of Management Learning and Education*, 4, 461-485.

Vroom, V.H. and Yetton, P.W. (1973) *Leadership and Decision Making*. Pittsburgh: University of Pittsburgh Press.

West, M. (2004) *Effective Teamwork. Practical Lessons from Organizational Research*. (2nd ed). Oxford: BPS Blackwell.

Wiener, E., Kanki, B. and Helmreich, R. (1993) *Cockpit Resource Management*. San Diego: Academic Press.

Yukl, G. (2005) *Leadership in Organisations* (6th ed.). Upper Saddle River, NJ: Prentice-Hall International.

Yule, S., Flin, R., Paterson-Brown, S., Maran, N. and Rowley, D. (2006) Development of a rating system for surgeons' non-technical skills. *Medical Education*, 40, 1098-

1104.

Zaccaro, S.J., Rittman, A.L. and Marks, M.A. (2001) Team leadership. *The Leadership Quarterly*, 12, 451–483.

Zohar, D. (2003) The influence of leadership and climate on occupational health and safety. In D. Hofman and L. Tetrick (eds.) *Health and Safety in Organizations: A Multilevel Perspective* (pp. 201–230). San Francisco, CA: Jossey-Bass.

Chapter 07

스트레스 관리

7.1 소개

대부분의 사람들은 스트레스를 받는 것이 어떤 기분인지 알고 있다. 스트레스에 대한 다양한 정의들이 존재한다. 스트레스는 기계학, 공학, 언어학 또는 심리학 상의 의미가 있다. 스트레스 연구자들에 의해 가장 널리 인정되는 심리적 스트레스의 정의 중 하나는 Lazarus and Folkman(1984)의 것이다. 그들은 스트레스를 '인간과 환경간의 특정한 관계로, 자신의 자원(능력)에 부담이 크거나 초과하여, 자신의 복리(Well-being)를 위태롭게 하는 것'이라고 정의한다(p. 19). 마찬가지로, 영국의 보건안전행정부(HSE)는 스트레스를 '과도한 압력 또는 기타 유형의 과도한 요구에 대한 사람들의 부정적 반응'으로 정의한다(HSE, 2005a).

고위험성의 업무환경에서는 스트레스가 급성 및 만성적인 영향을 미칠 수 있다. 흔히 비상사태 스트레스 또는 중대사건 스트레스로 알려진 급성스트레스는 갑작스럽고, 새로우며, 강도가 높고 지속기간은 비교적 짧다. 그것은 목표지향의 합리적 행동을 저해하고 즉각적인 대응(Proximate response)을 요구한다(Salas et al., 1996). 급성스트레스는 갑자기 생명을 위협하는 사건이나 외상을 입는 장면을 보거나, 뚜렷한 신체적, 심리적 반응을 경험했을 때 극도로 심한 스트레스가 올 수 있다(Flin, 1996a). 인간의 급성스트레스 반응은 전형적인 동물들의 싸움, 도주, 거동정지(항복) 반응과 관련이 있을 수 있다(Cannon, 1929).

만성스트레스는 보통 장기간에 걸쳐 직장 내의 상황이나 그에 대한 개인의 반응과 관련이 있다. Baum et al.(1993)은 만성스트레스를 '지속적인 부정적 경험이나 위협의 노출 또는 과도한 요구'로 정의한다(p. 274). 점점 더 첨단화되고 복잡한 세상에서 스트레스 정도는 증가하고 있고 만성적인 스트레스가 수많은 직장에서 만연하고 있다. 은행의 사무원, 원자력 발전소의 제어실 운전자, 또는 외국에서 거리를 순찰하는 군인도 만성적인 스트레스에 대처해야 한다. 그러나 고위험 산업에서 일하는 개인은 단기간의 극심한 스트레스 하에서도 효과적으로 기능할 수 있어야 하며, 극단적인 압박과 요구에 따라 안전을 좌우하는 중요한 결정을 내려야 할 수도 있다. 따라서 만성스트레스와 급성스트레스를 이해하는 것은 직무수행을 유지하거나, 개선하는데 중요하다.

스트레스는 사고가 관여되는 안전상의 최종결과와 직결되어 있다(Cooper and Clarke, 2003). 그러므로 자기 자신과 다른 사람들의 스트레스를 인식하고 관리하는 능력은 중요한 비기술적 역량이다. 이 장에서는 스트레스 이론을 제시하고 이어서 만성스트레스와 급성스트레스에 대한 논의가 뒤따른다. 또한 이 두 가지 유형의 스트레스에 대하여 원인, 증상, 영향을 특정하는 역량 및 스트레스에 대응하는 방법을 서술한다. 스트레스에 대처하는 기본 요소는 표 7.1과 같다.

표 7.1 스트레스 관리요소

구분	요소
스트레스 관리	원인 파악 증상 및 영향인식 대응전략 실행

7.2 스트레스 이론

스트레스 이론은 환경에 대한 인간의 스트레스 반응에서 개인적 판단의 역할을 강조하는 경향이 있다(Cooper et al., 2001). 이러한 스트레스의 이론적 모델은 균형 메커니즘으로 묘사할 수 있다(그림 7.1 참조). '요구', 즉 스트레서(Stressor)는 스트레스의 원인이 되는 것이다. 이는 단일상황(예: 직장에서 특정 마감시간을 준수하는 일)이거나, 또는 지속적인 상황(예: 과도한 작업압력)일 수도 있다. '자원(능력)'은 과거의 훈련, 경험, 역량과 같은 요구를 해결하기 위한 개인의 수단이다. 균형 메커니즘에 영향을 미치는 또 다른 측면은 개인의 매개체(Mediating) 요인이다(예: 성격, 건강, 대처전략 및 사회적 지원). 매개체는 개인이 경험하는 스트레스 효과를 줄이거나 악화시킬 수 있다.

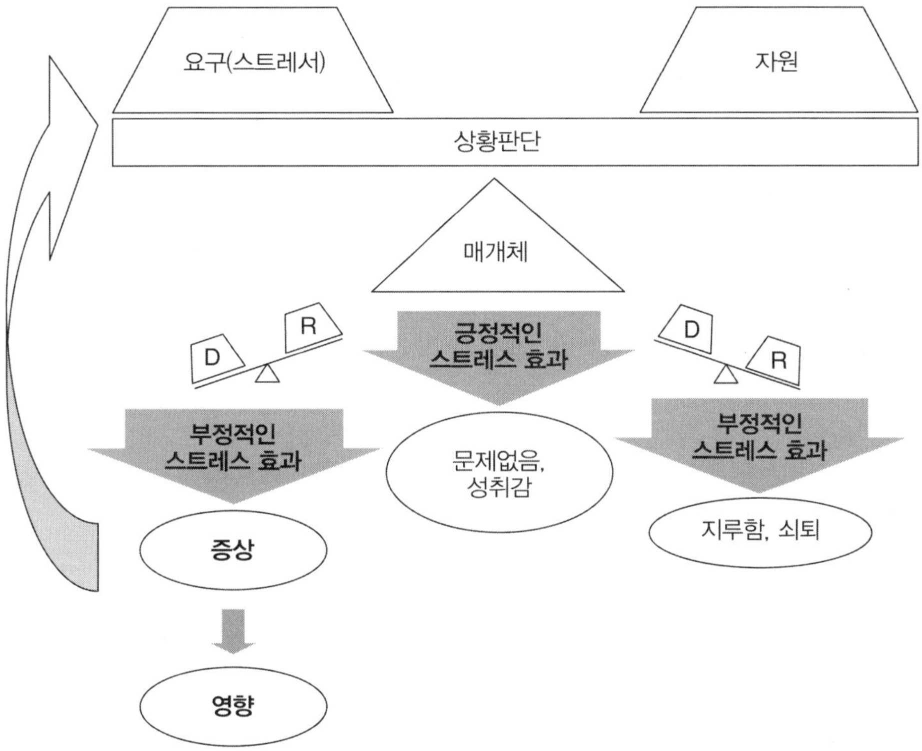

그림 7.1 스트레스 균형모델(based on Cox, 1993)

이 모델에서 중요한 것은 상황판단의 역할이다. 그림 7.1에서 이용 가능한 자원이 요구사항과 균형이 알맞다고 판단될 때, 개인은 스스로 무엇이든 할 수 있고 편안함을 느낄 수 있다. 또한 이 균형상태에서는 약간의 요구가 증가하면 실제로 동기부여나 수행을 증가시킬 수 있으며, 약한 수준의 압박은 수행에 유익한 영향을 미칠 수 있기 때문이다. 그러나 개인의 자원이 요구를 훨씬 초과하는 경우에는 '(능력)쇠퇴' 해지거나 지루함을 경험할 수 있다. 우리가 지루하지 않고 의욕을 갖기 위해서는 어느 정도의 요구가 필요하다(그림 7.1 참조). 그러나 이번 장의 목적상, 스트레스라는 용어는 부정적이고 불쾌한 영향을 나타내는 것으로 간주된다. 스트레스 요인이 요구에 대처하기 위해 감지된 자원보다 훨씬 초과하는 경우, 스트레스 반응이 일어나기 시작한다. 처음에 일어나는 반응은 증상이나 스트레스로 이어진다. 이러한 반응은 복잡하고 상호간 작용하는 다수의 반응 패키지로서, 행동, 감정, 신체(물리적) 및 사고(인지적)의 각 방면으로 영향이 나타난다. 그리고 이러한 반응들은 그 상황에 대한 개인의 평가에 영향을 준다. 마지막으로, 이 증상은 개인, 팀, 조직의 수행과 건강에 해로운 효과를 미치는 '영향'이나 질병으로 이어진다.

요구된 사항과 그것에 대처하는 자신의 자원에 대한 인식이 결정적으로 중요하다는 것이 강조되어야 한다. 요구사항 또는 자원의 절대적 수준은 그다지 중요하지 않은 것으로 보인다(Cox, 1985). 오히려, 요구사항에 대한 개인의 인식과 대처능력 간 존재하는 불일치가 중요한 것이다. 결론적으로, 사건에 직면한 한 비상대응 팀원은 침착하고, 자신감 있으며 완전히 대처할 수 있는 반면, 동일한 상황에 처한 다른 팀원은 불편하고, 짜증내며 상황파악에 실패할 수 있다(Flin, 1996a).

7.3 만성스트레스

만성스트레스는 직장에서 작업자가 장기간에 걸쳐 스트레스 요인(또는 요구)에 어떻게 반응하는지와 관련이 있다. 선진국에서는 업무와 관련된 스트레스는 직원의 건강과 그 조직의 건전함에 가장 큰 문제 중 하나이다(Cox et al., 2002). 유럽연합 회원국을 대상으로 실시한 조사에 따르면 직원의 28%(약 4,100만명)가 스트레스 관련 질병 또는 건강상의 문제를 보고한 것으로 나타났다(European Foundation for the Improvement of Working Conditions, 2000). 또한 의료분야 종사자들은 만성스트레스에 가장 위험한 것으로 확인된 그룹 중 하나이다(Houtman, 2005).

영국 Bristol 지역의 8천명을 대상으로 한 조사에 따르면, 다섯 명 중 한명은 직장에서 강한 스트레스 또는 극도의 스트레스를 받는다고 보고되었다(Smith et al., 2000). 영국에서는 스트레스가 노동 관련된 건강문제 중 두 번째로 많이 보고되고 있고(HSE, 2005b), 2004~2005년간 스트레스, 우울증 및 신경불안이 약 1280만 일의 휴업재해일수를 초래하였다고 추정했다(HSE, 2005c). 미국에서는 스트레스 관련 질환을 앓고 있는 작업자들의 휴업일수가 평균 25일인데 비해, 직장 내 비치사성(Non-fatal) 부상에 따른 휴업일수는 평균 6일이다(NIOSH, 2004). 또한 NIOSH(미국노동안전위생연구소)는 Northwestern National Life사에서 실시한 설문조사를 인용하여 응답자의 40%가 그들의 일이 강한 또는 극도의 스트레스가 많다고 하였다. 예일대학의 연구에서는 29%의 응답자가 직장에서 '상당히' 또는 '극심한' 스트레스를 받는다고 응답했다(NIOSH, 1999).

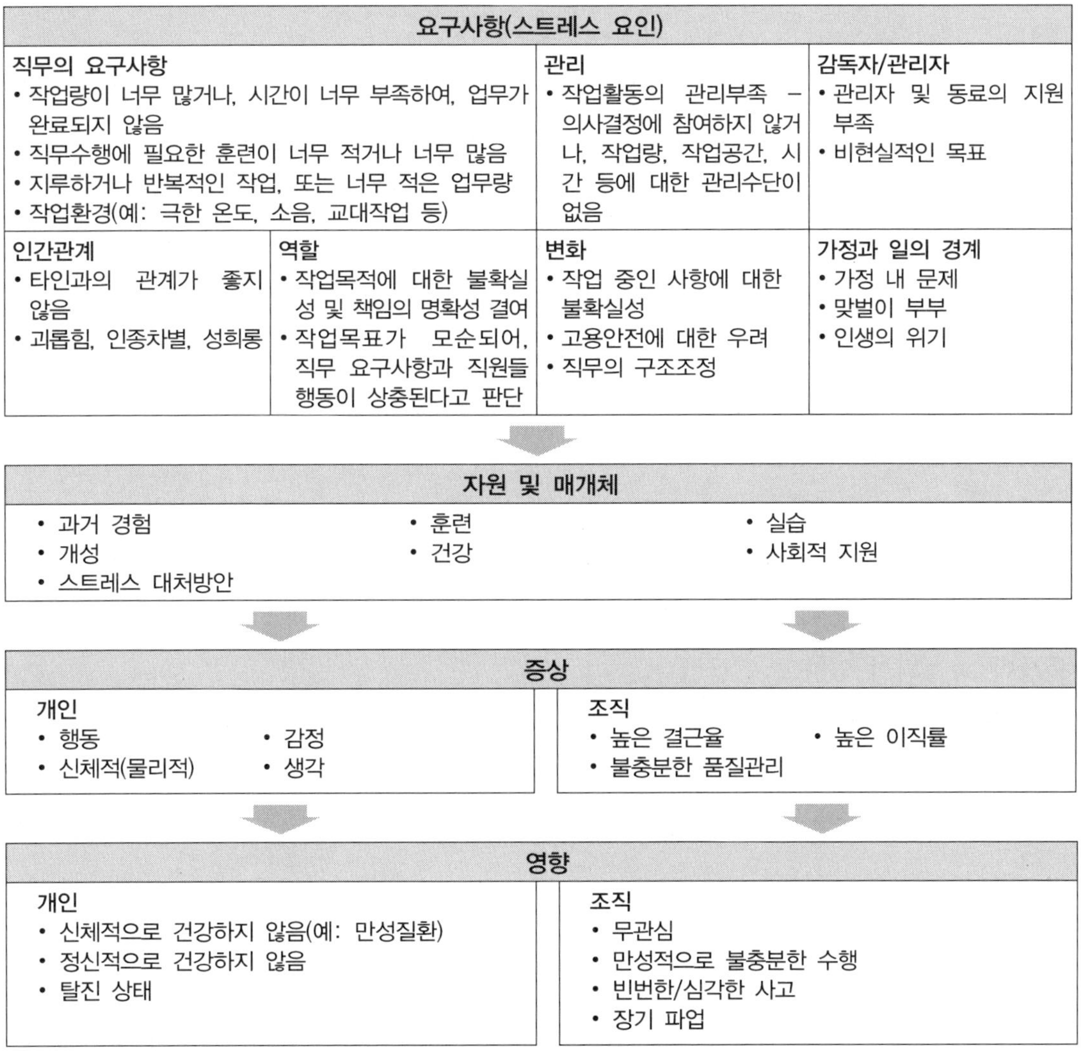

그림 7.2 만성스트레스 모델

(Cooper et al., 1988, 근무 중 스트레스 모델의 일부변경)

만성스트레스 요인

연구원들은 직장 스트레스나 스트레스 요인을 여러 분류방법으로 나누었다. 그림 7.2에 나타낸 것처럼 6개의 카테고리가 직장의 스트레스 요인으로써 영국의 안전위생청에 의해 특정되었다(UK HSE, 2005c).

직무 요구사항에는 작업부하, 교대근무 패턴 및 작업환경과 같은 문제가 포함된다. 소음, 온도, 위해요소 및 기타 작업조건은 신체적 및 정신적 불편을 야기할 수 있다. 많은 연구결과에 따르면, 작업량이 증가하면 수행이 저하되는 것으로 나타났다(Morgan and Bowers, 1995). 소음과 같은 환경조건도 스트레스 요인으로 밝혀졌다(Smith, 1991).

관리수단의 결여는 한 개인이 일을 하는 방식에 있어서 관리할 수 있는 정도와 관련이 있다. 스트레스의 유력한 모델 중 하나(Karasek and Theorell, 1990)는 직무 요구사항과 그에 대해 수행할 수 있는 관리수단의 양과의 관계가 가장 중요하다고 제안한다. Schnal et al.(1994)의 문헌조사에서 24건의 논문 중 17건이 직무 관리수단이 거의 없는 것과 심혈관질환 사이에 중대한 연관성이 있는 것을 확인했다.

타인과의 관계는 직장동료들의 따돌림, 괴롭힘, 기타 타인과의 좋지 않은 관계와 관련이 있다. 직장 내 따돌림은 병원직원의 병가(Absenteeism) 증가와 관련이 있는 것으로 밝혀졌다(Kivimaki et al., 2000).

변화는 조직 내에 있어서 조직의 변화가 어떻게 관리되고 소통되는지와 관련이 있다. Little et al.(1990)은 불안정한 항공회사에서 근무했던 경험이 있는 조종사들이 안정적인 기업에 고용되었던 조종사들보다 훨씬 더 많은 스트레스와 우울증 증상, 그 증상이 축적되어 있다고 언급했다.

역할(Role)은 직원이 조직에서 수행하는 역할을 얼마나 잘 이해하고 있는지, 상충하는 복수의 역할을 동시에 수행하지는 않는지 여부와 관련이 있다. Kahn et al.(1964)은 역할의 모호함으로 고통 받는 작업자들이 직무관련 스트레스의 발생빈도가 더 높다는 것을 알아냈다.

감독자와 관리자는 스트레스의 근원으로 인식된다. Hogan et al.(1994)은 미국의 60~70% 작업자는 직속상관을 업무에서 가장 스트레스가 많은 부분으로 생각한다고 밝혔다. 개인에 대한 지원부족은 동료, 관리자 및 외부인도 포함되며, 이러한 것은 종종 매개체가 된다. De Longis et al.(1988)은 사회적 지원이 적은 개인들은 스트레스가 증가함에 따라 질병과 정서에 취약하고, 일반적으로 스트레스를 거의 받지 않더라도 마찬가지였음을 발견했다.

가정과 일의 경계도, 특히 시간배분의 측면에서 보면, 스트레스 요인이 될 수 있다. 일부 유럽국가에서는 결혼한 여성의 거의 70%가 일을 하고 있고, 40%의 여성이 취학 전 아동이 있으며, 맞벌이 부부가 점점 더 일반화 되어가고 있다(Cooper and Cartwright, 2001). 사람들은 직장에 가서도 그들의 개인적인 삶에서 받는 스트레스 요인들(예: 배우자와 안 좋은 관계, 갓 태어난 아이, 병든 부모 등)에 대해 단순하게 잊을 수는 없다. Holmes and Rale(1967)는 생활을 변화시키는 43개 항목의 상황들에 각각 생활변화지수(Life change units)를 부여하여 목록으로 구성한 사회적 재적응평가척도(Social Readjustment Scale)를 개발했다. 이 척도를 이용하여 이직, 이사, 가족 사망 등과 같은 상황의 결과로 개인이 경험하는 스트레스 수준을 정량적으로 평가하는 것이 가능하다.

그러나 위의 스트레스 요인 항목이 일체의 상황을 상정할 수는 없다. 모든 직장에는 그들만의 독자적인 스트레스 요인들이 있을 것이다. 가령, 해양석유생산 플랫폼 작업에는 아마도 다른 작업장에서는 공유되지 않는 스트레스 요인(예: 외딴 장소, 가족과 친구의 부재, 교대근무 패턴, 사회적 밀집생활 및 헬리콥터 출퇴근 등; Flin, 1996b)이 있다. 특정 작업장의 스트레스 원인을 측정하기 위해 사용할 수 있는 설문지가 있다(아래 참조).

자원 및 매개체(Mediators)

매개체 요인은 그것들을 통하여 스트레스 요인의 영향이 증폭되거나 감소되는 '렌즈'이다. 이 요인들은 감지된 스트레스 요인에 대처하는 개인의 능력에 영향을 미침으로써 스트레스의 원인과 결과와의 관계를 완화시킨다.

과거의 경험, 훈련, 실무 어떤 사람이 직무를 수행하기 위해 적절한 훈련을 받고, 이전부터 효과적으로 직무를 수행한 실적이 있다면, 경험이 적거나 훈련을 제대로 받지 못한 사람보다 스트레스 증상을 덜 겪게 된다. 또한 과거에 직무를 효과적으로 수행하지 못한 사람은 다음에 동일 업무를 수행할 때 성공적으로 수행했던 사람보다 스트레스 증상을 겪을 가능성이 더 높다. 따라서 직원들은 업무수행에 필요한 적절한 훈련을 받고 경험을 쌓아야 한다.

개성 직업성 스트레스 연구는 사람들이 어떻게 경험하고 스트레스에 반응하는지에 있어서는 뚜렷한 개인차이가 있다는 것을 반복적으로 보여 주었다. 스트레스 경험에 있어 매개체역할로써 개성의 영향에 대한 연구결과는 명확하지 않다. 그러나 일부 연구에서 개성은 스트레스 반응에 영향을 미치는 것으로 밝혀졌으며, 아래에 요약되어 있는 바와 같이 세 가지 측면이 있다.

- 심리적 강인성(Psychological hardness)은 자신이 상황에 영향을 미치는 능력에 대한 확신, 자신의 활동에 전념하거나 완전히 참여하는 것, 그리고 긍정적인 변화의 관점을 갖는 것을 포함한다. Kobasa et al.(1982)은 강인한 경영진은 그렇지 않은 개인보다 스트레스의 악영향을 덜 받는다고 밝혔다. 더구나, 강인함과 운동량이 많은 사람들은 그중 한 가지만 하는 사람들보다 건강했다.
- 환자의 개성과 심장질환에 대한 30년 전의 연구에 따르면, 환자는 두 가지 기본적인 유형이 있다고 제안했다.
  - A 유형은 경쟁적이고, 열심히 일하고, 시간 중심적이고, 성취지향적이며, 성급한 경향이 있다.
  - 대조적으로, B 유형은 좀 더 느긋하고, 인내심이 있고 여유가 있다. A형 성격은 일상적인 스트레스, 긴장, 분노, 야망과 밀접한 관계가 있는 것으로 밝혀졌다(Haynes et al., 1978). 북해해양유전시설 작업자를 대상으로 한 연구에 따르면 A형인 사람들은 B형인 사람들보다 스트레스를 더 많이 경험하는 것으로 나타났다(Flin, 1996b). 비록 그렇다고 해도, A형의 성격이 심장질환의 위험증가와 연관되어 있다는 가설은 입증되지 않았지만, A 유형의 적대감과 분노라는 요인이 심장질환과 연관될 수 있는 가능성의 증거는 있다(Geipert, 2007).
- 신경증적 경향(Neuroticism)은 정서적으로 부정적인 상태의 경험이 지속되는 개인성향으로 정의될 수 있다. 신경증적 경향이 낮은 것은 스트레스를 받았을 때 좋은 대처역량, 양호한 정신건강, 정서적 안정성 및 스트레스에 대한 저항력을 불러온다. 반면에, 신경증적 경향이 높은 사람들은 정서적으로 더 불안정하고, 고통 받기 쉬우며 스트레스를 받는 상황에 '갇혀 있을' 가능성이 더 높다. Gunthert

et al.(1999)은 신경증적 경향이 낮은 대학생들과 비교했을 때, 그 경향이 높은 대학생들이 대인관계에서 스트레스를 더 많이 받고 있었으며, 스트레스 요인에 대응하는 데 더 많이 힘들어한다는 것을 발견했다.

건강 심신이 건강하고 전반적인 웰빙 또한 스트레스에 대항할 수 있는 유력한 매개체이다. 권태감, 영양상태, 감기·인플루엔자 등의 증상이 스트레스에 대해 민감한 영향을 준다는 것은 잘 알려져 있다. 따라서 좋은 식습관, 운동 그리고 충분한 수면은 스트레스 해소에 효과적인 매개요인이다(제8장 참조). Kobasa et al.(1982)의 경영진에 대한 연구에서 운동이 스트레스에 대처하는 능력을 증가시키는 것으로 나타났다.

사회적 지원 직무상 받는 스트레스에 관한 대부분의 모델에서 사회적 지원은 매개요인의 변수가 된다. 이러한 지원은 친구, 가족, 직장동료 또는 전문상담가로부터 받을 수 있다. Boyle(1997)은 대다수의 구급의료진은 배우자의 이해와 협력 없이는 직무를 수행하기가 어렵다는 것을 인정했다고 밝혔다. La Rocco and Jones(1978)는 동료들의 지원이 구급의료진의 스트레스를 줄이는 일차적인 사회적 지원이라는 조사결과를 발표했다.

대처방법 사람들이 스트레스를 경험하는 정도는 그들의 대처방법에 따라 다르다. 대처방법에는 문제집중형(Problem-focused)과 감정집중형(Emotion-focused)의 두 가지 방법이 있다.

문제집중형 방법은 '문제의 정체를 정의하고, 복수의 해결방안을 만들며, 비용과 편익의 관점에서 해결방안을 평가하고, 그중에서 선택하여 행동하는 노력'으로 정의할 수 있다(Lazarus and Folkman, 1984: 156). Carver et al.(1989)은 문제집중형 대처방법으로써 6가지 유형의 예를 들었다.

- 능동적 대처 : 스트레스요인 해결을 위한 적극적인 조치 취하기
- 계획 : 스트레스요인에 대처하는 방법에 대한 생각
- 경합활동 억제 : 스트레스요인에 대처하는 데 집중하기 위해 다른 업무나 상황을

미룸

- 자제력 관리 : 적절한 행동기회를 기다림
- 협조와 수단을 얻기 위한 사회적 지원 추구 : 자문, 지원, 정보 추구
- 정서적 동기를 얻기 위한 사회적 지원 추구 : 도덕적 지원, 공감, 이해 추구

감정집중형 방법은 스트레스 요인에 의해 유발되는 부정적인 감정을 줄이거나 관리하는 것을 목표로 한다. Carver et al.(1989)은 다음과 같은 7가지 유형의 대처방법을 발표했다.

- 감정발산에 초점 : 고통이나 혼란에 초점을 맞추고 그러한 감정을 발산하는 경향
- 행동이탈 : 스트레스 요인을 해결하기 위한 노력을 감소
- 정신이탈 : 스트레스 요인을 잊기 위해 다른 활동에 신경을 씀
- 긍정적인 재해석과 성장 : 스트레스 요인 자체에 대한 대처보다, 괴로운 감정 관리에 초점을 맞춤
- 거부 : 스트레스 요인이 존재한다는 사실을 인정하지 않음
- 수용 : 스트레스 요인이 존재한다는 것을 인정
- 종교적 의존 : 스트레스를 받을 때 종교에 의존하는 경향

일반적으로, 문제집중형 방법은 스트레스를 경감하기 위해 상황의 특징을 바꾸는 현실적인 전망이 있을 때 가장 효과적이며, 감정집중형 방법은 단기간의 전략으로써 더 유용할 수도 있다. 예를 들어, 미해군 조종사들은 비행시 스트레스 요인이 되는 것을 분류할 것을 권장한다(가령, 비행 전 배우자와 싸우고 왔다면, 비행 중에는 그 생각을 해서는 안된다). 그러나 장기적으로 볼 때 이 방법의 위험성은 시간이 지나도 스트레스 요인이 실제로 언급되지 않을 수 있다는 것이다. 감정집중형 방법은 또한 문제집중형 방법을 수행하기 전에 사람의 흥분수준을 낮추는 데 도움이 될 수 있으며, 문제집중형 방법의 여지가 거의 없을 때 사람들에게 도움이 된다(예: 배우자 사망).

만성스트레스 증상

영국이나 많은 나라에서는 직원들이 과로로 인해 병에 걸리지 않도록 확보하는 것

이 법적인 고용주의 의무이다(HSE, 2000). 동료가 만성스트레스를 겪고 있는지를 확인할 수 있는 방법은 간단하지 않다. 종종 사람들은 자신이나 다른 사람들이 고통을 겪고 있다는 것을 인정하고 싶지 않을 수도 있고, 또는 그들이 만성적인 스트레스로 고통 받고 있다는 것을 모를 수도 있다. 이는 문제가 일찍 발견된 경우보다 훨씬 치명적인 결과를 초래할 수 있다. 그러므로 스트레스를 관리하는 중요한 요소는 자신과 다른 사람들의 스트레스 증상을 확인할 수 있어야 하는 것이다.

동료 중 누군가 자신들이 만성스트레스로 고통 받고 있다고 말하지 않는 한, 가장 분명한 징후는 통상의 행동변화이다. 만약 동료가 늘 심술을 부린다고, 이것이 만성스트레스를 겪고 있다는 것은 아니다. 하지만, 만약 외향적이고 행복한 동료가 편협하고 우울해졌다면, 이것은 만성적인 스트레스로 고통 받고 있다는 지표가 될 수 있다.

개인의 증상

만성스트레스 지표를 행동(Behavioural), 감정(Emotional), 신체(Somatic), 사고(Thinking)의 4가지 카테고리로 분류할 수 있다. 이 구분을 쉽게 기억할 수 있도록 'BEST'라는 약자를 사용하며, 상세한 증상을 아래에 서술한다.

B: **행동지표**(Behavioural indicators). 스트레스가 행동에 미치는 영향은 일반적으로 직장동료들이 가장 쉽게 알 수 있다. 행동에 나타나는 영향을 망라한 리스트는 없지만, 판정에 사용하는 특징은 개인의 정상적인 행동으로부터의 변화이다(표 7.2 참조. Flin, 1996b). 예를 들어, 조용한 작업자가 화를 잘 내거나, 깔끔한 외모를 가진 동료가 외모에 더 이상 신경을 쓰지 않는 것들이 있다. 행동변화는 미묘할 수 있기 때문에(팀원이 자신의 일을 적절히 수행하지 않는다는 다른 징후가 있을 수도 있지만), 리더가 팀원을 이해하고 잘 알고 있을수록 팀원의 행동변화를 더 잘 알아차릴 수 있다.

표 7.2 만성스트레스의 행동지표

· 결근	· 무관심
· 약물 남용(예: 음주, 흡연 증가)	· 생산성 저하
· 적대적 행동	· 주의산만
	· 부주의한 실수

E: **감정지표**(Emotional indicators). 여러 가지 감정반응은 스트레스 반응의 일부로 발생할 수 있다(표 7.3 참조). 감정적 지표는 우려와 불안감으로 인하여 짜증을 내거나 우울하게 되어 감정제어의 상실로 이어진다.

표 7.3 만성스트레스의 감정지표

· 불안감, 절망감	· 우울증
· 냉소, 분개	· 과민성

S: **신체(물리적)지표**(Somatic(physical) indicators). 행동지표와 마찬가지로, 만성스트레스의 신체적 영향 및 관련 증상은 다른 사람이 쉽게 알 수 없다. 스트레스의 물리적 지표는 본인이 감추는 경우가 많으며, 스트레스를 이겨내기 위해 장기적으로 자기치료를 했을 수도 있다. 또한 스트레스를 받는 본인은 이러한 현상이 스트레스요인 때문이라는 것을 인식하지 못하거나, 스트레스요인 때문이라고 인정하기를 싫어 할 수도 있다(표 7.4 참조). 가벼운 건강문제를 자주 겪는 사람들은 만성적인 스트레스를 받고 있을 수도 있다. 스트레스는 신체건강상태의 발생빈도와 심각성에 대한 강력한 예측변수인 것으로 밝혀졌다(Wyler et al., 1968).

표 7.4 만성스트레스의 신체지표

· 신체적 외모의 저하	· 두통, 흉통, 위통 같은 건강상 불만
· 만성피로	· 잦은 감염

T: **사고(인지)지표**(Thinking(cognitive) indicators). 급성스트레스와 마찬가지로, 인지 또는 생각과 같은 만성스트레스 지표는 의사결정력 저하와 집중력의 어려움을 초래할 수 있다(표 7.5 참조). 이것은 특히 사고능력에 따라 안전한 수행이 좌우되는 직업을 가진 사람들에게 해당된다.

표 7.5 만성스트레스의 사고지표

· 집중력 부족	· 의사결정 장해
· 주의력 저하	· 계획 실패
· 기억력 감소	

조직지표

Cox(1993)는 만약 그룹(부서 또는 조직) 작업자 중 40%가 스트레스와 관련된 어려움을 겪고 있다면, 그 그룹이나 조직은 스트레스 증상을 드러낼 수 있다는 의견을 제시했다. Columbia 우주왕복선 참사로 이어지는 스트레스의 조직지표는 사례 7.1에 서술한다.

표 7.6 만성스트레스의 조직지표

· 높은 직원 이직률	· 고객 불만사항 증가
· 결근	· 직원 보상청구 증가
· 근무시간엄수 결여	· 사고위기와 사고의 증가
· 생산성 감소	

사례 7.1 | 만성스트레스의 영향: Columbia 우주왕복선 참사

콜롬비아호 STS-107은 2003년 1월 16일, 17일 간의 과학임무를 위해 이륙했다. 2003년 2월 1일, 대기권에 재돌입하면서 이륙 시 떨어진 단열발포재가 왼쪽날개 아래쪽에 충돌하여 발생한 틈으로 인하여 Columbia 궤도선은 비극적으로 파괴되었다. Kennedy 우주기지에 착륙하기 약 15분 전, 궤도선은 공중 분해되어 7명의 우주비행사가 사망했다.

콜롬비아 사고조사보고서 1권 제5장과 제6장에서, 만성적 스트레스 요인을 다수 확인할 수 있다(Columbia Accident Investigation Board, 2003).

업무 요구사항

- 야심찬 발사일정을 준수해야 한다는 압박감이 있었다. '그 문제를 제대로 해결할 수 있는 충분한 시간이 주어졌다고, 나는 확신하지 못했다.'(p.134)
- 항공관제사들도 자격인정 갱신요건을 완료할 시간이 없었다.
- 휴일에도 근무를 하고, 180일 이상 교대근무를 하고 있었다. 2001년에, 한 경험 많은 관찰자는 이 직원들에게 '소수의, 피곤한 사람들'이라고 표현했다(p.118).

관리

- 경영진은 우주정거장을 지원하기 위한 발사일정이 그다지 무리한 일정은 아니라고 했지만, 직원들은 동의하지 않았다.

변화

- 왕복선 교체시기에 대한 불확실함

- 1990년대 고용이 동결되면서 NASA인력이 25% 감소했다. '5년간의 조직통합과 인원감축은 심각한 기술 불균형과 과도한 업무를 초래했다. 많은 직원들이 떠남에 따라 남아 있는 직원들의 업무량과 스트레스는 증가했고, 이에 상응하는 운용능력과 안전성에 타격받을 가능성도 증가했다.'(p.110)
- 발사일정이 가까워질수록 요구사항도 많아졌다. 시스템에는 더 이상의 여유가 없었다.

역할

- 작업 목적에 대한 불확실성 및 책임의 명확성이 결여되었다.
- 모든 작업을 어떻게 완료해야 하는지에 대한 우려가 있었다. '나는 기술적 문제가 예산이나 일정 문제보다 우선시 한다고 생각 한다.'(p.134)

지원 및 개인

- 점점 더 무리한 발사일정을 맞추어야 한다는 경영진의 압력
- 휴일부족 및 높은 작업량으로 인한 피로
- NASA는 '할 수 있다(Can-do)'는 문화를 가지고 있었다. 아무도 목표를 달성할 수 없을 것이라고 말할 수 있는 분위기가 아니었다.

만성스트레스의 영향

일단 스트레스 증상이 나타나면, 장기간이 걸릴 수 있으며 때로는 질병으로 분류되기도 한다. Cooper et al.(1988)은 개인에게 영향을 미치는 질병과 조직 전체에 영향을 미치는 질병으로 구분했다.

개인

스트레스 관련 문제는 근골격계질환 다음으로 가장 일반적으로 보고되는 두 번째 직업적 질환이다(Rick et al., 2002). Cox(1993)는 다른 요인으로 인한 것일 수도 있지만 스트레스와 관련된 다양한 질병을 밝혔다. 그 질병군은 기관지염, 관상동맥 심장질환, 정신질환(예: 우울증), 갑상선질환, 피부질환, 류마티스 관절염 유형, 비만, 두통과 편두통, 궤양성 대장염, 당뇨병 등이 포함되어 있다.

스트레스로 인한 또 다른 영향은 탈진증후군(Burnout)이다. Maslach(1978)는 탈진증후군을 사람들과 관련된 반복된 감정적인 압력의 결과로 정의하고 감정의 고갈, 자아감 상실, 성취감 감소 등을 특징으로 든다.

조직

직업성 스트레스는 높은 수준의 결근율, 이직률, 직무수행 감소의 원인이 된다(HSE, 2005a).

스트레스를 겪고 있는 사람은 사고에 연루될 가능성이 더 높다는 증거도 있다(Cooper and Clarke, 2003). 예를 들어, 미군 조종사들에 대한 수많은 조사에는 경력에 대한 부담감, 재정적 어려움 그리고 대인관계 문제와 같은 스트레스요인을 항공기 사고와 연관시켰다(Alkov et al. 1980, 1982, 1985). Li et al.(2001)은 산업재해에 관여한 적이 있는 대만 석유화학 종사자와 그렇지 않은 작업자들의 반응을 비교했다. 사고를 경험한 집단은 사고를 경험하지 않은 집단보다 스트레스를 경험하고, 더 심한 반응을 보이는 것으로 밝혀졌다. 스트레스 관리능력을 통해 스트레스를 예방하거나 완화하려고 시도하며, 그 영향을 최소화 시키는 것이 중요하다.

7.4 예방

만성스트레스를 줄이기 위해 특정한 대응을 실행하기 전의 첫 번째 단계는 문제의 범위를 확인하는 것이다. 노동안전위생 규제당국의 대부분은 만성스트레스에 대한 위험관리 접근방식을 채용하도록 권고한다(예: HSE, 1998) . 건강 및 안전의 위험관리는 체계적이며, 증거기반의 문제해결을 채택하는 경향이 있다(Cox et al., 2002). 이 접근방식은 문제를 해결하기 전에 분석하고 이해하며, 그리고 위험평가가 되어야한다는 전제를 기초로 한다(그림 7.3 참조).

조직에 있어서 직원들에게 영향을 미치는 스트레스 요인을 식별하기 위하여, HSE는 현장의 스트레스 요인을 판단하기 위한 조사표를 개발했다. 이 지표는 그림 7.1에 나타낸 6개의 초기 스트레스 원인과 관련된 35항의 설문지이다. 이 도구와 사용안내 및 결과분석 안내는 HSE의 업무관련 스트레스 웹 사이트(www.hse.gov.uk/stress/index.htm)에서 무료로 제공되고 있다. 이 조사표는 조직과 관련된 스트레스 요인을 판단하는데 도움이 되며, 특히 높은 수준의 스트레스를 경험하는 특정 그룹을 구분할 수 있다. 그러나 이 조사표만을 유일하게 사용하여 조직 내 존재하고 있는 스트레스 요인을 측정하지 않는 것이 좋다. 조사표에서 얻은 결과는 직원과 논의하고, 질병발생률 및

위험 식별
(예 : HSE 스트레스 조사표 이용)

업무 관련된 스트레스 결과에 대한 정보수집
(예 : 질병률 및 결근율 데이터)

	1차	2차	3차
개인	위험요인을 줄이거나 스트레스 요인의 성질을 바꿈.	위험 및 스트레스 요인에 대한 개인수준의 대응 방식 변경.	직장에서 외상을 입거나 고통 받는 사람들을 치료함.
조직	위험을 제거하려면, 직원의 노출을 줄이거나, 직원에게 미치는 영향을 줄임.	스트레스 관련문제가 발생할 때 인지하고 처리하는 조직의 대처 능력을 개선한다.	업무에서 발생한 문제에 대처하고, 회복할 수 있도록 지원함.

개입대책의 효과를 평가한다.

그림 7.3 만성스트레스 관리 프로세스

직원이직률 등, 조직 내에서 이용 가능한 기타 데이터를 고려하여 조사가 수립되어야 한다.

일단 스트레스 요인이 확인되면, 다음 단계는 조직이 스트레스 수준을 줄이기 위한 조치를 취하는 것이다. 전통적으로, 만성스트레스 예방은 1차, 2차, 3차로 구성되는 3단계로 분류된다(그림 7.3 참조). 스트레스관리를 위한 개입(Interventions)은 스트레스를 받는 상황과 반응을 최소화하는데 개인과 조직의 참여를 위한 기본 틀을 제공한다. 개입은 개인이 수행할 수 있는 것과 조직이 수행할 수 있는 것으로 구분된다.

1차 예방

1차 예방은 작업환경에 내재된 스트레스의 원인을 수정하거나 제거하기 위한 조치를 조직이 취하는 것이다(Cooper and Cartwright, 2001).

〈1차 예방: 개인〉 개인은 스트레스의 영향을 받을 가능성을 줄이기 위해 자원과 매개요인을 증가시키려는 노력을 해야 한다. 개인으로써, 특정 업무나 일을 수행하는데 필요한 경험과 훈련을 보유하고, '안전지대(Comfort zone)'에서 너무 멀리 떨어져 일하지 않도록 해야 한다. 매개요인 부분에서 서술한 바와 같이, 스트레스 환경에서 일하는 개인들도 보다 적합한 수준을 유지하기 위해 노력해야 한다. 또한 고용주와 협력하여 현장의 스트레스요인을 감소시키거나 제거할 수 있도록 파악해야 한다.

〈1차 예방: 조직〉 Sauter et al.(1990)은 직업성 스트레스를 줄이기 위해 NIOSH가 권고한 여러 가지 사항을 서술하고 있다:

- **작업량과 작업현장**: 신체적, 심리적 요구사항은 과다하거나 과소하지 않게, 작업자가 이용할 수 있는 능력 및 자원과 동일해야 한다. 많은 작업량이 부과된 이후에는 회복할 수 있는 시간을 허용해야 한다.
- **작업일정**: 작업일정은 일 이외의 요구사항 및 책임과 부합해야 한다. 여기에는 근무시간 자율선택, 특정 주 집약근무 및 업무분배 등이 포함될 수 있다. 교대근무가 필요한 경우, 교대주기는 안정적이고 예측 가능해야 하며, 근무개시는 순방향(Forward direction)으로(주간에서 야간으로) 유지되어야 한다(자세한 내용은 제8장 참조).
- **작업의 역할**: 작업자의 역할과 책임을 명확하게 정의해야 한다. 직원들은 자신들의 업무에 대해 명확히 이해하고 있어야 하며, 업무에 기대되는 갈등은 피해야 한다.
- **업무의 미래**: 고용안정과 경력개발 기회에 관해 조직은 모호함을 줄이기 위한 시도를 해야 한다. 직원들은 기술을 향상시키거나 전문적으로 성장할 수 있는 기회나 방법에 관심을 갖고 있어야 한다.
- **사회적 환경**: 조직은 직원에게 지정된 업무를 달성하기 위해 필요한 정신적 지원이나 현실적 원조에 대하여, 개인의 상호작용을 위한 메커니즘을 제공해야 한다(예: 멘토링 프로그램, 팀 구성활동). 군대는 전투상황에서 정신적 지원을 강화하기 위해 '동료와 협력하기(Buddy-buddy)' 시스템을 광범위하게 활용하고, 긴급대

응구조대는 조직의 팀웍에 크게 의존하며, 이는 관련된 개인이 스트레스 요인에 노출되는 것의 매개역할을 한다(제5장 참조) (Flin, 1996a).

- **내용**: 업무는 의미, 자극, 역량발휘의 기회가 제공되도록 설계되어야 한다. 이러한 것을 달성하기 어려운 직무에 대해서는 작업을 교대하거나 일의 범위를 늘리는(범위확장 또는 내용심화·강화) 시도를 할 수 있다.
- **참여와 관리**: 개인은 그들의 일과 직무수행에 영향을 미치는 의사결정이나 행동에 참여할 기회가 주어져야 한다. 예를 들어, 제8장에서 서술하지만, 교대일정을 정하는 데에 근무자도 참여시킨다.

여러 가지 1차 개입기술의 효과를 상대적으로 평가하기는 어렵다. 이는 1차 개입을 평가하는 연구기관이 2, 3차 대응에 비교하여 훨씬 적기 때문이다. 그러나 1차 대응 수준의 개입전략에 대한 18건의 연구를 검토한 결과, 대부분의 직원들이 경험하는 하나 이상의 스트레스 요인(예: 과도한 작업량, 빈약한 상사-부하 간 의사소통, 엄격한 작업시간)에 대하여 초점을 맞춘 개입이, 요구된 업무량이나 관리사항 같은 보다 일반적인 업무특성에 초점을 맞추는 경우보다 더 효과적이다(Parker and Sparkes, 1998).

2차 예방

이 수준의 예방은 스트레스를 조기에 감지하고 관리하는 것과 관련이 있다. 일반적으로 스트레스 교육과 스트레스 대응훈련의 형태를 취한다.

〈2차 예방: 개인〉 개인은 자신과 다른 팀원들의 증상을 알아볼 수 있어야 하기 때문에, 스트레스 증상에 관심을 갖고 있어야 한다. 개인은 스트레스 요인에 대응할 대처전략을 검토하고, 직장의 스트레스요인을 해결하기 위해 문제 중심(Problem-focused)의 방법을 적용해야 한다(앞 절의 자원과 매개요인 참조). 또한 고용주가 제공하는 스트레스 대응훈련도 활용해야 한다.

〈2차 예방: 조직〉 Murphy(1996)는 64항의 직장 스트레스관리 연구를 검토했다. 그 결과 다양한 스트레스 관리기법이 이용되었다는 것을 알아냈다. 다음과 같은 기법들이 포함된다.

- **근육이완** : 이것은 특정순서로(일반적으로 하체에서 시작해서 얼굴, 복부, 가슴 근육으로 끝난다) 한 번에 하나의 근육 군을 긴장시키고(5-10초 동안) 이완시키는 것이다.
- **명상** : 이 목적은 마음, 감정, 신체를 고요한 상태로 가져가는 것이다.
- **생체자기제어** : 이것은 스트레스에 대한 생리적 반응을 제어하는 방법을 배우는 훈련기법이다(예: 심박수 증가, 근육 긴장).
- **인지행동적 스트레스관리** : 이것은 개인이 스트레스에 대한 사고방식을 바꾸는 것이다. 사람이 부정적이고 부정확한 생각을 한다는 것을 인식하도록 돕고, 이러한 생각에 대한 행동적 반응을 바꾸는 것이 목적이다.

Murphy(1996)에 따르면, 가장 일반적으로 사용된 방법은 근육이완, 인지행동기법, 그리고 두 가지이상 방법의 조합이며, 이것이 가장 긍정적인 결과도 나온다는 것을 발견했다. 일반적으로 이러한 기법의 조합이(예: 근육이완과 인지행동기법) 단일기법을 사용한 결과보다 더 효과적인 것으로 나타났다. 그러나 장기결근이나 직무만족 같은 결과와 관련하여, 조직차원에서 지속적으로 효과적인 스트레스 대응책은 존재하지 않았다.

3차 예방

3차 대응은 스트레스로 인한 건강악화로 고통을 받거나 고통 받고 있는 사람들을 치료, 재활, 회복하게 하는 것이다(Cooper and Cartwright, 2001). 이 수준의 개입은 업무나 개인적인 문제에 대한 상담서비스 제공을 포함하는 경향이 있다.

〈3차 예방: 개인〉 직원들은 스트레스의 정도가 너무 심해서 건강에 해로운 영향을 미치고 있으며 전문가의 도움까지 필요하다는 것을 인식하여야 한다. 만성스트레스의 원인, 증상, 영향에 대해 예비지식을 알고 있는 것은 스트레스 관련 문제들을 조기에 파악하는 데 도움이 된다. 이것은 빠른 시기에 전문가나 상담가를 방문하는 것으로 시작된다.

〈3차 예방: 조직〉 고용주는 사내 상담사, 또는 직원지원프로그램(Employee Assistance Programme: EAP)을 제공할 수 있다. 고용주는 1인당 연간요금을 EAP회사에 지불하고, 이에 대해 모든 직원의 비밀상담서비스(전화 또는 대면)를 제공하며, 때로는 직계가족에게도 제공한다. 미국에서 발행된 보고서에 따르면, 이러한 서비스의 투자수익률은 3:1에서 15:1 정도에 달한다(Cooper and Cartwright, 1994). 영국 우체국이 도입한 EAP의 평가에서는 직원의 정신건강과 자존감이 크게 향상되었고, 결근율은 약 60% 감소했다(Cooper and Sadri, 1991).

Cooper and Cartwright(2001)에 따르면, 1차 수준의 개입을 실행하지 않고 제2, 제3차 개입을 하여도 직원들의 건강유지는 불충분할 수 있다고 말한다. 이러한 '미봉책(Band-aid)' 접근방식으로는 스트레스의 원인을 감소시키거나 제거하지 못한다. 따라서 다면적인(Multi level) 접근방식을 채택할 것을 권장한다. 그러나 조직이 지속적으로 투자수익을 올릴 수 있도록 개입의 효과를 정기적으로 평가하고 또 재평가해야 한다.

7.5 급성스트레스

스트레스 요인

고위험 환경에서 근무하는 개인은 위에서 설명한 만성스트레스 요인의 위험뿐만 아니라, 높은 작업부하, 긴급 상황 또는 비정상적인 상황진단 시도, 또는 높은 실패비용으로 인해 발생할 수 있는 급성스트레스 요인에 노출된다. 그림 7.4는 스트레스 요인, 매개 요인, 증상 및 급성스트레스의 영향에 대한 요약이다. 모델의 구조가 그림 7.2에 설명된 만성스트레스 모델의 구조와 동일하다는 것을 알 수 있다. 심리적 균형 메커니즘(그림 7.1)과 스트레스 요인에 대한 개인의 평가와 중요한 대응자원은 여기에도 적용 가능하다.

만성스트레스와 마찬가지로, 다른 직업들도 특정한 급성스트레스 요인을 가질 수 있다. 원자력발전소 제어실의 비상상황에서 스트레스의 잠재적 원인은 Mumaw(1994)가 밝혔다. 그가 밝힌 급성스트레스 요인이 원자력발전소 인력을 위해 개발된 것이긴

하지만, 다른 고신뢰성 산업에도 동일하게 적용된다. 그것들은 경험해본 적이 없는 상황과 불확실성, 환경으로부터의 스트레스 요인 및 작업관련 스트레스 요인 등, 3그룹으로 분류된다(그림 7.4 참조). 이러한 급성스트레스 요인 중 많은 부분이 그림 7.2에서 확인된 만성스트레스요인과 유사하다는 것을 알 수 있다. 그러나 급성스트레스 요인은 일반적인 일상의 작업조건과 관련된 것이기 보다, 높은 압박이 있는 비정상 상황과 관련이 있다.

급성스트레스 상황에서 가장 중요한 스트레스요인은 상황의 불확실성, 작업부하 관리, 시간 제약, 피로 및 수행에 대한 불안이다. 새로운 상황, 예상을 뒤엎는 상황, 중요한 정보가 누락된 상황 또는 복수의 목표를 고려해야 하는 상황, 계획이 성공적으로 이행되지 않은 상황은 비상대응 직원들의 대응에 영향을 미칠 수 있는 스트레스가 많은 상태를 초래한다.

Mumaw(1994)는 비상사태에 대처할 때 불확실성이 발생함으로써 스트레스를 유발할 수 있는 많은 상황적 특성을 밝혀냈다.

- 물리적 현상이 잘 이해되지 않거나, 진행 상태를 파악할 수 없는 상황, 적절한 대응책을 즉시 파악하지 못하는 상황
- 매개변수가 기대한 방향으로 가지 못하고, 특정 징후가 현상의 이해와 부합하지 않거나, 시스템이 예상대로 작동하지 않아 기대에 어긋나는 상황
- 중요한 정보가 누락되어 예측이 어렵고, 결과적으로, 예상이 어려워 결과가 불확실한 상황(예: 중요한 센서의 고장으로 안전시스템의 상태를 알 수 없는 경우)
- 복수 이상의 목표를 반드시 고려해야 하는 상황 – 대형사고 또는 복잡한 시나리오에 있어서, 복수 이상의 목표를 달성할 필요가 있을 경우, 또는 특정 목표를 달성하기 위한 행동이 두 번째 목표와 상충되는 상황의 경우, 운용자가 여러 목표 중에서 선택하거나 우선순위를 매겨야할 때, 어떤 조치가 적절한지에 대한 불확실성이 제기된다.
- 계획한 행위를 실행하여도 성공적으로 이행되지 않은 상황 – 계획 및 절차는 일정 상황이 순서대로 일어나는 것을 상정한다. 따라서 실행한 것이 실패하면, 기대가 어긋나게 되고 불확실성이 발생한다.

그림 7.4 급성스트레스 모델(based on Mumaw, 1994)

응급 시 경험할 수 있는 다른 추가적인 스트레스 요인으로는 사상자 처리, 개인적 위험, 실패에 대한 두려움 등이 포함된다. 긴급상황 구조요원은 개인적 위험에 대한 두려움으로 인한 스트레스를 겪고 있다고 보고되었다(Hytten and Hasle, 1989). Winkler(1980년)는 구급차 직원의 약 50%가 사고에 대한 생각을 장기간 하고 있음을 인정했으며, 어린이의 정신적 외상은 특히 신경 쓰였다고 했다.

자원 및 매개체

만성스트레스와 마찬가지로, 매개체는 스트레스 요인의 영향을 줄이거나 또는 악화시킬 수 있다. 급성스트레스(그림 7.4 참조)에 대한 이러한 매개요인은 만성스트레스

(그림 7.2 참조) 요인과 유사하다. 만성스트레스와 마찬가지로, 급성스트레스 상황에도 대처를 잘 하는 사람들이 있다. 하지만, 정신질환이나 장애를 앓은 적이 있는 사람들에 대한 연구는 별도로 하고, 급성스트레스에 대처하는 능력과, 관련된 성격 특징을 확인한 명확한 연구조사결과는 아직 없다(Flin, 1996a).

경험을 공유하고 같이 훈련받은 팀원들로부터 지원을 받는다면, 스트레스에 대처하는 능력은 증가한다(Flin, 1996a). 육군의 스트레스에 대한 연구논문에 따르면, 그 사람의 팀이나 부대로 부터의 지원은 전투 스트레스를 완화시키는 핵심적인 요인이며(Noy, 1991), 요구조건이 큰 상황에서 팀의 결속은 수행을 향상시킬 수 있다는 것을 보여준다(Orasanu and Baker, 1996).

급성스트레스 증상

만성스트레스와 마찬가지로, 급성스트레스와 관련된 특별한 증상이 있다.

개인의 증상

스트레스 요인에 노출된다고 해서, 특히 경험 많은 직원에게는 반드시 부정적인 영향을 미치지는 않는다는 점을 강조하고 싶다. 동기부여, 행동력 향상, 사고의 명확화, 향상된 기억력과 같은 즉각적이고 긍정적인 효과가 있을 수 있다(Charlton, 1992; Orasanu and Baker, 1996). 그림 7.1을 다시 보면, 감지할 수 있는 역량의 수준이 개인이 판단한 스트레스 요인의 대처능력을 넘어서기 시작하면, 고통의 증상이 지배적이 되므로(Flin, 1996a), 아래에서는 부정적인 영향만 논의한다.

그림 7.4는 급성스트레스의 포괄적인 분류를 나타낸다. 이 조건들은 요구사항이 높은 모든 상황에 적용되거나, 동일한 강도로 적용되지 않을 수 있다. 또한 스트레스 영향은 광범위하게 존재하여, 동작, 감정, 신체(물리적), 인지, 사고, 또는 반응의 복잡한 패턴을 야기한다(표 7.7-7.10 참조). 만성스트레스지표에 대한 논의와 마찬가지로, 'BEST' 약자는 급성스트레스 지표를 분류하는 데에도 사용되어 왔다.

B: **행동지표**. 행동에 대한 급성스트레스의 영향은 일반적으로 가장 쉽게 관찰할 수 있다. Flin(1996a)이 급성스트레스에 대해 지적했듯이 또 앞서 만성스트레스에 대해 논의했듯이 행동상의 영향에 대하여 한정적인 목록은 존재하지 않지만, 특징을 정의하면, 개인의 통상적인 행동패턴에 있어서 변화를 의미한다. 더구나 행동변화

는 미묘할 수 있으며(비록 중요한 팀원이 자신의 일을 제대로 수행하지 않고 있다는 징후가 있을 수 있지만), 팀원들이 서로를 더 잘 알수록 어떠한 행동변화가 있더라도 더 눈에 띌 것이다. 표 7.7은 다양한 행동상의 증상을 나타낸다.

표 7.7 급성스트레스의 행동지표

투쟁/도피 :	동결 :
· 과도한 활동	· 철회('신경 끄다')
· 분노	· 분리
· 논쟁	· 무감정 상태
· 성급함	· 주변 활동에 무관심
· 신경질	
· 공격성	
· 욕설	
· 감정폭발	

E: **감정지표.** 행동지표와 마찬가지로, 다양한 감정반응이 급성스트레스 반응의 일부로 발생한다. 지표는 우려, 불안, 공포에서부터 감정의 자제력 상실에 이르기까지 다양하며, 공격적이 되거나 눈에 띄게 고통스러워하는 경우도 있다(예: 운다. 표 7.8 참조).

표 7.8 급성스트레스의 감정지표

· 두려움	· 실패의 두려움
· 불안	· 취약성
· 극심한 공포	· 자제력 상실

S: **신체(물리적)지표.** 즉각적인 환경에서 뇌가 위협을 감지했을 때, 그것에 대항하여 싸우거나 달아날 수 있도록 준비시키는 뚜렷한 생리적 적응반응이다(증상은 표 7.9 참조). 개인적으로 매우 힘들거나 도전적으로 인식되는 상황은 이러한 반응을 발생시킬 수 있다.

표 7.9 급성스트레스의 신체지표

· 에너지 급증	· 근육 긴장(근육 떨림)
· 심박수 증가	· 예민해진 감각(예: 소리에 민감)
· 발한	· 소화기능에 영향(위가 울렁거림)
· 구강 건조	

T: **사고(인지)지표.** 스트레스는 사고력에 해로운 영향을 폭넓게 미친다. 지각, 기억, 의사결정 및 업무계획과 같은 인지활동은 스트레스의 부정적인 영향을 받는 것으로 종래부터 지적되고 있다(Mumaw, 1994). 표 7.10은 스트레스가 기억력, 집중력 및 의사결정에 미칠 수 있는 부정적 영향에 대한 설명을 제공한다. 그러나 일부 스트레스 반응은 수행에 향상효과를 낳을 수 있다는 점도 기억해두는 것이 유용하다. 업무생략(Task-shedding)은 중요도가 가장 낮은 작업부터 먼저 포기하는 최적의 순서대로 버리는 것으로부터 실현하는 적응적 기능이 될 수 있다. 또한 스트레스를 받았을 때, 사람들은 상황을 처리하기 위해 충분히 학습된 역량을 사용하는 것을 선호하므로, 익숙한 규칙이나 사전에 인지하고 있는 의사결정으로 되돌아갈 수 있다(제3장 참조). 이것은 가용성 편향(Availability bias)으로 알려져 있다(Tversky and Kahneman, 1974). 이러한 역량에 따라 신속한 인식과 최소의 인지적 노력이 필요하게 된다. 예를 들어, 조종사들은 비행기가 운항 중 엔진고장과 같은 상황에 대처하기 위한 광범위한 훈련을 받는데, 이는 매뉴얼을 참고하거나 적절한 대응책을 숙고할 충분한 시간이 없으므로, 올바른 대응조치를 신속하게 취해야 하기 때문이다.

표 7.10 급성스트레스의 사고(인지)지표

지표	설명
기억장해	• 주의산만 • 확증 편향(특정하게 선택된 행동과정이나 모델을 따르지 않는 정보는 무시하는 경향) • 정보과다 • 업무생략(스트레스나 작업부하에 따라, 모든 업무를 동시에 집중하기 어려운 경우, 특정한 업무는 생략하는 것)
집중력 저하	• 우선순위 지정의 어려움 • 사소한 것에 대한 집착 • 터널 인지(Perceptual tunnelling)(핵심 징후에 초점을 맞추어 시야가 좁아짐)
의사결정의 어려움	• 가용성 편향(익숙한 일상에 의존하고, 기억에서 즉시 이용할 수 없는 계획은 고려하지 않음) • '사고의 정지(Stalling thinking)' – 정신 공백

사례 7.2는 Piper Alpha 유정참사에서 급성스트레스가 리더십 실패에 어떻게 영향을 미쳤는지 보여준다.

사례 7.2 | 급성스트레스 영향의 예: Piper Alpha 참사

Occidental의 Piper Alpha 유정 플랫폼은 Scotland Aberdeen에서 북동쪽 110마일 떨어진 북해에 위치해 있었다.

1988년 7월 6일, 플랫폼 생산데크에 폭발이 있었고, 그 결과 발생한 화재는 빠르게 번져서 일련의 작은 폭발이 뒤따랐다. 약 22:20분경 근처 Texaco Tartan 플랫폼에서 가스를 운반하는 파이프라인의 균열에 의해 큰 폭발이 일어났다. 그 후 3시간에 걸쳐 고압가스 화재가 발생하여, 계속되는 폭발사고가 발생했다. 플랫폼의 226명 중 67명만이 살아남았다.

'참사로 이어진 Piper Alpha에 있었던 최초의 폭발은 치명적이지 않았다. 확신할 수는 없지만, 아마도 소수가 죽었을 수도 있다. 화재의 결과가 확산되자 대부분의 Piper Alpha 노동자들은 누군가가 책임을 지고 안전하게 그들을 이끌 것으로 기대하며 숙소로 향했다. 사실은 기대에 어긋났다. 전체적인 지휘체계가 붕괴된 것처럼 보였다.'(Sefton, 1992, p. 6)

Cullen(1990) 보고서에 따르면, 사고에 대한 증거로는 해상유전시설 소장(Offshore Installation Manager: OIM)이 능력을 전혀 발휘하지 못했다 – Piper Alpha에서 긴급상황 발생 시 대응조치를 구체화하는 책임자로써 – '중대한 결정을 내리고 극한의 스트레스 상황에서 그의 지휘하에 있는 요원들을 선도하는 사람이다.'(para 20.59) Piper Alpha의 OIM은 위에서 설명한 급성스트레스 증상을 겪고 있었다는 것이 분명했다.

'OIM이 나갔다 몇 초 만에 뛰어 들어왔는데... 얼굴이 공포에 질려... OIM은 Tharos(구조선박)나 다른 어떤 곳에서라도 헬리콥터를 부르지도 않았고, 시설주변의 선박과 교신 노력도 하지 않았으며, 육상 기지나 인근의 유전시설 또는 Piper Alpha의 직원들에게조차 연락하기 위한 구체적인 시도도 하지 않았다.'(para 8.9)

'OIM은 다른 지시나 지침도 제공하지 않았다. 한 생존자에 따르면, 사람들이 OIM에게 소리 지르며 어떻게 된 것이며, 어떤 절차를 따라야 하는지 물었다고 했다. 그는 OIM이 쇼크 상태인지 아닌지는 몰랐지만, 답변이 나올 것으로 보이지 않았다.'(para 8.18)

이 밖에도, 무선통신원은 '자신도 공황상태에 빠져있었고, [플랫폼을 버려야 한다는 메시지]는 무계획적이었다'고 말했다. (para 8.9).

팀의 증상

개인과 마찬가지로, 스트레스 요인은 전반적인 팀 수행에도 영향을 미칠 수 있다. 스트레스를 받을 때, 팀원들은 그들 자신의 일에 더 집중하게 되지만, 결과적으로 팀 수행은 떨어지게 된다. 사람들이 스트레스를 심하게 받으면, 전체를 유지하기보다 개인이 편하게 활동하는 기본적인 기술로 퇴보하는 경향이 있다(Charlton, 1992). 또한 팀 한명의 스트레스로 인하여 팀 전체의 수행이 현저하게 저하될 수도 있다. 따라서 팀 차원의 스트레스 증상은 팀웍, 의사소통, 의사결정의 실패를 의미한다(앞장 참조).

7.6 급성스트레스의 영향

개인

긴급상황 이후에 발생하는 급성스트레스의 전형적인 부정적 경험에는 피로, 슬픔, 죄책감, 이미지 반복, 잡념 등이 포함된다. 만약 이 증상이 4주간 지속된다면, 급성스트레스 장해를 겪고 있을지도 모른다. 그러나 이러한 증상이 1개월 이상 지속되면 외상 후 스트레스 장해(Post-Traumatic Stress Disorder: PTSD)를 앓고 있는 것으로 진단 내릴 수 있다(사례 7.3 참조).

사례 7.3 | PTSD와 전쟁

Bower et al.(2005)은 전장에서 부상 입은 미국보병 Jim Batchelor의 체험담을 들려준다. 그는 눈 사이에 총상을 입고도 살아났지만 PTSD로 인한 신체운동성장애가 되었다. 그의 증상은 악몽, 회상, 감정적 무감각, 성급함, 수면장애, 편두통, 우울증 그리고 이유 없는 분노 발작 등이 포함된다. 그는 바그다드에 도착한지 불과 4일 후부터 그가 부상당했던 격렬한 총격전에 대한 악몽이 매일 밤 되풀이되었다.

Hodge et al.(2004)의 연구에 따르면, 이라크나 아프가니스탄에서 복역하고 제대한 1,709명의 미군도, 베트남이나 걸프전에서와 마찬가지로 PTSD는 미국 군인들이 겪는 가장 일반적인 정신질환이었다. PTSD 발생률은 병사들이 노출된 전투수준과 직접적으로 관련이 있었다. 총격전에 직접 참가하지 않았던 병사들은 PTSD 발생률이 4.5%였다. 총격전을 한두 번이라도 경험했던 병사들의 발생률은 두 배인 9.3%, 3~4회의 경우 12.7%, 그리고 5번 이상 경험했다면 19.3%나 발생했다.

PTSD와 급성스트레스 장해는 위기적 상황에 조우한 후에 발생할 수 있다. 위기적 상황은 통상적인 범위를 넘은 경험으로, 개인의 대처능력에 위협이 되는 상황이다(예: 폭력적 죽음에 대한 노출)(Everly and Mitchell, 2000). PTSD는 심리·정신적 부전으로 의학영역에서 인식되는 증상이다(American Psychiatric Association, 2000). PTSD 및 급성스트레스 장해 진단기준은 다음과 같다.

1. 실제로 죽음의 위협이나 심각한 중상을 입는 정신적 외상에 노출되어, 극심한 두려움, 절망감 또는 공포 반응을 경험한다.
2. 이러한 정신적 외상을 지속적으로 재 경험한다(예: 꿈, 기억 재연, 회상).
3. 외상과 관련된 것들을 지속적으로 피하거나(예: 생각, 활동) 마비시키는 것(예: 둔감한 감정, 애정감을 잃음, 미래에 대한 관심부족)
4. (외상 전에는 없었던) 지속적인 흥분증상 증가로, 다음 중 두 가지 이상의 증상을 동반 한다: 입면·수면 지속 곤란, 과민성 또는 분노 폭발, 집중 곤란, 과도한 경계심, 과장된 놀라움 반응 등.

팀

위에서 설명한 것처럼, 팀 차원에서 급성스트레스 증상은 팀원들이 효과적으로 함께 일하는데 실패하는 것이다. 팀웍이 발휘되지 않는 상황은 팀이 수행하는 업무의 내용에 달려있다. 긴급대응상황에서는 사태에 효과적으로 대응하지 못하여 사망자가 증가할 수 있다. 원자력발전소나 해상유전 같은 생산프로세스에서는 사태대응에 실패하면 수많은 설비손상, 생산손실 그리고 직원들의 위험이 증가할 수 있다. 팀웍의 실패 영향에 대한 세부내용은 제5장을 참조 바란다.

7.7 급성스트레스 예방

만성스트레스 경우와 같이 급성스트레스에 대한 1차, 2차 및 3차 스트레스 예방법으로 나눌 수 있다.

1차 예방

고신뢰성 산업에서의 많은 업무는 가끔이더라도 심한 스트레스를 받을 때가 있고, 그 스트레스 요인을 제거하는 것이 불가능할 수도 있다. 예를 들어, 이 책의 저자 중

한명이 마취과 의사를 상대로 자신의 직업에 대해 인터뷰할 때, 업무의 95%는 지루하고 5%는 완전한 공포라고 말했다. 따라서 만성스트레스의 초기예방처럼, 급성스트레스에 노출될 수 있는 일을 하는 사람들은 적절한 전문훈련과 경험이 있어야만, 급성스트레스를 덜 겪을 수 있다.

2차 예방

급성스트레스에 대한 2차 예방은 스트레스의 증상과 영향을 신속하게 발견하고 대응하는 것이다. 개인이나 다른 팀원이 스트레스 반응에 약해지는 것을 진단하는 것은 스트레스관리의 근본적인 출발점이다. 스트레스 반응의 자기인식(Self-awareness)은 다른 사람들의 스트레스 반응을 인식하는 것만큼이나 중요하다. 따라서 많은 스트레스 반응이 발생할 수 있는 조직의 모든 구성원은 당연히, 스트레스를 유발하거나, 업무에 악영향이나 유해한 스트레스 증상을 보이는 팀원에 대하여, 팀 리더의 관심을 유도할 수 있는 필요한 조치를 취하도록 훈련받아야 한다. 스트레스 상황에 잘 대처하지 못할 경우, 리더에게 그러한 상황을 알려주는 것도 포함된다.

스트레스에 대하여 강하게 부정적인 반응을 보이는 직원은 중요한 업무가 아닌 작업으로 전환하여 관찰해야 하지만, 그 직원에 대하여는 그것이 보통인 것처럼 취급하여, 가능하다면 팀의 일원으로써 팀 내에 두어야 한다(Hodgkinson and Stewart, 1991).

스트레스 반응을 위해 직원을 훈련시키는 것은 일반적인 테크닉이나, 좀 더 구체적인 테크닉을 몸에 익히도록 할 수도 있다. 특히 스트레스가 많은 상황에서 경험을 쌓는 것은 더 큰 자신감을 심어주고, 따라서 처음부터 스트레스가 발생할 가능성을 줄여준다.

스트레스에 강한 직원훈련의 중요성은 아무리 강조해도 지나치지 않다. 현실장면의 훈련, 현실에 입각한 실습과 시뮬레이터 훈련, 즉 실제적인 실습을 통해 준비하는 것이, 스트레스 감소를 위한 주요 메커니즘이다(Hytten and Hasle, 1989). 요구되는 긴급대응 절차훈련은 숙련된 직원의 사례연구 및 프레젠테이션을 포함하여 스트레스 상태 하에서 효과적인 수행을 높이기 위해 이용할 수 있다. 긴급대응과 스트레스 요인의 잠재적 원인에 대한 지식과 인식, 그리고 훈련트레이닝에서 도입된 문제해결 방법은 부정적 스트레스 반응을 최소화하는 데 도움이 된다.

Johnston and Cannon-Bowers(1996)는 스트레스를 많이 받는 상황에서 팀 수행을

향상시키기 위해 고안된, 스트레스 노출훈련(Stress exposure training)이라는 3단계 훈련과정을 설명한다. 첫 번째 단계에서 참가자들은 급성스트레스의 원인과 반응에 대한 지식을 제공받는다(이 장 앞부분에서 설명). 두 번째 단계에서 실습과 피드백을 통해, 스트레스에 대응하는 참가자들을 지원하기 위한 훈련이 실시된다. Driskell et al.(2001)은 개인과 팀 모두에게, 스트레스가 수행에 미치는 부정적 영향을 줄이는 데 사용할 수 있는 다양한 스트레스 관리접근법을 요약했다. 가장 적합한 훈련기법은 작업에 따라 달라지며, 훈련의 필요성분석은 훈련이 필요한 영역을 특정하기 위해 이용한다.

- **인지적 제어기법** : 이러한 유형의 기술의 목적은 개인이 감정을 조정하고(예: 걱정) 정신을 산만하게 하는 생각을 제어하여 업무에 집중할 수 있도록 하는 것이다. 자신이 압도당하기 시작한다고 느끼는 경우 몇 분 동안 상황에서 벗어나 있거나, 스트레스 반응을 조절하는 절차를 나타내는 것 등이 포함된다. 예:
- STOP : 물러서기(**S**tand back), 여유 갖기(**T**ake stock), 전체보기(**O**verview), 처리하기(**P**rocedures)
- STAR : 정지하기(**S**top), 생각하기(**T**hink), 행동하기(**A**ct), 검토하기(**R**eview)
- 또는 의사결정을 위한, DODAR : 진단하기(**D**iagnose), 선택하기(**O**ptions), 결정하기(**D**ecide), 실시하기(**A**ssign), 검토하기(**R**eview)
- **생리적 제어기법** : 이 기법은 스트레스에 의한 부정적인 생리적 반응을 조절하는 방법을 나타낸다. 개인이 위기에 직면했을 때 침착하게, 긴장을 풀고, 제어상태에 있도록 하려는 것이다. Okray and Lubnau(2004)는 소방관들에게 자신들의 심박수를 인식하라고 가르치는 소방서장에 대해 묘사한다. 그는 만약 소방관이 신체적으로 격한 활동을 하지 않는데도 불구하고 심박수가 분당 90~110회 정도라면, 그 소방관은 몇 차례 심호흡을 한 후 무슨 일이 일어나고 있는지 생각해봐야 한다고 한다. 격한 활동을 하지 않는데도 심박수가 110회를 넘으면, 몇 걸음 뒤로 물러서 진정하고 다시 집중해야 한다고 한다. Singapore 경찰은 천천히, 심호흡하는 '의식적 호흡법(Tactical breathing)'을 비롯하여, 직무스트레스에 대처하기 위한 다양한 '스트레스 대처기법(Stress blasting techniques)'을 채용하고 있다.
- **모델링** : 이 방법을 통해 참가자들은 스트레스가 심한 상황에 대응하고 있는 팀

을 관찰하거나 모델링할 수 있다. 참가자들에게 현실적인 환경에서 주요 행동에 대해 좋거나 나쁜 사례를 관찰할 기회를 얻을 수 있게 한다.

- **과잉학습** : 이 방법에서 참가자들은 특정작업에 통상적으로 필요한 숙련도 수준 이상의 의도적으로 과잉학습을 의도적으로 받는다. 이 방법이 실제상황에서 효과적이 되려면, Driskell et al.(2001)은 훈련은 스트레스가 심한 상황에서 수행되는 과제와 동일해야 하며, 스트레스가 많은 모의환경에서 실습해야 한다고 권고한다.
- **주의력 훈련** : 이 훈련은 스트레스가 심한 상황에서 작업을 수행할 때 주의가 산만해 질 수 있는 시기, 방법, 이유에 대해서 가르친다. 이 훈련의 목적은 스트레스가 많은 환경에서 발생하는 지각적 편협(Tunnelling)과 산만한 주의력의 영향을 관리하는 것이다.
- **시간배분 역량훈련** : 긴급상황에서는 팀원들이 여러 가지 작업을 동시에 수행해야 하는 경우가 많이 발생한다. 따라서 참가자들에게 복수의 직무를 행할 경우, 어떤 업무가 더 중요한지 우선순위를 결정하는 역량을 배운다.
- **의사결정 훈련** : 이 훈련은 예를 들어 의사결정이나 의사소통 같은 스트레스 영향에 특히 취약한 역량을 위해 제공될 수 있다. 시나리오 기반의 연습기법을 이용하여, 훈련 중에, 의사결청 전략, 공유 멘탈모델의 구축방안, 통신·지휘·통제를 확립하기 위한 자료를 포함시키면, 원하는 행동을 강화하기 위한 수단을 얻을 수 있다(제10장 참조).
- **유연성 향상** : 표 7.9에 요약되어 있듯이 스트레스는 특히 현저한 징후에 주의력 제한을 초래한다. 그러나 유연성이 있으면, 복수 이상의 대응책이 있는 복잡한 조건이나, 지금까지 경험한 적이 없는 새로운 작업조건에서 보다 효과적으로 수행할 수 있게 한다(Driskell et al., 2001). 유연한 생각을 촉진하기 위해서는 훈련자료가 다양한 맥락과 관점에서 그리고 다양한 예시로 제시되어야 한다. 훈련에 있어서 편협한 범위의 역량만 실습하는 것은 현실세계에서도 좁은 범위의 역량만을 사용하게 될 것이다.

훈련의 세 번째 단계에서는 훈련환경에서 스트레스에 점차적으로 노출되는 것을 통해 참가자들의 역량을 실습할 기회가 주어진다. 스트레스가 많은 환경설정에, 반드시 재현성이 높은 시뮬레이션이 필요한 것은 아니다. Driskell et al.(2001)은 시간의 압박이나 소음증가와 같은 스트레스 요인에 따라, 보통의 훈련수준을 조정할 수 있다고 제안한다. 이러한 훈련에서 적절한 스트레스 수준을 설정하는데 어려움이 있기는 하지만(Flin, 1996a), 훈련이 성공적으로 종료된 경우 주요한 효과는 스트레스를 받을 때 인지적·정신적 수행능력의 향상효과를 얻을 수 있다(Weaver et al., 2001). Saunders et al.(1996)은 스트레스 노출훈련과 관련된 37건의 논문을 검토한 결과, 대다수가 이러한 훈련의 유효성을 지지한다고 밝혔다. 또한 특정업무에 적용되는 스트레스가 많은 특정한 상황에서의 스트레스 노출훈련에서 습득한 역량은 새로운 상황에도 접목할 수 있다는 증거가 있다(Driskell et al., 2001).

3차 예방

3차 예방은 극도로 스트레스를 받는 상황에 노출된 팀원들의 대처방법과 관련이 있다. 위기상황 스트레스관리(CISM: Critical Incident Stress Management)는 예기치 않은 위기상황에 의한 PTSD를 예방하기 위해 사용되어 온 개입전략이다. CISM의 목표는 PTSD의 영향을 완화시킴으로써 사람들을 평소의 정신건강 상태로 회복시키는 것이다. CISM은 개인, 그룹 또는 조직에 적용될 수 있다. 특정한 재난이후에도 이용할 수 있으며(예: 세계무역센터의 테러공격(Hammond and Brooks, 2001), Piper Alpha 재난(Alexander, 1993)), 또한 정신적 충격이 큰 상황을 자주 접하는 응급서비스 요원들에게 적용될 수 있다(예: 로스앤젤레스 주 소방서는 1986년 CISM이 시행된 이래 500번 이상의 CISM을 수행했다(Hokanson and Wirth, 2000). 광범위하게 사용되어온 CISM의 특정 유형의 프레임워크를 표 7.11에 요약한다.

Flannery and Everly(2000)는 올바른 훈련과 효과적인 평가절차를 통하면, 위기적 상황의 개입절차는 한정적이더라도 유효하다고 설명한다.

표 7.11 CISM의 핵심요소(Adapted from Everly and Mitchell, 1999)

개입	목적	시기	구성
위기발생 전 준비	• 기대치 설정 • 스트레스관리상 정보제공 • 대처역량 향상	위기발생 전	그룹/조직
복원 시 면담	• 정보제공과 토론 • 심리적 부담 완화(예: 경험 이야기) • 초기단계 스트레스관리	파견기간 종료 후	그룹/조직
완화	• 평가 • 급성징후와 증상경감 • 심리적 종결감 개시 선별	위기 후 12시간 이내	소그룹
중대한 사건 스트레스 평가	• 심리적 종결감 촉진 • 징후 또는 증상완화 • 필요에 따라 참조	대참사 3~4주 이후, 1~10일간	소그룹
위기 개입	• 위기 전 기능수준으로 복귀 • 징후와 증상완화 • 필요에 따라 참조	수시	개인/그룹
집단(가족)의 중요사건 스트레스관리	• 지원 촉진 • 징후와 증상완화 • 필요에 따라 참조	수시	집단(가족)
후속 조치	• 상황 확정 • 심리적 종결감 보장	수시	개인/집단(가족)

7.8 결론

만성 및 급성스트레스는 고위험 작업환경에서 일하는 사람들과 밀접한 관련이 있다. 스트레스 요인에 대처하지 못하면 작업오류 증가, 생산성 저하, 불안감, 궁극적으로는 개인의 질병, 팀 또는 조직수행의 저하를 초래할 수 있다. 그러나 스트레스 요인의 식별 및 감소와 효과적인 훈련을 통해, 개인 및 팀 수행에 미치는 스트레스의 영향을 최소화할 수 있다.

요점

- 고신뢰성 작업환경에 종사하는 개인이 경험하는 스트레스에는 만성스트레스와 급성스트레스, 두 가지 유형이 있다.
- 만성스트레스는 업무조건과 그에 대한 개인의 반응과 관련이 있으며, 일반적으로 장기간에 걸쳐 발생한다.
- 급성스트레스는 갑작스럽고, 경험한 적이 없고, 강력하며, 지속시간이 비교적 짧은 스트레스이며, 목표지향적인 행동을 방해하고, 가급적 빠른 대응이 요구된다.
- 부과된 요구에 대한 개인의 인식, 그리고 그 요구에 대처하기 위해 자신이 이용할 수 있는 자원에 대한 인식이, 스트레스를 받고 있다고 느끼는지 아닌지를 좌우한다.
- 업무에 있어서 만성·급성스트레스의 영향을 완화하기 위해서는 스트레스의 발생요인, 매개요인과 대응자원, 스트레스 징후나 증상, 그리고 스트레스 요인이 개인, 팀, 조직에 미치는 영향을 이해할 필요가 있다.
- 스트레스 예방을 위해 3단계 방법이 있으며, 1차(스트레스 발생예방), 2차(스트레스의 신속한 감지 및 관리), 3차(스트레스 영향에 대처)로 나눌 수 있다.

Suggestions for further reading

Chronic stress

Cooper, C. and Clarke, S. (2003) *Managing the Risk of Workplace Stress: Health and Safety Hazards*. London: Routledge.

Hancock, P.A. and Desmond, P.A. (eds.) (2001) *Stress, Workload, and Fatigue*. Mahwah, NJ: Lawrence Erlbaum Associates.

Health and Safety Executive stress web page: www.hse.gov.uk/stress/standards/index.htm

National Institute for Occupational Health stress website: www.cdc.gov/niosh/topics/stress/

Acute stress

Cannon-Bowers, J.A. and Salas, E. (eds.) (1998) *Making Decisions Under Stress. Implications for Individual and Team Training*. Washington, D.C.: American Psychological Association.

Driskell, J.E. and Salas, E. (eds.) (1996) *Stress and Human Performance* (pp. 223–256). Mahawah, NJ: Erlbaum.

Flin, R. (1996). *Sitting in the Hot Seat: Leaders and Teams for Critical Incident Management*. Chichester: John Wiley & Sons.

references

Alexander, D.A. (1993) Stress among police body handlers: A long term follow-up. *British Journal of Psychiatry*, 163, 806–808.

Alkov, R.A. and Borowsky, M.S. (1980) A questionnaire study of psychological background factors in U.S. Navy aircraft accidents. *Aviation, Space, and Environmental Medicine*, 51, 860–863.

Alkov, R.A., Borowsky, M.S. and Gaynor, J.A. (1982) Stress coping and the U.S. Navy factor mishap. *Aviation, Space, and Environmental Medicine*, 53, 1112–1115.

Alkov, R.A., Borowsky, M.S. and Gaynor, J.A. (1985) Pilot error as a symptom of inadequate stress coping. *Aviation, Space, and Environmental Medicine*, 56, 244–247.

American Psychiatric Association (2000) *Diagnostic and Statistical Manual of Mental Disorders, Fourth Edition, Text Revision. Washington*, DC: American Psychiatric Association.

Baum, A., Cohen, L. and Hall, M. (1993) Control and intrusive memories as possible determinants of chronic stress. *Psychosomatic Medicine*, 55, 274–286.

Bower, A., Booth Thomas, C. and Reed, W. (2005) Three Roads Back. *Time Magazine*, 21 March.

Boyle, M.V. (1997) Love the work hate the system: A qualitative study of emotionality, organisational culture and masculinity within an interactive service workplace. Unpublished doctoral thesis, University of Queensland, Brisbane, Australia.

Cannon, W. (1929) *Bodily Changes in Pain, Hunger, Fear and Rage*. New York: Appleton-Century.

Cannon-Bowers, J.A. and Salas, E. (eds.) (1998) *Making Decisions Under Stress. Implications for Individual and Team Training*. Washington, DC: American Psychological Association.

Cannon-Bowers, J.A., Salas, E. and Baker, C.V. (1991) Do you see what I see? Instructional strategies for tactical decision making teams. In *Proceedings of the 13th Annual Interservice/Industry Training Systems Conference*. Washington, DC: National

Security Industrial Association.

Carver, C.S., Scheier, M.F. and Weintraub, J.K. (1989) Assessing coping strategies: A theoretically based approach. *Journal of Personality and Social Psychology*, 56, 267-283.

Charlton, D. (1992) Training and assessing submarine commanders on the Perishers' course. Paper presented at the First Offshore Installation Management Conference: Emergency Command Responsibilities. Robert Gordon University, Aberdeen.

Collyer, S.C. and Malecki, G.S. (1998) Tactical decision making under stress: History and overview. In J.A. Cannon-Bowers and E. Salas (eds.) *Making Decisions Under Stress. Implications for Individual and Team Training*. (pp. 3-16). Washington, DC: American Psychological Association.

Columbia Accident Investigation Board (2003) *Columbia Accident Investigation: Volume 1*. Washington, DC: U.S. Government Printing Office.

Cooper, C. and Clarke, S. (2003) *Managing the Risk of Workplace Stress: Health and Safety Hazards*. London: Routledge.

Cooper, C., Dewe, P. and Driscoll, M. (2001) *Organizational Stress; A Review and Critique of Theory, Research and Applications*. Thousand Oaks, CA: Sage.

Cooper, C.L. and Cartwright, S. (1994) Healthy and, healthy organisation: A proactive approach to occupational stress. *Human Relations*, 47, 455-471.

Cooper, C.L. and Cartwright, S. (2001) An overview of fatigue. In P.A. Hancock and P.A. Desmond (eds.) *Stress, Workload, and Fatigue* (pp. 235-248). Mahwah, NJ: Lawrence Erlbaum Associates.

Cooper, C.L., Cooper, R.D. and Eake, L.H. (1988) *Living with Stress*. London: Penguin Books.

Cooper, C.L. and Sadri, G. (1991) The impact of stress counselling in work. *Journal of Social Behaviour and Personality*, 6, 411-423.

Cox, T. (1993) *Stress Research and Stress Management: Putting Theory to Work*. Sudbury: HSE Books.

Cox, T. (1985) The nature and measurement of stress. *Ergonomics*, 28, 1155-1163.

Cox, T., Leather, P. and Cox, S. (1990) Stress, health and organisations. *Occupational Health Review*, 23, 13-18.

Cox, T., Randall, R. and Griffiths, A. (2002) *Interventions to Control Stress at Work in Hospital Staff*. Sudbury: HSE Books.

Cullen, D. (1990) *The Public Inquiry into the Piper Alpha Disaster: Volumes I and II.*

London: HMSO.

DeLongis, A., Folkman, S. and Lazarus, R.S. (1988) The impact of daily stress on health and mood: psychological and social resources as mediators. *Journal of Personality and Social Psychology*, 54, 486–95.

Driskell, J.E., Salas, E. and Johnson, J. (2001) Stress management: Individual and team training. In E. Salas, C. Bowers and E. Edens (eds.) *Improving Teamwork in Organizations: Applications of Resource Management Training*. (pp. 55–72). Mahwah, NJ: Lawrence Erlbaum Associates.

European Foundation for the Improvement of Working Conditions (2000) *Third European Survey of Workers Conditions*. Dublin, Ireland: European Foundation for the Improvement of Working Conditions.

Everly, G.S. and Mitchell, J.T. (2000) The debriefing 'controversy' and crisis intervention: a review of lexical and substantive issues. *International Journal of Emergency Mental Health*, 2, 211–25.

Everly, G.S. and Mitchell, J.T. (1999) *Critical Incident Stress Management (Cism): A New Era and Standard of Care in Crisis Intervention*. Ellicott City, MD: Chevron Publishing.

Flannery, R.B. and Everly, G.S. (2000) Crisis intervention: a review. *International Journal of Emergency Mental Health*, 2, 119–25.

Flin, R. (1996a) *Sitting in the Hot Seat: Leaders and Teams for Critical Incident Management*. Chichester: John Wiley & Sons.

Flin, R. (1996b) Stress offshore. In R. Flin and G. Slaven (eds.) *Managing the Offshore Workforce* (pp. 65–81). Tulsa: PennWell.

Flin, R., Salas, E., Strub, M. and Martin, L. (eds.) (1997) *Decision Making Under Stress: Emerging Themes and Applications*. Aldershot: Ashgate Publishing.

Geipert, N. (2007) Don't be mad. More research links hostility to coronary risk. *Monitor on Psychology*, 38, 50–51.

Gunthert K.C., Cohen, L.H. and Armeli, S. (1999) The role of neuroticism in daily stress and coping. *Journal of Personality and Social Psychology*, 77, 1087–1100.

Hammond, J. and Brooks, J. (2001) The World Trade Center attack. Helping the helpers: the role of critical incident stress management. *Critical Care*, 5, 315–317.

Haynes, S.G., Levine, S., Scotch, S.N., Feinleib, M. and Kannel, W.B. (1978) The relationship of psychosocial factors to coronary heart disease in the Framingham study. I. Methods and risk factors. *American Journal of Epidemiology*, 107, 362–383.

Health and Safety Executive (2005a) *Tackling Stress: The Management Standards Approach*. Sudbury: HSE Books.

Health and Safety Executive (2005b) *Health and Safety Statistics Highlights 2004/2005*. Sudbury: HSE Books.

Health and Safety Executive (2005c) *Psychosocial Work Conditions in Great Britain in 2005*. Sudbury: HSE Books.

Health and Safety Executive (2000) *Management of Health and Safety at Work. Management of Health and Safety at Work Regulations 1999*. Sudbury: HSE Books.

Health and Safety Executive (1998) *Five Steps to Risk Assessment*. Sudbury: HSE Books.

Health and Safety Executive (1995) *Stress at Work: A Guide for Employers*. Sudbury: HSE Books.

Helmreich, R.L. and Merritt, A.C. (1998) *Culture at Work in Aviation and Medicine: National, Organizational and Professional Influences*. Aldershot: Ashgate.

Hodge, C.W., Castro, C.A., Messer, S.C., McGurk, D., Cotting, D.I., Koffman, R.L. (2004) Combat duty in Iraq and Afghanistan, mental health problems and barriers to care. *New England Medical Journal*, 351, 13-22.

Hodgkinson, P. and Stewart, M. (eds.) (1991) *Coping with Catastrophe*. Routledge: London.

Hodgson, J.T., Jones, J.R., Elliot, P.C. and Osman, J. (1993) *Self-reported Workrelated Illness*. Sudbury: HSE Books.

Hogan, R., Curphy, G. and Hogan, J. (1994) What we know about leadership. *American Psychologist*, 49, 493-504.

Hokanson, M. and Worth, B. (2000) The critical incident stress debriefing process for the Los Angeles county fire department: automatic and effective. *International Journal of Emergency Mental Health*, 2000, 249-257.

Holmes, T.H. and Rahe, R.H. (1967) The social readjustment rating scale. *Journal of Psychosomatic Research*, 11, 213-218.

Houtman, I.L.D. (2005) *Work-related Stress*. Dublin, Ireland: European Foundation for the Improvement of Working Conditions.

Hytten, K. and Hasle, A. (1989) Fire fighters: a study of stress and coping. *Acta Psychiatrica Scandinavia, suppl., 355*, 80, 50-55.

Johnston, J.H. and Cannon-Bowers, J.A. (1996) Training for stress exposure. In J.E. Driskell and E. Salas (eds.) *Stress and Human Performance* (pp. 223-256). Mahawah,

NJ: Erlbaum.

Kahn, R.L., Wolfe, D., Quinn, R.P., Snoek, J.D. and Rosenthal, R.A. (1964) *Organizational Stress: Studies in Role Conflict and Ambiguity*. New York: Wiley & Sons.

Karasek, A.R. and Theorell, T. (1990) *Healthy Work: Stress, Productivity, and the Reconstruction of Working Life*. New York: Basic Books.

Kivimaki, M., Elovainio, M. and Vahtera, J. (2000) Workplace bullying and sickness absence in hospital staff. *Occupational and Environmental Medicine*, 57, 656-60.

Kleinman, D.L. and Serfaty, D. (1989) Team performance assessment in distributed decision making. in The Interactive Networked Simulation for Training Conference. Orlando, FL.

Kobasa, S.C., Maddi, S.R. and Puccetti, M.C. (1982) Personality and exercise as buffers in the stress-illness relationship. *Journal of Behavioral Medicine*, 5, 391-404.

La Rocco, J.M. and Jones, A.D. (1978) Co-worker and leader support as moderators of the stress-strain relationship. *Journal of Applied Psychology*, 63, 629-631.

Lazarus, R.S. and Folkman, S. (1984) *Stress, Appraisal and Coping*. New York: Springer Publishing Company.

Li, C.-Y., Chen, K.-R., Wu, C.-H. and Sung, F.-C. (2001) Job stress and dissatisfaction in association with non-fatal injuries on the job in a cross-sectional sample of petrochemical workers. *Occupational Medicine*, 51, 50-55.

Little, L.F., Gaffney, I.C., Rosen, K.H. and Bender, M.M. (1990) Corporate instability in relation to airline pilots' stress symptoms. *Aviation, Space and Environmental Medicine*, 61, 977-982.

Maslach, C. (1978) The client role in burnout. *Journal of Social Issues*, 34, 111-124.

Morgan, B. and Bowers, C. (1995) Teamwork stress: implications for team decision making In R. Guzzo and E. Salas (eds.) *Team Effectiveness and Decision Making in Organizations* (pp. 262-290). San Francisco, CA: Jossey Bass.

Mumaw, R.J. (1994) *The Effects of Stress on NPP Operational Decision Making and Training Approaches to Reduce Stress Effects*. Washington, DC: US Nuclear Regulatory Commission.

Murphy, L.R. (1996) Stress management in work settings: a critical review of the health effects. *American Journal of Health Promotion*, 11, 112-135.

National Institute for Occupational Health and Safety (2004) *Worker Health Chartbook 2004*. Cincinnati, OH: National Institute for Occupational Health and Safety

National Institute for Occupational Health and Safety (1999) *Stress at Work*. Cincinnati, OH: National Institute for Occupational Health and Safety.

Noy, S. (1991) Combat Stress Reactions. In R. Gal and A.D. Mangelsorf (eds.) *International Handbook of Military Psychology*. London: John Wiley.

Okray, R. and Lubnau, T. (2004) *Crew Resource Management Training for the Fire Service*. Tulsa, OK: PennWell Corporation.

Orasanu, J. and Baker, P. (1996) *Stress and Military Performance*. In J. Driskell and E. Salas (eds.) *Stress and Performance* (pp. 89-126). Hillsdale, NJ: Lawrence Erlbaum.

Parker, K.T. and Sparkes, T.J. (1998) *Organizational Interventions to Reduce Work Stress: Are they Effective? A Review Of The Literature*. Sudbury: HSE Books.

Rick, J., Thompson, L., Briner, R.B., Oregan, S. and Daniels, D.K. (2002). *Review of Existing Supporting Scientific Knowledge to Underpin Standard of Good Practice for Key Work-related Stressors: Phase I*. Sudbury: HSE Books.

Ross, R.R. and Altmaier, E.M. (1994) *Intervention in Occupational Stress*. London: Sage Publications.

Salas, E., Driskell, J.E. and Hughes, S. (1996) Introduction: The study of stress and human performance. In J. Driskell and E. Salas (eds.) *Stress and Performance* (pp. 1-46). Hillsdale, NJ: Lawrence Erlbaum.

Saunders, T., Driskell, J.E., Johnston, J. and Salas, E. (1996) The effect of stress inoculation training on anxiety and performance. *Journal of Occupational Health Psychology*, 1, 170-186.

Sauter, S.L., Murphy, L.R. and Hurrell, J.J. (1990) Prevention of work-related psychological disorders. *American Psychologist*, 45, 1146-1158.

Schnal, P.L., Landsbergis, P.A. and Baker, D. (1994) Job strain and cardiovascular disease. *Annual Review of Public Health*, 15, 381-411.

Sefton, A. (1992) Introduction to the first offshore installation management conference: Emergency command. Robert Gordon University, Aberdeen, April.

Smith, A. (1991) A review of the non-auditory effects of noise on health. *Work and Stress*, 5, 49-62.

Smith, A., Johal, S., Wadsworth, E., Smith, G. and Peters, T. (2000) *The Scale of Occupational Stress: The Bristol Stress and Health at Work Study*. Sudbury: HSE Books.

Tversky, A. and Kahneman, D. (1974) Judgement under uncertainty: Heuristics and biases. *Science*, 185, 1124-1131.

Weaver, J.L., Bowers, C. and Salas, E. (2001) Stress and teams: Performance effects and interventions. In P.A. Hancock and P.A. Desmond (eds.) *Stress, Workload, and Fatigue* (pp. 83-106). Mahwah, NJ: Lawrence Erlbaum Associates.

Winkler, R. (1980) Occupational stress in Western Australian Ambulance Officers. Paper presented at The 14th Convention of Ambulance Authorities, Perth, Australia, November.

Wyler, A., Masuda, M. and Holmes, T. (1968) Seriousness of illness scale. *Journal of Psychosomatic Research*, 11, 363-375.

Chapter 08

피로관리

8.1 정의

많은 고위험 산업은 매일 24시간, 주 7일의 조업을 필요로 하며, 이것은 필연적으로 정규 근무시간 외의 긴 교대근무 시간이 필요할 수 있다. 이러한 산업에서 사용하는 기계(예: 엔진, 펌프, 압축기)는 유지보수를 하지 않고도 몇 시간, 며칠 또는 몇 달 동안 가동할 수 있다. 그러나 이러한 시스템 내에는 지속적인 작동을 위해 특별히 설계되지 않은 구성요소인, 인간 운용자가 있다. 인간의 피로는 고위험 산업에 있어서 안전상의 중대한 관심사로 인식되고 있다(Rosekind et al., 1995). 눈꺼풀이 무겁고, 졸고, 비틀거리고, 집중하기 어렵고, 힘이 없고, 그리고 삶의 활력이 부족한 경험은 아마도 고위험 산업에서 일하는 모든 사람들이 경험했을 것이다. 하지만 연구원들은 놀랍게도 피로를 정의하기가 어렵다는 것을 발견했다.

Åkerstedt(2000)는 피로는 나른함, 졸음, 피곤함 등과 동의어라고 말한다. Cercarelli and Ryan(1996)은 피로는 업무능력의 저하와 주의력, 지각, 의사결정 및 숙련된 업무 수행의 감소를 수반한다고 말한다. 이번 장에서 피로는 Caldwell and Caldwell(2003)의 정의를 사용한다. 그들은 피로를 장시간의 업무, 수면이 없는 장시간, 또는 신체의 생물학적 주기나 24시간 주기리듬과 "동기하지 않는" 시간에 움직일 필요성으로 인하여 지쳐있는 상태로 정의한다'(p. 15). 안전이 중대한 많은 환경에서 작업자들은 장

시간 근무, 어려운 조건, 교대근무나 시차 등으로 인하여 피로를 관리해야 한다. '피로관리' 의 구성요소는 표 8.1과 같다.

표 8.1 피로관리의 요소

피로관리	· 피로의 원인 확인 · 피로의 영향 인식 · 대응전략 실행

본 장에서는 사고 원인조사에 있어서 피로의 중요성에 대한 연구를 요약하고, 수면상태 및 수면 조절방법을 서술하며, 교대근무의 최적화 방안, 업무에 종사하는 동안 피로수준을 감소할 수 있는 방법 및 피곤함에 대응하는 방법을 소개한다. 수면, 피로, 교대근무의 과학적 정보목록은 마지막에 제공한다.

8.2 피로와 사고

피로는 Three Mile Island와 Chernobyl 원자력발전소 사고(사례 8.1 참조), 그리고 Exxon Valdez호의 중유유출 같은 운송사고 등, 모든 산업계에 있어 주요 사고의 발생요인으로 연루되어 왔다(Coren, 1996; Maas, 1998). 우주왕복선 Challenger호 참사에 기여한 것으로 여겨지는 일련의 인적요인 중에는 수면부족, 과도한 교대근무,

사례 8.1 | 제어실에서 잠들다

1987년 3월, 원자력규제위원회(NRC)는 제어실 운용자들이 근무 중 자신들의 담당직무를 수행하지 않고 잠자는 것이 관찰되었다는 정보를 입수한 후, 미국 Pennsylvania 주에 있는 Peach Bottom 원자력발전소를 폐쇄했다.
교대근무 때 특히 밤 11시부터 아침 7시까지의 시간대에, 1명 이상의 제어실 직원이 근무 중 자거나 업무에 부주의 상태였다. 또한 교대근무 관리자와 기타 고위 관리자들도 이러한 행동을 알고도 묵인했거나, 또는 그들의 행동을 알고 이러한 상황을 해결하기 위해 조치를 취했어야 했다(US NRC, 1987). 제어실 운용자들의 부주의로 사고가 발생하지는 않았다고 하더라도, 직원들이 교대근무 중에 잠을 자는 바람에 Peach Bottom 원자력발전소는 2년 동안 폐쇄되었다.

생물학적 또는 24시간 주기리듬의 영향, 그리고 안전에 대한 염려에도 불구하고 우주왕복선을 발사하기로 결정한 사람들의 피로 등이 있었다(Hawkins, 1987).

운수사고 중, 원인으로 판명되어 방지 가능한 것으로 생각되는 최대 요소는 피로이다. 그 건수는 약물 또는 알코올 관련 사고를 능가한다(Åkerstedt, 2000). 항공업계에서는 민간항공사고의 4~7%(Kirsch, 1996), 그리고 군사항공사고의 4~25%(Caldwell et al., 2002; Ramsey and McGlohn, 1997)가 피로와 관련되어 있다고 추정된다. 상업항공편에서는 기장과 부기장이 모두 잠들어 버린 보고가 있다(예: 2007년 11월 6일부 Guardian). 해운업계에서는 선박사고의 16%, 부상사고의 35%를 피로가 관여하고 있다는 결론이다(Raby and Lee(2001)(예: 사례 8.2 참조. 어업분야에서 피로가 치명적 영향을 미친 사례).

사례 8.2 | 어부에게 주의 경고

영국운수성 해양사고조사본부에서 2명의 사망자가 발생한 FV Brothers호 침몰사고조사 후, 전국의 어부들에게 긴급 '주의 경보'를 발령했다. 2006년 6월 1일, 이 배는 Scottish 북서부 Eilean Trodday섬 암석에 빠른 속도로 충돌하여 침몰했다. 해양사고조사부 보고서(2007)는 '조타실에서 승조원 1명이 잠들어 본선이 예정된 어장을 지나 해안까지 항해한 것으로 추정했다. 두 명의 승조원 모두 장기간에 걸쳐 작업을 하면서, 짧고, 선잠만을 잔 탓에 피로가 누적되어 힘들어 했을 것이다. 또한 두 선원 모두 출항 전에 약간의 술도 마셨다.'

미국의 고속도로에서는 매년 10만 건의 충돌사고와 1,500명의 사망사고가 발생한다. 영국의 자동차운전자들을 대상으로 한 조사에서 Maycock(1995)은 고속도로에서 사고를 당한 운전자들 중 15%가 피곤함을 원인으로 꼽았다. 2001년, 영국의 고속도로에서 Land Rover 지프를 운전하던 남자가 잠이 들어 차량이 제방 아래로 떨어져 전차노선으로 추락했다. 결국 급행열차와 충돌하여 승객 10명이 사망했다. 호주에서는 Howarth et al.(1988)에 따르면, 트럭사고의 25~35%가 피로 때문이라고 추정한다. 8시간 교대근무시스템(오전, 오후, 야간)에서 보고된 5건의 사고를 분석한 결과, 오전근무자와 비교하여, 오후근무자는 15% 야간근무자는 28%나 부상위험이 더 높았다 (Spencer et al., 2006).

의료종사자들에게, 피로는 환자의 안전을 위협하는 위험으로 인식된다. 미국에서 레지던트(연수의)는 보통 24~36시간 동안 지속되는 비상대기근무를 하고, 일부는 주당 100~120시간을 근무한다(Rall and Gaba, 2005). 수련의를 대상으로 한 조사에서 41%가 피로를 가장 심각한 실수의 원인으로 보고했으며, 이러한 오류의 31%는 환자의 사망으로 이어졌다(Wu et al., 1991). 마찬가지로, 조사대상 마취 전문의와 마취 간호사의 61%도, 피로 때문에 마취제 투여에 오류가 있었다고 보고했다(Gravenstein et al., 1990). 유럽과 미국에서는 노동법 제정에 따라 의료종사자의 근무시간을 단축했으며, 이로 인하여 주의력 실패는 감소하였지만(Lockley et al., 2004), 장시간의 교대근무 및 비상대기근무는 생사를 다루는 중대한 업무를 수행하는 의사와 의료종사자에게는 여전히 피로한 상태에 놓여있다.

피로 측정

지난 세기 초, Muscio(1921)는 피로와 같은 현상을 정의하기 위해서, 유효하고 신뢰할 만한 측정도구가 필요하다고 주장했다. 그러나 거의 100년이 지난 지금도, 연구원들은 그러한 도구를 찾지 못했다. 피로의 생화학적 지표가 존재하지 않기 때문에, 연구원들은 다른 주관적, 행동적, 생리적 또는 인지적 기법을 사용하여 피로의 수준을 추정해야 한다.

피로를 측정하는 주관적인 방법 중에, 사람들이 얼마나 피곤하고 졸음이 오는 것을 느끼는지를 확인하는 방법이 포함된다. Epworth의 졸음지수(Johns, 1991)와 같은 표준화된 도구는 텔레비전을 볼 때나 교통신호대기 중 몇 분간 앉아서 대기 중에 느끼는 피로의 수준 등에 관한 질문항목들로 구성되어 있다. Stanford 졸음지수는 하루 중 지정한 시간대에 어느 정도의 자각감을 느끼는지 물어본다(Hoddes et al., 1972). 이러한 평가척도로부터 졸음의 수치지표를 얻을 수 있다. 주관적인 방법의 장점은 관리하기 쉽다는 것이다. 그러나 나중에 논의되지만, 사람들은 자신의 피로 수준을 판단하는데 필연적으로 능숙하지 않기 때문에, 주관적 측정방법을 과소평가할 수도 있다.

행동적인 방법은 하품, 마이크로수면(깨어 있을 때 스스로 제어 못하고 순간적으로 잠드는 것)(Caldwell and Caldwell, 2003), 무거운 눈꺼풀 또는 사회적 상호작용의 감소와 같은 졸음 징후를 찾는 것이다. 행동측정의 어려움은 정량화하기 어렵고, 자극적인 환경에 가려질 수 있다는 것이다.

다중수면잠복기검사(MSLT)는 주간의 졸음을 평가하기 위해 표준화된 생리학적 방법이다. 이 측정은 수면을 유도하는 환경 하에서 개인이 잠드는 데 소요되는 시간을 뇌파로 측정한다. 잠드는 데 소요시간은 10~20분이 보통이고, 5~10분 소요되는 것은 졸음의 정도가 가볍거나 중간 정도이며, 5분 미만은 심각한 졸음을 나타낸다. Howard et al.(2002년)은 11명의 마취과 연수의들을 상대로 MSLT 테스트를 실시했으며, 낮 교대시간 중에 잠드는 시간은 평균 6.7분이 걸렸고, 숙식을 포함하여 24시간 비상대기근무가 끝난 후에는 잠드는 데 평균 4.9분이 걸렸다.

연구자들은 표준적인 인지테스트를 이용하여 피로수준을 추론할 수도 있다. 그것은 경계심, 계산, 언어의 유창함, 반응시간 등으로 인지테스트를 이용하여 기본수준의 수행능력과 수면이 부족할 때의 수행을 비교한다. 그러나 피로에 대처하는 개인과 팀이 피로를 관리하는 능력에, 동기부여가 큰 영향을 미친다는 것은 짚고 넘어갈만한 가치가 있다. 지루하고 장시간 지속되는 업무에서 발견되는 수행 저하는 업무를 잘 수행하려는 의식의 상실 때문이라는 의견이 제기되었다. Johnson and Naitoh(1974)는 고도로 동기부여된 군대의 수행에 있어서, 60시간미만의 장시간 수면손실이 수행에 미치는 영향은 예측하기 어렵다고 밝혔다. 따라서 실험실 테스트는 실제 현장의 수행과는 다를 수 있다.

피로의 원인과 영향

피로의 원인으로는 수면부족과 장시간의 근무가 포함된다는 것이 분명하다. 스트레스, 극한 온도, 소음(>80dB), 육체노동 및 진동과 같은 요소들은 모두 피로를 유발한다. 또한 일이 지루할수록 피로의 영향을 받기 쉽다. 시뮬레이터에 의한 자동차운전 작업의 피로연구에 따르면, 사람들이 코너 운전보다 직선구간의 운전 시 졸음이 올 가능성이 더 높았다(Caldwell and Caldwell, 2003). 피로는 인지적 수행, 운동능력, 의사소통과 사회성에 해로운 영향을 미치는 것으로 나타났다. 이러한 유해성에 대한 근거는 표 8.2에 요약되어 있다.

인지. 하룻밤을 새면 인식적 수행능력이 25% 감소하고, 이틀 밤을 새면 기준치의 거의 40%까지 떨어질 수 있다(Krueger, 1989). Bandaret et al.(1981)은 36시간의 지속적인 작업 후, 군인들이 중요한 작업에 집중하지 못하게 되고 이전에는 더 빨리했던 작업들이 더 오래 걸린다는 것을 발견했다. Samkoff and Jacques(1991)는 수면이 부족한 젊은 의사들은 위기나 다른 새로운 상황에서도 효과적으로 대처할 수 있다고 했지만, 그들도 일상적이고 반복적인 작업이나 지속적인 경계심이 필요한 작업은 오류가 발생할 가능성이 높다.

표 8.2 피로의 영향 요약

사고(인지)
- 혁신적 사고와 유연한 의사결정에 부정적인 영향
- 예기치 못한 급격한 변화에 대처할 수 있는 능력저하
- 새로운 정보를 알게 되었을 때 계획을 조정할 능력저하
- 고정적인 사고방식이나 이전의 해결책을 적용하는 경향
- 낮은 수준의 수행을 허용

운동기능
- 협조동작 저하
- 타이밍 저하

의사소통
- 정확한 단어를 찾아 전달하기 어려움
- 표현력 저하

사회성
- 소극적으로 됨
- 자신의 실수에 더 많은 관용
- 타인에게 덜 관대함
- 작은 과제를 무시함
- 대화 가능성 감소
- 점점 더 민감해짐
- 불편함으로 주의산만 증가

운동기능. Dawson and Reid(1997)는 컴퓨터기반의 트래킹작업을 이용하여 피로 및 알코올 섭취가 수행에 미치는 영향을 비교했다. 그들은 하룻밤의 수면부족이 현재 허용되는 상한선의 음주상태 수준보다 더 큰 수행저하를 유발한다는 것을 보여주었다. 정신운동성 직무(Psychomotor tasks)에 있어서, 2시간의 수면부족은 맥주 2~3병을 마시는 것과 동등한 정도의 수행저하를 초래한다(표 8.3 참조).

표 8.3 수면부족과 음주량 간의 비교(Roehrs et al., 2003)

수면손실(시간)	동등 양의 미국산 맥주(12oz, 355ml 기준)
8	10~11
6	7~8
4	5~6
2	2~3

의사소통. 수면부족은 의사소통에 해로운 영향을 미친다는 것이 밝혀졌다. 4명의 폭격기 조종사를 대상으로 한 연구에서 36시간 동안의 훈련 후 음성과 억양이 작아지고 말하는 속도가 느려진 것으로 밝혀졌다(Whitmore and Fisher, 1996). 더욱이, May and Klein(1987)은 수면부족인 군인들에게서 언어능력과 단어검색의 어려움을 발견했다.

사회성. 통상적인 사회적 관습에 무관심, 어리광, 성급함, 과민성, 부적절한 대인관계 행동 등에 대한 주의부족은 수면부족 연구에 참여한 개인들에 의해 일화로 보고되었다(Horne,1993). 19건의 연구를 분석한 결과, Pilcher and Huffcutt(1996)는 인간의 감정은 인지적 또는 운동적 수행보다 수면부족의 영향을 더 받는다는 것을 발견했다.

스트레스와 마찬가지로(제7장 참조), 사람들은 사고로 이어질 수 있는 피로수준으로 고통 받고 있다는 것을 스스로 인식하지 못할 수도 있다. 실례를 들면, Helmreich and Merritt(1998)는 조사한 의사들의 60% 이상이, '나는 피곤함에도 불구하고 중요한 수술을 실질적으로 잘 수행한다'는 의견에 동의했다고 한다. 자기 자신이나 다른 팀원들이 피로를 나타내는 가장 명백한 징후는 직무수행의 저하이다. 예를 들어, 운전할 때 위험한 추월시도의 빈도는 주행시간이 늘어남에 따라 증가한다(Brown et al., 1970). 그럼에도 불구하고, 사람들은 일에 더 집중하려는 노력에 의해 피로의 영향을 완화하는데 능숙해질 수 있다(Mackie and Miller, 1978). Petrilli et al.(2006)의 최근 연구는 장거리 비행승무원이 태평양 횡단비행 후 의사결정 능력과 휴식을 취한 승무원과 비교했다. 그 결과, 피곤한 승무원들이 더 많은 의사소통을 하거나, 추가점검 등과 같은 방어행동은 하지만, 더 많은 의사결정의 실수를 일으킨다는 것을 발견했다.

8.3 피로회복: 수면

피로회복의 유일한 방법은 수면을 통해서이다. 잠에 대한 욕구는 갈증이나 배고픔 같은 생리적 욕구이다. 수면이 많이 부족한 사람은 실제로 환각을 경험한다(사례 8.3

참조). 잠을 재우지 않은 쥐들은 결국은 죽는다. 쥐의 수면부족에 대한 연구에서 Everson et al.(1989)은 해부학적으로는 사망원인을 발견하지 못했다. 모든 쥐들은 음식섭취 증가에도 불구하고, 쇠약한 외모, 꼬리와 발에 병변이 일어났고, 체중감소를 보였다. 이 연구는 수면이 필수적이라는 것을 보여준다. 개별적으로 하룻밤에 필요한 잠은 4~10시간 범위이다. Margaret Thatcher는 11년간의 영국수상 재임기간 중 하룻밤에 단 4시간의 수면만을 취한 것으로 유명하다. 하지만 평균적으로, 성인들은 하루에 7~8시간의 수면을 필요로 하며, 계속되는 수면부족을 통해 잠을 적게 잘 수 있도록 훈련시킬 수 있다는 연구결과는 존재하지 않는다.

사례 8.3 | 수면부족 기록 시도

1959년 1월, 32세의 뉴욕 DJ인 Peter Tripp는 200시간(약 8일)동안 깨어 있었다. Tripp는 처음부터 깨어 있으려고 분투해야 했다. 48시간이 경과 후 그는 시각적 환각을 느끼기 시작했다(예: 신발 안에 거미줄이 있다고 했다). 100시간 경과 후에는 간단한 인지테스트조차 힘들어 했으며, 시각적 환각은 점점 악화되었다. 그는 자신을 관찰하고 있는 과학자들 중 한명이 입은 정장이 꿈틀거리는 지렁이 같았다고 했다.

170시간이 지나자 Tripp는 자신이 누구인지 확신이 없었고, 자신의 신원을 자주 확인했다. 그는 깨어 있는 것처럼 행동했지만 뇌파패턴은 마치 잠든 것과 같았다. 200시간 후, 그의 환각과 현실이 합쳐졌고, 자신을 관찰하고 있는 의사와 연구원들 간 그가 음모의 희생자라고 생각했다(Luce, 1966).

비록 사람들이 며칠 밤은 평상시보다 적은 수면을 취할 수 있지만, 수면부족이 누적되면, 특히 동기부여가 낮은 작업을 하는 사람들에게서, 수행은 수면부족과 비례하여 저하된다(Gawron et al, 2001). 그러나 수면부족 기간 후에도, 하루나 이틀 밤만 충분히 자면 통상의 각성상태로 돌아올 수 있다.

수면 단계

수면에는 5단계로 나눌 수 있는 다양한 종류의 수면이 있으며, 이는 전형적으로 하룻밤 동안 반복된다(그림 8.1 참조).

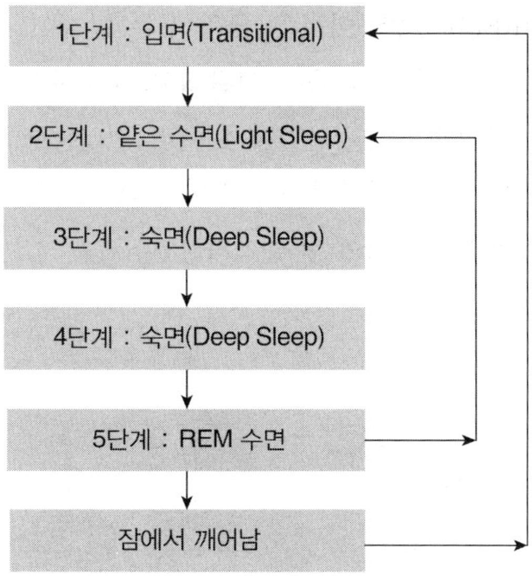

그림 8.1 수면 단계

1단계: 입면. 이것은 첫 번째 수면단계이고 5~10분 정도 지속될 수 있다. 잠과 깨어 있는 사이의 이행기이며, 여전히 주변 환경의 움직임에 대한 의식이 남아 있을 수 있다. 의식과 수면 사이의 과도기(Hypnogogia) 단계로 부르며, 이 단계에는 이미지나 가벼운 환각 경험이 있을 수 있다(Mavromatis, 1987). 운전 중 핸들을 잡고 잠드는 것과 같은 단계이며, 종종 마이크로수면이라고도 한다. 마이크로수면 단계는 몇 초에서 1분까지 지속될 수 있다.

2단계: 얕은 수면. 이 단계는 10~20분 지속된다. 2단계에서는 호흡과 심박수가 느려지고 체온도 약간 떨어진다. 뇌파는 느려지고 때때로 수면방추파(Sleep spindles)라고 불리는 빠른 뇌파가 나타나기도 한다.

3·4단계: 숙면. 이 두 단계는 숙면 단계이며 30분 정도 지속되는 경향이 있다. 근육활동은 제한되고, 뇌는 느린 델타파를 만들어 낸다. 이 수면단계에서 깨우면 정신이 혼미하여 제대로 정신이 드는데 몇 분이 걸릴 수도 있다. 이렇게 정신이 혼미한 상태(또는 수면관성(Sleep inertia))는 더 오래 지속될 수도 있다(최장 20~30분). 그러나 Rosekind et al.(1995)은 긴급상황에서는 아드레날린 효과에 따라 수면관성의 부정적 영향은 빠르게 관리할 수 있다고 밝힌다.

5단계: 급속안구운동(REM) 수면. 이것은 꿈을 꾸는 단계이다. 눈을 감은 채 안구가 빠르게 움직이는 것이 특징이다. 근육은 이완되고, 심박수와 뇌파는 빨라지며, 호흡은 빠르고 얕아진다. 통상적인 밤 수면에는 여러 번 REM수면 기간이 있다. 최초 기간은 짧지만(5~10분), 밤이 깊어질수록 길어진다(그림 8.2 참조). REM수면이 기억 저장에 특히 중요하다는 주장에는 증거가 있다.

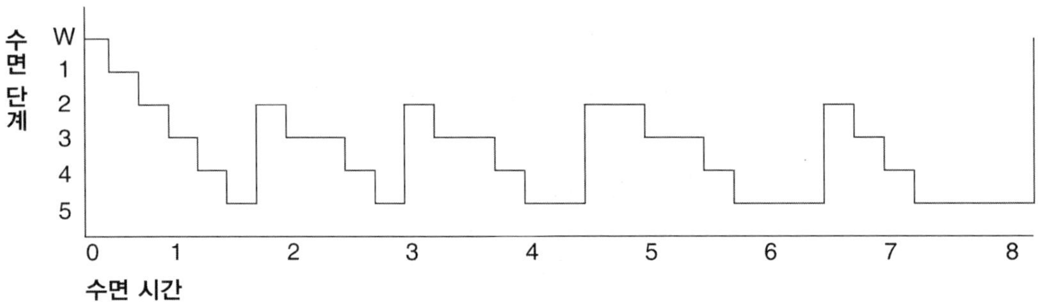

그림 8.2 전형적인 수면주기

5단계 이후, 2단계로 되돌아가고, 3·4단계를 반복하고 다시 REM수면으로 되돌아간다(그림 8.2 참조). 대부분의 서파수면은 야간수면의 시작 단계에서 발생하며, 후반에는 REM수면이 더 많아진다(단, 낮잠을 잘 경우 대부분의 REM수면은 수면주기의 시작 단계에서 그리고 3·4단계의 수면은 후반기에 발생한다). 그러나 수면부족이 심각한 경우, REM수면은 수면시간의 후반에 나타나며, 3·4단계의 수면이 수면시간의 대부분을 차지한다(Caldwell and Caldwell, 2003). REM수면이 야간수면의 최후 기간을 차지하므로, 많은 사람들이 꿈을 기억하는 이유이다.

8.4 수면 조정

수면 항상성과 생물학적 주기리듬은 우리가 정신이 맑을 때와 지치고 피곤함을 느낄 때 조절된다. 이 두 과정은 피로와 수행의 조절에 대해 다루는 많은 모델의 중심에 있다(Achermann, 2004). 피로수준에 영향을 미치는 다른 요인들도 있다(예: 전날 밤 수면의 질, 활동수준, 수행 중인 작업에 대한 관심수준, 조명). 그럼에도 불구하고,

수면 항상성과 생물학적 주기리듬은 우리의 각성수준에 영향을 미치는 가장 강력한 요인들이다.

수면 항상성(Sleep Homeostasis)

수면 항상성은 마지막 수면기간 후 깨어 있는 시간의 양이다. 16시간 동안 잠을 자지 않았다면, 그 작업자는 한 시간 전에 낮잠을 자고 일어났을 때보다 분명히 더 피곤함을 느낄 것이다. 관련된 요인은 장시간에 걸쳐 최적상태라고 말할 수 없는 수면시간의 누적효과이다. 이틀 밤을 4시간씩 밖에 잠을 자지 못했다면 '병리학적' 수준의 졸음을 유발한다. 회복수면 기간은 각성도가 '정상' 수준으로 복귀하기 위해서 필수적이다. 7일간 매일 밤 단 5시간의 수면을 취한 후, 하루 밤을 꼬박자고 그 다음날 낮잠을 잔 이후에야 졸음과 피로가 정상수준으로 돌아왔다(Carsakadon and Dement, 1981).

생물학적 주기리듬(Circadian rhythm)

생물학적 주기리듬은 동식물에 있어서 대략 24시간의 주기성을 갖는 생물학적인 과정을 조절하는 일명 '체내 시계'라는 것이다. 체내의 생리적 과정은 하루 종일 일정하지는 않지만, 리듬과 주기가 있다. 인지적·정신운동적인 수행이나 생리적 활동(예: 소화, 면역기능, 체온)(그림 8.3 참조), 및 각성도나 기분은 생물학적 주기 패턴이 있다. 심지어 출생과 사망까지도, 심야에 절정에 달하는 생물학적 주기 패턴을 갖고 있다(Kriger et al., 1994).

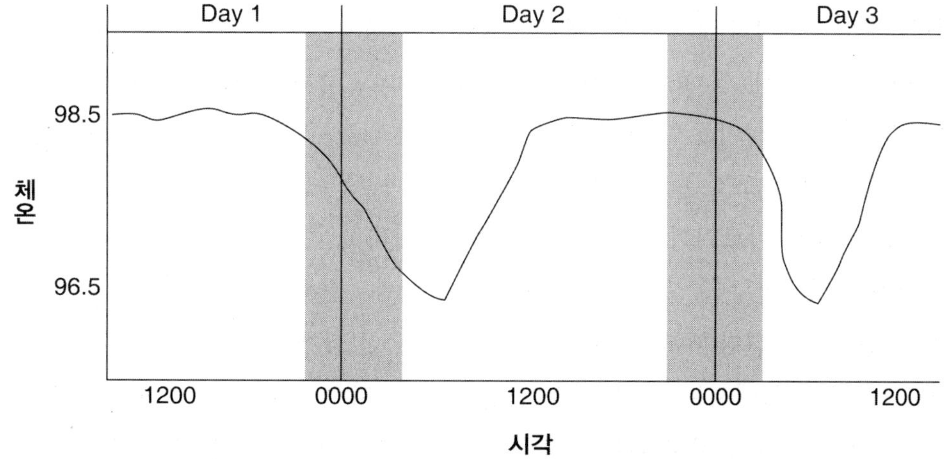

그림 8.3 전형적인 심부체온의 생물학적 주기

실험실 연구에서는 지원자들에게 어떠한 시간적 징후도 주지 않고, 일광과 같은 외부 신호들이 없는 '자유상태(Free run)'로 두면, 생물학적 주기가 실제로 24시간보다 약간 더 길다는 것을 보여 주었다(Czeisler et al., 1982). 생물학적 주기는 두 단계로 나뉜다. 즉, 각성도(Alertness)는 12~21시(통상 16시경) 사이에 최고점에 달하고, 03~06시 사이에 최저로 떨어진다. 교통사고나 산업사고의 증거에서 알 수 있듯이 수행이 가장 낮은 이른 아침시간에(01~06시 사이) 일어나는 경향이 있다. 특히 고령운전자의 경우, 13~17시 사이에 2차 사고의 최고점으로 나타났다(Langlois et al., 1985).

생물학적 주기는 개인적인 차이가 있다. '아침형-저녁형' 설문지는 그 개인이 활동적이고 경계심이 높은 시각이 언제인지를 정량화하기 위해 널리 사용되어 왔다(Horne and Ostberg, 1976). 10명 중 1명은 본능적으로 아침에 일찍 일어나는 것을 좋아하는 아침형 인간('종달새')이고, 10명 중 2명은 밤새 깨어 있는 것을 즐기는 '올빼미'형 인간이다(Smolensky and Lamberg, 2000). 나머지는 이 양극단 사이 어딘가에 있다. 그러므로 올빼미형 인간은 종달새형보다 밤에 일하는 것이 더 적합하다고 할 수 있다.

시차증(Jet lag)

우리 내부의 생물학적 주기는 환경으로부터 오는 외부 신호들과 동조하지 않을 때 생물학적 주기는 혼란하게 된다. 가장 많은 영향요인은 이 많은 것은 낮과 밤의 명·암 사이클이다. 이러한 혼란은 교대근무(특히 야간근무)나 표준시간대를 횡단할 때(시차증) 발생한다. 그 영향으로 우리는 잠을 자는데 어려움을 겪거나 너무 일찍 일어나게 된다. 그림 8.3에서 볼 수 있듯이 여행자가 London에서 Los Angeles까지 비행할 경우(-8시간의 시차), London 시간 오전 11시, Los Angeles시간 새벽 3시에, 생물학적 주기가 최고점에 이르기 때문에 처음 며칠 동안은 매우 일찍 일어나게 된다.

생물학적 주기의 조정은 간단하지 않으며, 교대근무나 시차로 인해 변화한 새로운 수면/기상 주기에 이르기까지 며칠이 걸릴 수 있다. 일반적으로 시차증의 영향은 더 큰 시간대를 여행할수록, 동쪽을 향해 이동할수록, 젊은 사람들 보다 고령자일수록 더 많은 영향을 느낀다(Waterhouse et al., 1997). 경험에 의하면, 각 시간대 1시간의 차이에 적응하기 위해서는 약 24시간이 걸린다. 따라서 다른 시간대에서 수일만을 보내야 하는 경우에는 현지시간대에 적응하기보다, 원래의 시간대에 자신의 일정을 맞추는 것을 추천한다. 시차증을 예방하고 대처하기 위한 다른 방법으로써, O'Connell (1998)과 본장의 피로대책 부분에서 찾아볼 수 있다.

8.5 교대근무

24시간제 운용은 운송, 제조, 생산, 의료 및 군대 등의 많은 조직에서 보편적인 특징이다. Taylor et al.(1997)에 따르면, 제조업 직원의 약 20~25%가 교대근무자라고 한다. 교대근무에 적응하는 능력은 개인적 차이가 있다. 수면장해 경험자, 50세 이상의 자, 위장장해의 병력이 있거나 일찍 일어나는 것을 선호하는 사람들이, 야간근무에 적응하는 것은 어려움이 있다(Monk, 1990). 보통과는 다른 시간대에 잠을 자고, 졸음을 관리하는 능력은 교대근무의 내성(Tolerance)과 관련이 있다(Costa et al., 1989). Knauth and Hornberger(2003)는 교대근무자의 복지를 최적화하고, 교대근무가 수행과 각성도에 미치는 영향을 완화하기 위해 취할 수 있는 여러 대책을 확인했다. 교대근무자를 위한 예방·보상 대책은 아래에 서술한다.

교대시스템의 인간공학적 설계

이상적인 교대시스템은 존재하지 않는다. 단점 없는 시스템은 없기 때문에 '가장 덜 나쁜(Least worst)' 시스템을 선택하는 것이다. 교대근무제를 이용할 경우, 교대근무의 방향 및 주기, 교대기간, 교대조 전환시점, 그리고 교대간 휴식시간 등과 관련하여 여러 가지 권장사항을 제시할 수 있다.

- **교대근무의 방향 및 주기** : 순방향(아침 → 저녁 → 밤) 교대는 역방향(밤 → 저녁 → 아침) 교대보다 피로가 적다. 앞에서 설명한 것처럼, 생물학적 주기는 24시간보다 약간 더 긴 주기로 움직이므로, 신체적으로 순방향 교대를 선호한다.
  교대의 주기는 0(고정 교대)부터, 느린 교대(3~4주), 빠른 교대(2~3일마다) 등 다양할 수 있다. 최악의 교대 주기는 4~7일간 야근 후 바로 주간 근무로 교대하는 것이다. 이것은 생물학적 리듬이 붕괴되고, 적응할 만하면 다시 방해받기 시작한다. 야근에 완전히 적응한 사람들을 고용함으로써 고정 야간근무 팀을 운용하는 것이 이상적인 해결책으로 보일 수도 있다. 하지만, 야간을 계속적으로 하는 것은 야간근무자들이 친구나 가족과의 접촉을 최소화하여, 정신 건강상 해로울 수 있고, '올빼미형' 사람들이나 받아들일 수 있을 것이다. Spencer et al.(2006)은 고정 야간근무자들의 생물학적 리듬 적용을 조사한 6건의 연구를 검토했다. 이들 중 단지 7%의 작업자만이 적응하고 있었다는 결론을 내렸으며, 29%는 야간의 업무수행에 도움이 되는 최소한의 조정을 한 증거를 보였다.

Wedderburn(1991)은 생물학적 리듬의 혼란을 최소화하기 위해 연속하는 야간교대 작업을 가능한 한 적은 횟수(이상적으로는 1일)로 수행하는 것이 바람직하다고 제안한다. 그러나 느린 교대는 작업자의 생물학적 리듬도 일정에 적응할 수 있다. 빠르거나 느린 교대 중 어떤 주기가 최선인지는 수행하는 작업의 유형에 따라 달라진다. 빠른 교대는 야간근무자들이 부분적으로 수면손실의 어려움 때문에 적응하지 못하는 사람들이 배치되어 있다는 것을 의미한다. 따라서 이러한 상황에서는 야간근무 중 위험성이 높고 부담스러운 작업을 피하는 것이 바람직하다. 그 대신, 야간근무 중에 높은 작업속도가 필요한 경우는 안전성과 생산성 측면에서 느린 교대가 바람직하다.

- **교대근무의 교대시간** : 24시간 조업운용은 통상 2~3교대로 진행된다. 3교대제에서 주간근무는 오전 5시~8시경 시작하여 오후 2시~6시경에 종료한다. 저녁근무는 오후 2시~6시경 시작해서 밤 10시~새벽 2시경 종료한다. 야간근무는 밤 10시~새벽 2시경에 시작하여 새벽 5시~오전 8시경에 종료한다(Rosa and Colligan, 1997). Knauth and Hornberger(2003)는 수면시간을 극대화하기 위해 주간근무가 너무 일찍 시작되지 않도록(오전 6시가 5시보다 좋다) 권고하고 있다. 저녁근무도 종료시간을 너무 늦지 않도록 하며(밤 10시가 11시보다 좋다), 사회적 교제시간을 늘리고 수면시간을 극대화하기 위해 주말에는 더 일찍 끝나야 한다. 끝으로, 야간근무도 수면시간을 늘리기 위해 가능한 빨리 끝나야 한다. 이것으로 알 수 있듯이 다른 교대시간에 부정적인 영향을 미치지 않고, 특정한 교대근무의 시간설정을 개선하는 것은 불가능하다.

- **교대근무 간 비근로시간(Time off)** : Knauth and Hornberger(2003)는 교대근무 간 충분한 비근로시간(최소 11시간 휴식)을 갖고, 최대 5~7일 간의 근무를 권장한다. 연구에 따르면, 교대근무 간 시간이 짧을수록 수면시간이 줄어든다고 한다(Kurumatani et al., 1994). 해양석유산업에서의 사고는 연속된 장기간의 업무(14~21일)로 인한 피로가 한 가지 요인으로 나타났다. 해양석유산업의 사고발생률 관련하여 Connolly(1997)가 수행한 연구에 대해 Miles(1999)는 해상 근무일수가 증가함에 따라 모든 사고건수 중 중상사고의 발생률도 증가한다고 서술했다. Knauth(1995)는 연속적인 야간근무에서 사고와 오류가 증가하는 것을 보여주는 몇 가지 연구를 요약했다. Spencer et al.(2006)은 최소 4일 간의 연속적인 야간근무 중에 발생한 사고와 부상에 관한 7건의 연구를 조사했다. 그 결과, 첫째 날과 비교하여 부상위험은 평균적으로 둘째 날이 6%, 셋째 날이 17%, 넷째 날은 36% 정도 더 높았다.

- **교대근무시간** : 안전성과 생산성 측면에서 최상의 교대근무시간에 대한 유력한 증거는 아직 없다. Knauth and Hornberger(2003)는 많은 연구결과를 발표했는데 8시간과 9시간, 혹은 10시간과 12시간 이상의 근무시간을 비교한 결과 상반된 결과가 나왔다고 한다. Dembe et al.(2005)은 하루에 최소 12시간을 일하면 위험률이 37% 증가하며, 주당 최소 60시간을 일하면 위험률은 23% 증가한다는 것을 알아냈다. Tucker et al.(1996)은 화학산업에 종사하는 두 그룹을 비교했다. 한 그룹은 12시간 교대근무로 일하고, 다른 그룹은 8시간 교대근무로 일을 한다. 특정 시간대의 각성도 수준을 제외하면, 8시간 교대근무자에 비해 12시간 교대근무자들에게 유리한 점을 시사했지만, 두 그룹 간 대부분의 결과에서는 다르지 않았다. 따라서 교대근무의 설계에서는 근무지속시간보다 다른 요소들이 더 중요한 것으로 나타났다.

인간공학적 교대근무제 설계에 대한 권장사항은 표 8.4와 같이 요약된다.

표 8.4 인간공학적 교대근무제 설계의 권장사항 요약

교대 방향	순방향 교대
교대 주기	활동유형에 따라 빠르거나 느리게 조정한다.
교대 시간	오전교대: 너무 일찍 시작하지 않도록 한다. 저녁교대: 너무 늦게 끝나지 않도록 한다. 야간교대: 가능한 한 일찍 끝나도록 한다.
교대 간 비근로시간	연속근무일수는 최대 5~7일, 교대 간 최소 11시간을 휴식한다.
교대근무시간	명확한 권장사항이 없다.

교대근무자 참여

Knauth and Hornberger(2003)는 교대제는 조직의 목표와 작업자들의 희망사항을 협의·조정하여 설계할 것을 권고한다. 새로운 교대근무 일정, 변경을 주도하는 사람들의 주장, 변경의 효과적 관리, 회사측과 작업자측에 새로운 일정에 대한 영향평가, 새로운 근무시간에 적응할 수 있는 시간 등에 있어서 작업자들의 참여, 새로운 일정에 관한 정보 및 의사소통이 필요하다. Duchon et al.(1994)은 금속광산 작업자들이 8시간 근무와 비교해 12시간 교대근무를 지지한 것으로 파악했다. 긍정적인 영향은 결근율, 사기, 건강, 스트레스, 식습관, 가족생활, 그리고 수면의 양과 질에 있었다.

교대근무 조건, 건강 및 행동자원

Rosa(1995)는 교대근무를 하는 각 개인의 배치와 업무부담 수준에 관심을 기울여야 한다고 지적한다. 조명, 휴식, 운동, 낮잠, 식사의 종류와 빈도 등의 다른 요인들에 대하여는 피로대책의 절에서 자세히 논의된다. 장기간에 걸친 교대근무는 순환기, 정신병리, 만성피로, 위장장해 등과 관련이 있다(Monk and Folkard, 1992; Smith et al., 2003). 교대근무제, 특히 심야근부는 부녀자들에게 위험을 줄 수 있다는 증거가 증가하고 있다. 교대근무제에 종사하고 있는 임산부들의 구체적인 건강상 영향으로는 자연유산, 저체중아 출산, 조산의 증가 등이 포함된다(Harrington, 2001). 유방암과 교대근무 간의 연관성에 대한 조사에서 Swerdlow(2003)는 관련성의 증거가 눈에 띄지만 확실하지는 않다고 말한다. 따라서 작업자들이 교대근무와 관련된 건강문제를 겪을 수 있다는 일관된 증거는 있지만, 예를 들어 Nicholson and D'Auria(1999)의 연구에서와 같이 질병 발병률이 통계적으로 모든 연구에서 증가한 것은 아니다.

건강관리

위에서 서술한 것처럼, 몇몇 연구자들은 장기간에 걸친 교대제 근무는 건강에 영향을 미치는 관련성이 있다고 믿는다. Knauth and Hornberger(2003)는 이러한 문제를 해결하기 위해서는 기업 측에서 교대근무자들의 건강상태를 감시하여 문제를 조기에 파악해야 한다고 제안한다. 또한 기업 의료진은 수면장해 및 교대근무 적응부전증후군에 대한 최근의 연구에 대한 지식을 갖고 있어야 한다(야근 또는 교대근무의 빈번한 변경과 관련하여 발생하는 주로 잠을 자야 하는 시간대의 수면부족이나 깨어 있어야 할 시간대의 과도한 졸음; American Psychiatric Association, 2000).

통근

12시간의 야간근무 후에 작업자는 당연히 피곤할 것이고, 퇴근할 때 직접 운전을 해야만 한다면 피로가 집중력에 영향을 미치게 된다. Hornberger and Knauth(2003)는 교대 근무자들이 귀가 시 피로로 인한 교통사고를 막기 위해 고려할 수 있는 다양한 대책을 요약했다. 그들은 기업에서 직원들을 집에 데려다주는 카풀제도나, 귀가 전 잠깐 잠잘 수 있는 장소를 제공해야 한다고 제안한다. 또한 교대근무자들은 차 실내온도를 시원하게 유지하고, 라디오를 켜고, 통근로를 바꾸어 운행하며, 대중교통을 이용하고, 직장 근처에 살아야 한다고 지적한다.

집에서의 수면

야간근무자들은 다른 교대근무자들보다 수면의 질적, 양적 수준이 낮다고 보고한다. 야간근무자들에게 흔히 발생하는 수면문제는 잠드는 데 어려움, 수면장애, 저절로 너무 일찍 잠을 깨는 것 등이다. 야간근무일 때 주간근무와 비교하여 수면시간이 최대 25%까지도 줄어들 수 있다는 데이터가 있다. 혼자서 살지 않는 한, 낮에 집에서 자는 또 다른 문제는 다른 가족이나 동거인, 그리고 세상의 대다수가 야간근무를 하지 않기 때문에, 수면에 방해받을 수 있다. 충분한 수면위생을 확립하기 위한 조치를 취해야 한다(피로대책 부분 참조).

가족 및 사회적 지원

교대근무제의 중요한 문제점 중 하나는 저녁, 야간 또는 주말근무를 할 때 가족이나 친구들과의 사회적 접촉이 부족하데 된다는 것이다. Knauth and Hornberger (2003)는 가족계획 달력을 활용하여 다른 가족구성원의 예정계획에 관심도 갖고, 가족회의를 열고, 배우자와 단둘이 있을 시간과, 교대근무를 하는 다른 직원들의 가족을 만나는 계획도 만들 것을 추천한다.

8.6 피로대책

피로대책은 모든 작업자에게 적절한 수면을 취할 수 있도록 설계 되었으며, 교대근무자나 여행자들을 위해 생물학적 주기에 적응을 최적화한 기법이다. 수면의 질과 근무 중 맑은 정신을 유지하기 위한 8가지 대책을 아래에 논의한다. 또한 피로대책과 수면의 질 개선방법에 대한 상세한 내용은 Horne(2006), Maas(1998) 및 항공관제사용으로 설계된 Eurocontrol의 피로와 수면관리 매뉴얼을 참조 바란다(제8장 끝 website 게재).

교육

미국 노동부는 2700만 명이 넘는 관리직과 전문직 작업자 중 야간근무는 1.3%, 저녁근무는 1.7%에 불과하다고 밝혔다. 따라서 관리직에 있는 사람들은 교대근무 경험이 거의 없기 때문에, 교대근무와 관련된 어려움을 이해하지 못한다. 교대근무가 수행력과 각성도에 미치는 영향, 다양한 교대 주기의 이점, 수면부족의 영향, 생물학적 주기의 장해와 피로완화를 위한 해결책 등에 대해 관리자와 교대근무자 모두를 교육할 필요가 있다.

수면위생

수면위생이란 수면의 시간과 질을 향상시키는 행위를 말한다. 잠자기 좋은 환경이 있다는 것은 중요하다. 방은 조용하며 어둡고 시원해야 한다. 침대가 편안한 것 또한 중요하다. 사람들은 잠자기 전에 휴식을 취하려고 노력해야 하고, 잠자리에 들기 몇 시간 전에는 심한 운동, 다량의 음식섭취, 카페인, 술 그리고 선잠 등은 피해야 한다.

휴식

Vernon(1920)은 제1차 세계대전 중에 군수공장 노동자들을 연구했고 그들이 매주 60시간 이상 정기적으로 일했다는 조사결과를 얻었다. 주당 50~55시간으로 단축되었을 때 생산성은 증가했고, 10분간 휴식제가 도입되면서 생산량은 더욱 증가했다. 이러한 견해는 다른 많은 연구에서 재검증되었다. 따라서 휴식시간은 피로의 영향을 줄이는 효과적인 방법으로 보인다. 참고가 될 만한 다른 방법들은 순환근무(Rotating duties), 팀원들과 대화 나누기, 일에 전념하고 지루함을 막기 위해 돌아다니기, 등이 있다. 자세를 바꾸는 것도 도움이 될 수 있다. 예를 들어, 장시간 앉아있는 것보다 서서 일을 하거나, 각성도를 유지하기 위해 짧은 시간동안 가벼운 운동도 효과가 있다.

낮잠(Napping)

낮잠은 피로를 줄이는 효과적인 방법이다. 심지어 10분 정도의 짧은 낮잠도 기능을 향상시킬 수 있다. 다른 많은 직종에서는 허용되지 않지만, 미 해군은 장시간 지속적인 작전 중에는 항공사령관이 낮잠을 격려하며, 경우에 따라서는 권한의 위임을 추천한다(Naval Strike and Air Warfare Center, 2000). Caldwell and Caldwell(2003)은 효과적인 낮잠을 위한 다양한 권장사항을 제시한다.

1. 낮잠시간은 생물학적 주기에 따른다. 가장 좋은 낮잠시간은 생물학적 주기 중에 자연적으로 잠깐 선잠자고 싶은 때이다. 따라서 야간근무 중 선잠을 잘 수 있는 좋은 시간은 01~06시, 주간근무는 14~16시 사이가 가장 좋다.
2. 장시간 근무가 시작되기 전의 선잠이 좋다. 업무 시작시간이 가까울수록 그 선잠으로 인해 얻은 효과가 근무에 더 혜택을 받는다는 것은 분명하다.
3. 수면부족 시기의 초기시점에 낮잠을 잔다. 수면손실이 불가피한 상황에서는 수행능력이 저하된 후에 복구하는 것 보다, 낮잠을 자서 피로를 예방하는 것이 좋다. 따라서 극심한 피로감을 느끼기 전에 낮잠을 자야 한다.
4. 낮잠을 가능한 한 오래 잔다. 밤에 7~8시간의 수면을 취한 사람은 3시간만 수면을 취했을 때 보다 수행성과과 더 좋다. 낮잠도 마찬가지로 40분~2시간 정도를 권장한다. 그러나 분명히 10분간의 낮잠이 전혀 안자는 것보다 나은 결과를 얻는다.

5. 수면무력증의 영향에 주의한다. 수면에 관하여 앞에서 서술한 것처럼, 수면무력증은 장시간 수면 후에 경험하는 비틀거리는 현상이다. 40분~2시간의 낮잠이 권장되는 이유는 그 정도로는 깊은 수면단계까지는 못가거나, 그 사이클이 반복되지도 않기 때문이다. 그래도 낮잠에서 눈을 뜬 직후 안전을 좌우하는 일을 하지 않는 것이 바람직하다.

식사

피로관리를 위해서는 누구나, 특히 교대근무를 하는 사람들은 균형 잡힌 식단으로 규칙적인 식사를 해야 한다. 기름진 음식은 소화가 잘 되지 않기 때문에 밤에는 피해야 한다. 교대근무자들은 주된 수면시간 이후에 식사를 가장 많이 하고, 야간근무 중에는 가벼운 식사를 고려해야 한다. 잠들기 전에 배가 고프거나 목이 마르다면, 가벼운 간식이나 소량의 음료가 많은 식사보다 더 좋다고 제안한다.

수면을 돕기 위해 술을 마시는 것은 권장하지 않는다. 음주는 편안함을 주어 수면에 도움이 되기는 하지만, 선잠을 자게 되고, 다음날 아침에는 탈수증과 두통을 일으킬 수 있다.

카페인은 피로할 때 수행력을 유지하는데 흥분제만큼 효과적일 수 있다. 카페인은 하루에 많은 양을 섭취하지 않는 사람들에게 효과적이다. 각성도를 높이기 위해서는 다음 수면을 위해 휴식에 들어가기 5시간 전까지, 매 2시간마다 200mg의 카페인(작은 컵 1잔)을 섭취하는 것이 좋다. 하지만, 카페인의 대사능력에는 개인 별로 큰 차이가 있다는 것을 주목해야 한다. 예를 들어, Blanchard and Sawyer(1983)는 반감기, 즉 혈중 카페인 양이 50% 감소하는 데 걸리는 시간이, 10명의 건강한 남성들 간 2.7~9.9시간의 격차가 있는 것으로 밝혔다. Caldwell and Caldwell(2003)은 수면이 부족한 사람들은 2시간마다(다음 취침예정시간 5시간 전까지) 최소 200mg의 카페인을 섭취해야 한다고 권장한다.

약물

군 항공부대에서는 덱세드린(식욕감퇴제)같은 '신경각성제(Go-pills)', 흥분제 등의 약물을 사용하여 각성도를 높이고 수행을 유지한다. 그러나 이러한 약물사용은 의료진이 세심하게 감시하며, 통상 전투나 작전상 필요성이 있는 상황에서만 승인된다.

피로가 수행에 미치는 영향을 약화시키기 위해 최근에 주목을 받는 모다피닐(Modafinil)이라는 신약이 있다. 원래 기면증을 치료하기 위해 사용된 이 약은 수면부족인 일반 성인에게서 인지능력(특히 수행과 각성도가 생물학적 저점주기에 있을 때)을 향상시키는 것으로 나타났다. 그러나 Wesensten et al.(2002)의 연구에 의하면, 수면부족인 사람의 수행력과 각성도 면에서 카페인과 모다피닐 간 현저한 차이점은 발견하지 못했다.

멜라토닌은 생물학적 주기의 변화를 촉진하는 데 도움을 줄 수 있는 잠재적인 것이다. 멜라토닌은 솔방울샘(Pineal gland)에 의해 분비되는 자연발생적인 호르몬이다. 멜라토닌 수치는 밤에 증가하고 새벽에 감소한다. 연구에 따르면 0.1~240mg의 멜라토닌을 경구 투여하면 야간근무자들이 낮 시간에 취하는 수면 질을 개선하는 데 도움이 된다고 한다. 그러나 야간수면의 촉진을 위해 멜라토닌을 투여한 연구는 대부분 부정적인 결과를 낳았다(Sharkey et al., 2001). 멜라토닌은 특히 복수의 타임존을 통과하여 동쪽으로 비행할 때 시차증의 영향을 상쇄하는데도 유용하다.

밝은 빛

밝은 빛은 다양한 교대근무 시간대에 적응하는 속도를 높이기 위한 대응책으로 제안되어 왔다. 그 결과, 멜라토닌보다 우수하다는 것이 입증되었다(Dawson et al., 1995). 주간근무에서 야간근무로 이동할 때, 저녁 늦게(오후 8시경부터) 밝은 빛에 2~4시간 동안 노출되면 야간근무에 쉽게 적응된다(Boivin and James, 2004). 그러나 야간근무자들이 집에 오는 길에는 빛에 노출되는 것을 제한해야 한다(예: 선글라스 착용). 주간근무로 이동하는 야간근무자는 그 반대로 해야 한다. 아침에 밝은 빛에 노출하고 저녁에는 노출을 제한하는 것이다.

생물학적 주기에 영향을 미치기 위해서 얼마나 강한 빛이 필요한지는 분명하지 않다. 밝은 실내조명(1,000~2,000룩스)도 도움이 되는 것으로 나타났다(Phipps−Nelson et al., 2003). 다른 연구에서는 통상의 실내조도(<500룩스)로 5,000룩스 빛을 펄스주기로 40분간 비추게 하면 효과가 있다고 한다(Baehr et al., 1999). 그러나 약 10,000룩스(흐린 날의 빛 노출에 해당)의 조명이 더 좋을 것으로 사료된다. 마찬가지로, 여행자가 새로운 타임존에 적응하기 위해서는 도착 직후 일광에 자신을 노출시켜 신체의 생물학적 주기리듬이 새로운 타임존에 동기화하도록 가속시키는 것이 중요하다.

피로에 대한 계획

관리자가 작업인원 수, 필요장비, 운용비용 등을 계획하는 것과 마찬가지로, 피로에 대해서도 계획 상 검토되어야 하고 관리되어야 할 또 다른 요인이다. 03:00~06:00시에는 복잡하거나 위험한 활동을 피하려는 시도를 해야 한다. 프로젝트 관리자와 스케줄 입안자를 지원하기 위해, 피로의 영향을 고려한 알고리즘과 스케줄링 소프트웨어가 개발되어 있다. 피로를 모델화한 도구로써 현재 이용 가능한 두 가지 예를 아래에 설명한다.

FAST™ (Fatigue Avoidance Scheduling Tool). FAST™은 미국 국방부연구소에서 개발되었다. 이 모델은 수면, 활동, 피로 및 직무유효도(SAFTE: Sleep, Activity, Fatigue, Task Effectiveness) 알고리즘을 이용한 것으로, 생물학적 주기, 각성(Wakefulness)과 관련된 인지수행회복율, 수면무력증(Sleep inertia)과 관련된 인지수행저하율 등, 인간의 인지수행에 관한 3가지 프로세스모델의 정보를 통합한 것이다. SAFTE는 0~100%까지의 유효성 척도로 측정한 '직무유효도'의 측정값을 제공한다. SAFTE는 군사 및 상업환경 모두에서 사용할 수 있도록 개발되었으며, 미국 공군과 연방철도국 등을 포함하여 다수의 사용자들이 있다(Mallis et al., 2004).

FAST™은 그래픽과 표 형식으로 제공되는 소프트웨어 인터페이스이며, 스케쥴 입력예측(Input predictions)과 모델을 조절하기 위한 매개변수표(Parameter tables)를 제공한다(Mallis et al., 2004). FAST™은 스케쥴을 변경하였을 때 인원의 유효성면에서 어떻게 될 것인지의 결과를 평가하는 방법을 계획입안자에게 제공한다. 예를 들어, 그림 8.4는 최초의 연속 3일 야근동안의 직무유효도(%)를 본 도구를 이용하여 나타낸 것이다.

제안된 근무시간 또는 중요 업무에 대한 평균적인 효율성에 기초하여 최적의 일정을 선택할 수 있다. 또한 이 도구는 거동기록장치(Actigraph)에서 입력정보를 가져올 수 있다. 이 장치는 손목에 부착하여 깨어 있을 때와 잠들었을 때 착용자의 움직임을 체계적으로 기록하는 소형 가속도계이다. 즉, 작업자의 수면 양에 대한 실제 기록을 피로예측모델에 입력하여, 피로수준을 예상할 수 있다.

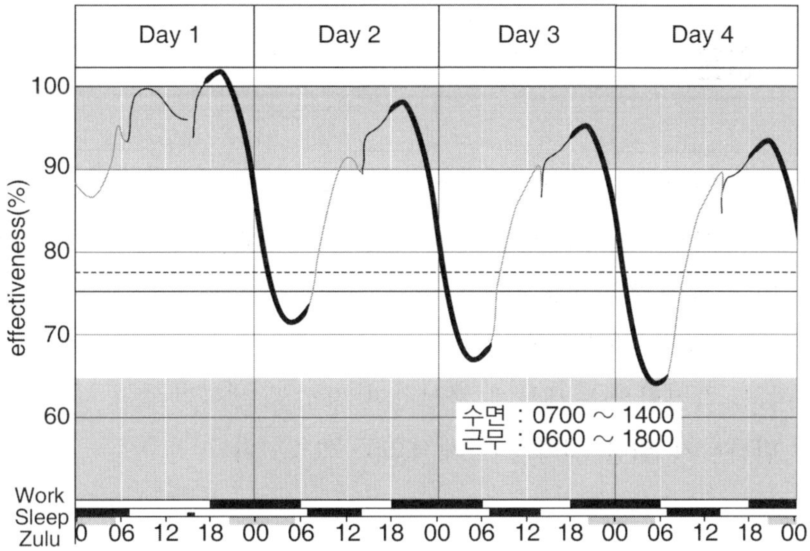

그림 8.4 FAST™로 예측한 최초 3일 야근자의 직무유효도(%)

이 도구는 사고, 오류 또는 안전관련 사건의 원인이 될 수 있는 피로관련(Fatigue-related) 요인의 사후검증적(Retrospective)인 분석에도 사용할 수 있다. 사고와 관련된 개인의 작업과 수면일정 정보를 이 도구에 입력하여, 사고와 관련된 개인의 수행에 미치는 피로의 영향을 추정할 수 있다.

Fatigue and risk index calculator. 영국안전위생청(HSE)은 관리자가 다양한 작업패턴과 관련된 피로로 인해 발생하는 위험수준을 평가할 수 있는 도구 개발을 의뢰했다. 도구는 피로를 측정하는 사용자에게 피로의 정도 및 특정 교대근무에서 사고발생의 상대적 위험도를 제공하기 위해 스프레드시트를 사용한다(상세 내용은 Spencer et al., 2006 참조). 피로 및 위험지수는 5항목의 변수(시간대, 교대시간, 휴식주기, (짧은)휴식시간 및 누적피로)를 기반으로 계산되며, 이를 이용하여 피로수준에 미치는 여러 작업패턴의 영향과 부상위험을 비교할 수 있다. Fatigue and risk index calculator는 HSE website(www.hse.gov.uk)에서 다운로드할 수 있다.

8.7 결론

피곤한 상태나 생물학적 주기와 맞지 않을 때 일하는 것은 고도의 신뢰성을 필요로 하는 산업뿐만 아니라 군사작전에서도 흔한 일이다. 피로는 많은 사고와 관련되어 있으며 안전성 및 수행에 악영향을 미친다고 알려져 있다. 본 장에서는 피로가 인간의 수행에 미치는 영향을 개략적으로 설명하고, 조직 또는 개인이 피로수준을 줄이거나 피로에 대처하고, 작업일정을 새롭게 구성하여 자신의 생물학적 주기와 동기화에 필요한 시간을 단축하기 위한 전략을 구체적으로 설명했다.

요점

- 피로에 대해 정의하고 정량화하기는 어렵다.
- 피로는 작업자의 안전성과 생산성 모두에 밀접한 관계를 갖고 있다.
- 피로는 인지적 수행, 운동능력, 의사소통 및 사회성에 유해한 영향을 미친다.
- 통상의 수면 중에는 5가지의 수면단계 있으며, 그 단계는 반복된다.
- 교대근무 일정은 작업자의 수행을 개선하고, 다른 교대근무에 적응하는데 필요한 시간을 줄이기 위해 설계할 수 있다.
- 피로를 줄이고, 작업자가 다른 작업일정에 적응하는데 필요한 시간을 줄이기 위해, 조직 및 개인 차원에서 대안을 조치할 수 있다.

Suggestions for further reading

Caldwell, J.A. and Caldwell, J.L. (2003) *Fatigue in Aviation. Burlington*, VT: Ashgate.

Coren, S. (1996) *Sleep Thieves*. New York: Free Press.

Horne, J. (2006) *Sleepfaring. A Journey through the Science of Sleep*. Oxford: Oxford University Press.

Maas, J. (1998) *Power Sleep*. New York: Villard.

Rosa, R.R. and Colligan, M.J. (1997) *Plain Language about Shiftwork*. Cincinatti, Ohio: US Department of Health and Human Services.

Websites

BBC Science: www.bbc.co.uk/science/humanbody/sleep

Eurocontrol Fatigue and Sleep Management Brochure: www.eurocontrol.int/humanfactors/public/subsite_homepage/homepage.html

Loughborough Sleep Research Centre: www.lboro.ac.uk/departments/hu/groups/sleep

NASA Ames fatigue countermeasures group: /human-factors.arc.nasa.gov/zteam/

National Sleep Foundation (USA): www.sleepfoundation.org

University of Southern Australia Centre for Sleep Research: www.unisa.edu.au/sleep/

references

Achermann, P. (2004) The two-process model of sleep regulation revisited. *Aviation, Space, and Environmental Medicine*, 75, A37-A43.

Åkerstedt, T. (2000) Consensus statement: Fatigue and accidents in transportation operations. *Journal of Sleep Research*, 9, 395.

American Psychiatric Association (2000) *Diagnostic and Statistical Manual of Mental Disorders DSM-IV-TR*. Washington, DC: *American Psychiatric Association*.

Baehr, E.K., Fogg, L.F. and Eastman, C.I. (1999) Intermittent bright light and exercise to entrain human circadian rhythms to night work. *American Journal of Physiology*, 277, R1598-R1604.

Bandaret, L.E., Stokes, J.W., Franscesconi, R., Kowal, D.M. and Naithow, P. (1981) Artillery teams in simulated sustained combat: Performance and other measures. In L.C. Johnson, D.I. Tepas and W.P. Colquhoun (eds.) *Biological Rhythms, Sleep and Shift Work* (pp. 455-497). New York: Pergamon Press.

Blanchard, J. and Sawyer, S.J.A. (1983) The absolute bioavailability of caffeine in man, *European Journal of Clinical Pharmacology*, 24, 93-98.

Boivin, D.B. and James, F.O. (2004) Light treatment and circadian adaptation to shift work. *Industrial Health*, 43, 34-48.

Brown, I.D., Tickner, A.H. and Simmonds, C.V. (1970) Effects of prolonged driving on overtaking criteria. *Ergonomics*, 13, 239-242.

Caldwell, J.A. and Caldwell, J.L. (2003) *Fatigue in Aviation. Burlington*, VT: Ashgate.

Caldwell, J.A., Gilreath, S.R. and Erickson, B.S. (2002) A survey of aircrew fatigue in a sample of army aviation personnel. *Aviation, Space, and Environmental Medicine*,

73, 472-480.

Carsakadon, M.A. and Dement, W.C. (1981) Nocturnal determinants of daytime sleepiness. *Sleep*, 5, S73-S81.

Cercarelli, L.R. and Ryan, G.A. (1996) Long distance driving behaviour of Western Australian drivers. In L.R. Hartley (ed.) *Proceedings of the Second International Conference on Fatigue and Transportation* (pp. 35-45). Caning Bridge, Australia: Promaco.

Connolly, S. (1997) Analysis of time factors and experience in relation to incidents and accidents over the period 1989/90 to 1995/96. London: HSE. Unpublished report.

Coren, S. (1996) *Sleep Thieves*. New York: Free Press.

Costa, G., Lievore, F., Casaletti, G., Gauffuri, E. and Folkard, S. (1989) Circadian characteristics influencing inter-individual differences in tolerance and adjustement to shift work. *Ergonomics*, 32, 373-385.

Czeisler, C.A., Moore-Ede, M.C., and Coleman, R.M. (1982) Rotating shift work schedules that disrupt sleep are improved by applying circadian principles, *Science*, 217, 460-463.

Dawson, D., Encel, N. and Lushington, K. (1995) Improving adaptation to simulated night shifts: timed exposure to bright light versus daytime melatonin administration. *Sleep*, 18, 11-21.

Dawson, D. and Reid, K. (1997) Fatigue, alcohol and performance impairment. *Nature*, 388, 23.

Dembe, A.E., Erickson, J.B, Delbos, R.G. and Banks, S.M. (2005) The impact of overtime and long work hours on occupational injuries and illnesses: new evidence from the United States. *Occupational and Environmental Medicine*, 62, 588-597.

Duchon, J.C., Keran, C.M. and Smith, T.J. (1994) Extended workdays in an underground mine: A work performance analysis. *Human Factors*, 36, 258-268.

Everson, C.A., Bergmann, B.M. and Rechtschaffen, A. (1989) Sleep deprivation in the rat: II. Total sleep deprivation, *Sleep*, 12, 13-21.

Gawron, V.J., French, J. and Funke, D. (2001) An overview of fatigue. In P.A. Hancock and P.A. Desmond (eds.) *Stress, Workload, and Fatigue* (pp. 581-595). Mahwah, NJ: Lawrence Erlbaum Associates.

Gravenstein, J.S., Cooper, J.B. and Orkin, F.K. (1990) Work and rest cycles in anaesthesia practice, *Anaesthesiology*, 72, 456-461.

Harrington, J.M. (2001) Health effects of shift work and extended hours of work.

Occupational and Environmental Medicine, 58, 98-72.

Hawkins, F.H. (1987) *Human Factors in Flight*. Aldershot: Gower Technical Press.

Helmreich, R.L. and Merritt, A.C. (1998) *Culture at Work in Aviation and Medicine*. Aldershot: Ashgate.

Hoddes, E., Dement, W.C. and Zarcone, V. (1972) The development and use of the Stanford sleepiness scale (SSS). *Psychophysiology*, 9, 150.

Horne, J. (2006) *Sleepfaring. A Journey through the Science of Sleep*. Oxford: Oxford University Press.

Horne, J.A. (1993) Human sleep, sleep loss and behaviour: implications for the prefrontal cortex and psychiatric disorder. *British Journal of Psychiatry*, 162, 413-419.

Horne, J.A. and Ostberg, O. (1976) A self-assessment questionnaire to determine morningness-eveningness in human circadian rhythm. *International Journal of Chronobiology*, 4, 97-110.

Howard, S.K. Gaba, D.M., Rosekind, M.R. and Zarcone, V.P. (2002) The risks and implications of excessive daytime sleepiness in resident physicians. *Academic Medicine*, 77, 1019-1025.

Howarth, N.L., Triggs, T.J. and Grey, E.M. (1988) *Driver Fatigue: Concepts, Measurement and Crash Countermeasures*. Canberra, Australia: Federal Office of Road Safety.

Johns, M.W. (1991) A new method for measuring daytime sleepiness: The Epworth sleepiness scale. *Sleep*, 14, 540-545.

Johnson, L. and Naitoh, P. (1974) *The Operational Consequences of Sleep Deprivation and Sleep Deficit*. (AGARD AG-193). Neuilly-sur-Seine: NARO AGARD.

Kirsch, A.D. (1996) Report on the statistical methods employed by the U.S. FAA and its cost benefit analysis of the proposed 'flight crewmember duty period limitations, flight time limitations and rest requirements'. *Comments of the Air Transport Association of America to FAA notice 95-18, FAA docket number 28081, Appendix D*, 1-36.

Knauth, P. (1995) Speed and direction of shift rotation *Journal of Sleep Research*, 4, 41-46.

Knauth, P. (1998) Innovative worktime arrangements. *Scandinavian Journal of Work and Environmental Health. Journal of sleep research*, 4, 13-17.

Knauth, P. and Hornberger, S. (2003) Preventative and compensatory measures for shift workers. *Occupational Medicine*, 53, 109-116.

Kurumatani, N., Koda, S., Nakagiri, S., Hisashige, A., Sakai, K., Saito, Y., Aoyama, H., Dejima, M. and Moriyama, T. (1994) The effects of frequently rotating shiftwork on sleep and the family life of hospital nurses. *Ergonomics*, 37, 995–1007.

Krueger, G.P. (1989) Sustained work, fatigue, sleep loss and performance: A review of the issues. *Work and Stress*, 3, 121–141.

Kryger M.H., Roth T. and Carskadon, M. (1994) Circadian rhythms in humans: An overview. In M.H. Kryger, T. Roth, and W.C. Dement (eds.) *Principles and Practice of Sleep Medicine* (pp. 301–308), Philadelphia: W.B. Sauders Co.

Langlois, P.H., Smolensky, M.H., His, B. and Weir, F.W. (1985) Temporal patterns of reported single-vehicle car and truck accidents in Texas, USA, during 1980–1983. *Chronobiology International*, 2, 131–146.

Lockley, S. et al.(2004) Effects of reducing interns' weekly work hours on sleep and attentional failures. *New England Journal of Medicine*, 351, 1829–1848.

Luce, G.G. (1966) *Current Research on Sleep and Dreams*. Washington, DC: Public Health Service.

Maas, J. (1998) *Power Sleep*. New York: Villard.

Mackie, R.R. and Miller, J.C. (1978) *Effects of hours of service, regularity of schedules, and cargo loading on truck and bus driver fatigue* (Rep. No. 1765-F). Goleta, CA: Human Factors Research.

Mallis, M.M., Mejdal, S., Nguyen, T.T. and Dinges, D.F. (2004) Summary of the key features of seven biomathematical models of human fatigue and performance. *Aviation, Space and Environmental Medicine*, 75, A4–A14.

Marine Accident Investigation Branch (2007) *Report on the Investigation of the Grounding of FV Brothers With the Loss of Two Lives off Eilean Trodday On 1 June 2006*. Southampton, UK: Author.

Mavromatis, A. (1987) *Hypnogogia*. London: Routledge.

May, J. and Klein, P. (1987) Measuring the effects upon cognitive abilities of sleep loss during continuous operations. *British Journal of Psychiatry*, 78, 443–455.

Maycock, G. (1995) *Driver Sleepiness as a Factor in Car and Hgv Accidents*. Crowthorne, England: Transportation Research Laboratories.

Miles, R. (1999 March) Progress in the understanding of shift working offshore. Paper presented at the I.ChemE/Ergonomics Society Conference. London.

Monk, T.H. (1990) The relationship of chronobiology to sleep schedule and performance demands. *Work and Stress*, 4, 227–236.

Monk T.H. and Folkard S. (1992) *Making Shiftwork Tolerable*. London: Taylor & Francis.

Muscio, B. (1921) Is a fatigue test possible? *British Journal of Psychology*, 12, 31-46.

Naval Strike and Air Warfare Center (2000) *Performance Maintenance During Continuous Flight Operations: A Guide for Flight Surgeons*. Fallon, Nevada: Author.

Nicholson, P.J. and D'Auria, D.A. (1999) Shift work, health, the working time regulations and health assessments. *Occupational Medicine*, 49, 127-137.

O'Connell, D. (1998) *Jetlag. How to Beat It*. London: Ascendant.

Petrilli, R.M., Thomas, M.J.W., Dawson, D. and Roach, G.D. (2006) *The Decisionmaking of Commercial Airline Crews Following an International Pattern*. Paper presented at the 7th International Australian Aviation Psychology Symposium, Sydney, November.

Phipps-Nelson, J., Redman, J.R., Dijk, D.J. and Rajaratnam, S.M. (2003) Daytime exposure to bright light, as compared to dim light, decrease sleepiness and improves psychomotor vigilance performance. *Sleep*, 26, 695-700.

Pilcher, J.J. and Hufcutt, A.I (1996) Effects of sleep deprivation on performance: A meta-analysis. *Sleep*, 19, 318-326.

Raby, M. and Lee, J.D. (2001) Fatigue and workload in the maritime industry. In P.A. Hancock and P.A. Desmond (eds.) *Stress, Workload, and Fatigue* (pp. 566-580). Mahwah, NJ: Lawrence Erlbaum Associates.

Rall, M. and Gaba, D.M. (2005) Human performance and patient safety. In R.D. Miller (ed.) *Miller's Anaesthesia* (pp. 3021-3072). Philadelphia: Elsevier.

Ramsey, C.S. and McGlohn, S.E. (1997) Zolpidem as a fatigue counter measure. *Aviation, Space, and Environmental Medicine*, 68, 926-931.

Roehrs, T., Burduvali, E., Bonahoom, A., Drake, C. and Roth, T. (2003) Ethanol and sleep loss: A 'dose' comparison of impairing effects. *Sleep*, 26, 981-985.

Rosa, R.R. (1995) Extended workshifts and excessive fatigue. *Journal of Sleep Research*, 4, 51-56.

Rosa, R.R. and Colligan, M.J. (1997) *Plain Language about Shiftwork*. Cincinnati, OH: US Department of Health and Human Services.

Rosekind, M.R., Smith, R.M., Miller, D.L., Co, E.L., Gregory, K.B., Webbon, L.L., Gander, P.H. and Lebaqcz, J.V. (1995) Alertness management: Strategic naps in operational settings. *Journal of Sleep Research*, 4, 62-66.

Samkoff, J. and Jacques, C. (1991) A review of studies concerning effects of sleep deprivation and fatigue on residents performance. *Academic Medicine*, 66, 687-693.

Sharkey, K.M., Fogg, L.F. and Eastman, C.I. (2001) Effects of melatonin administration on daytime sleep after simulated night shift work. *Journal of Sleep Research*, 10, 181-

192.

Smith, C., Folkard, S. and Fuller, J. (2003) Shiftwork and working hours. In J. Quick and L. Tetrick (eds.) *Handbook of Occupational Health Psychology*. Washington: APA Books.

Smolensky, M. and Lamberg, L. (2000) *The Body Clock Guide to Better Health: How to Use your Body's Natural Clock to Fight Illness and Achieve Maximum Health*. New York: Henry Holt and Co.

Spencer, M.B., Robertson, K.A. and Folkard, S. (2006) *The Development of a Fatigue/Risk Index for Shiftworkers*. London: HSE Books.

Swerdlow, A. (2003) *Shiftwork and Breast Cancer: A Critical Review of the Epidemiological Evidence*. London: HSE Books.

Taylor, E., Briner, R.B. and Folkard, S. (1997) Models of shiftwork and health: an examination of the influence of stress on shiftwork theory. *Human Factors*, 39, 67–82.

Tucker, P., Barton, J. and Folkard, S. (1996) Comparison of eight and 12 hour shifts: impacts on health, wellbeing, and alertness during the shift. *Occupational and Environmental Medicine*, 53, 767–772.

US Nuclear Regulatory Commission (1987) *Shutdown Order Issues Because Licensed Operators Asleep While on Duty*. Information notice 87-21. Washington, DC: Office of the Nuclear Regulatory Commission.

Vernon, H.M. (1920) Industrial efficiency and fatigue. In E.L. Collis (ed.) *The Industrial Clinic* (pp. 51–74). London: John Bale and Sons.

Waterhouse, J., Reilly, T. and Atkinson, G. (1997) Jet-lag. *Lancet*, 350, 1609–1614.

Wedderburn, A. (1991) Guidelines for shiftworkers. *Bulletin of European Shiftwork Topics, No. 3*. Dublin: European Foundation for the improvement of living and working conditions.

Wesensten, N., Belenky, G., Kautz, M.A., Thorne, D.R., Reichardt, R.M. and Balkin, T.J. (2002) Maintaining alertness and performance during sleep deprivation: modafinil versus caffeine. *Psychopharmacology*, 159, 238–247.

Whitmore, J. and Fisher, S. (1996) Speech during sustained operations. *Speech Communication*, 20, 55–70.

Wu, A.W., Folkman, S. McPhee, S.J. and Lo, B. (1991) Do house officers learn from their mistakes? *Journal of the American Medical Association*, 26, 2089–2094.

Chapter 09

비기술적 역량 식별

9.1 소개

비기술적 역량을 훈련하거나 평가하기 위해서는 주어진 직업과 작업환경에 대한 특정 역량이 결정되어야 한다. 따라서 문제는 '어디서부터 시작할까?'이다. 항공업계에서 CRM으로 불리는 기본적 기법은 비록 특정 항공기나 운항형태에 맞게 조정될 수는 있지만 상당히 잘 확립되어 있다. 이전부터 연구 프로그램(Wiener et al., 1993)에서 대형 항공사는 자체분석(Flin and Martin, 2001)을 실시했으며 규제기관과 기타 기관들은 추천되는 역량목록과 훈련계획서(예: CAA(2006)는 CRM 훈련을 위한 안내책자를 작성했다. 제10장 참조)를 작성했다고 밝혔다. 항공이외의 타 업계의 경우는 비기술적 역량에 대한 목록이 없을 수 있으며 본 장에는 인터뷰, 설문, 관찰 그리고 사건/사고 보고서 검토와 같은 비기술적 역량을 식별하는 데 사용할 수 있는 다양한 방법들이 서술되어 있다. 이러한 조사 분석도구는 개별적으로도 사용될 수 있지만, 삼각측량(Triangulation)(Cohen et al. 2007) 같은 두 가지 이상의 데이터 수집기법을 사용하여 결과를 개선할 수도 있다. 예를 들어, 설문지와 인터뷰 그리고 관찰 등을 혼합해서 사용하는 것이다. 이런 방법을 선행하고 있는 항공분야로부터 전문지식을 감안하여, 비기술적 역량을 결정하는 방법에 대해서 조언을 받고 있다(Seamster and Keampf, 2001). 그 외에도 관련성이 높은 참고정보나 기법을 노동관련 문헌에서 찾아볼 수 있다. 구체적으로는 기능체계(Competence framework)의 고안(Lucia and Lepsinger,

1999; Whiddett, 2003), 직무분석과 목표분석의 실행법(Wilson and Corlett, 2005) 등이 있다.

이 장에서는 효율적이고 안전한 수행을 뒷받침하는 역량을 확인하기 위해 정보수집에 사용되는 주요 조사분석기법에 대해 특별히 설명한다. 모든 상황과 영역에 적합한 표준적인 분석기법은 존재하지 않으므로, 분석의 필요성에 따라 사용하는 기법을 결정해야 한다(Zachary et al., 1998). 인지요소가 높은 직무상황에서는 인지적 측면을 특화한 일련의 기법(즉, Cognitive Task Analysis)이 인기를 끌고 있다(Crandall et al., 2006; Schraagen et al., 2000; Strater, 2005). 작업의 인지적 측면은 작업자의 지식을 기반으로 하며, 숙련자가 상황의 일부를 채우거나 그들의 지식기반과 연계하여 적절한 행동이나 다른 유형의 처리(예: 해석, 목표설정, 판단, 예측)를 선택하도록 한다. 이것은 다른 분석기법, 계층적 직무분석(Annett, 2004), 직무분해(Task decomposition)(Kirwan and Ainsworth, 1992), 또는 CTA와 같은 더 전통적인 직무분석 기법이 상호 배타적이라는 의미는 아니다. 실제로, 이 두 가지 방법을 동시 병행하여 사용할 때 많은 것을 얻을 수 있으며, 따라서 직무의 관찰 가능한 측면과 인지적 측면 모두를 분석할 수 있다.

비기술적 역량의 분류체계가 점점 더 개발됨에 따라, 많은 기본적인 역량 구분(카테고리)이 일반화 되었고, 특히 고위험 직종에서 명백하게 되었다(예: 의사결정, 상황인식, 의사소통, 팀 화합, 스트레스/피로관리 등) (제11장 참조). 이러한 광범위한 역량의 구분은 이전 장에 요약되어 있다. 그러나 특정 직업을 상세히 검토하면 각 역량 구분을 구성하는 요소나 구체적인 행동은 매우 다른 양상을 보이며, 기술적 환경에 따라 명확하게 달라진다. 이러한 이유로, 영역 내에서의 유사점과 상이점, 대상목표와 분류체계, 행동지표시스템 또는 비기술적 역량 훈련프로그램을 명확하게 검토하지 않고는 일반적으로 특정 작업환경(예: 의료계)에서 특정 직무(예: 항공업계)를 위해 고안된 비기술적 역량 분류나 행동지표시스템을 사용하는 것은 권장되지 않는다.

본질적으로, 역량 분류체계를 개발하기 위해 2단계 프로세스가 이용된다.

1. 안전하고 효과적인 수행에 영향을 미치는 것으로 판단되는 역량 및 관련 행동을 파악하고,
2. 그 역량 리스트를 세분화하고, 이를 간결한 계층구조 또는 분류체계로 구성한다 (제11장 참조).

세부적인 분석수준과 범위는 분류체계 또는 훈련프로그램이 개발되는 목적에 따라 달라진다. 연구 도구로 리스트화 되는 일련의 행동규칙은 훈련(제10장에서 서술한 바와 같이) 또는 평가(제11장)를 위한 기초로 사용하기 위해 개발된 행동규칙보다 더 복잡하고 포괄적일 수 있다. 여기에서의 초점은 이전 장에서와 마찬가지로, 개인은 통상 팀 환경 내에서 움직이지만, 팀의 역량보다는 개인 역량에 맞추고 있다.

정보를 가장 먼저 찾을 수 있는 곳은 문제가 되는 사항에 대해 출판된 연구문헌이다. 현재 다양한 현장에서 행동을 조사하는 수천 건의 연구가 있으며, 전형적인 행동에 대한 정보뿐만 아니라 안전하거나 불안전한 수행에 영향을 미치는 지를 기록한 정보도 많다(예: Barling and Frone, 2004; Glendon et al. 2006). 최근에는 전자 데이터베이스나 강력한 검색엔진(예: Google: www.google.com, Google Scholar: http://scholar.google.com, Web of Science: http://wos.mimas.ac.uk) 등의 출현으로 발행문헌을 비교적 쉽게 검색하게 되었다. 또한 조직은 근무평가, 직무분석, 능력체계, 훈련 프로그램, 인사고과 시스템 등을 포함한 특정 직업에 대한 비기술적 역량을 다루는 문헌의 분석을 시행한다. 이러한 정보원에서 충분한 정보를 찾을 수 없는 경우, 아래에 설명된 데이터 수집 방법을 사용할 수 있다.

비기술적 역량을 식별하는 데 사용되는 많은 다양한 기법이 표 9.1에 열거되어 있으며 다음 장에서 논의된다. 이 중 대부분은 항공업계, 에너지 부문, 철도, 해양, 군사 및 응급의학 분야와 같이 안전이 필수인 직업군에 사용되어 왔다. 이러한 기법은 세 가지 접근방식으로 분류할 수 있다. 사건/사고의 보고로부터 상황분석과 질문 및 관찰이다.

표 9.1 비기술적 역량 확인방법

유형	기술
상황분석 기법 : 행동패턴을 파악하기 위한 사고 또는 사고위기 보고서 검토	• 사고/사고위기(Near-miss) 분석 • 기밀보고 시스템 분석(안전문제 보고서 및 실제 사건 포함)
질문 기법 : 조사대상 업무의 실무자로부터 직접 정보를 제공받는다.	• 인터뷰(구조화, 비구조화, 반구조화) • 포커스 그룹 • 설문지 및 설문조사
관찰 기법 : 개인 또는 팀이 하나 이상의 직무수행하는 것을 관찰	• 직접 관찰 • 참가 관찰 • 원격 관찰(예: 비디오 촬영)

9.2 상황분석 기법

상황분석에는 사고/사고위기 분석 및 기밀보고 시스템이 포함되며, 이 두 가지 데이터 소스에 대하여 서술한다.

사고/사고위기 분석

대부분의 조직은 안전사건, 사고 및 때로는 사고위기 상황을 기록하기 위한 시스템을 갖추고 있다. 이러한 자료는 실제 상황으로부터 데이터를 얻기 위해 분석할 수 있으며, 사고 또는 사고위기에 고유한 인적요소나 비기술적 역량 조사를 포함할 수 있다(사례 9.1 참조). 보고서는 직원에 의해 조직에 제출되며, 더 심각한 사고는 일반적으로 규제 당국에도 보고되어야 한다. 사건 및 사고에 대한 보고서는 일반적으로 보고자 자신, 관리자 또는 안전부서의 전문가에 의해 원인요소가 간접적으로 코딩되어 표현된다. 일부 작업환경에서는 사고에 대한 인적요인의 코딩이 최소화되는 경향이 있다. Gordon et al.(2005)은 영국의 해양석유산업에서 사용되는 많은 사고보고서 시스템에는 인적요인 또는 비기술적 역량에 관계되는 사고의 모든 원인을 확인하기 위한 확고한 이론적 체제가 없다고 주장했다. 최근 들어 의료분야에서는 부정적 상황들을 수집, 기록하고 분석하는데 훨씬 더 많은 노력을 기울이기 시작했다(Holden and Karsh, 2007; Johnson, 2006). 사고조사는 더 심각한 사건들에 대해 일어난 일을 규명하고, 비슷한 사건이 다시 일어나는 것을 막기 위해 실행된다. 진단 소스의 하나에 불과하지만, 사고데이터의 분석이 직장의 안전성 향상을 위해 필수적이다(Dismukes et al., 2007; Kayten, 1993; Wiegmann and Shappell, 2003). 사고 후의 조사는 발생한 부정적인 결과로 시작하여, 시스템에 구축된 방어벽이 언제 어떻게 실패했는지를 고찰한다(Hollnagel, 2004).

강력한 인적요인 모델에 기초한 사고조사 방법은 사고기록의 광범위한 해석을 가능하게 하며, 따라서 미래의 사고발생 가능성을 잠재적으로 감소시킬 수 있다(인적오류에 초점을 맞춘 방법에 대한 Stanton et al.(2005) 참조). 인적요인과 조직요인을 모두 포함한 사고분석 방법의 예는 다음과 같다.

1. 조직학습을 통한 안전(SOL: Safety Through Organisational Learning) (Fahlbruch and Wilpert, 1997)
2. 인적요인 사고분류시스템(HFACS: Human Factors Accident Classification System) (Shappell et al., 2007)
3. 인지오류의 회고적 분석기법(TRACEr: Technique for Retrospective Analysis of Cognitive Errors) (Shorrock and Kirwan, 2002)
4. TapRooT(Paradies et al., 1996)
5. Tripod (BETA and DELTA) (Hudson et al., 1994)
6. 인적요인 조사도구(HFIT: Human Factors Investigation Tool) (Gordon et al., 2005).

사례 9.1 | 항공사고분석 예

Orasanu and Fischer(1997)는 조종실의 의사결정기법을 확인하는 연구에서 사고데이터를 이용하여 비기술적 역량을 조사했다. 항공사고에 대한 분석은 미국립교통안전위원회(NTSB: National Transportation Safety Board)에 의해 실시되었다. 이 분석은 (조종실 음성기록장치(블랙박스)에서 녹음한 승무원 대화를 기반으로, 물적 증거, 항공기시스템 데이터 및 생존자와의 인터뷰를 통해) 조종사의 의사결정에 기여한 배경요인을 도출하였으며, 곤란을 일으킨 원인, 오류의 타입과 발생원인 및 의사결정방법을 포함한다. 이 정보는 미항공우주국(NASA)이 관리하는 기밀보고 시스템인 항공안전보고시스템(ASRS: Aviation Safety Reporting System)의 데이터와 함께, 충실도 높은 시뮬레이터의 실험관찰데이터와 결합되었다. 이 세 가지 데이터 소스를 이용하여 의사결정상황과 의사결정방법을 확인할 수 있었으며, 안전하지 않은 운항상태는 전문지식 부족, 조종능력 및 항공기 고장보다는 조종사의 비기술적 역량부족과 관련이 있었다.

사고분석시스템이 축소보고에 취약하고, 불완전한 기록과 상황의 일부만 제시할 수 있기 때문에 사고분석이 제한되는 경우가 많다(Hollnagel, 2004; Stoop, 1997). 예를 들어, 미해군 다이빙사고보고서를 조사한 결과, 다이빙사고 중 가장 큰 비율(70%)은 원인을 알 수 없는 건이었다. 단 23%만이 인적요인에 기인했고(O'Connor et al., 2007), 이것은 고신뢰성 산업에서 일반적으로 알려진 80%에 훨씬 못 미치는 현저히 낮은 비율이다.

기밀보고 시스템

기밀보고 시스템은 개인으로부터 작업장에서 일어난 실수 또는 정상적인 경로를 통해 보고할 수 없다고 느끼는 안전문제에 대한 데이터를 수집한다. 이것은 보고자가 자신의 이름을 입력하지만, 그들 신원이 외부, 특히 고용주 또는 규제당국에 공개되지 않게 (대부분의 조건하에) 보장해 주는 것이다. 이러한 시스템은 고용주가 아닌 독립기관에 의해 관리된다. 이러한 데이터를 분석하여 고용주와 직원들에게 다시 피드백 해주어 작업장의 안전성을 개선할 수 있다. 이것은 주어진 직업에 필요한 비기술적 역량에 대한 또 다른 정보 출처가 될 수 있다.

Reason(1997)은 사람들에게 중요한 사건과 사고위기 보고서를 제출하도록 설득하는 것은 특히 자신의 오류를 공개하는 경우 쉬운 일이 아니라고 지적한다. 보고시스템에 참여하는 의욕의 저해요소는 가외의 업무, 회의적인 태도(경영진이 시스템에서 수집한 정보에 따라 행동하지 않을 것이라는 생각), 그리고 신뢰감 부족과 보복에 대한 두려움이 포함된다. 하지만, NASA 항공 안전보고시스템(ASRS: Aviation Safety Reporting System), 영국 항공안전 정보시스템(BASIS: British Airways Safety Information System), 영국 기밀인적요인 사건보고프로그램(CHIRP: Confidential Human Factors Incident Reporting Programme), 그리고 영국철도 기밀사건보고 분석시스템(CIRAS: Confidential Incident Reporting and Analysis System)등의 조직에서는 기밀보고시스템을 성공적으로 도입했다.

기밀보고시스템의 성공에는 5가지 중요한 요소가 있다(Reason, 1997). (i) 징계절차에 대한 면책(가능한 범위에서), (ii) 기밀유지 또는 비특정화, (iii) 보고서를 수집하고 분석하는 기관 또는 부서와 징계절차를 제정하고 제재를 행하는 규제당국의 분리, (iv) 보고단체에 신속하고 유용하며, 접근 가능하고, 이해하기 쉬운 피드백 제공, (v) 보고서 작성의 용이함 등이 있다.

기밀보고시스템의 목적은 오류와 사건을 조장하는 요소에 대한 유효한 피드백을 제공하고, 관련업계에 중요한 정보를 제공함으로써 유용한 결과를 얻는 것이다. 영국 해군은 일련의 잠수사고 이후 해군 잠수부대 사령관은 기밀 보고시스템을 발족시켰다. 잠수부들에게 분기 뉴스레터를 통해 최근의 다이빙 사고와 사고위기에 대한 피드백이 잠수부들에게 제공되었다(O'Conner, 2007). 하지만, 보고자와 동료들은 가능한 한 징계조치로부터 보호하기 위해 보고의 기밀성이 보장되어야 한다. 또한 사고나 사고위기와 관련된 중요한인적요인, 또는 비기술적 역량을 식별하기 위해 보고서는 신중하게 분석해야 한다. 사고로부터 배우는 조직의 중요성에 대해 Hale et al.(1998)은 사건 직후 조직의 초기반응은 누군가를 책임지게 하고, 그 다음 사건을 이해하려 하며, 끝으로 그 사건으로부터 교훈을 얻어 앞으로 그런 사건을 피하기 위한 것이라고 서술한다.

상황분석 기법의 요약

상황기반의 분석은 업무수행의 비기술적 역량 측면을 통합하여 산업계에 점점 더 많이 도입되고 있다. 비기술적 역량 분석이 포함된 사고데이터 분석은 훈련의 필요성을 확인하는데 이용할 수 있고, 비기술적 역량 수행의 반복되는 부족한 부분을 식별함으로써 작업장 안전을 개선하는데 도움이 된다. 또한 이러한 데이터는 후속사고의 재발을 최소화하기 위해 안전한 작업시스템의 설계 및 개발에 사용될 수 있다.

9.3 질문기법

질문기법은 개별 인터뷰방식, 포커스 그룹방식 및 설문지 방식으로 세분화될 수 있으며, 종종 조직의 조사기법으로 행해질 수 있다. 어느 방식이든, 재직자들은(보통은 숙련자) 자신의 일에 대해 많은 질문을 받는다. 이는 직무에 대한 지식, 주요 업무 및 상대적 중요도, 그리고 기술적 전문지식을 보완하는데 필요한 인지적, 사회적 및 기타 역량을 요청하기 위한 것일 수 있다. 게다가, 인터뷰와 설문조사를 이용하여 업무에 임하는 자세, 안전 문제, 직장에서 자신과 다른 사람들의 전형적 행동, 그리고 직무수행에 영향을 미치는 조직 내 문제점 등을 질문할 수 있다.

인터뷰 방법

인터뷰는 시스템의 유용성, 대응행동, 업무자세의 검증 및 직무분석을 위해 자주 사용한다(Stanton et al., 2005). 인터뷰는 구조화 유형이거나, 반구조화 또는 비구조화 유형이 있다(Gillham, 2005; Kvale, 2004).

- 구조화 인터뷰에서는 인터뷰 대상자로부터 정보를 도출하기 위해 데이터 요구사항에 따라, 미리 준비한 개방형 질문 또는 폐쇄형 질문을 사용한다. 구조화 인터뷰의 이점은 관리 및 대상 데이터 수집이 용이하다는 것이다. 또 다른 장점은 특정 질문에 대한 다양한 응답자들의 회답을 비교하기 쉽다. 그러나 이러한 유형의 인터뷰에서는 인터뷰 진행자가 조사 중인 주제에 대해 배경지식을 가지고 있어야 하며, 인터뷰 대상자가 어떤 형태의 말로 표현하든지 인터뷰 진행자는 교과서적인 정적지식(Static knowledge)으로 접근할 수 있는 지식이 요구되기도 한다.
- 비구조화 인터뷰는 개방형 질문으로 구성되어, 인터뷰 대상자와 진행자 간의 실질적인 토론과 상호작용을 촉진하며, 진행자가 대상분야의 예비지식을 갖고 있어야 하는 조건을 전제로 하지 않는다(Heiman, 1995). 비구조화 인터뷰는 진행자를 위해 조사대상 분야의 유용한 소개뿐만 아니라 적절한 전문용어에 대해 점점 친숙함을 제공한다.
- 반구조화 인터뷰는 일반적으로 개별 요구사항에 맞게 조정할 수 있는 질문 군으로 구성되어 사전준비는 되었지만, 자유로운 질문을 사용하며 인터뷰 도중 발생할 수 있는 다양한 범위의 문제를 탐색할 수 있는 어느 정도의 유연성이 허용된다(Breakwell et al., 2006). 질문은 조사대상인 주요 과제의 하위 과제를 각 개인이 어떻게 수행하는 지에 대한 정보를 얻도록 디자인되었으므로, 절차적 역량(Procedural skill)과 같은 특정 유형의 역량에 대한 작업지식과 정보를 수집하는데 매우 유용하다. 반구조화 인터뷰의 이점에는 서술적 지식의 효율적인 수집, 인터뷰 대상자가 제기한 문제의 추가적인 탐색, 그리고 인터뷰 진행자가 주어진 정보에 반응하여 필요할 경우 명확화를 요구할 수 있도록 일관된 질문구조가 포함된다. 더욱이, 예상치 못한 주제를 논의할 수 있으며(Redding and Seamster, 1994), 인터뷰 진행자는 필요한 용어 외에는 그 분야에 대한 사전지식이 상대적으로 거의 필요하지 않다. 반구조화 인터뷰의 주된 단점 중 하나는 구조적 인터뷰와 마찬가지로, 인터뷰 진행자는 일반적으로 어느 시점에서는 말을 덧붙여야 하기 때문에 주제대상 영역에 대한 이해가 요구된다.

각 인터뷰 유형에는 장단점이 있으며(표 9.2 참조), 인터뷰 유형의 선택은 수집하는 데이터의 목적에 따라 달라진다.

표 9.2 인터뷰 유형의 장단점

인터뷰 유형	장점	단점
구조화	• 실시 용이함 • 관심분야 데이터 집중 • 응답 비교 가능	• 인터뷰 진행자의 관련 배경지식 필요 • 제기된 주제를 추적할 만한 유연성 부족
반구조화	• 제기된 주제를 추적할 만한 유연성	• 사전에 관련 배경지식 필요
비구조화	• 유연성 • 사전에 관련 배경지식 불필요 • 최소한의 준비	• 인터뷰 목적으로부터 이탈

반구조화 인터뷰에는 정보시각화(Diagramming)라는 기법이 포함된다. 정보시각화, 예를 들어, 사다리형 그리드(Burton and Shadbolt, 1987)란 구성요소 또는 하위시스템 간의 관계를 포함한 하나의 영역 내에서 특정작업 또는 직무의 개념 간 관계를 나타내는 다이어그램을 의미한다. 가령, 전문가에게 카드를 제공하고 카드 간의 관계성을 나타낼 수 있게 카드배열을 하도록 요청할 수 있다(Hoffman et al., 1995). 또한 수집된 데이터를 사용하여 등급 및 평가작업의 결과를 검증할 수 있으며, 구조화 인터뷰를 관리하는데 사용할 수도 있다. 단점은 사전에 알고 있는 작업 또는 직무의 핵심에 의존하며, 따라서 규칙기반 또는 절차상의 영역에 더 적합하다.

인터뷰 기법의 예: 중대 의사결정 방법

인지인터뷰(Cognitive interview)는 멘탈 프로세스의 정보를 끌어내기 위해 사용되는 질문항목(Question)과 탐색을 위한 질문내용(Probe)이 있으며, 중요의사결정기법(CD법−Klein et al., 1989)은 지식을 끌어내기 위한 한 가지 방법으로써 Flanagan(1954)의 중요사건기법(Critical incident technique)을 기초로 하고 있다. 이 기법은 전문지식의 이해와 응용뿐만 아니라, 의사결정을 내리는 것과 관련된 복잡성, 즉 자원 활용, 팀웍, 의사소통 및 스트레스관리에 대한 정보를 도출하는데 이용될 수 있다. 의사결정이 어느 정도의 조직적 및 시간적 제약과 같은 내외부요인의 영향을 받는지도 분석에 통합될 수 있다. CD법은 자연주의적 환경에 숙련된 수행에 대한 인지구성요소를 검사하는 데 특히 유용하다. 그러나 스트레스관리, 리더십 또는 팀 협력과 같은 필요한 다른 역량에 대해서도 문제점을 나타낼 수 있다.

CD법은 경험이 풍부한 직원이 기억하는 중요상황을 서술하는 것이 포함되며, 숙련된 역량이라면 차이가 있지만 초보자라면 불만을 나타낼 수도 있는 비일상적인 상황 동안의 핵심판단 및 의사결정을 목표로 한다(Hoffman et al., 1998; Crandall et al., 2006). 이 기법은 아래에 요약된 여러 단계로 구성되어 있으며, 인터뷰 진행자가 인구통계정보를 수집하고 인터뷰 대상자와의 친밀한 관계를 형성하는 초기 단계에서부터 시작한다.

Sweep 1 : 조사할 상황을 선정한다. 후보대상 상황을 확인하고 심층 분석을 위해 적절한 상황을 선정한다. 인터뷰 대상자는 처음부터 끝까지 스토리를 제공한다.

Sweep 2 : 본 단계에서 상황에 대한 명확하고 정교하며 검증된 개요를 얻는다. 주요 상황과 세부사항이 확인되며, 이는 인터뷰 내내 체계적인 역할을 한다. 보다 상세한 상황설명을 인터뷰 대상자에게 상기시키며, 시간대를 작성하면서 상황에 대한 초기의 간략한 설명을 확장한다.

Sweep 3 : 심화한다. 인터뷰 진행자는 인터뷰 대상자의 인식, 기대, 목표, 판단, 혼동 및 불확실성과, 관심사까지 인지적 측면을 확인한다. 그러므로 상황에 대한 깊은 이해가 증진된다.

Sweep 4: '만약(What if)'으로 시작하는 질문. 인터뷰 대상자의 경험, 기술, 지식에 대한 인터뷰 진행자의 통찰력은 상황이 발생할 즈음의 가설을 설명함으로써 강화된다. 이 가설은 전체 또는 일부 상황에 대한 것일 수도 있다.

비일상적인 상황은 통상적으로 숙련된 직원이 제공하는 가장 풍부한 데이터 소스로 간주되기 때문에 대상으로 선정된다. 참가자들에게 반복적으로 상황을 서술하도록 요청함으로써, 인터뷰 진행자는 사건의 시간대를 파악하고, 상황별 징후와 의사결정의 요점을 파악할 수 있다. 따라서 그 업무의 의사결정 요건을 확인하고 의사결정 과정을 모델링할 수 있다. 의사결정 요건은 행해진 결정사항, 의사 결정자가 내린 상황평가, 수반된 징후, 징후 해석방법에 영향을 미치는 요인, 의사 결정자가 상황평가를 하도록 유도하는 인지 과정, 그리고 경험 많은 의사 결정자와 경험 적은 의사 결정자 간의 차이 등이 포함된다(Miller, 2001; Seamster et al., 1997).

집중적인 조사 질문을 채택함으로써, CD기법은 인지적 작업에 대해 구두 보고서보다 더 다양하고, 구체적인 정보를 얻을 수 있다. 인터뷰 대상자는 이전의 경험이나 상황에 대해서 다시 생각해 보도록 요청 받으며, 특정 상황이 발생한 경과 및 상황에 관한 정보를 제공한다. 예를 들어, 의사결정전략, 지각 판별력, 패턴 인식, 예상, 징후 및 오류에 관한 정보를 얻을 수 있다(Seamster et al., 1997). 인터뷰 대상자가 설명하는 동안 상황판단을 변경할 때 또는 특정 행동방침을 선택할 때, 어떤 징후가 영향을 미쳤는지를 생각할 수 있도록 결정하고, 왜 그 방법을 선택했는지 설명하게 한다. CD법은 전문가와 초보자는 무엇이 다른지 구별하는데 특히 효과적이며, 논의 중에 발생하는 계획되지 않은 주제를 데이터에서 도출할 수 있다는 이점도 있다.

하지만, 이 기법은 약간의 한계가 있다. Klein et al.(1986)은 주의가 산만해 지거나 그 결과로 발생하는 정보의 손실 또는 오해를 피하기 위해 두 명의 인터뷰 진행자가 실행하는 것이 바람직하다고 제안했지만, 이것은 특히 자원 집중적이며 인터뷰 대상자에게 더 위협적일 수도 있다. 인터뷰 대상자의 허락 하에 인터뷰를 녹화하는 것은 실용적인 보완기술이다. 또 다른 단점으로는 실제 전문가가 없거나, 직무의 일부가 시간, 공간 또는 인원에 따라 분산된다는 것이 포함된다. 끝으로 언급할 수 있는 한계점으로, 인터뷰 대상자는 예를 들어 전투장면에서나 발생할 수 있을 것 같은 작업부하나 긴장감 등으로 인해, 상황에 대한 기억이 희미해지는 등 조사하는 상황을 기억하지 못할 수도 있다(Crandall et al., 2006).

사례 9.2 | 해양석유 및 가스산업에서의 인터뷰 방법의 예

해양석유 및 가스산업에서 해양시설관리자(OIMs: Offshore Installation Manager)의 의사결정은 Flin et al.(1996)이 연구했다. 의사결정에 영향을 미치는 요인들을 조사하기 위해 해양 비상사태를 관리해 온 16명의 OIMs를 대상으로 인터뷰가 실시되었다. 의사결정을 필요로 하는 중요한 시점에는 추가 질문을 통해 심도 깊게 상황파악을 행하였다. 특정의 시험연구에서는 언어프로토콜 분석이 사용되었다(아래 참조). 이것은 '정보공제(Withheld information)' 접근방식(Marshall et al., 1981)을 기초로 한 것으로, 위기상황을 문서기반의 시나리오로 하여 사용한다. 경험 풍부한 OIMs들의 생각을 말로 표현하고 그 생각과 예상되는 결정을 설명하도록 요청했다. 이 연구의 연구원들은 상황에 대한 생각의 표현뿐 아니라, 비상사태에 대응하는 의사결정을 위해 OIMs들이 찾으려고 하는 누락된 정보에 주목하였다.

CD법은 의료분야(Crandall and Getchell-Reiter, 1993; Fletcher et al., 2004), 화재 현장지휘(Klein et al., 1989; Burke and Hendry, 1997), 해군의 지휘통제(Kaempf et al., 1992; Thordsen et al., 1992), 그리고 프로그래머와 시스템 분석가들도 사용하였다(Crandall and Klein, 1988). 해양석유산업의 비상사태 시 의사결정을 조사하기 위해, 실제 일어난 사건 및 시뮬레이션 사례를 바탕으로, CD법에 기반을 둔 두 종류 인터뷰 조사가 수행되었다(사례 9.2 참조). 이 방법은 의사결정의 요점, 전략 및 시간 측면에서 분석할 수 있는 풍부한 정성적 데이터를 제공한다. 그러나 CD기법이 주제성찰, 회고적 기억, 생각과 경험을 구두로 표현하는 능력에 의존한다는 점을 간과해서는 안 되며, 분석에 사용되는 코딩은 신뢰할 수 있고 유효해야 한다.

위에서 설명한 CD법은 단서에 따른 상기법과 결합하여 HFRIP(Human Factors Review Interview Protocol)가 되었다(Omodei et al., 2004; 2005). HFRIP는 산림임야 소방관들의 행동에 영향을 미치는 인적요인을 해명하기 위해 개발되었다. 인터뷰 기법은 HFACS(Wiegeman and Shappell, 2001)와 TRACEr(Shorrock and Kirwan, 2002)을 기반으로 하고, 사고 후 인터뷰에서 얻은 정보의 질과 양을 극대화하도록 설계되었다. 인터뷰 대상자는 '내부자'의 관점을 유지하도록 격려 받으면서, 즉 무엇을 생각하고 있는지 또 다른 사람이 어떤 생각을 하고 있는지를 알아내는 것이다. 인터뷰 대상자는 어떻게 상황을 경험했는지를 설명한다. 인터뷰 진행자는 정중하고, 세심하며, 호기심이 많은 자세를 취한다. 그런 다음 인터뷰 진행자는 자유로운 응답이 가능한 질문을 하고, 진술을 격려하며 다른 말로 바꿔 말하면서, 유도질문을 하여 쉽게 기억해낼 수 있도록 한다. 그리고 인터뷰 결과는 개인과 관련된 인적요인(생리적·심리적 상태 성향, 인식, 기억, 의사결정, 의사소통 및 행동수행)과 더불어, 소그룹 요인(가까운 동료가 개인에 미치는 영향)과 대그룹 요인(더 큰 조직이나 사회공동체가 개인에 미치는 영향)을 포함하여 배경상황을 명확하게 분석한다.

9.4 심리척도 구성법(Psychological scaling methods)

심리척도 구성법은 작업장에서 직무가 어떻게 수행되는지에 대한 정보를 수집하는데도 이용할 수 있으며, 분류와 등급평가를 포함하여, 이것을 사용하여 개인이 개념,

원칙, 규칙, 문제 등을 분류하거나 등급평가를 하지만, 이러한 기법이 인지능력을 전문 분석하지는 않는다. 개념의 상대관계를 나타내는 도표는 데이터의 통계적 분석을 통해, 어떻게 다수의 국면이 그룹화 되었는지를 나타낸다. 그림 9.1의 예는 원자력 비상대응조직이 수행한 다양한 의사결정 유형('d1' 등으로 표시)을 그룹화 할 수 있는 방법을 나타낸다. 의사결정의 그룹화는 그림에 표시되어 있으며, 그룹화를 설명하는데 사용할 수 있는 단위가 나타나있다. 단위의 확인은 그 분야의 전문가 4명의 합의에 따라 얻었다(Crichton et al., 2005).

척도 구성법은 앞에서 설명한 대로, 분류, 평가(Repertory grid 포함), 직무순위(Rugg and McGeorge, 1997)가 포함된다. 이 기법은 특히 숙련도 측정 또는 주관적 판단에 대한 예측을 테스트하기 위해 유용하며, 예를 들어, 의사결정에 영향을 미치는 핵심범위를 확인하기에 유용하고, 지식습득의 개념형성단계 및 정밀화 단계에도 이용하기에 적합하다(Hoffman et al., 1995; McGraw and Harbison-Briggs, 1989). 이러한 기법의 사용은 직무영역 또는 지식영역의 구조, 특히 핵심개념이 기억 속에 어떻게

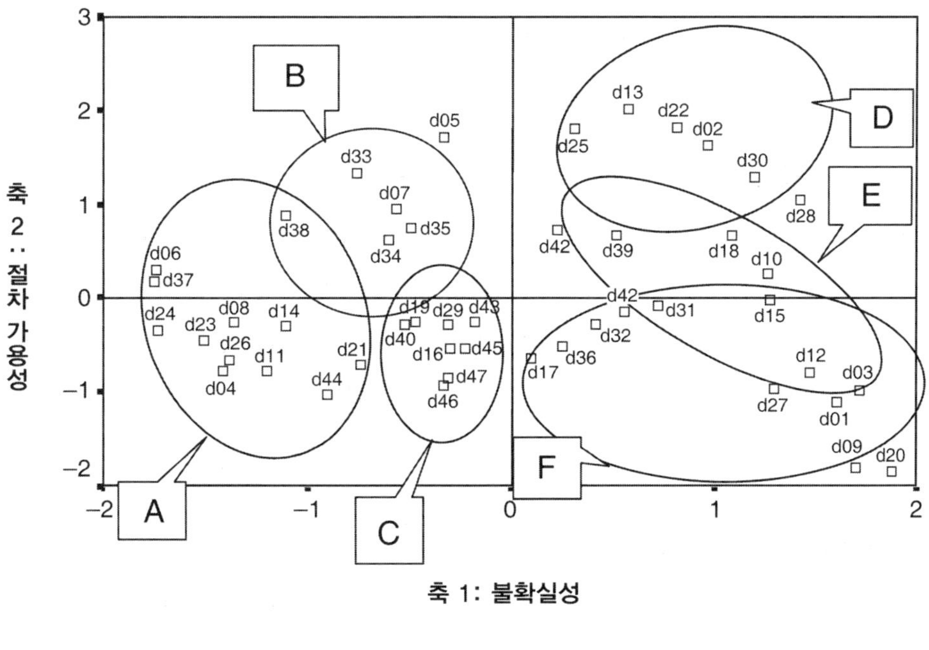

그림 9.1 카드분류데이터의 분석 예(Crichton et al., 2005)

구성되는지를 밝힐 수 있게 해준다. 항공업계 및 원자력발전 분야의 척도구성법 사용 예는 사례 9.3에 설명한다.

사례 9.3 | 항공 및 원자력 발전분야의 심리척도 구성법 예

Fischer et al.(1995)은 지도가 있었던 경우와 없었던 경우의 카드분류작업에 따라 계층적 클러스터 분석 및 다차원적 척도를 이용하여 분석하며, 숙련된 조종사가 의사결정을 내릴 때 이용하는 상황의 관점을 조사하고, 항공분야의 의사결정 프로세스 모델(제 2장 참조)의 제특성에 대한 유효성 평가를 행한다. 카드에는 한 가지 시나리오가 단문으로 기술되어 있고, 참가자들은 각 사건에 대한 적절한 의사결정을 추론한 다음, 유사한 결정을 함께 묶어야 한다. 중요 요소(예: 위험, 시간, 상황적 복잡성)와 관련된 차이는 세 그룹 참가자(기장, 항공 엔지니어, 부기장)에 의해 확인할 수 있다.

보다 최근에는 원자력 비상대응조직(ERO: Emergency Response Organisation)의 현장 사건책임자에 의한 의사결정 연구가 카드분류작업을 이용하여 행해졌다(Crichton et al., 2005). 본 연구에서 카드분류작업에 이용된 의사결정 유형은 원자력 ERO의 현장 사건책임자들과의 인터뷰를 통해 이전에 얻은 유형을 사용하였다. 카드에 적힌 의사결정 유형은 '필요에 따라 팀을 배치하고 구성', '과제 수행에 필요한 기지설비의 조달 및 사용' 등이 있다. 카드분류작업의 결과로써, 의사결정은 4가지 주요 요인인, 절차의 가용성, 불확실성, 의사결정의 유사성 및 다른 사람들의 조언, 등에 의해 영향을 받는 것을 확인했다.

이러한 기법의 장점은 지식을 끌어내는 활동의 장에서 참가자들이 피드백 받고, 숙련 기술자들이 전문영역의 지식 폭을 넓힐 수 있으며, 다수의 정보원에서 파생된 지식을 비교하여 유사점과 차이점을 이해할 수 있다. 그러나 이 기법의 주요 단점은 데이터를 도출하기 위해 척도를 서술하는데 사용되는 카드의 설명(예: 의사결정)을 참가자가 숙지해야 한다는 것이다. 또한 필요한 통계기법이 상당히 복잡할 수 있다.

포커스 그룹(Focus groups)

포커스 그룹 기법은 특정제품 또는 논점에 대해 피드백이 가능한, 특정의 인정된 특성을 공유하는 사람들의 그룹을 필요로 한다(Coolican, 2004). Morgan(1997)에 따르면, 포커스 그룹은 기본적으로 그룹 인터뷰이며, 연구자/사회자가 제공하는 주제에 기초하여 그룹 내 상호작용을 강조한다. 이러한 지식유인기법(Knowledge-elicitation technique)은 정성적인 시장조사에서는 일반적인 것으로(Wilson and Corlett, 2005) 아이디어 창출을 위해서 자주 사용된다.

사례 9.4 | 의료분야 포커스 그룹의 예

신생아 소생에 있어서 팀웍을 위한 행동지표를 개발하기 위해 프로젝트(Thomas et al., 2004)는 소생팀의 설문조사 및 관찰과 결합하여 신생아 의료종사자에 대한 포커스 그룹 기법을 사용했다. 포커스 그룹의 조사는 의료종사자들의 관점, 즉 협동작업의 느낌과 무엇이 그들의 직무에 영향을 미치는지 등의 정보를 수집하기 위해 사용되었다.
각 그룹에 3~7명의 참가자로 구성된 총 7개 포커스 그룹은 일련의 자유응답형 질문을 사용하여 수행되었다. 5개의 포커스 그룹 참가자는 같은 직종의 의료종사자, 즉 운송 간호사, 스텝 간호사, 레지던트, 동료, 담당의로 구성되었고, 두 그룹은 여러 제공자로 구성되었다. 그리고 그룹의 회화기록이 작성된 후 정성적 방법에 의해 분석되어, 의료종사자, 직장의 요인, 그룹의 영향 등의 공통주제가 도출되었다. 그 다음, 서술적 요소를 각 주제와 연관시켰다.

1. 의료종사자: 종사자의 성격, 평판, 자아
2. 직장 요인: 직원 채용, 의료 프로세스의 구조
3. 그룹 영향: 의사소통 유형, 인간관계, 팀 기능

포커스 그룹의 데이터는 직무환경이 갖고 있는 고유의 복잡성과 신생아 소생팀 종사자가 어떻게 협동하는지에 대해 영향을 미치는 요인의 다양성을 강조했다. 포커스 그룹의 조사 결과와 설문 및 관찰 결과를 결합하여, 신생아 소생팀은 10가지 행동지표를 특정하였다. 정보공유, 확인, 주장, 의도 공유, 교육, 계획 평가, 업무부하 관리, 경계심/환경적 인식, 전체적인 팀웍 및 리더십이 그것이다.

포커스 그룹의 역할은 주요 데이터의 공급원으로부터, 보조적 데이터 공급원(종종 설문조사와 결합), 또는 관찰법이나 개인 인터뷰와 같은 둘 이상의 데이터 수집방법을 결합한 다차원 연구로 통합될 수 있다. 포커스 그룹법의 사용 예는 앙케이트법 및 관찰법과 결합하여 사례 9.4에 서술한다. 이 기법의 주요 장점 중 하나는 특히 직접적으로 관찰할 수 없는 주제에 대해서 집중적인 데이터 양을 획득할 수 있다는 것이다. 반면에, 연구자/사회자들은 그룹을 이끌고 그들의 가시성에 의해 수집데이터에 영향을 미칠 수 있기 때문에, 바로 이 점이 데이터의 정확성에 대한 불확실성으로 이어질 수 있다. 또한 그룹 내에서 상호작용에 대한 의존도가 이 기법에 긍정적인 영향과 부정적인 영향을 동시에 미칠 수 있다(Morgan and Krueger, 1993). 참가자들은 행동이나 동기의 배후에 있는 귀중한 통찰력의 출처를 제공하는 경험과 의견을 비교할 수 있지만, 그룹 내의 상호작용은 동조하는 경향을 통해 개인의 공헌을 저해할 수도 있다.

9.5 설문지(Questionnaires)

설문지는 직장에서 행동에 관한 응답자의 태도와 신념에 관한 정보를 수집하는데 자주 사용되며, 직무에 대한 응답자 자신이나 다른 사람의 행동에 대한 자기 보고서를 수집하는데도 사용된다. 설문지는 특히 많은 사람들로부터 이러한 종류의 데이터를 수집할 수 있는 경제적이고 효율적인 방법이지만, 그러나 수집할 수 있는 정보의 유형과 품질에는 제한이 있다. 설문지는 구체적으로 디자인된 설문지와 직업 또는 직장생활의 특정한 측면을 측정하는 표준설문지가 있을 수 있다. 설문지를 디자인하고 설문 조사를 실시하는데 유용한 출처는 Fink(2003) 또는 Oppenheim(1992)이 있다.

표준설문지를 사용하여 직장에 있어서 특정의 비기술적 역량을 조사할 수 있다. 가령, 리더십(Multifactor Leadership Questionnaire, Bass, 1985), 팀 기능(Team Climate Inventory, Anderson and West, 1994), 팀 역할(Belbin, 1993), 인지적 실패(Wallace and Chen, 2005), 상황판단(Sneddon et al., under review) 등이 있다. 하나의 질문양식으로 비기술적 역량이나 관련 행동에 대한 일체의 정보를 수집할 수 있는 특정 설문지는 없다. 설문지는 조직의 책무(Balfour et al., 1996; Mowday et al., 1979) 또는 직무 만족(Warr et al.)과 같은 다양한 측면의 직업생활을 평가하기 위해 개발되었다. 비기술적 역량을 식별하는데 가장 일반적으로 사용된 도구는 태도 설문조사(Attitude questionnaires)의 카테고리에 속하는 경향이 있다.

태도 설문조사

'태도'는 신념, 의견, 가치관 그리고 선호도를 포함하는 일반적인 용어이다(Schuman and Presser, 1996). Oppenheim(1992)은 이것을 '준비상태 즉, 특정한 자극에 직면할 때, 어느 특정한 방식으로 반응하는 경향'(p. 174)으로 정의하고, 그것은 신념과 감정에 의해 강화되며, 특정 행동이나 동작의 경향으로 이어질 수 있다. 따라서 태도 표현문은 '어떤 것에 대한 관점, 신념, 선호도, 판단력, 감정적 느낌, 어떤 것에 대한 찬반 견해 등을 표현하는 하나의 문장'이다(p. 174). 잘 디자인된 설문지는 응답자가 응답 카테고리(예를 들어, 적극적인 동의부터 강한 반대 의견의 사람까지)의 범위를 최대한 활용할 수 있도록 유도하는 태도 표현문을 세심하게 만들어야 한다.

태도 조사가 비기술적 역량 확인에 중요한 이유는 우리의 태도가 행동에 영향을 미치기 때문이고, 그 반대도 사실이지만, 즉 우리의 태도는 주어진 상황에서 우리 자신이 행동하는 것을 보는 방식으로 형성된다. 의사소통, 스트레스관리, 승무원의 협동 등과 같은 비기술적 역량에 대한 항공 조종사들의 태도를 측정하기 위해 설문기법이 개발되어 왔다. Gregorich et al.(1990)은 승무원들에게 어떻게 바람직한 태도를 심어주는 것이, 협동의 질을 향상하기 위한 훈련의 초점이라고 서술한다. 이러한 설문지 중 가장 잘 알려진 것은 FMAQ(Flight Management Attitudes Questionnaire) (Helmreich and Merritt, 1998참조)이다. 이것은 CRM(Crew Resource Management) 훈련이 어느 정도의 태도변화를 야기했는지 여부를 평가하는데 사용되어왔다(제10장 참조). 산업계(Flin et al., 2000; HSE, 2001)와 의료계(Flin et al., 2006; Madsen et al., 2007) 등의 안전 환경을 측정하기 위해 설계된 태도설문지도 있다. 이러한 질문양식은 위험부담(Risk-taking) 행동, 안전에 대해 거리낌 없이 말하려는 의지 또는 동료의 불안전한 행동에 대한 이의제기, 그리고 동료의 지지 등과 같은 비기술적 역량에 대한 질문을 자주 한다. 태도설문지는 의사결정, 상황인식 같은 인지능력과는 대조적으로 팀에 대한 태도와 리더십 행동, 즉 사회적 역량을 측정하는데 더 적합하다.

질문기법 요약

이러한 기법은 개인과 팀에서 정보를 수집하기 위해 사용되며, 이를 통해서 다양한 역할 및 영역에서 핵심적인 비기술적 역량을 식별하는데 이용할 수 있다. 이러한 기법을 단독으로 또는 가급적 복수의 조합으로 데이터를 수집하고, 비기술적 역량의 분류체계를 개발하기 위해 추가분석을 실시한다.

9.6 관찰

관찰은 직장환경 또는 문제에 관한 정보 수집을 위해 사용할 수 있다. 전문가를 관찰하여, 어떻게 직무를 수행하는지, 문제를 해결하는지를 기록한다. 따라서 관찰은 의사소통 능력을 식별하기 위해, 리더십 행동을 연구하기 위해, 직무에 필요한 정보를 기록하기 위해, 직무에 대한 전문가의 설명을 확인하기 위해 이용한다. 관찰연구를 수행하는 다른 방법이 존재한다. 즉 직접 관찰(Direct observation), 참여관찰(Participant observation) 및 원격관찰(Remote)(예: 비디오테이프) 등이다(Stanton et al., 2005). 원자력 발전시설에서 관찰법을 사용한 예는 사례 9.5에 나와 있다.

1. 직접관찰법은 통상 1명의 관찰자가 가능한 한 눈에 띄지 않게, 직장에서 사람들의 행동을 기록하는 작업을 수행한다.
2. 참여관찰법은 관찰대상 업무에 관찰자가 참여하여 역할을 수행하는 것을 의미하지만, 이는 필요한 전문 기술이 부족한 경향이 있는 연구원들은 덜 사용한다.

사례 9.5 | 원자력 발전시설에 대한 관측법의 예

원자력 시설에서 일하는 직원들의 행동에 대한 과거의 연구는 대부분 제어실 직원들에게 집중되어 왔다. 예를 들어, Roth et al.(1994)은 시뮬레이터 기반의 시나리오 중, 인지면에서 요구되는 비상상황에서 조작원의 수행능력을 조사하기 위해 관찰법을 이용했다. 목표는 고도의 인지활동(예: 상황판단 및 대응계획)이 절차대로 완전히 처리되지 않는 상황을 식별하고, 그 상황을 처리하는 데 이용된 행동을 문서화하는 것이었다.

22개 조(각 5명으로 구성된)의 승무원 팀이, 2개소의 떨어진 현장에서 시뮬레이터를 사용하여, 그들을 촬영하고 분석했으며, 그들 대화의 일부 내용도 분석했다. 관찰 가능한 행동 유형은 높은 수준의 인지행동 모델을 기준으로 개발되었고 분석을 위한 틀을 제공했다. 단 절차적 추가활동(즉, 절차 상 특정단계에 지시되지 않은)만 분석되었다. 얻은 결과는 비상운용절차(EOPs)를 사용한 경우에도, 상황판단 및 대응계획이 성공적인 수행을 위해 중요하다는 것을 보여 주었다. 상황판단 및 팀 상호작용 역량에 따라, 승무원들 간 수행역량의 차이가 확인되었다. 이 연구에서 한 가지 한계점은 관찰 가능한 행동만 분석할 수 있었고, 높은 수준의 인지행동이 추론되었지만, 이는 관찰할 수 없는 행동이라는 점과 관찰자의 편견 문제를 야기한다. 저자들의 결론은 해양 환경에서 발견된 것처럼 절차에 대한 지나친 의존은 경험을 통해 축적된 인식에 기초한, 보다 즉각적인 의사결정의 필요성을 무시할 수 있다고 결론 내렸다.

관찰기록법에는 생태관찰(In vivo observation), 비디오녹화 및 녹취가 포함된다(Seamster et al., 1997). 생태관찰, 즉 자신의 직무를 수행하면서 한명 또는 복수의 인원을 관찰하는 경우, 메모형식으로 평가용지에 기록하거나 노트북을 사용하여 기록할 수도 있다. 관찰자가 안전하지 않거나 작업을 방해할 수 있는 고위험 작업환경에서는 비디오 녹화(즉, 원격관찰)를 위해 카메라를 설치할 수 있다(사례 9.6 참조). 연구목적을 위해 작업자의 행동을 정기적으로 오디오 또는 비디오로 녹화하는 것은 많은 현실적, 법적 문제점이 있다(Mackenzie and Xiao, 2007).

사례 9.6 | 의료분야 관찰방법의 예

행동관찰연구의 가장 좋은 예는 Baltimore에 있는 Maryland 대학의 R. Cowley Adams Shock Trauma Center이다. 1990년대 초반부터 이 시설의 일부에 카메라를 설치하여, 연구원들이 외상환자를 진단하고 치료하는 팀의 행동을 분석하기 위해 비디오테이프를 검사할 수 있게 했다. 그들의 연구는 의사소통과 의사결정의 실패가 긴급 삽관(Intubation)과 같은 중요한 업무수행을 어떻게 방해할 수 있는지를 보여 주었다(Mackenzie et al., 1994; Mackenzie and Xiao, 2007).

특히 중요한 상황에서 수행에 영향을 미치는 요소를 식별하기 위해 수술실 시뮬레이터 운용에 대한 행동관찰 및 분석은 마취과 의사들(Botney et al., 1993; Gaba et al., 1994)을 조사하는 연구자들이 사용했다. De Keyser and Nyssen(2001)은 연수의 중 초보자와 경험이 더 많은 의사들이 확인하는 문제해결 전략모델의 개발을 돕기 위해 시뮬레이터에서 관찰을 실시했다. 이들의 데이터는 총 200시간의 관찰시간과, 수술팀 중 다른 구성원들과의 검증 및 인터뷰에서 수집되었다. 보다 최근에는 심리학자와 외과의들이 인지 수행 및 공동작업을 악화시키는 요소를 식별하기 위해 수술실의 행동을 관찰해 왔다(Carthey, 2003; Catchpole et al., 2006; Healey et al., 2004; Roth et al., 2004).

관찰은 체계화되지 않은 방식으로 이루어질 수 있는데, 이는 연구자가 현재 일어나고 있는 일이나 중요한 과제 또는 특정 관심사를 기록한다. 보다 일반적으로 기록은 일종의 평가척도 또는 코딩시스템을 사용하여 구조화된 형식으로 만들어지며, 예를 들어 조사대상의 직무를 파악하기 위한 관찰 체크리스트 같은 것이다. 구조화된 관찰의 경우, 연구원들은 행동 평가도구를 고안하거나 선택하기 위해 예상되는 행동에 대해 어느 정도 이해할 필요가 있다. 관찰된 행동을 평가하기 위한 일반적인 기법이 발전되어 개발되었으며, 행동평가시스템은 조종사를 위한 NOTECHS 또는 마취전문의를 위한 ANTS와 같은 특정 직무를 위해 설계되었다. 이것들은 제11장 비기술적 역량의 평가에서 논의된다. 그러나 이 기법들의 단점은 무엇인가 일어나는 상황에 대해 관찰자가 덜 민감할 수 있다는 것이다(Crandall et al., 2006).

관찰을 수행하기 위한 일반 절차는 8단계가 있다(Stanton et al., 2005).

1단계: 분석의 목적을 명확히 한다.
2단계: 관찰에 사용할 시나리오를 명확히 정한다.
3단계: 관찰계획을 세운다(즉, 무엇을 관찰하여야 하고, 지금 무엇을 관찰하고 있는지, 어떻게 관찰하고 있는지 등).
4단계: 관찰을 시행하여 데이터 수집에 관하여 문제가 없는지 판정한다.
5단계: 관찰을 실행한다.
6단계: 데이터를 분석한다(예: 직무의 빈도, 언어 소통, 직무 순서 등)
7단계: 적절한 추가 기법을 사용하여 분석을 심화한다.
8단계: 참가자에게 피드백 한다.

관찰법의 단점은 관찰자에게 위험하거나, 관찰자가 실행 중인 작업을 방해할 수 있다는 점에서 관찰 자체가 실행 불가능할 수 있다는 것이다. 또한 관찰하려는 상황이 특수한 것일 수 있으며, 모든 활동을 적절하게 파악하기 위해 관찰자는 그러한 환경 설정에 매우 숙련된 사람이어야 한다(Crandall et al., 2006). 그럼에도 불구하고, 관찰 결과는 작업부하, 작업에 대처하기 위해 직원이 사용하는 대책, 의사소통 및 협동 요구사항에 대한 귀중한 통찰력을 제공할 수 있다.

구두(Verbal) 보고법

언어프로토콜분석(Verbal protocol analysis)은 숙련자가 자기의 전문적 영역 문제를 실제로 해결하려는 것을 분석하는데 사용되는 방법이며(Rasmussen, 1985; Shadbolt, 2005; Simon, 1955), 이것은 수행되고 있는 직무의 관찰을 병행하며 실행할 수 있다(사례 9.7 설명). 숙련자의 실행은 비디오나 오디오 또는 메모에 기록되고, 여기에서 프로토콜을 작성할 수 있으며, 그 결과 유의미한 규칙을 도출할 수도 있다. 자기보고법(Self-report technique)은 전문가가 자신의 행동을 말로 크게 설명하는 반면, 쉐도잉(Shadowing)기법은 다른 1명의 숙련자가 입회해서 관찰대상의 숙련자가 무엇을 하고 있는지를 실황중계로 해설하는 것을 말한다.

이 기법의 단점은 생각을 소리내어 말하는 행위(자기보고) 자체가 수행에 왜곡을 일으킬 수 있고, 피실험자가 자신의 수행에 대한 자기성찰을 하지 못할 수도 있다(Ericsson and Smith, 1991). 또한 인터뷰 대상자는 왜 그렇게 했는지 명확히 설명하지 못할 수도 있다(Nisbett and Wilson, 1977). 마찬가지로, 숙련자가 다른 숙련자의 수행을 회고분석(Retrospective analysis)하는 경우, 단순히 관찰된 행동만을 기초로 분석하여, 관찰이 어려운 행동은 추측할 수밖에 없다. 그럼에도 불구하고, 구두보고는 숙련자와 초보자의 차이를 연구하는 실험실기반의 일반적인 기법이다(Chi et al., 1988).

팀 의사소통 분석기법은 관찰 또는 기록에서 얻은 팀원 간의 의사소통을 분석한다(Seamster et al., 1997). 의사소통의 내용과 질을 확인하는데 유용하지만, 팀의 수행을 이해하기 위해 추론, 특히 개인적 역량을 추론에 의존하게 된다. 이름에서 알 수 있듯이 이 기법은 팀 내에서 활동하는 개인의 역량이 나타나지만, 팀에 더 적합한 기법이다.

사례 9.7 | 항공분야에서의 대화 분석

항공업계에서는 조종사들은 음성녹음기, 즉 블랙사례에 대화가 녹취되는 것에 익숙하다. 조종실 내 마지막 30분간의 대화를 연속 저장하는 테이프이며 항공교통관제나 다른 지상센터와의 무선교신도 마찬가지로 녹음된다. 이 녹음테이프 관리는 매우 엄격하게 통제되며 일반적으로 사건이 발생한 후에만 접근할 수 있다. 이러한 테이프 녹화물의 분석은 조종사들의 비기술적 역량, 특히 예상치 못한 상황에 대처할 때를 인식하게 되었다(Orasanu and Fischer, 1997; 사례 9.1 참조).

컴퓨터기반의 관찰기록

관찰 결과는 특히 고위험 작업을 수행하는 개인이나, 실제의 업무환경이나 충실도 높은 시뮬레이터에서 컴퓨터에 기록되고 보관된다. 관찰내용을 기록하고 코딩하기 위한 특수 소프트웨어 패키지가 있으며 프레임 마킹과 코딩 시스템 등을 제공한다. 가령, The Observer(Noldus The Observer XT 6.1, 2006) 등과 같이 상품화된 것들이 있으며, RATE(Guerlain et al., 2005)나 분산된 팀 훈련을 위한 모바일 평가시스템(MESDTT) (Hiemstra et al., 2003)과 같이 개발 중인 것도 있다.

RATE 도구(멀티트랙, 동기화, 디지털 시청각 녹음시스템)는 병원 수술실에서 팀 행동을 연구하는데 사용할 목적으로 개발되었다. 시스템(소프트웨어 및 하드웨어)은 최대 8명으로 구성된 팀의 수행을 디지털방식으로 기록하고, 이벤트를 세며, 주석을 달고 분석한다. 이 시스템은 수술팀의 보고와 훈련, 특히 상황인식, 팀 의사소통 및 협동전략을 지원하는데 사용할 수 있다. 또한 분산된 팀을 포함하여 다른 영역의 팀 행동을 수집하고 분석하는 것도 제안할 수 있다(Guerlain et al., 2005).

MESDTT는 휴대용 컴퓨터에 설치되어 측정할 수 있는 도구이다. 행동 수집을 위한 표준화된 형식을 사용하기 때문에 관찰 품질이 향상된다. 관찰자는 팀 내에서 그리고 분산 팀 간에 목표한 행동을 신속하게 기록할 수 있다. 팀 수행의 측정 축(Dimensions)에는 의사소통, 정보교환, 결단력/리더십과 지원활동이 포함된다(Smith-Jentsch et al., 1998). 분산 팀의 행동에는 다른 작업의 사전준비 및 인지 공통화가 포함된다. 이 시스템은 디지털링크, 드롭다운 창, 체크리스트를 포함하며, 또한 관찰자가 팀 학습을 용이하게 하기 위해 사후 검토를 준비하는데 사용할 수 있는 보고화면을 통합하는 것을 포함한다.

관찰법 요약

직무를 수행하는 개인이나 팀을 관찰하는데 발생할 수 있는 오류, 의사소통(예: 팀원 간), 그리고 작업 상 기술의 이용과 같은 수행의 물리적 및 언어적 측면에 관한 데이터를 수집할 수 있게 도움을 준다. 다른 모든 기법과 마찬가지로, 관찰법에는 장단점이 있다. 직무관찰의 주요 이점 중 하나는 예를 들어, 언어적 상호작용(Verbal interactions), 직무시간, 오류와 같은 다양한 데이터를 수집할 수 있다는 것이다. 단점으로는 관찰하는 것이 실제로 관찰 중인 개인이나 팀의 직무수행을 저해할 수 있으며, 관찰 및 후속적인 분석에 시간이 많이 소요되고, 인지적 측면을 포착하지 못할 수 있다. 관찰은 정보를 수집하는 초기 수단으로 사용할 수는 있지만, 수집한 데이터는 대체 수단을 통해 얻은 결과를 확인하거나 확장하기 위해 추가적인 분석을 할 수 있다. 비기술적 역량의 분류체계 원형이 개발되면, 관찰법을 실행에 옮겨보아 눈에 띄는 누락이 있었는지 여부와 역량 단계의 서술이 적절했는지를 확인하여 분류체계의 적용 가능성과 유용성을 평가할 수도 있다.

9.7 결합기법

안전하고 효율적인 수행을 위한 중요한 비기술적 역량을 식별하기 위해 위에서 설명한 기법을 결합하여 사용한 연구사례를 항공업계, 원자력산업 및 의료분야에서 소개한다.

항공업계

미국에서는 항공우주국(NASA) Ames 연구소와 Austin에 있는 Texas대학의 Helmreich 교수 그룹을 포함한 여러 센터가 조종사의 인지역량 및 사회적 역량을 확인하는데 앞장 섰고(Wiener et al., 1993, 제11장 참조), 오늘날에는 다른 나라에서도 중요한 항공심리학의 연구 성과가 있다(Goeters, 1998; Edkins and Pfister, 2003). 이 팀들은 조종실과 시뮬레이터에서 체계적인 관찰을 수행하고 설문지, 인터뷰 및 사고보고서를 이용하여 조종사의 행동을 연구한다.

이 연구와 더불어, 인터뷰, 관찰 및 사고분석은 행동평가 시스템의 개발에 사용되었다(제11장 참조). Helmreich 교수의 연구는 제11장에 서술된 LOSA라고 불리는 비행 중 기내 관찰에 기초한 주요 국제프로그램으로 발전했다. 항공업계의 또 다른 행동평가 기법은 부록 1에 서술된 유럽 조종사들의 비기술적 역량에 대한 평가 시스템의 기초로 고안된 NOTECHS 시스템이다. 항공분야의 세 번째 예는 사례 9.8에 나타낸다.

사례 9.8 | 인터뷰, 관찰 및 사고분석을 통한 조종사 행동평가 시스템개발(LMQ사) (CAA, 2006: 부록11 참조)

인터뷰는 수백 명의 훈련교관과 함께 전문 조종사의 자질뿐만 아니라, 임무를 다할 수 있는 사람이라고 여겨지는 사람들을 대상으로, 항공컨설팅 회사에 의해 이루어졌다. 자질은 개방적이고 정직하며, 상황을 통제할 수 있는 능력과 큰 그림을 볼 수 있고, 다른 구성원들에게 자신의 생각과 계획을 알려 주는 것을 포함한다. 그에 반해서 마이너스 면으로는 무신경이고, 공격적이며, 다른 사람을 존중하지 않고, 닫힌 마음과 경직된 견해 등이 포함된다.
그 인터뷰 결과에, 승무원의 CRM 역량이 이용되었을 훈련에서 관찰된 소견 또는 사고분석 결과를 더하여, CRM 표준이 작성되었다. 5종류의 행동구분(카테고리)에 포함되는 관찰가능한 행동의 예는 다음과 같다.

의사소통	• 언제, 무엇을, 어느 정도 그리고 누구와 소통할 필요가 있는지를 아는 것. • 메시지와 정보를 명확하고, 정확하고, 적절하게, 제 때에 전달한다.
팀웍	• 팀의 목표와 구성원의 역할에 대해 합의하고 명확히 이해한다. • 타인에 대해 존중과 관용을 보인다.
업무부하 관리	• 직무의 우선순위와 실시계획을 효과적으로 지정한다. • 도움을 주고받으며, 필요한 경우 위임한다.
상황	• 항공기와 시스템이 무엇을 하고 있는지 파악하고 있다. • 어떤 일이 일어날지, 계획을 세우고 선두에 위치한다.
문제해결 및 의사결정	• 문제가 발생한 이유를 파악하고 확인하며, 성급하게 결론을 내리거나 근거 없이 추측하지 않는다. • 가장 효율적인 의사결정 프로세스를 사용하고 동의한다.

원자력산업

원자력산업도 제어실운용자들을 위한 비기술적 역량 리스트를 만들었는데, 이는 앞서 언급한 Texas 대학에서 실행한 조종사들을 위한 행동지표를 기초로 한 것으로 보인다. 원자력 발전소 운전요원의 팀 역량도 O'Connor et al.(2001)에 의해 특정되었으며 6 종류의 카테고리로 구분된다. 상황인식 공유, 팀 중심의 의사결정, 의사소통, 협동, 영향력 및 팀 분위기 등이다. 이 팀 역량의 분류체계는 훈련과 피드백을 목적으로 디자인되었다. 또한 원자력 비상대응팀 요원에게 요구되는 비기술적 역량 리스트도 특정되어(Crichton and Flin, 2004), 5 종류의 중요한 역량으로써 의사결정, 상황판단, 의사소통, 팀웍 및 스트레스 관리 등을 언급한다.

의료업계

중대한 사건 인터뷰, 관찰, 설문조사 등 위에서 설명한 여러 가지 기법을 이용하고, 그 위에 전문가로부터 조사결과를 수정하고 체계화하여 비기술적 역량을 관찰하고 평가할 수 있는 체계가 개발되었다. 여기에는 마취과 의사를 위한 ANTS(Fletcher et al., 2003), 외과의사를 위한 NOTSS(Yule et al., 2006), 수술팀을 위한 OTAS(Healey et al.2004), 그리고 신생아소생팀을 위한 UTNR(Thomas et al., 2004) 등이 있다.

9.8 결론

이번 장에서는 안전하고 효율적인 수행에 내재하는 비기술적 역량을 식별하는데 이용할 수 있는 다양한 진단 도구에 관해 서술하였다. 여기서 우리는 진단 도구에는 자기보고 설문지, 인터뷰, 관찰(숙련된 관찰자에 의한), 사고/사고위기 분석 및 기밀 보고 시스템이 포함된다는 것을 알았다. 단일 도구 자체로는 관련된 비기술적 역량의 전체 그림을 제공하지 못하므로, 두 종류 이상의 도구를 조합하여 사용할 것을 권장한다. 여러 분야의 핵심적인 비기술적 공통 역량(예: 의사결정, 상황인식, 의사소통, 리더십, 팀웍)은 열거할 수 있지만, 행동 또는 역량 요소는 분야에 따라 특정하게 나타난다. 어떠한 환경에 적합한 비기술적 역량이 확인되고 엄밀하게 분석되면, 구체적인 훈련목표, 훈련평가 및 피드백을 설계하고 도입할 수 있다.

요점

- 직업 또는 직무에 필요한 구체적인 역량을 명확히 하는 것은 비기술적 역량의 훈련 또는 평가 도구를 설계하는 첫 번째 단계이다.
- 다양한 진단 도구가 존재하며, 개별적으로 이용할 수도 있지만 두 가지 이상의 기법을 이용하여 수집된 데이터의 질을 향상한다. 질문, 관찰 및 상황기반의 기법을 이용하여 비기술적 역량을 식별한다. 이렇게 수집된 데이터는 관련된 역량 구분(카테고리)과 각 역량이 서술하는 요소 또는 행동으로 구성되는 분류체계를 개발하는 데 사용된다.

- 기법, 또는 사용되는 복수의 기법들과는 상관없이, 비기술적 핵심역량을 식별하기 위해서는 신중한 분석이 필요하다.
- 인지직무분석(Cognitive Task Analysis: CTA)기법은 직무수행을 지원하는 인지적 능력을 명확히 할 때 이용하는 특정 기법이다. 이 기법은 높은 인지적 복잡성을 요구하는 동적 작업에 특히 적용시킬 수 있으며, 해양 석유 및 가스 산업, 원자력관련 생산시설, 항공업, 마취 등 고위험산업의 비기술적 역량을 평가하는 데 사용된다.
- 사고보고용 도구는 발생한 부정적인 결과를 시작으로, 시스템에 내장된 방어벽이 언제 어떻게 고장 났는지를 나타내는 데이터를 제공한다. 사고분석은 관련된 행동이 기록된 경우에만 비기술적 역량을 파악하는 데 유용하게 쓰인다.
- 기밀보고 시스템은 안전성을 향상하기 위해 시스템에 피드백 될 수 있는 오류 또는 안전 문제에 대한 데이터를 개인으로부터 수집한다.
- 이러한 기법으로부터 수집된 데이터를 기반으로, 비기술적 역량의 예비 분류체계를 개발, 검증 및 평가할 수 있으며, 이를 통해 비기술적 역량의 훈련 프로그램을 설정하는 지침으로써 이용할 수 있다.

Suggestions for further reading

Websites

Anaesthetists Non-Technical Skills (ANTS) behavioural marker system: http://www.abdn.ac.uk/iprc/ants

BASIS (British Airways Safety Information System): www.winbasis.com

Civil Aviation Authority (CAA): http://www.caa.co.uk

Confidential Human Factors Incident Reporting Programme (CHIRP): www.chirp.co.uk

Confidential Incident Reporting and Analysis System (CIRAS): www.ciras.org.uk

Line Operations Safety Audit (LOSA) website: http://homepage.psy.utexas.edu/homepage/group/HelmreichLAB/Aviation/LOSA/LOSA.html

NASA Aviation Safety Reporting System (ASRS) website: http://asrs.arc.nasa.gov/main_nf.htm

Non-Technical Skills for Surgeons (NOTSS): http://www.abdn.ac.uk/iprc/notss

TNO Mobile Evaluation System for Distributed Team Training: http://www.tno.nl/defensie_en_veiligheid/projecten/mobile_evaluation_system/index.xml

Key texts

Carayon, P. (ed.) (2007) *Handbook of Human Factors and Ergonomics in Health Care and Patient Safety*. Mahwah, NJ: LEA.

Crandall, B., Klein, G. and Hoffman, R. (2006) *Working Minds: A Practitioner's Guide to Cognitive Task Analysis*. Cambridge, MA: Bradford.

Hale, A., Wilpert, B. and Freitag, M. (eds.) (1998) *After the Event: From Accident to Organisational Learning*. Oxford: Elsevier Science.

Kvale, S. (2005) *Interviews. An Introduction to Qualitative Research Interviewing*. Thousand Oaks, CA: Sage Publications.

Fink, A. (2003) *The Survey Kit (2nd ed)*. London: Sage.

Seamster, T.L., Redding, R.E. and Kaempf, G.L. (1997) *Applied Cognitive Task Analysis in Aviation*. Aldershot: Ashgate.

references

Anderson, N. and West, M.A. (1994). *The Team Climate Inventory: Manual and User's Guide*. Windsor, UK: ASE Press.

Annett, J. (2004) Hierarchical task analysis. In N.A. Stanton, A. Hedge, K. Brookhuis, E. Salas and H. Hendrick (eds.) *Handbook of Human Factors and Ergonomics Methods*. Boca Raton, FL: CRC Press.

Balfour, D.L. and Wechsler, B. (1996) Organisational commitment: Antecedents and outcomes in public organisations. *Public Productivity and Management Review*, 29, 256–277.

Barling, J. and Frone, M.R. (2004) *The Psychology of Workplace Safety*. Washington, DC: American Psychological Association.

Bass, B.M. (1985) *Leadership and Performance: Beyond Expectations*. New York: Free Press.

Belbin, R.M. (1993) *Team Roles at Work: A Strategy for Human Resource Management*. Oxford: Butterworth-Heinemann.

Botney, R., Gaba, D. and Howard, S. (1993) Anesthesiologist performance during a simulated loss of pipeline oxygen. *Anesthesiology*, 79, A1118.

Breakwell, G., Fife-Schaw, C., Smith, J.A. and Hammond, S. (2006) *Research Methods in Psychology* (3rd ed). London: Sage.

Burke, E. and Hendry, C. (1997) Decision making on the London incident ground. An exploratory study. *Journal of Managerial Psychology*, 12, 40-47.

Burton, M., and Shadbolt, N. (1987) Knowledge engineering. In N. Williams and P. Holt (eds.) *Expert Systems for Users*. London: McGraw-Hill.

CAA (2006) *Crew Resource Management (CRM). Training. CAP737. Guidance for Flight Crew, CRM Instructors (CRMIs). and CRM Instructor-Examiners (CRMIEs).* Hounslow, Middlesex: Civil Aviation Authority.

Carthey, J. (2003) The role of structured observational research in health care. *Quality and Safety in Health Care*, 12, *Suppl II*, ii13-16.

Catchpole, K., Giddings, A., de Leval, M. et al.(2006) Identification of systems failures in successful paediatric cardiac surgery. *Ergonomics*, 49, 567-57.

Chi, M.T.H., Glaser, R. and Farr, M.J. (1988) *The Nature of Expertise*. Hillsdale, NJ: Lawrence Erlbaum Associates.

Cohen, L., Manion, L. and Morrison, K. (2007) *Research Methods in Education* (6th ed). London: Routledge.

Coolican, H. (2004) *Research Methods and Statistics in Psychology* (4th ed). London: Hodder Arnold.

Crandall, B. and Getchell-Reiter, K. (1993) Critical decision method: A technique for eliciting concrete assessment indicators from the intuition of NICU nurses. *Advances in Nursing Science*, 16, 42-51.

Crandall, B. and Klein, G.A. (1988) *Key Components of MIS Performance*. Dayton, OH: Klein Associates Inc.

Crandall, B., Klein, G.A. and Hoffman, R.R. (2006) *Working Minds. A Practitioner's Guide to Cognitive Task Analysis*. Cambridge, MA: MIT Press.

Crichton, M. and Flin, R. (2004). Identifying and training non-technical skills of nuclear emergency response teams. *Annals of Nuclear Energy*, 31, 1317-1330.

Crichton, M., Flin, R. and McGeorge, P. (2005). Decision making by on-scene incident commanders in nuclear emergencies. *Cognition, Technology and Work*, 7, 156-166.

De Keyser, V. and Nyssen, A.-S. (2001) The management of temporal constraints in naturalistic decision making: The case of anaesthesia. In E. Salas and G. Klein (eds.) *Linking Expertise and Naturalistic Decision Making*. Mahwah, NJ: Lawrence Erlbaum.

Dismukes, K., Berman, B. and Loukopoulous, L. (2007) *The Limits of Expertise. Rethinking Pilot Error and the Causes of Airline Accidents*. Aldershot: Ashgate.

Edkins, G. and Pfister, P. (eds.) (2003) *Innovation and Consolidation in Aviation*. Aldershot: Ashgate.

Ericsson, K.A. and Smith, J. (1991) Prospects and limits of the empirical study of expertise: An introduction. In K.A. Ericsson and J. Smith (eds.) *Toward a General Theory of Expertise: Prospects and Limits*. New York: Cambridge University Press.

Fahlbruch, B. and Wilpert, B. (1997) Event analysis as problem solving process. In A. Hale, B. Wilpert and M. Freitag (eds.) *After the Event: From Accident to Organisational Learning*, 113–129. Oxford: Elsevier Science.

Fink, A. (2003) *The Survey Kit* (2nd ed). London: Sage.

Fischer, U., Orasanu, J. and Wich, M. (1995) Expert pilots' perception of problem situations. Paper presented at the Eighth International Symposium on Aviation Psychology, April 24–28, Columbus, Ohio.

Flanagan, J. (1954) The critical incident technique. *Psychological Bulletin*, 51, 327–358.

Fletcher, G., Flin, R., McGeorge, P., Glavin, R., Maran, N. and Patey, R. (2003) Anaesthetists' non-technical skills (ANTS): Evaluation of a behavioural marker system. *British Journal of Anaesthesia*, 90, 580–588.

Fletcher, G., Flin, R., McGeorge, P., Glavin, R., Maran, N. and Patey, R. (2004) Rating non-technical skills: Developing a behavioural marker system for use in anaesthesia. *Cognition, Technology and Work*, 6, 165–171.

Flin, R., Burns, C., Mearns, K., Yule, S. and Robertson, E. (2006) Measuring safety climate in health care. *Quality and Safety in Health Care*, 15, 109–115.

Flin, R. and Martin, L. (2001) Behavioural markers for Crew Resource Management: A review of current practice. *International Journal of Aviation Psychology*, 11, 95–118.

Flin, R., Mearns, K., O'Connor, P. and Bryden, R. (2000) Measuring safety climate: identifying the common features. *Safety Science*, 34, 177–192.

Flin, R., Slaven, G. and Stewart, K. (1996) Emergency decision making in the offshore oil and gas industry. *Human Factors*, 38, 262–277.

Gaba, D.M., Fish, K. and Howard, S. (1994) *Crisis Management in Anesthesia*. New York: Churchill-Livingstone.

Gillham, W. (2005) *Research Interviewing: The Range of Techniques*. Milton Keynes: Open University Press.

Glendon, I., Clarke, S. and McKenna, E. (206) *Human Safety and Risk Management* (2nd ed). London: Taylor & Francis.

Goeters, K.M. (ed.) (1998) *Aviation Psychology. A Science and a Profession*. Aldershot: Ashgate.

Gordon, R., Flin, R. and Mearns, K. (2005) Designing and evaluating a human factors investigation tool (HFIT) for accident analysis. *Safety Science*, 43, 147–171.

Gregorich, S., Helmreich, R. and Wilhelm, J. (1990). The structure of cockpit management attitudes. *Journal of Applied Psychology*, 75, 682–690.

Guerlain, S., Adams, R., Turrentine, B., Shin, T., Guo, H., Collins, S. and Calland, F. (2005) Assessing team performance in the operating room: Development and use of a 'Black-Box' recorder and other tools for the intraoperative environment. *Journal of American College of Surgeons*, 200, 29–37.

Healey, A., Undre, S. and Vincent, C. (2004) Developing observational measures of performance in surgical teams. *Quality and Safety in Healthcare, 13 (Suppl 1)*, i33–i40.

Heiman, G.A. (1995) *Research Methods in Psychology*. Boston: Houghton Mifflin Co.

Helmreich, R. and Merritt, A.C. (1998) *Culture at Work in Aviation and Medicine. National, Organizational and Professional Influences*. Aldershot: Ashgate.

Hiemstra, A.M.F., van Berlo, M.P.W. and Hoekstra, W. (2003) The development of MOPED – A mobile tool for performance measurement and evaluation during distributed team training. In Proceedings of the Human Factors of Decision Making in Complex Systems Conference, 8–11 September, 2003. Dunblane, UK.

Hoffman, R.R., Crandall, B. and Shadbolt, N. (1998) Use of the critical decision method to elicit expert knowledge: A case study in the methodology of cognitive task analysis. *Human Factors*, 40, 254–276.

Hoffman, R.R., Shadbolt, N.R., Burton, A.M. and Klein, G.A. (1995) Eliciting knowledge from experts: A methodological analysis. *Organizational Behavior and Human Decision Making*, 62, 129–158.

Holden, R.J. and Karsh, B. (2007) A review of medical error reporting system design considerations and a proposed cross-level systems research framework. *Human Factors*, 49, 257–276.

Hollnagel, E. (2004) *Barriers and Accident Prevention*. Aldershot: Ashgate.

HSE (2001) *Health and Safety Climate Survey Tool*. London: HSE Books.

Hudson, P., Primrose, M.J. and Edwards, C. (1994) Implementing tripod-DELTA in a major contractor. (SPE 27302) In *Proceedings of the SPE International Conference on*

Health, Safety and Environment, Jakarta, Indonesia. Richardson, TX: Society of Petroleum Engineers.

Johnson, C. (2006) Incident Analysis in Health Care. In P. Carayon (ed.) *Handbook of Human Factors and Ergonomics in Health Care and Patient Safety*. Mahwah, NJ: LEA.

Kayten, P. (1993) The accident investigator''s perspective. In E. Wiener, B. Kanki and R. Helmreich (eds.) *Cockpit Resource Management*. San Diego: Academic Press.

Kaempf, G.L., Wolf, S.P., Thorsden, M.L. and Klein, G.A. (1992) *Decision making in the AEGIS Combat Information Center* (Technical report No 1; Contract No N66001-90-C-6023). San Diego, CA: Naval Command, Control and Ocean Surveillance Center.

Kirwan, B. and Ainsworth, L.K. (1992). *A Guide to Task Analysis*. London: Taylor & Francis.

Klein, G., Calderwood, R. and Clinton-Cirocco, A. (1986). Rapid decision making on the fire ground. Paper presented at the Human Factors Society 30th Annual Meeting, San Diego, CA.

Klein, G., Calderwood, R. and Macgregor, D. (1989) Critical decision method for eliciting knowledge. *IEEE Transactions on Systems, Man and Cybernetics*, 19, 462-472.

Kvale, S. (2004) *Interviews. An Introduction to Qualitative Research Interviewing* (2nd ed). Thousand Oaks, CA: Sage Publications.

Lucia, A. and Lepsinger, R. (1999) *The Art and Science of Competency Models*. New York: Wiley.

Mackenzie, C., Craig, C., Parr, F., Horst, R. and the LOTA S group. (1994) Video analysis of two emergency tracheal intubations identifies flawed decision making. *Anesthesiology*, 81, 763-771.

Mackenzie, C. and Xiao, Y. (2007) Video analysis in health care. In P. Carayon (ed.) *Handbook of Human Factors and Ergonomics in Health Care and Patient Safety*. Mahwah, NJ: Lawrence Erlbaum Associates.

Madsen, M., Anderson, H. and Itoh, K. (2007) Assessing safety culture and climate in healthcare. In P. Carayon (ed.) *Handbook of Human Factors and Ergonomics in Healthcare and Patient Safety*. Mahwah, NJ: Lawrence Erlbaum.

Marshall, E., Duncan, K. and Baker, S. (1981). The role of withheld information in the training of process plant fault diagnosis. *Ergonomics*, 24, 711-724.

McGraw, K.L. and Harbison-Briggs, K. (1989) *Knowledge Acquisition: Principles and Guidelines*. Englewood Cliffs, NJ: Prentice-Hall International.

Miller, T.E. (2001) A cognitive approach to developing tools to support planning. In E. Salas and G. Klein (eds.) *Linking Expertise and Naturalistic Decision Making* (pp. 95–112). Mahwah, NJ: Lawrence Erlbaum.

Morgan, D.L. (1997) *Focus Groups as Qualitative Research* (2nd ed). Thousand Oaks, CA: Sage.

Morgan, D.L. and Krueger, R.A. (1993) When to use focus groups and why. In D.L. Morgan (ed.) *Successful Focus Groups: Advancing the State of the Art* (pp. 3–19). Newbury Park, CA: Sage.

Mowday, R., Steers, R. and Porter, L. (1979) The measurement of organisational commitment. *Journal of Vocational Behaviour*, 14, 224–247.

NASA ASRS website (2005) http://asrs.arc.nasa.gov/main_nf.htm

Nisbett, R.E. and Wilson, T.D. (1977) Telling more than we can know: Verbal reports on mental processes. *Psychological Review*, 84, 231–259.

O'Connor, P. (2007) The nontechnical causes of diving accidents: Can U.S. Navy divers learn from other industries? *Journal of the Undersea and Hyperbaric Medical Society*, 34, 51–59.

O'Connor, P., Flin, R. and O'Dea, A. (2001) Team skills for nuclear power plant operating staff. Technical Report to Nuclear Industry management Committee. Industrial Psychology Group, University of Aberdeen.

O'Connor, P., O'Dea, A. and Melton, J. (2007) The development of a taxonomy to classify the nontechnical causes of U.S. navy diving accidents. *Human Factors*, 49, 214–226.

Omodei, M., McLennan, J. and Reynolds, C. (2005) Understanding the reasons even good firefighters make unsafe decisions: A human factors interview protocol. Paper presented at the Seventh Conference on Naturalistic Decision Making, Amsterdam, NL, June.

Omodei, M., McLennan, J. and Wearing, A.J. (2004) How expertise is applied in real-world dynamic environments: Head-mounted video and cued-recall as a methodology for studying routines of decision making. In T. Besch and S. Haberstrohe (eds.) *The Routines of Decision Making*. Mahwah, NJ: LEA.

Oppenheim, A.N. (1992) *Questionnaire Design, Interviewing and Attitude Measurement*. London: Pinter.

Orasanu, J. and Fischer, U. (1997) Finding decisions in natural environments: The view from the cockpit. In C. Zsambok and G. Klein (eds.) *Naturalistic Decision Making* (pp. 343–358). Mahwah, NJ: LEA.

Paradies, M., Unger, L. and Busch, D. (1996) *TapRooT. Root Cause Tree Users Manual*. Knoxville, TS: System Improvements Inc.

Rasmussen, J. (1985) The role of hierarchical knowledge representation in decision making and system management. *IEEE Transactions on Systems, Man and Cybernetics*, 15, 234–243.

Reason, J. (1997) *Managing the Risks of Organisational Accidents*. Aldershot: Ashgate.

Redding, R.E. and Seamster, T.L. (1994) Cognitive task analysis in air traffic controller and aviation crew training. In N. Johnston, N. McDonald and R. Fuller (eds.) *Aviation Psychology in Practice* (pp. 190–222). Brookfield, VT: Ashgate.

Roth, E.M., Mumaw, R.J. and Lewis, P.M. (1994) *An Empirical Investigation of Operator Performance in Cognitively Demanding Simulated Emergencies* (NUREGCR-6208). Washington, DC: Division of Systems Research, Office of Nuclear Regulatory Research.

Roth, E., Christian, C., Gustafon, M., et al.(2004) Using field observations as a tool for discovery: analysing cognitive and collaborative demands in the operating room. *Cognition, Techncology and Work*, 6, 148–157.

Rugg, G. and McGeorge, P. (1997) The sorting techniques: A tutorial paper on card sorts, picture sorts and item sorts. *Expert Systems*, 14, 80–94.

Schuman, J. and Presser, S. (1996) *Questions and Answers in Attitude Surveys. Experiments on Question Form, Wording, and Context*. Thousand Oaks: Sage Publications.

Seamster, T. and Keampf, G. (2001) Identifying resource management skills for airline pilots. In E. Salas, C. Bowers and J. Cannon-Bowers (eds.) *Improving Teamwork in Organisations. Applications of Resource Management Training*. Mahwah, NJ: Lawrence Erlbaum.

Seamster, T.L., Redding, R.E. and Kaempf, G.L. (1997) *Applied Cognitive Task Analysis in Aviation*. Aldershot: Ashgate.

Shadbolt, N. (2005) Eliciting expertise. In J.R. Wilson and N. Corlett (eds.) *Evaluation of Human Work* (3rd ed). London: Taylor & Francis.

Shappell, S., Detwiler, C., Holcomb, K., Hackworth, C., Boquet, A. and Wiegmann, D. (2007) Human error and commercial aviation accidents: An analysis using the Human

Factors Analysis and Classification System. *Human Factors*, 49, 227–242.

Shorrock, S.T. and Kirwan, B. (2002). Development and application of a human error identification tool for air traffic control. *Applied Ergonomics*, 4, 319–336.

Simon, J.A. (1955) A behavioral model of rational choice. *Quarterly Journal of Economics*, 69, 99–118.

Smith-Jentsch, K.A., Johnston, J.H. and Payne, S. (1998) Measuring team-related expertise in complex environments. In J.A. Cannon-Bowers and E. Salas (eds.) *Making Decisions Under Stress. Implications for Individual and Team Training.* Washington, DC: American Psychological Association.

Sneddon, A., Mearns, K. and Flin, R. (under review) Workplace Situation Awareness.

Stanton, N.A., Salmon, P.M., Walker, G.H., Baber, C. and Jenkins, D.P. (2005) *Human Factors Methods. A Practical Guide for Engineering and Design*. Aldershot: Ashgate.

Stoop, J. (1997) Accident scenarios as a tool for safety enhancement strategies in transportation systems. In A. Hale, B. Wilpert and M. Freitag (eds.) *After the Event: From Accident to Organisational Learning*. Oxford: Elsevier Science, 77–93.

Strater, O. (2005) *Cognition and Safety: An Integrated Approach to Systems Design and Performance Assessment*. Aldershot: Ashgate.

Thomas, E.J., Sexton, J.B. and Helmreich, R.L. (2004) Translating teamwork behaviours from aviation to healthcare: Development of behavioural markers for neonatal resuscitation. *Quality and Safety in Health Care*, 13, 57–64.

Thordsen, J., Militello, L.G. and Klein, G.A. (1992) Cognitive task analysis of critical team decision making during multi-ship engagements. Dayton, OH: Klein Associates.

Wallace, J. and Chen, G. (2005) Development and validation of a work-specific measure of cognitive failure: implications for occupational safety. *Journal of Occupational and Organizational Psychology*, 78, 615–632.

Warr, P., Cook, J. and Wall, T. (1979) Scales for the measurement of some work attitudes and aspects of psychological well being. *Journal of Occupational and Organizational Psychology*, 52, 129–148.

Whiddett, S. (2003) *A Practical Guide to Competencies*. London: Chartered Institute for Personnel and Development.

Wiegeman, D.A. and Shappell, S.A. (2001) Human error analysis of commercial aviation accidents: Application of the human factors analysis and classification system (HFA CS). *Aviation, Space, and Environmental Medicine*, 72, 1006–1017.

Wiegmann, D.A. and Shappell, S.A. (2003) *A Human Error Approach to Aviation*

Accident Analysis: The Human Factors Analysis and Classification System. Aldershot: Avebury Aviation.

Wiener, E., Kanki, B. and Helmreich, R. (eds.) (1993) *Cockpit Resource Management*. San Diego: Academic Press.

Wilson, J.R. and Corlett, N. (eds.) (2005) *Evaluation of Human Work* (3rd ed). London: Taylor & Francis.

Yule, S., Flin, R., Paterson-Brown, S., Maran, N. and Rowley, D. (2006) Developing a behavioural rating system to assess surgeons' non-technical skills NOTSS. *Medical Education*, 40, 1098-1104.

Zachary, W., Ryder, J. and Hicinbothom, J. (1998). Cognitive task analysis and modeling of decision making in complex environments. In J.Cannon-Bowers and E. Salas (eds.) *Making Decisions Under Stress. Implications for Individual and Team Training*. Washington, DC: American Psychological Association.

Chapter 10

비기술적 역량의 훈련방법

개인이나 팀이 고위험 환경에서 효과적으로 활동하기 위해서는 이전 장에서 논의한 비기술적 역량에 능숙해야 한다. 그러나 이러한 비기술적 역량을 도입하거나 강화해야 할 필요가 있다면, 이를 달성하기 위한 가장 효과적인 훈련기법은 무엇일까? 또한 훈련과정 시행 후 비기술적 역량이 실제로 향상되었다는 것을 어떻게 알 수 있을까? 조직이 훈련에 사용할 수 있는 시간과 자원은 제한되어 있기 때문에 훈련시간을 효과적으로 활용해야만 한다.

본 장의 목적은 위험한 환경에서 일하는 개인의 비기술적 역량을 향상하기 위해 디자인된 훈련과정의 개발에 대한 지침을 제공하는 것이다. 고위험 산업에 사용되는 비기술적 역량을 훈련하기 위해 가장 널리 사용되는 전략은 CRM훈련이다(CRM 훈련관계의 세부정보는 이번 장의 마지막 부분에 열거되어 있다). 본 장은 훈련과정의 개발을 위한 일반적인 체계가 소개되고, 잠재적인 훈련기법과 전략을 명시하며, 훈련효과를 평가하는 방법을 서술한다. 비기술적 역량훈련에 국한되지는 않지만, 훈련과정의 계획, 실행 및 평가에 유용한 참고서가 많아서 개발에 앞서 읽을 가치가 있다(예: Goldstein and Ford, 2002; Truelove, 1997; 본 장의 마지막 부분에 있는 추천자료 참조).

10.1 훈련개발의 프레임워크

고전적인 훈련모델은 훈련 필요성의 확인으로부터 시작하여, 훈련 목적, 개발 및 평가에 이른다. 이것은 문헌 상(예: Goldstein and Ford, 2002; Lambert, 1993)에 있는 대부분 훈련모델의 전형적인 방법이다. 표 10.1은 훈련을 설계하고 실현하는 방법에 대한 개요를 나타내며, 각 단계는 아래에 자세히 설명되어 있다.

표 10.1 효과적인 훈련을 계획하고 실현하기 위한 기법(Adapted from Goldstein and Ford, 2002)

현상	단계
1. 필요성 평가·판정	1A. 훈련 필요성 평가·판정 1B. 훈련목표 명확히 정의
2. 훈련 및 개발	2A. 훈련 프로그램 선택 및 설계 2B. 훈련전략 수립
3. 훈련 평가	3A. 평가·측정의 설계 3B. 훈련평가의 목표설정

1단계: 필요성 평가·판정

훈련 필요성의 평가·판정을 실시하는 것은 매우 중요하다. 비기술적 역량에 대한 필요성의 평가·판정은 훈련하여야 할 역량을 확인하여 특정하는 것이다. 이 단계는 무시되거나 충분히 실행되지 않기 쉽다. 그러나 필요성의 평가·판정은 훈련을 설계할 때 반드시 도움이 될 것이다. 훈련과정은 주어진 직무의 필요성과, 궁극적으로는 조직으로부터 필요성을 충족시키지 못하는 훈련과정은 개발할 의미가 없으므로, 그렇게 되는 것은 훈련 필요성의 평가·판정이 허술하였기 때문이다. 이것은 시간, 자원, 돈의 낭비이며, 가치 있는 훈련과정을 개발할 기회도 없어진다.

1A. 훈련 필요성 평가·판정 : 특정 업무 또는 직무에 필요한 비기술적 역량을 파악하기 위한 기법은 제9장에서 자세히 논의된다. 필요성의 평가·판정은기존의 수준과 필요한 수준의 차이를 확인할 수 있도록 설계된다. 실제로, 항공분야 이외에서 이루어지는 많은 비기술적 역량훈련은 입문단계로 진행된다. 더욱 상급단계 또는 특정

역량훈련의 경우, 정기적 수행평가, 안전감사 또는 사고분석 등 조직의 데이터를 기반으로 수준의 격차분석을 할 수 있다.

1B. 훈련 목표 : 훈련과정의 내용은 확인된 훈련 필요성 및 이러한 필요성에 효과적으로 대응하려는 방법을 설계하는 능력에 따라 달라진다. 평가·판정에서 확인된 각 역량에 대해 훈련 목표를 문서화해야 한다. 이러한 목표가 달성되었는지 여부를 결정하기 위해 경험적으로 평가될 수 있는 방식으로 기록되어야 한다. 훈련목표는 훈련과정의 내용을 작성하기 위한 지침이 된다. 훈련목표가 매우 중요한 것은 훈련결과를 통해 목표가 달성되었는지 여부를 평가하기 때문이다(Goldstein and Ford, 2002).

2단계: 훈련 및 개발

2A. 훈련프로그램의 선택과 설계 : 훈련방법은 팀에 훈련을 실시하는 도구와 기법이다. Salas and Cannon-Bowers(1997)는 세 가지 유형으로 훈련 방법을 구분한다: 정보기반(Information-based), 실연기반(Demonstration-based) 및 실습기반(Practice-based).

정보기반 : 정보기반 기법은 훈련에 가장 널리 사용되는 방법이다. 보완정보로서 참고서나 웹 기반 정보를 사용할 수도 있는 수동적인 강의형식으로 정보를 전달하는 훈련이다. 이러한 기법은 대규모 그룹에 전달하기 쉽고 저비용이라는 장점이 있다. 또한 훈련생들이 새로운 개념과 주제를 소개받을 때 좋다. 단점은 정보를 접하여도 학습이 보장되지는 않는다는 것이다. 참가자가 실제 제공된 정보를 잘 받아들이고 이해했는지 여부는 알려지지 않는다.

실연기반 : 이 기법을 통해 참가자는 필요한 태도, 행동 또는 전략을 관찰할 수 있다. 그들은 효과적인(또는 효과적이지 않은) 예를 제시할 수 있다. 출연자를 이용할 수도 있으나, 가장 일반적으로 사용되는 방법은 비디오 동영상 이다. 예를 들어 항공회사는 조종사들이 긴급상황에서 내리는 의사결정 장면을 조종실 음성기록을 기초로 재현하여 사용한다. 엔지니어는 사고발생 전 마지막 몇 분 동안의 블랙박스 기록을 바탕으로 기술적 장면을 재현할 수도 있다. 항공기 비행경로 및 고도의 그래픽 표시, 제어장치의 위치, 주요 계기판 표시, 그리고 음성기록에 따라 추락 전

승무원의 행동을 자세히 볼 수 있다. 이러한 영상기록은 미해군의 CRM 프로그램에 매우 효과적으로 사용되고 있다. 참가자들은 이러한 사고영상을 오류가 어디서 발생했는지 그리고 그 오류를 방지하기 위해 어떻게 해야 했는지 논의할 수 있다. 또한 참가자들은 이 비디오에서 등장인물들이 보여주는 비기술적 역량을 관찰하고 평가하도록 요청받을 수 있다.

항공사고 비디오(TV 다큐멘터리로 여러 편이 제작되었다)는 다른 산업에 도 이용가치가 있지만, 참가자들은 자신들의 직무분야에서 일어난 사고의 비디오 재현에 많은 관심을 기울인다. 일부 회사들은 자신들의 시설에서 사고 시뮬레이션을 촬영하여 자사용 비디오를 제작한다. 치명적인 오류의 궤적을 보여주는 의료계용 훈련 비디오도 많이 있다. 예를 들어, 빈크리스틴 약제(Vincristine)에 관한 오류를 취급한 비디오가 영국보건부 사이트에서 볼 수 있다(www.dh.gov.uk/Home/fs/en). 실연기반의 기법의 장단점은 정보기반 기법과 유사하다. 그러나 실연기반 기법은 청중이 관련될 수 있는 상황의 예를 제공함으로써 청중을 더 끌어들일 수 있는 추가적인 이점도 있다.

실습기반 : 실습기반 기법은 분명히 가장 효과적인 역량훈련 방법이다. 그러나 정말 유용하게 쓰이기 위해서는 참가자들이 학습목적을 이해하고 구성하며 소화할 수 있도록 징후, 피드백 또는 코칭 같은 활동을 통해 이러한 방법을 지원해야 한다(Dismukes and Smith, 2000; Salas and Cannon-Bowers, 1997). 실습기반 방법의 구체적인 예는 다음과 같다.

- 시나리오 또는 사례연구를 논의하는 데 주로 사용되는 소규모 그룹의 실습이다. 특정한 상황을 토론하기 위해 수강생을 3~5명으로 구성된 작은 그룹으로 나뉜다. 각 그룹은 전체 클래스에 자신들의 결론을 보고한다.
- 역할연기는 가상 시나리오에서 참가자가 역할을 연기한다. 훈련 참가자가 타인의 관점을 이해하거나 인지능력 또는 사회적 상호작용을 실습하는 것이 목표이다.
- 데스크탑 실습은 참가자들에게 시나리오를 제공하고 그것에 대해서 어떻게 대응할지 보는 것이다. 전술적 의사결정게임(Tactical Decision Games: TGD)도 이 유형에 포함된다. TDG는 시나리오 기반의 '만약(What if)'이라는 설문의 시뮬레

이션으로, 다수의 의사결정을 행하고, 이러한 결정의 결과를 검토하여, 그 결정을 내린 이유의 근거를 탐구할 기회를 제공하는 목적으로 구성되었다(Crichton et al., 2000). 이러한 '게임'은 동등한 역할을 하는 그룹 또는 팀에 사용할 수 있다. 용이한 디브리핑(결과의 요약설명, 강평, 질문 등)을 통해 참가자들이 비기술적 역량과 자기비판을 향상하도록 격려한다(TDG의 자세한 설명은 제3장 참조).

- 많은 산업계와 의료기관은 통상의 직장환경과 비상상황을 모델링한 시뮬레이터를 갖고 있거나, 현장의 기존시설을 사용하여 시뮬레이션 할 수 있다. 컴퓨터기반 시뮬레이션도 이용할 수 있으며, 예를 들어, Vector Command 시스템(www.vectorcommand.com)은 철도소방관과 사고처리 지휘관 등을 훈련하는 데 사용된다. 시나리오는 특정 비기술적 역량의 중요성을 강조하기 위해 개발되는데, 의사결정 또는 팀 협동과 같은 것이다. 모델링된 상황은 실제 사건 또는 사고 보고서를 기준으로 작성하는 방법이 있다. 의료분야의 시뮬레이션 훈련에 관한 내용은 Riley(출판준비중) 또는 Rall and Gaba(2005)를 참조 바란다. 조종실 승무원의 경우, 비기술적 역량을 종종 실습하고 노선적응훈련(Line-Oriented Flight Training: LOFT)으로 알려진 비행 시뮬레이터세션에서 평가한다. LOFT는 운항 중 일어날 수 있는 대표적 상황을 비행임무의 최초부터 최후까지 행하며, 특히 의사소통, 관리, 리더십 등과 관련된 상황에 중점을 둔 훈련이다(ch. 5-1: Civil Aviation Authority, CAA, 2002). LOFT 훈련의 목적은 팀이 궁극적으로 실패할 때까지 더 많은 문제를 해결하도록 계속 문제를 추가하는 것이 아니라는 것을 보여주는 것이 중요하다. 오히려, LOFT 훈련에 포함된 난이도와 비상사태는 현실적이어야 한다(효과적인 LOFT 훈련 시나리오에 대한 내용은 CAA, 2002 참조).
- 현장의 비상사태와 같은 특정 시뮬레이션 상황에 참여하는 본격적인 실습도 훈련에 이용할 수 있다. 이 실습방법의 장점은 참가자들에게 학습목표를 강력하게 전달할 수 있다는 것이다. 그러나 본격적인 시뮬레이션을 사용하는 것은 개발과 실행 모든 면에서 시간과 비용이 많이 소요될 수 있다.

2B. 디자인 훈련전략 : 이 훈련방법은 특정 훈련전략의 개발을 형성하기 위한 훈련목표와 결합한다. 선택된 전략은 이론적인 것을 기반으로 해야 하며 건전한 훈련원칙을 이용해야 한다(Paris et al., 1999).

비기술적 역량을 훈련하는 주요 방법은 어떤 형태로든 CRM 훈련과정을 실행하는 것으로, 인적수행, 인적요소, 비기술적 역량, 팀 자원관리, 위기 자원관리 또는 안전기술 과정으로 이름 붙일 수 있다. CRM 훈련의 배경은 제1장에 제시되었고 Wiener et al.(1993)과 같은 문헌에 자세히 다루어졌다. CRM 훈련에 대한 다양한 간행물들이 최근 들어 출판되었고(예: CAA, 2006a; Salas et al., 2006b; 2006c), 특히 항공업계를 위한 CRM 훈련에 대한 전문가용의 간행물도 있지만(예: Jensen, 1995: Macleod, 2005: McAllister, 1997; Walters, 2002), 소방업무와 같은 다른 업종에 대한 것(Okray and Lubnau, 2004) 및 의료 전문분야를 위한 CRM 문헌(Bleakley et al., 2004; Baker et al., 2007; Flin et al., 2007; Howard et al., 1992)도 있다. 또한 CRM 개발자를 위한 배경정보를 제공하는 웹 사이트(예: Royal Aeronautical Society)도 있다. 이러한 출처는 이번 장의 끝에 나와 있으며, 여기서는 CRM 훈련의 배경만을 간단히 설명한다.

승무원자원관리(CRM) 훈련

Lauber(1984)는 CRM은 '안전하고 효율적인 비행운용을 달성하기 위해서 모든 이용 가능한 자원(예: 정보, 기기, 인원)을 활용하는 것'으로 정의했다(p. 20). CRM 훈련은 초기에 민간 조종사들을 훈련하기 위해 사용되었다. 그러나 지금은 다양한 고신뢰성 산업계에서도 사용하고 있다. 그것을 처음 도입한 곳은 당연히 항공업계의 정비, 승무원, 항공 교통관제 등의 분야이다. 그러나 CRM은 이제 항공과 관련이 없는 조직, 즉 원자력발전소, 의료계, 소방, 해양과 철도산업 및 해양석유와 가스생산 분야에서도 사용되기 시작했다(예: Flin et al., 2002; Salas et al., 2006a 참조).

CRM 훈련에 대한 접근법은 1980년대 초 United Airlines에 의해 처음 소개된 이후로 진화해 왔다. 초기의 많은 과정은 조종사들에게 인기가 없었는데, 조종사들은 그것이 '매너 학습' 또는 그들의 인격개조를 하려고 한다고 생각했다. CRM 훈련은 이제는 사실상 모든 대형 국제항공사에 의해 사용되고 있으며, 유럽(JAA[1]: Joint Aviation Authorities, 2006)과 미국(FAA: Federal Aviation Administration, 2004)의 민간항공 규제기관에서 추천하여 사용한다. Helmreich et al.(1999)은 항공분야는 1990년대 말까지 5세대 CRM에 들어섰다고 제기했다. 5세대 CRM의 기본적인 전제는 인간의 오류는 불가피하다는 것이다. CRM이 인간의 한계로부터 보호하기 위한

1) JAA는 유럽항공안전기구(EASA: European Aviation Safety Agency)로 이관하였다.

시스템으로 인정되려면, 인적오류는 인간의 위반이 아닌, 실수에 대한 조직적인 인식과 수용이 있어야 한다(Reason, 1990). 5세대 CRM은 오류 발생에 대한 세 가지 방어벽의 조합으로 볼 수 있다고 제안한다(Helmreich et al., 1999).

a. 우선, 먼저 발생하는 오류를 예방하지만,
b. 오류가 발생한 경우, 운항에 영향을 미치는 결과가 나타나기 전에, 오류를 인식하고 영향을 예방하는 기법을 승무원에게 제공하고,
c. 오류로 인해 발생한 결과를 경감한다.

Helmreich와 Texas 대학의 연구팀은 위협과 오류 및 그 관리방법이 안전에 영향을 미치는 방식을 이해하기 위해, 고위험조직의 운용자를 훈련하는데 사용할 수 있는 위협 및 오류관리(TEM) 모델을 제안했다(Helmreich, 2000; TEM 자료는 이번 장의 끝부분 참조).

CRM 훈련에서 다루는 주제는 '인지과정과 대인관계와 관련된 정신적 태도와 동기뿐만 아니라 지식, 기술, 능력을 목표로 설계되었다'(Gregorich and Wilhelm, 1993. p173). 가장 효과적인 CRM 훈련은 최소 세 단계의 명확히 구분된 과정이 포함되어야 한다(CAA, 2002).

1. **인식단계** : 이는 일반적으로 참가자에게 비기술적 역량의 이론적 배경을 소개하는 강의실 중심의 CRM 훈련부분이다. 이 단계에서는 팀 구성원들에게 비기술적 역량에 대해 논의하고, 생각하기 위한 공통된 기준과 언어를 제시한다. CRM 입문강좌는 일반적으로 강의실에서 2~3일 동안 진행된다. 학습방법은 강의, 실습, 역할연기, 사례연구 및 사고 재현용 영화가 포함된다. 유럽(JAA) 및 미국(FAA)의 항공승무원에게 권장되는 커리큘럼은 표 10.29(참고용)에 나와 있다. 요구사항의 평가에 관한 부분에서 언급한 바와 같이, 훈련은 개별 조직의 운용자에게 요구되는 구체적인 역량들을 다루도록 특정하게 설계되어야 한다.

표 10.2 JAA 및 FAA가 권장하는 항공승무원용 CRM 커리큘럼

JAA(2006)	FAA(2004)
• 인적오류 및 신뢰성, 오류 사슬, 오류 예방 및 탐지 • 기업의 안전문화, 표준 업무절차, 조직적 요인 • 스트레스, 스트레스관리, 피로 및 경계심 • 정보수집 및 처리, 상황인식, 작업부하 및 관리 • 의사결정 • 조종실 내외부 간 의사소통 및 협동 • 리더십 및 팀 행동의 시너지 • 자동화(해당 항공기종) • 기종의 특정한 상이점 • 사례기반의 연구	1. **의사소통 과정 및 의사결정 행위** • 브리핑 • 안전, 보안 • 확인/제안/주장 • 승무원의 비판적 자기평가(의사결정 및 행위에 대한) • 문제 해결 • 의사소통 및 의사결정 2. **팀 빌딩 및 유지** • 리더십/팔로워십/직무에 대한 관심 • 대인 관계/그룹 분위기 • 상황인식과 작업부하 관리 • 준비/계획/경계 • 작업부하 배분/주의산만 회피 • 개인적 요인/스트레스 감소

2. 실습 및 피드백 단계 : 두 번째 훈련 단계에서는 참가자들에게 인식단계에서 논의된 비기술적 역량을 실습할 기회가 주어진다. 항공업계에서는 이 단계에서 일반적으로 LOFT 비행이 포함된다. 그러나 다른 산업에서도 시뮬레이터를 사용하여 인식단계에서 논의된 비기술적 역량을 시행한다(사례 10.1 참조). 만약 시뮬레이터훈련이 가능하지 않다면 다른 실습기반 방법을 사용할 수도 있다.

사례 10.1 | 스코틀랜드 임상 시뮬레이션 센터: 마취과 의사의 위기회피 및 자원관리 (Crisis Avoidance and Resource Management for Anaesthetists: CARMA)

강의 배경. 이 과정은 의료계에서 인적요인의 역할에 대한 연구와, 수술실에서의 부정적 상황의 70%가 인적오류에 기인한다는 인식이 증가한 결과로 개발되었다.

강의 개발 및 목표. 이 과정(www.scsc.scot.nhs.uk)은 마취과 의사들이 중요한 상황과 관련된 요인에 대한 인식을 높이기 위해 디자인되었다. 본 코스의 목표는 다음과 같다.

- 마취과 의사가 일으키는 오류 발생률을 감소시킨다.
- 마취과 의사에 의한 오류의 영향을 경감시킨다.

- 일어날 수 있는 위기가 실제 발생했을 때, 마취과 의사가 대응할 수 있는 능력을 향상시킨다.

강의 내용. 이 과정은 이틀에 걸쳐 진행되며, 주요 주제는 다음과 같다. 상황인식, 의사소통 및 리더십, 의사결정, 스트레스와 피로, 그리고 마취과 선배와 후배의 역할 등이다. 각 주제에 대한 안내와 실습 및 그룹 활동이 있다. 참가자들은 마취 시뮬레이터에서 현실적인 긴급상황 시나리오에 참여하여 기술을 실습한다.

훈련 평가. 본 코스는 자기평가 설문지를 사용하여 평가한다. 평가는 1일째, 2일째, 그리고 각 시나리오 실습 직후에 이루어진다. 자기평가 외에도, 상사, 동료 또는 다른 사람에 의한 비공식적인 주관적 관찰에 따라 참가자 만족도, 시나리오의 유익성 평가, 세션의 임상 실습에 미치는 영향 측면에서 훈련의 효과를 평가하는데 사용된다.

3. **지속적 강화단계** : 훈련과정을 한번 들었다고 지속적인 효과가 있다고 생각하는 것은 비현실적이다. 따라서 이전의 두 단계가 얼마나 효과적이든 간에, 대상 조직은 훈련에서 다루는 개념을 지속적으로 강화해야 한다. 일반적으로 특정 CRM 주제에 초점을 맞춘 반나절 또는 1일 과정 등의 복습훈련을 권장한다. 그 이유는 반복되는 훈련과 보강이 없는 상태에서 태도와 관행은 쇠퇴하기 때문이다 (Klinect et al., 1999: 훈련평가 참조).
   CRM 훈련의 광범위한 사용에도 불구하고, 훈련의 영향을 평가한 문헌은 비교적 적다. CRM 훈련은 다음과 같은 결과를 나타낸다(O'Connor et al., 2002; Salas et al., 2001; 2006a).

   a. 긍정적인 반응
   b. 향상된 학습
   c. 시뮬레이션이나 실제 업무환경에서 바람직한 방향으로 행동변화

비기술적 역량훈련의 효과를 평가하는 방법은 본 장 후반부에서 소개한다.

비기술적 역량을 훈련하기 위한 그 밖의 기법

CRM 훈련이 비기술적 역량을 훈련하기 위해 가장 일반적으로 사용되는 방법이지만 유일한 방법은 아니다. 팀 구성원의 비기술적 역량을 향상하는데 사용할 수 있는 다른 훈련기법으로는 교차훈련(Cross-training), 팀 자기수정훈련(Team self-correction training), 상황기반훈련, 팀 촉진훈련(Team facilitation training) 등이 있다. 이러한 기법은 제5장에서 자세히 논의되었으므로 개요만 소개한다.

- 교차훈련은 각 팀원이 팀 동료들의 직무를 교차하여 훈련받는 방법이다. Salas and Cannon-Bowers(1997)는 특히 직원 이직률이 높은 경우 이러한 유형의 훈련이 유용할 것이라고 권장한다.
- 팀 자기수정훈련은 효과적인 팀이라는 것은 상황을 검토하고, 오류를 수정하며, 전략을 논의하여 향후 상황을 준비하고 계획한다는 전제하에 이루어진다(Salas and Cannon−Bowers, 2000). 따라서 훈련은 일반적으로 발생하는 과정에 대한 지침만 제공한다.
- '상황기반훈련은 교육중심의 접근방법으로써 학습목표, 실습계획, 수행 측정 및 피드백을 밀접하게 연결하여 효과적인 방식으로 체계적인 훈련을 구성한다.' (Dwyer et al., 1999: p.191)
- 팀 촉진훈련은 팀 리더가 효과적인 학습환경을 조성하고, 정규적인 훈련 경험을 지원하며, 팀 토론을 촉진하고 장려함으로써 학습의욕을 향상할 수 있도록 설계한다(Tannenbaum et al., 1998).

어떤 훈련방법을 사용해야 하나?

가장 효과적인 방법은 해결해야 할 문제, 이용 가능한 자원, 훈련받아야 할 팀 구성에 따라 다르다. 어떤 훈련방법이 가장 효과적일지 다양한 권장사항을 제시할 수 있다(표 10.3 참조).

그러나 이러한 훈련방법은 상호 배타적이지 않으며, 훈련방법들의 조합에 따라 가장 적절하고 효과적인 방법이 있다(해양석유 및 가스 시추업계의 비기술적 역량 훈련과정에 대한 설명은 사례 10.2 참조).

표 10.3 상황에 대응한 훈련유형

훈련유형	추천 상황
팀 협동훈련	• 일정한 인원이 없는 팀에서도 효과적이다. • 이 훈련은 특정한 비기술적 역량을 다룬다.
교차훈련	• 팀원 간의 상호의존도가 높다. • 다른 팀원들의 역할에 대한 지식이 부족하다. • 직원 이직률이 높다.
팀 자기수정훈련	• 팀원 간의 상호의존도가 높다. • 직원 이직률이 낮다.
상황기반훈련	• 직무 중 특정한 부분(Sub-set)에 문제가 있고, 그 부분에 시뮬레이션이 가능한 경우 유용하다.
팀 촉진훈련	• 훈련 자원에 제한이 있다.

사례 10.2 | 해양석유 및 가스 시추산업의 비기술적 역량 훈련사례

석유 및 가스 시추산업 프로젝트팀은 특정 작업을 완료하기 위해 편성되었다. 팀 구성원은 모두 다른 전문분야에 속해 있으며, 국적도 다르고, 경험의 수준도 다르며, 지리적 장소가 다른 세계 각국에 분산될 수도 있다. 예를 들어, 시추 및 완료팀은 종형으로 구성된 조직으로써, 해상에 위치한 정유현장의 리더, 육상의 시추 엔지니어, 공사 감독관, 유정 관리자 및 현장 관리자 등으로 구성된다. 시추 및 완료팀의 기능분석을 통해 안전을 좌우하는 중요한 영역을 의사소통, 협동 및 팀웍으로 특정하였다(Crichton and Flin, 2003). 팀원들이 개인적으로, 그리고 팀 전체적으로 요구되는 지식, 기술, 능력은 팀의 목표와 목적을 기준으로, 또한 팀원의 구성이 안정적인지 또는 빈번하게 교체되는지 여부에 따라, 명확히 확인할 수 있다. 확인된 훈련의 요구사항과 이러한 요구를 해결하기 위한 조정은 표 10.4에 요약되어 있다.

표 10.4 석유 및 가스시추팀의 훈련항목과 훈련방법 조정(Intervention)

필요한 훈련항목	훈련방법	
비기술적 역량 소개	• 비기술적 기술을 소개하는 CRM기반 과정	
상황인식	• 상황기반 훈련	• 전술적 의사결정게임
의사결정	• 상황기반 훈련	• 전술적 의사결정게임
팀웍 훈련	• 팀 프로세스 훈련 및 촉진훈련	• 역할 및 책임 해설과 재확인
예기치 않은 상황에 대응 시 역할구분	• 역할 및 책임 해설과 재확인 • 상황기반 훈련 • 지휘 및 통제훈련 과정	• 기능·숙련도 확인 • 전술적 의사결정게임
의사소통	• 전술적 의사결정게임	• 의사소통 실습

3단계: 훈련평가

훈련과정을 평가하여 목표가 달성되었는지 여부를 판정하는 것이 중요하다. FAA(2004: p.12)는 CRM 훈련에 대하여 다음과 같이 설명한다. 'CRM 훈련이 목표를 달성했는지 여부를 결정하기 위해 각 훈련프로그램을 평가하는 것이 중요하다. 각 조직은 체계적인 평가과정을 거쳐야 한다. 평가는 훈련프로그램의 효과를 추적하여 반복훈련의 중요한 주제를 확인하고 다른 모든 측면에서 지속적인 개선이 이루어질 수 있도록 해야 한다.' 훈련평가에 권장된 이러한 접근법은 다각적이며, 여러 가지 다른 평가·판정방법을 사용하는 것을 상정하고 있다.

3A : 설계 평가·판정 수단. 훈련연구원들은 개별수준에서 조직지표에 이르기까지, 훈련효과는 다양한 단계가 있으며 훈련효과의 평가는 이러한 카테고리로 분류할 수 있다. Kirkpatrick(1976; 1998)의 계층구조(Hierarchy)는 훈련평가를 소개하는 대중적인 모델이다. 각 평가단계에서 훈련평가의 결과를 고려함으로써, 훈련의 조정(Intervention)이 조직에 미치는 영향을 판정하기 위한 유용한 체계를 제공한다. (1) 반응, (2) 학습, (3) 행동, (4) 조직. 각 단계는 훈련 프로그램을 평가하는 일련의 방법을 나타낸다. 각 단계는 이전 단계를 기반으로 구축되며, 단계가 올라갈수록 훈련평가의 수행은 더 어렵고 시간이 오래 걸리지만, 더 가치 있는 정보가 제공된다. 각 평가단계는 아래에 자세히 논의된다.

1단계 : 반응. 반응은 훈련참가자가 훈련에 어떻게 반응하는지와 관련 있다. 훈련에 대해 각 과정의 교과목이 끝난 후 간단한 설문조사를 시행한다. 이것은 '만족도 조사'라고 불린다. 일반적으로 이삼일이 경과한 후 참가자들은 초기 교과목에 대한 의견을 기억하기가 어려울 수 있다.

설문지는 참가자들이 Likert척도, 1점(매우 나쁨)에서 5점(매우 좋음)까지의 선택형 질문에 응답하고, 끝으로 개방형 질문으로 각자의 의견을 쓸 수 있게 구성되는 것이 좋다. 표 10.5에서 보는바와 같이, 참가자가 강의내용을 흥미롭고, 유용하게 보았는지 여부에 초점을 맞추어야 한다. 또한 강사의 강의, 또는 시설의 적합성에 대한 정보를 수집하는 것도 도움이 될 수 있다.

비록 설문지의 점수가 낮은 부정적인 반응이 학습효과를 달성한다는 가능성은 낮지만, 점수가 높은 긍정적인 반응이 학습에 도움 되었다는 보장이 아님을 인식하는 것이 중요하다(Kirkpatrick, 1998).

표 10.5 특정 주제를 평가·판정하기 위한 설문지 예

워크패키지 2: 의사결정	매우나쁨	나쁨	만족	좋음	매우좋음
본 세션의 강의가 얼마나 흥미로웠나요?	1	2	3	4	5
강사의 presentation은 어떻게 생각하나요?	1	2	3	4	5
강사의 강의는 어떻게 생각하나요?	1	2	3	4	5
실습에 대해 어떻게 생각하나요?	1	2	3	4	5
교재(배부자료 등) 기준은 어떻게 생각하나요?	1	2	3	4	5
본 주제가 당신의 직무와 관련성이 있나요?	1	2	3	4	5
기타 의견:					

2단계 : 학습. 학습단계는 계층구조의 하부에서 두 번째 단계이며, '참가자들이 이해하고 흡수한 원리, 사실 및 기술'을 의미한다(Kirkpatrick, 1976: p11). 이 단계는 참가자가 훈련과정에 참여한 결과, 지식을 습득했는지, 또는 자세나 신념에 변화가 있었는지 여부와 관련이 있다. 새로운 지식이나 자세의 변화가 일어나지 않는다면 행동의 변화는 기대할 수 없으므로 학습단계를 측정하는 것이 중요하다. 학습단계에서는 자세의 변화와 지식을 평가·판정할 수 있다.

자세 : 자세평가는 설문지를 사용하여 수행할 수 있으며, 설문지는 최소한, CMAQ (Cockpit Management Attitudes Questionnaire) (Gregorich and Wilhelm, 1993)와 같은 확립된 도구를 기반으로 해야 한다. CMAQ는 운항승무원들을 위한 CRM 훈련효과를 평가하기 위해 개발된 훈련, 평가, 연구용 도구이다. 개념상 또는 경험상 CRM과 관련된 자세를 측정하기 위해 선정된 25개 항목으로 구성되어 있다. 설문 항목의 주제는 '의사소통과 협동', '지휘 책임', 및 '스트레스 요인의 영향 인식'에 관한 것이다. '의사소통과 협동'은 의도와 계획의 의사소통, 업무의 분배와 책임의 위임, 그리고 승무원간 상호 감시를 포함한다. '지휘 책임'은 적절한 리더십 개념과, 그것이 업무와 책임의 위임에 미치는 영향을 포함한다. 여기에 포함되는 항목에 대한 의견 불일치는 기장의 독단적인 신념을 나타낸다. '스트레스 요인의 영향 인식'은 스트레스 요인의 고려와 가능한 보상대책을 중시한다. 이 하위범위 항목에

대한 의견 불일치는 스트레스 요인이 자신에게 영향을 미치지 않는다는 신념을 나타낸다(Chidester et al., 1991; Gregorich et al., 1990). 설문지에 대한 참가자들의 동의수준은 1(매우 반대)에서 5(매우 찬성)까지 Likert 척도를 사용하여 평가된다(표 10.6 참조). 이 조사를 CRM 훈련 전과 후에 적용하여 훈련생들 각자의 자세변화를 평가할 수 있다(예: Awad et al., 2005).

표 10.6 미해군 잠수부용 CMAQ 설문항목 사례(O'Connor, 2005)

각 항목에 대한 귀하의 답변을 A~E 척도를 이용하여 적어 주십시오.				
A	B	C	D	E
매우 반대	약간 반대	보통	약간 찬성	매우 찬성

___1. 비상사태 시 신입 다이버들은 마스터 다이버의 결정에 대해 의문을 제기하지 말아야 한다.

___2. 피로한 경우에도, 잠수 중 위험시에도 효과적으로 활동한다.

___3. 다이버는 다른 팀원들의 개인적 문제를 인식하고 배려해야 한다.

___4. 다이버는 잠수의 안전을 위협하는 경우를 제외하고, 다이버감독관의 행동에 의문을 제기해서는 안 된다.

___5. 나의 작업부하가 초과하면(또는 초과하려고 하면) 다른 다이버에게 알린다.

최소한 CMAQ는 자세평가 설문지를 설계하기 위한 적절한 출발점을 제공한다. 이것을 기초로 하여 다수의 자세평가 시스템이 설계되었다. 군 조종사들을 위한 협동자세 설문지(ACAQ: Aircrew Coordination Attitudes Questionnaire), 원자력제어실운전원용 자세 설문지(CROAQ: Control Room Operations Attitude Questionnaire) (Harrington and Kello, 1992), 항공정비 담당자들을 위하여 설계된 정비자원관리/기술운용 설문지(MRM/TOQ: Maintenance Resource Management/Technical Operations Questionnaire)(Taylor, 1998), 항공교통관제소를 위한 안전설문지(ATCSQ: Air Traffic Control Safety Questionnaire)(Woldring and Isaac, 1999) 및 미해군 잠수부용(O'Connor, 2005)과 수술실관리자세 설문지(ORMAQ: Operating Room Management Attitudes Questionnaire)(Helmreich and Merritt, 1998; Flin et al., 2006도 참조) 등

이 있다. 그렇지만 훈련에 따라, 변화해야만 했던 자세의 범위를 CMAQ가 측정하지 않을 가능성도 있다. CMAQ는 운항승무원들의 업무수행에 대한 '대인관계 부분'에 대한 조종사들의 자세를 평가하고 이러한 자세를 행동과 연관시키기 위한 목적으로 개발되었다(Gregorich et al., 1990; Helmreich, 1984). CMAQ는 승무원의 역할 중, 상황인식, 의사결정 및 작업부하 관리 등과 같은 인지적 측면을 다루지는 않는다.

지식 : 지식평가는 훈련효과를 평가하기 위한 유용한 방법이다. 제안된 방법은 서류 상 테스트이다. 이것은 지식습득에 대한 피드백을 빠르고 간단하게 얻는 방법이다. 그러나 질문과 답변(선택 시 테스트를 사용하는 경우 정답과 오답 모두)은 너무 어려운 바닥효과(Floor effect) 또는 너무 쉬운 천정효과(Ceiling effect)를 피하도록 매우 주의하여 설계하여야 한다.
비기술적 역량의 학습상황을 평가하는 또 다른 방법은 참가자의 교과과정 지식에 대해 명확한 테스트를 하기보다, 참가자들에게 사고 비디오를 제시하여 인적요인을 파악하는 것이다. Kerlinger(1996)는 사고 비디오는 자연스러운 측정유형이라고 생각한다. 그는 그것을 '...변수들에 대한 측정을 산출할 수 있도록 설계된, 현실적인 상황에 대한 간결하고 구체적인 설명'이라고 정의한다(p. 475). Gliner et al.(1997)가 설명한 또 다른 장점은 거기에 표준화된 정보를 포함하고, 반복하기 쉽고, 그리고 적절하게 구성되어 있다면 현실적, 심리적 및 사회적 상황과 근접한 내용으로 참가자의 관심을 끌 수 있다. 단점은 그것이 인위적 상황을 나타내고, 참가자의 응답이 실제상황에서는 같지 않다는 것이다. 사고 비디오를 사용하는 경우 반드시 현실적이고, 충분히 세부적이어야 하며, 단순하고 이해하기 쉬워야 한다는 것이 중요한 점이다(Njaa, 2000).

3단계 : 행동. 행동단계의 평가는 훈련에서 습득한 지식이 실제 현장 또는 유사한 시뮬레이션 환경의 행동에 활용될 수 있는지에 대한 평가이다. 훈련효과의 평가계층에 대하여, 그 단계에서만 평가하는 것은 위험성이 있다고 Kirkpatrick(1998)은 설명한다. 행동변화가 발견되지 않으면, 훈련이 효과적이지 않았다는 결론이다. 그럼에도 불구하고, 반응은 호의적일 수 있으며 학습목표는 달성할 수 있었을 것이다. 그는 1, 2단계의 긍정적인 평가로부터 3, 4단계의 긍정적 평가로 도약하기 위해서는 많은 전제조건이 제시되어야 한다고 제안한다.

- 참가자는 변화하고자 하는 의욕이 있어야 한다.
- 참가자는 무엇을 어떻게 변화시키는지 알아야 한다.
- 조직풍토는 변화를 수용할 수 있어야 한다.
- 참가자는 변화에 대한 보상을 받아야 한다(예: 긍정적 피드백).

운항승무원의 비기술적 역량을 평가하기 위해 널리 사용되는 기법은 운항승무원의 수행을 평가하기 위해 행동의 등급에 근거한 관찰시스템을 사용하도록, 담당 기장을 지도하는 것이다. 그와 유사한 행동 평가시스템이 항공관제사, 마취과 의사, 외과 수술, 그리고 해운분야의 비기술적 역량을 평가하기 위해 사용된다. 이것은 제 11장에서 자세히 논의된다.

4단계 : 조직. 이 단계가 Kirkpatrick(1976) 계층구조의 최상급 단계의 평가이다. 모든 훈련프로그램의 궁극적인 목표는 조직차원에서 안전성 및 생산성 향상과 같은 구체적인 증거를 제시하는 것이다. 이 단계에서 훈련평가의 문제점은 식별 가능한 지표를 설정하는 것과, 이것이 단일 훈련과정의 성과 덕분이라고 하는 것이 어려울 수 있다.
영국왕립항공협회(Royal Aeronautical Society, 1999)는 CRM 훈련효과를 평가하기 위한 정량적 척도의 후보군을 선정하였다. 여기에는 연료 관리, 정시성, 직무 만족도, 보험요율 및 항공기 피해 등이 포함된다. 또 다른 평가방법은 조직풍토를 판정하는 도구를 사용하는 것이다. Boehm-Davis et al.(2001)은 이것이 CRM 훈련을 조직에 도입하기 전에 실행할 수 있는 유용한 프로세스임을 제안하고, 훈련요건을 명확히 하는데 도움이 된다고 설명한다. 그러나 조직의 다른 변화(예: 인원감축 또는 조직 구조변경)가 설문조사에 대한 응답에 영향을 줄 수 있기 때문에, 이러한 평가기법의 결과는 신중하게 검토하는 것이 중요하다.

3B : 훈련평가 목표. 일단 평가기법의 선정이 완료되면, 이 기법을 적용하여 훈련평가를 수행하기 위한 가장 효과적인 계획을 결정할 필요가 있다. 이러한 계획은

연구의 구체적인 방법이다(Heiman, 1995). 선택한 계획은 질문할 평가질문의 내용을 기반으로 한다. Goldstein and Ford(2002)는 훈련평가를 계획하기 위해 4가지 다른 잠재적 목표를 명확하게 구별한다. 이러한 목표를 아래에서 자세히 논의한다.

훈련생들은 훈련을 받는 동안 학습되었는가?

이 질문에 대하여 Goldstein and Ford(2002)는 학습은 단지 참조만 한다는 것이다. 그러나 본 절의 평가부분에서 서술된 바와 같이, 훈련과정에 대한 반응이 긍정적이고, 훈련에 포함된 개념에 대한 자세변화가 있지 않은 한, 학습은 달성되지 않는다. 따라서 학습이 이루어졌는지 여부를 평가하기 위해서는 Kirkpatrick 계층구조 평가의 1단계(반응)와 2단계(지식 및 자세) 모두에서 평가를 수행해야 한다. 물론, 훈련과정에 대한 반응은 훈련이 완료된 후에만 확인할 수 있다. 따라서 그림 10.1(계획 1)은 훈련에 대한 훈련생의 반응을 가장 적절하게 평가하는 방법을 나타낸다.

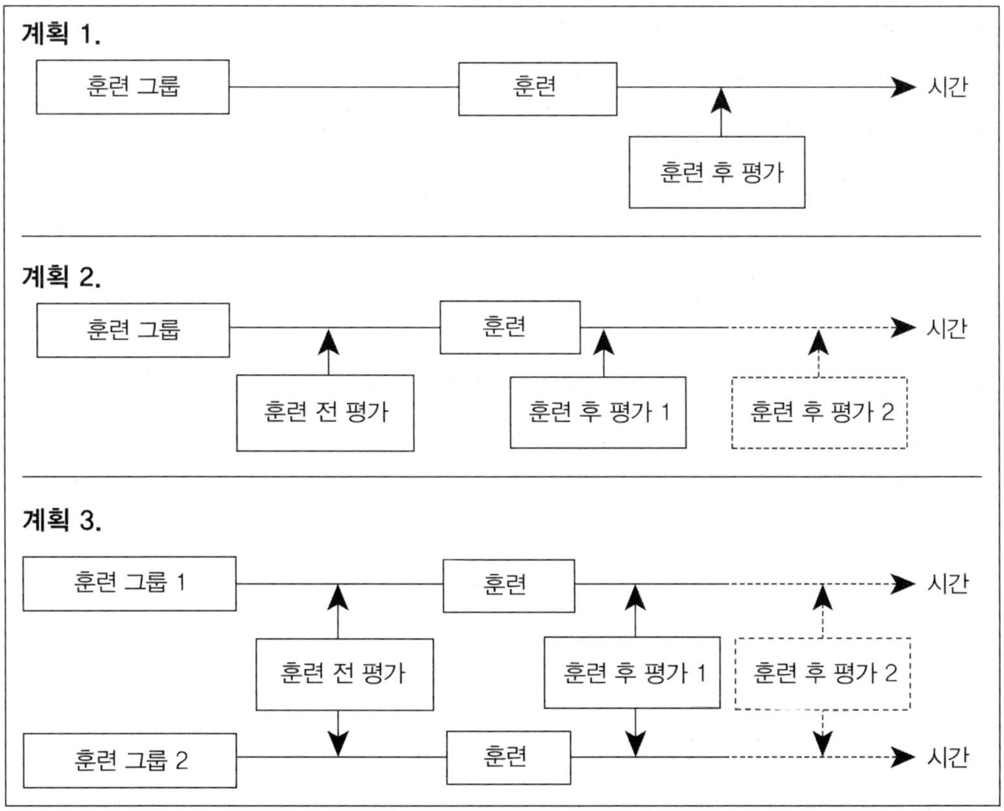

그림 10.1 훈련평가 계획

훈련이 학습에 미치는 영향을 평가하기 위해서는 훈련 전에 지식과 자세에 대한 평가가 완료되어야 하며 그런 다음 이 결과들을 훈련이 끝난 후 수집된 데이터와 비교해야 한다(그림 10.1, 계획 2 참조). 비기술적 역량이 반드시 긍정적인 자세변화로 이어지는 것은 아니라는 점을 유념해야 한다. 설명하자면, '부메랑', '카우보이', '참새'라고 알려진 소그룹 사람들이 CRM 개념을 거부해 왔다(Helmreich and Wilhelm, 1991). 이러한 사람들을 위한 교정훈련에서의 노력은 효과가 없는 것으로 밝혀졌다. Irwin(1991)의 조사는 7개사로부터 5,830명의 민간 운항승무원 중 8%가 CRM 훈련에 적응하지 못했으며 이들은 훈련 이외의 방법으로 해결되어야 한다고 제안했다.

또한 훈련평가는 훈련 직후뿐만 아니라 훈련 후 일정 기간이 지난 후에도 평가되어야 한다고 제안했다(그림 10.1, 계획 2 참조). 가령 Irwin(1991)은 시간이 지남에 따라 조종사들의 CRM에 대한 긍정적인 태도가 쇠퇴하는 것을 발견했다(CMAQ를 사용하여 측정결과). 자세 측정은 다른 시간 간격으로 5회 측정되었다: 기준(최초 CRM 훈련 2년 전), 최초 CRM 훈련 직전, 최초 CRM 훈련 직후, CRM 재훈련 직전(1년 후) 그리고 CRM 재훈련 직후에 측정되었다. 훈련과 훈련 사이의 기간 동안 CRM 훈련에 대한 자세가 전반적으로 감소한 것으로 확인되었다. 재훈련 결과, 최초 훈련 직후수준으로 돌아가서 긍정적인 자세변화를 가져왔다. 따라서 Irwin(1991)은 자세 유지와, 시간이 지남에 따라 자세의 안정성을 위한 재훈련을 통해 CRM 개념을 강화하는 것이 중요하다는 결론을 내렸다.

훈련 중 배운 것이 조직 내의 개선된 수행으로 나타나는가?

조직 내 개선된 수행은 Kirkpatrick의 계층구조 평가의 3단계(행동) 및 4단계(조직)를 의미한다. 학습평가와 마찬가지로 훈련 전에 평가를 완료한 다음 훈련 후 수집된 데이터와 비교해야 한다(그림 10.1, 계획 2 참조). 또한 이 비교는 훈련 직후뿐만 아니라, 일정기간이 경과한 후에도 반복하여, 행동 또는 조직적 수행의 저하가 있는지 평가·판정해야 한다.

훈련프로그램을 개발한 동일 조직 내, 새로운 훈련생 그룹은 원래의 훈련생 그룹의 수행과 일치하는가?

훈련생 그룹 간 훈련에 대한 반응이 인상, 학습, 행동 측면에서 일관성이 있는지 여부를 평가하는 것은 그림 10.1에 제안된 계획 3이 가장 적합하다고 할 수 있다. 이 평가계획은 특정의 훈련생 그룹 내에서 훈련효과를 평가·판정하기 위해 비교할 수 있으며, 또한 다른 훈련 그룹을 비교하여 그룹 간 반응에 차이가 있는지 여부도 평가할 수 있다.

한 조직에서 유효성이 검증된 훈련프로그램이 다른 조직에서도 성공적으로 사용될 수 있는지 여부를 결정하기 위한 시도가 있었는가?

고신뢰성을 필요로 하는 산업팀에게 일어나는 인적오류의 주원인은 산업에 따라 다르지 않기 때문에, 비기술적 역량 훈련의 개발자는 다른 조직에서도 똑같은 훈련을 단순하게 사용하고 싶은 유혹이 있을 수 있다. 예를 들어 항공 CRM을 응용하여 특정 산업용으로 조정하려면(제9장에서 설명한 대로), 훈련교재를 그 특정산업에 적합하게 개발하여야 한다. 훈련이 효과적으로 되려면 반드시 훈련 필요성 분석을 통해 필요한 역량을 파악해야 하며, 관련된 심리학적 개념은 훈련을 받는 참가자들의 언어로 변경되어야 한다. 마지막으로, 해당업무와 관련된 실제 사례와 사례연구를 통하여, 그 개념을 알기 쉽게 해설하여야 한다. 자신들의 업계에 곧 다가올 예제를 사용하지 않는 한, 훈련효과는 달성되기 어렵다.

초기의 CRM과정 중 참가자들의 주요 비판 중 하나는 심리학적 이론이 너무 많고 항공분야와의 관련성이 충분하지 않다는 것이었다(Helmreich et al., 1999). '내가 제안하는 것은 기존 프로그램을 생각 없이 가져오는 것이 아니라, 오히려 항공경험을, 각 조직의 고유한 상황을 반영하는 데이터기반의 대응조치를 개발하기 위한, 모델로 사용되어야 한다'(p. 784). 따라서 다른 산업계도 자신의 조직에 맞게 CRM 훈련을 조정하여 고유한 문제를 구체적으로 다룰 필요가 있다.

10.2 기타 고려사항

다중단계 훈련분석. 이상적으로는 훈련은 Kirkpatrick 계층구조의 복수단계에서 평가되어야 한다. 다중단계 분석접근방식을 이용하면 훈련의 투자수익(ROI)을 계산할 수 있다. Taylor(2000)는 CRM 훈련의 투자수익(ROI)을 계산하기 위해 다음의 방정식을 제안했다.

$$\mathrm{ROI} = \frac{[\mathrm{CRM}\ 순익] \times 인과계수}{\mathrm{CRM}\ 비용} \times 100$$

CRM 순익은 훈련에 따른 혜택에서 훈련개발 등의 비용(CRM 비용)을 뺀 것이다. 이는 사고 감소, 항공기 손상감소 등 금액적으로 계산할 수 있는 삭감이 가능한 비용이다. 인과계수는 조직의 행동이나 수지결과에 영향을 미칠 수 있는 많은 요소들의 기여분을 산출할 때의 보정계수이다. 인과계수의 수치는 훈련결과(즉, 습득 지식, 행동 및 자세의 개선)와 그 결과 발생한 안전결과와의 상관계수의 제곱이다. 주어진 상관계수의 제곱은 분산을 고려한 회귀분석 기법으로써, 결정계수(기여율)로 알려져 있다(Howell, 1992). 이는 '조직적 효과개입에 배분되는 "공헌(Credit)"의 보수적, 정량적 추정치'를 제공한다(Taylor, 2000: p4). Taylor(2000)는 이 방정식을 어떻게 사용하는지 다음의 예제에서 해설한다.

항공정비사를 위한 자원관리(MRM: Maintenance Resource Management)과정의 개발과 직원 1,600명의 훈련실시에 251,660달러가 소요된다. 훈련 후 설문조사에 따르면 자세에 상당한 개선을 보여 주었으며, 훈련 후 2년 동안 휴업재해(Lost Time Injuries)는 80%(휴업4일 이상을 요하는 부상) 감소했다. 휴업재해와 훈련 참가자의 참여적 리더십에 대한 자세는 훈련 후 설문조사에서 −0.24의 상관관계가 나타났다. 따라서 인과계수는 0.24^2 또는 0.0576이다. Taylor(2000)는 산재비용을 13,465달러로 추산했다. 따라서 연간 91건의 사건에 대해 매년 80%의 감소를 달성하면 1,314,150달러를 비용절감할 수 있다. 따라서 ROI 계산은 다음과 같다.

$$\mathrm{ROI} = \frac{[\$1,314,150 - \$251,660] \times 0.0576}{\$251,660} \times 100 = 24.3\%$$

MRM 훈련에 의해 보수적으로 추정하여도 5.76%의 휴업재해 저감효과가 있었으며, 그 훈련은 자체적으로 훈련비용을 지불하고도 2년 만에 추가로 24%의 투자수익률을 얻게 되었다.

적절한 훈련참가자 결정. 훈련대상자가 학습 환경의 중심에 있는 것이므로, 이 그룹의 요구사항을 명확히 식별해야 한다. 각 업무그룹이나 팀은 고유한 특성으로 갖고 있다. 해양석유생산 산업을 위한 CRM 훈련과정을 설계할 때, 여러 직종의 다양한 참가자들(예: 서로 다른 플랫폼의 참가자, 감독관리자, 혼자 일하는 직원)과 경험할 필요가 있었다(O'Connor and Flin, 2003). 이 산업에서는 해양시설 최고위 소장부터 신입근무자까지 스태프들 부분횡단적(Cross-section)으로, 한 번의 교대근무가 최적인 것으로 밝혀졌다.
개인의 특성, 직무 및 팀의 특성은 학습 환경이 형성되는 방식에 중요한 역할을 한다. 예를 들어, 팀 차원에서 직무 또는 팀원 간의 이해는 어느 정도 공유하고 있는지, 팀의 조직구성, 팀원 간 어느 정도 근접하여 활동하고 있는지, 등을 포함한다.

적합한 강사 결정. 훈련과정의 내용만큼이나 강사의 역량과 신뢰도도 중요하다. 훈련과정이 성공적으로 이루어지려면 지역 지사수준의 열성적인 직원으로 '현장실무'의 경험이 있는 직원이 바람직하다(Drury, 1998; Robertson, 2001). 이러한 직원들은 훈련과정을 구성하는 데 도움이 되고 또한 그 과정을 소개하여 신뢰감을 주며, 어떠한 기술적 질문에 답하는 데도 도움이 될 수 있다. 영국 민간항공국(CAA: CUK Civil Aviation Authority)은 조종사가 CRM 강사 및 심사위원으로 지명받기 위해 충족해야 하는 일련의 표준기준을 설정했다(CAA, 2006b 참조). 미해군/해병대의 항공부문도 CRM 강사들의 신뢰감의 필요성을 인식했고, 따라서 민간기업에 업무를 위탁하기보다는 해군 조종사들에게 CRM 강사가 될 것을 요구했다. 여기에 맞는 열정이 있는 직원은 다년간의 경험을 가지고 있고 동료들의 존경을 받는 사람이다. 또한 인적요인에 대한 이해와 열정을 갖고 있어야만 한다(Drury, 1998).

적절한 훈련방식 설정. 고위험 산업에서 일하는 대다수의 직원은 특정 업무를 수행하기 위해서 강사가 수강자 앞에 서서 장비나 절차를 설명하는 것과 같은 구체적인 기술훈련의 행위에 익숙하다. 이러한 교습형태의 수업은 훈련의 목표가 단순히 지식을 전달하는 것일 뿐이라면 훈련은 유용하지만, 비기술적 역량 훈련의 목적은 이미 기술적으로 능숙한 직원들에게 바람직한 비기술적 역량을 강화하는 것이다. 행동을 바꾸려고 할 때의 훈련방식은 참가형 방식의 퍼실리테이션 교수법(Facilitation teaching)이 더 적절하다.

퍼실리테이션 방식의 목적은 단순히 훈련생들에게 올바르게 행동하는 방법을 알려주는 것이 아니라, 적절한 행동을 인식하도록 지도하는 것이다. 수업방식에 익숙한 강사 및 훈련생의 경우, 퍼실리테이션 방식은 어느 정도의 실습이 필요할 수 있다(비기술적 역량의 퍼실리테이션에 대한 자세한 내용은 CAA, 2006a 참조). 그럼에도 불구하고, 퍼실리테이션 방식은 참가자들이 어떻게 행동하거나 생각할 것인가에 반대하는 경향이 적으며, 수업방식에 대한 생각일 경우 그렇게 되기가 쉽다. 따라서 강사가 경험이 부족하거나 훈련생들보다 어린 경우 퍼실리테이션 방식이 특히 유용하다. 퍼실리테이션 방식의 교수법은 시뮬레이터 실습 후 보고를 받을 때도 적절하다(제11장 참조).

고려해야 할 또 다른 문제점은 많은 조직이 강의실의 집합훈련에서 벗어나 컴퓨터 기반 훈련으로 대체하고 있다는 점이다. 설계만 잘 되었다면 컴퓨터 기반 훈련이 지식을 전달하는 효과적인 방법일 수 있지만, 행동을 변화시키기 위해 설계된 훈련에는 거의 적합하지 않다. 또한 조직은 컴퓨터기반 훈련이 직원들에게 특정한 자료를 줄 수 있다는 인상을 유념해야 한다. 남길 수 있다는 것에 조심해야 한다. 저자들 중 한 명이 미해군 병사에게 방금 완료한 컴퓨터기반의 안전훈련에 관해 물었을 때, 그는 '그 주제가 그리 중요하지는 않은 것 같다. 중요하다면 인간이 훈련했을 것이다'라고 했다고 한다.

경영층의 지원 확보. 기업차원에서 경영진이 모든 훈련프로그램에 대한 의지를 보여 주는 것이 중요하다(Drury, 1998). 만약 경영진이 훈련이 중요하다고 생각한다는 것을 입증하지 않는다면, 직원들이 일에 대한 열정을 보이지는 않을 것이다.

정기훈련 및 훈련강화. 한 번의 훈련과정으로 효과가 강화되고 지속적인 영향을 미치지는 않는다. 항공산업에서는 정기(Refresher) CRM 훈련이 승무원들에게 행해진다. 이 훈련은 일반적으로 특정 CRM 주제에 초점을 맞춘 반일~1일 과정이다. 그 후 조종사들의 경우는 CRM 역량을 실무 또는 비행 시뮬레이터 과목에서 평가·판정을 받을 수 있다.

10.3 결론

훈련계획을 수립하는 것은 예술이 아니라(Salas and Cannon-Bowers, 2000), 오히려 직무 수행능력 향상에 필요한 비기술적 역량을 보급할 수 있게 하는 환경을 조성하는 체계적인 과정이어야 한다. 이 장에서는 비기술적 역량 훈련과정을 설계할 때 거쳐야 할 단계를 간략하게 설명했다. 인원, 시간적 자원 및 접근성의 한계 등, 위에서 설명한 대로 정확한 단계를 수행하기가 불가능할 수 있다는 것을 인정한다. 그럼에도 불구하고, 훈련개발에 대한 체계적인 접근을 완성하기 위한 노력은 훈련의 품질과 직무의 관련성, 또는 개인, 팀 및 조직적 효율성을 향상하기 위한 메커니즘으로써 성과를 올리는 것이다.

요점

- 훈련의 필요성에 대한 평가·판정은 무시되거나 '말뿐인 서비스'를 제공하기 쉬운 단계이지만, 효과적인 비기술적 역량 훈련과정을 설계하는데 있어서 결정적으로 중요하다. 필요성의 평가는 훈련 요건의 평가결과에 근거해야 하며, 차기의 훈련 목표를 수립하는 데 사용해야 한다.
- 훈련방법과 전략은 훈련을 할 역량의 종류, 사용할 수 있는 시간과 가용 자원의 유형에 근거해야 하며, 다른 방법들과 전략의 조합이 가장 적절하다.
- 훈련과정이 초기의 목표를 충족하는지 확인하기 위해서는 훈련평가가 매우 중요하다. 훈련평가는 가능한 한 많은 단계의 Kirkpatrick 계층구조에서 수행되어야 하며, 해결되어야 할 평가과제를 충족하기에 적합한 평가계획이 수행되어야 한다.

Suggestions for further reading Training

Cannon-Bowers, J. and Salas, E. (eds.) (1998) *Making Decisions Under Stress: Implications for Individual and Team Training*. Washington, DC: American Psychological Association.

Goldstein, I.L. and Ford, K.J. (2002) *Training in Organizations: Needs Assessment,*

Development, and Evaluation. Belmont, CA: Wadsworth.

Kirkpatrick, D.L. (1998) *Evaluation Training Programs*. San Francisco: Berrett-Koehler.

Truelove, S. (1997) *Training in Practice*. Oxford, UK: Blackwell.

Crew Resource Management(also see references in Chapter 1)

CAA (2006) *Crew Resource Management (CRM) Training*. London: Author. (This report can be downloaded from www.caa.co.uk; it contains an extensive list of CRM resources.)

CAA (2002) *Flight Crew Training: Cockpit Resource Management (CRM) and Line-oriented Flight Training (LOFT)*. London: Author. (This report can be downloaded from www.caa.co.uk.)

FAA (2004) Advisory Circular No 120-51E: Crew resource management training. Washington, DC: Author.

Macleod, N. (2005) *Building Safe Systems in Aviation. A CRM Developers Handbook*. Aldershot: Ashgate.

McAllister, B. (1997) *Crew Resource Management: The Improvement of Awareness, Self-discipline Cockpit Efficiency and Safety*. London: Crowood Press.

Okray, R. and Lubnau, T. (2004) *Crew Resource Management for the Fire Service*. Tulsa: PennWell.

Salas, E., Wilson, K.A, Burke, C.S., Wightman, D.C. and Howse, W.R. (2006b) A checklist for Crew Resource Management training. *Ergonomics in Design*, 14, 6–15.

Salas, E., Wilson, K.A., Burke, C.S., Wightman, D.C., and Howse, W. (2006c) Crew resource management training research and practice: A review, lessons learned and needs. In R.C. Williges (ed.) *Review of Human Factors and Ergonomics Series, Volume 2* (pp. 30–35). Santa Monica, CA: Human Factors and Ergonomics Society.

Salas, E., Bowers C. and Edens, E. (eds.) (2001) *Improving Teamwork in Organizations: Applications of Resource Management Training*. Mahwah, NJ: Lawrence Erlbaum Associates.

Wiener, E.L., Kanki, B.G. and Helmreich. R.L. (eds.) (1993) *Cockpit Resource Management*. San Diego: Academic Press.

Websites

Civil aviation authority: www.caa.co.uk

Federal Aviation Administration Human Factors and Engineering Group: www.hf.faa.gov/

Joint Aviation Authorities Human Factors Steering Group: www.hfstg.org

Neil Krey's CRM Developers: www.crm-devel.org

Royal Aeronautical Society Human Factors Group: www.raes-hfg.com/

University of Texas Human Factors Research Project homepage: psy.utexas.edu/homepage/group/HelmreichLAB/

references

Awad, S. et al.(2005) Bridging the communication gap in the operating room with medical team training. *American Journal of Surgery*, 190, 770–774.

Baker, D., Salas, E., Barach, P, Battles, J. and King, H. (2007) The relation between teamwork and patient safety. In P. Carayon (ed.) *Handbook of Human Factors and Ergonomics in Health Care and Patient Safety*. Mahwah: N.J. Lawrence Erlbaum.

Bleakley, A., Hobbs, A., Boyden, J. and Walsh, L. (2004) Safety in operating theatres. Improving teamwork through team resource management. *Journal of Workplace Learning*, 16, 83–91.

Blickensderfer, E., Cannon-Bowers, J.A. and Salas, E. (1998) Cross training and team performance. In J.A. Cannon-Bowers and E. Salas (eds.) *Making Decisions Under Stress: Implications for Individual and Team Training* (pp. 299–311). Washington, DC: American Psychological Association.

Blickensderfer, E., Cannon-Bowers, J.A. and Salas, E. (1997) Theoretical bases for team self-correction: fostering shared mental models. *Advances in Interdisciplinary Studies of Work Teams*, 4, 249–279.

Boehm-Davis, D.A., Holt, R.W. and Seamster, T.L. (2001) Airline resource management programs. In E. Salas, C. Bowers and E. Edens (eds.) *Improving Teamwork in Organizations* (pp. 191–217). Mahwah, NJ: Lawrence Erlbaum Associates.

CAA (2006a) *Crew Resource Management* (CRM) Training. London: Author.

CAA (2006b) *Guidance Notes for Accreditation Standards for CRM Instructors and CRM Instructor Examiners. Standards Doc. 29 Version 2*. London: Author.

CAA (2002) *Flight Crew Training: Cockpit Resource Management (CRM) and lineoriented Flight Training (LOFT)*. London: Author.

Chidester, T.R., Helmreich, R., Gregorich, S.E. and Geis, C.E. (1991) Pilot personality and crew coordination: Implications for training and selection. *The International Journal of Aviation Psychology*, 1, 25-44.

Crichton, M. and Flin, R. (2003) BP Drilling/Upstream technology: Enhanced teamwork project. Aberdeen: University of Aberdeen.

Crichton, M., Flin, R. and Rattray, W.A. (2000) Training decision makers - Tactical Decision Games. *Journal of Contingencies and Crisis Management*, 8, 208-217.

Dismukes, R.K. and Smith, G.M. (2000) *Facilitation in Aviation Training and Operations*. Aldershot: Ashgate.

Drury, C.G.T. (1998) Establishing a human factors/ergonomics program. In FAA (ed.) *The World Wide Web Edition of the Human Factors Issues in Aircraft Maintenance and Inspection 3.0 CD-ROM 1998* (chapter 2). Available: http://hfskyway.faa.gov/document.htm [2001, 3/5/01].

Dwyer, D.J., Oser, R.L., Salas, E. and Fowlkes, J. (1999) Performance measurement in distributed environments: Initial results and implications for training. *Military Psychology*, 11, 189-215.

Federal Aviation Administration (2004) *Advisory Circular No 120-51E: Crew Resource Management Training*. Washington, DC: Author.

Flin, R., O'Connor, P. and Mearns, K. (2002) Crew Resource Management: Improving safety in high reliability industries. *Team Performance Management*, 8, 68-78.

Flin, R., Yule, S., McKenzie, L., Paterson-Brown, S. and Maran, N. (2006) Attitudes to teamwork and safety in the operating theatre. *The Surgeon*, 4, 145-151.

Flin, R., Yule, S., Paterson-Brown, S., Maran, N., Rowley, D. and Youngson, G. (2007) Teaching surgeons about non-technical skills. *The Surgeon*, 5, 107-110.

Gliner, J.A., Haber, E. and Weise, J. (1997) Use of controlled vignettes in evaluation: Does type of response method make a difference? *Evaluation and Program Planning*, 22, 313-322.

Goldstein, I.L. (1993) *Training in Organizations*. Belmont, CA: Wadsworth.

Goldstein, I.L. and Ford, K.J. (2002) *Training in Organizations: Needs Assessment, Development, and Evaluation*. Belmont, CA: Wadsworth.

Gregorich, S.E., Helmreich, R.L. and Wilhelm, J.A. (1990) The structure of Cockpit Management Attitudes. *Journal of Applied Psychology*, 75, 682-690.

Gregorich, S.E. and Wilhelm, J.A. (1993) Crew resource management training assessment. In E.L. Wiener, B.G. Kanki and R.L. Helmreich (eds.) *Cockpit Resource Management* (pp. 173-196). San Diego: Academic Press.

Harrington, D.K. and Kello, J.E. (1992 June) Systematic evaluation of nuclear operator team skills training: A progress report. Paper presented at the STL conference on Human Factors and Power plants, Monterey, California.

Heiman, G.A. (1995) *Research Methods in Psychology*. Boston, MA: Houghton Mifflin.

Helmreich, R.L. (2000) On error management: Lessons from aviation. *British Medical Journal*, 320, 781-785.

Helmreich, R.L. (1984) Cockpit management attitudes. *Human Factors*, 26, 583-589.

Helmreich, R.L. and Merritt, A.C. (1998) *Culture at Work in Aviation and Medicine*. Aldershot: Ashgate.

Helmreich, R.L., Merritt, A.C. and Wilhelm, J.A. (1999) The evolution of crew resource management training in commercial aviation. *International Journal of Aviation Psychology*, 9, 19-32.

Helmreich, R.L. and Wilhelm, J.A. (1991) Outcomes of Crew Resource Management training. *International Journal of Aviation Psychology*, 1, 287-300.

Howard, S., Gaba, D., Fish, K., Yang, G. and Sarnquist, F. (1992) Anesthesia crisis resource management training: Teaching anesthesiologists to handle critical incidents. *Aviation, Space and Environmental Medicine*, 63, 763-770.

Howell, D.C. (1992) *Statistical Methods for Psychology*. Belmont, CA: Wadsworth Inc.

Ilgen, D.R., Fisher, C.D. and Taylor, M.S. (1979) Consequences of individual feedback on behaviour in organizations. *Journal of Applied Psychology*, 64, 531-545.

Irwin, C.M. (1991) The impact of initial and recurrent cockpit resource management training on attitudes. In R. Jensen (ed.) *Proceedings of the Sixth International Symposium on Aviation Psychology* (pp. 344-349). OH: Ohio State University.

JAA (2006) *JAR-OPS, 1 Subpart N, Crew Resource Management Flight Crew (Amendment 12)*. Hoofddorp, Netherlands: Author.

Jensen, R. (1995) *Pilot Judgment and Crew Resource Management*. Aldershot: Ashgate.

Kerlinger, F. (1996) *Foundations of Behavioural Research*. New York: Holt, Rinehart and Winston.

Kirkpatrick, D.L. (1976) Evaluation of training. In R.L. Craig and L.R. Bittel (eds.) *Training and Development Handbook* (pp. 18.1-18.27). New York: McGraw Hill.

Kirkpatrick, D.L. (1998) *Evaluation Training Programs*. San Francisco: Berrett-Koehler.

Klinect, J.R., Wilhelm J.A. and Helmreich, R.L. (1999) Threat and error management:

data from line operations safety audits. In R. Jensen (ed.) *Proceedings of the Tenth International Symposium on Aviation Psychology* (pp. 683-688). OH: Ohio State University.

Kozlowski, S.W.J., Gully, S.M., McHugh, P.P., Salas, E. and Cannon-Bowers, J.A. (1996) A dynamic theory of leadership and team leader effectiveness: Developmental and task contingent leader roles. In G.R. Ferris (ed.) *Research in Personnel and Human Resource Management* (Vol. 14, pp. 253-305). Greenwich, C.T.: JAI Press.

Lambert, T. (1993) *Key Management Tools*. London: Pitman.

Lauber, J.K. (1984) Resource Management in the cockpit. *Air Line Pilot*, 53, 20-23.

Macleod, N. (2005) *Building Safe Systems in Aviation. A CRM Developers Handbook*. Aldershot: Ashgate.

McAllister, B. (1997) *Crew Resource Management: The Improvement of Awareness, Self-discipline Cockpit Efficiency and Safety*. London: Crowood Press.

McCann, C., Baranski, J.V., Thompson, M.M. and Pigeau, R.A. (2000) On the utility of experiential cross-training for team decision making under time stress, *Ergonomics*, 43, 1095-1110.

Njaa, O. (2000, June) On the use of accident scenarios. Paper presented at the SPE conference on Health, Safety, and the Environment in Oil and Gas Exploration, Stavanger, Norway.

Norton, S.M. (1992) Peer assessment of performance and ability: An exploratory meta-analysis of statistical artefacts and contextual moderators. *Journal of Business and Psychology*, 6, 387-399.

O'Connor, P. (2005) An investigation of the non-technical skills required to maximize the safety and productivity of U.S. Navy divers. Panama City, FL: Navy Experimental Diving Unit, Research Report 05-03.

O'Connor, P. and Flin, R. (2003) Crew Resource Management training for offshore teams. *Safety Science*, 41, 591-609.

O'Connor, P., Flin, R. and Fletcher, G. (2002) Methods used to evaluate the effectiveness of CRM training: A literature review. *Human Factors and Aerospace Safety*, 2, 217-234.

Okray, R. and Lubnau, T. (2004) *Crew Resource Management for the Fire Service*. Tulsa: PennWell.

Paris, C.R., Salas, E. and Cannon-Bowers, J.A. (1999) Human performance in multioperator systems. In P.A. Hancock (ed.) *Human Performance and Ergonomics* (pp. 329–386). San Diego, CA: Academic Press.

Rall, M. and Gaba, D. (2005) Patient simulators. In R. Miller (ed.) *Miller's Anesthesia*. Philadelphia: Elsevier.

Reason, J. (1990) *Human Error*. Cambridge: Cambridge University Press.

Riley, R. (ed.) (in press) *Simulation in Healthcare. Oxford: Oxford University Press.*

Robertson, M.M. (2001) Resource management for aviation maintenance teams. In E. Salas, C.A. Bowers and E. Edens (eds.) *Improving Teamwork in Organizations: Applications of Resource Management Training* (pp. 235–264). Mahwah, NJ: Lawrence Erlbaum Associates.

Royal Aeronautical Society (1999) Discussion document: crew resource management. London: Royal Society.

Salas, E. and Cannon-Bowers, J.A. (1997) Methods, tools and strategies for team training. In M. Quinones and E. Ehrestein (eds.) *Training for a Rapidly Changing Workplace: Applications in Psychological Research* (pp. 291–322). Washington, DC: American Psychological Association Press.

Salas, E. and Cannon-Bowers, J.A. (2000) The anatomy of team training. In L. Tobias and D. Fletcher (eds.) *Training and Retraining: A Handbook for Business, Industry, Government, and the Military* (pp. 312–335). New York: Macmillan.

Salas, E., Burke, C., Bowers, C. and Wilson, K. (2001) Team training in the skies: Does crew resource management (CRM) training work? *Human Factors*, 41, 161–172.

Salas, E., Wilson, K., Burke, C. and Wightman, D. (2006a). Does CRM training work? An update, extension and some critical needs. *Human Factors*, 14, 392–412.

Salas, E., Wilson, K., Burke, C., Wightman, D. and Howse, W. (2006b) A checklist for Crew Resource Management Training. *Ergonomics in Design*, 14, 6–15.

Salas, E., Wilson, K., Burke, C., Wightman, D. and Howse, W. (2006c) Crew resource management training research and practice: A review, lessons learned and needs. In R. Williges (ed.) *Review of Human Factors and Ergonomics Series, Volume 2* (pp. 30–55). Santa Monica, CA: Human Factors and Ergonomics Society.

Smith-Jentsch, K., Zeisig, R., Acton, B. and McPherson, J.(1998) Team dimensional training: A strategy for guided team self-correction. In J.A. Cannon-Bowers and E. Salas (eds.), *Making Decisions Under Stress: Implications for Individual and Team Training* (pp. 271–298). Washington, DC: American Psychological Association.

Tannenbaum, S.I., Smith-Jentsch, K.A. and Behson, S.J. (1998) Training team leaders to facilitate team learning and performance. In J.A. Cannon-Bowers and E. Salas (eds.)

Making Decisions Under Stress: Implications for Individual and Team Training (pp. 247–270). American Psychological Association.

Taylor, J.C. (1998 May) Evaluating the effectiveness of Maintenance Resource Management (MRM). Paper presented at the 12th International Symposium on Human Factors in Aviation Maintenance.

Taylor, J.C. (2000 April) A new model for measuring return on investment (ROI) for safety programs in aviation: An example from airline maintenance resource management (MRM). Paper presented at the Advances in Aviation Safety Conference, Paper number 2000-01-2090, Daytona Beach, Florida.

Truelove, S. (1997) *Training in Practice*. Oxford: Blackwell.

Volpe, C.E., Cannon-Bowers, J.A. and Salas, E. (1996) The impact of cross-training on team functioning: An empirical investigation. *Human Factors*, 38, 87–100.

Walters, A. (2002) *Crew Resource Management is No Accident*. Wallingford, UK: Aries.

Wiener, E., Kanki, B. and Helmreich, R. (eds.) (1993) *Cockpit Resource Management*. San Diego: Academic Press.

Woldring, M. and Isaac, A. (1999) *Team Resource Management Test and Evaluation* (HUM.ET1.ST10.2000-REP-01): EUROCONT. Brussels: European Air Traffic Management Programme.

Chapter 11

비기술적 역량평가

11.1 소개

안전을 좌우하는 중요한 직무를 위한 비기술적 역량을 식별하고 훈련하는 전문가의 수가 증가함에 따라, 역량을 어떻게 평가·판정하는지에 대한 문제가 점점 더 중요하게 되었다. 이 책의 맥락에서 평가란 통상 전문기관, 회사 또는 안전당국이 정의한 표준과 비교하여, 개별적인 수행을 관찰, 기록, 해석 및 평가하는 과정을 의미한다. 가령, 영국 민간항공국(UK Civil Aviation Authority-2006a)은 'CRM 훈련이 효과적이었는지 확인하기 위해서는 운항 승무원의 CRM 역량을 때때로 평가할 필요가 있다. 안전에 대한 이러한 주요 위협사항을 다루는 기준이 유지되고 개선되기 위하여 CRM 평가는 필연적이며 필수적이다'라고 말한다(CAA, 2006a, ch7, p1).

비기술적 역량의 평가 또는 판정은 다양한 목적이 있다.

a. 훈련생들에게 역량의 습득상황을 전달하기 위하여(Patey et al., 2005; Yule et al., 2007a),
b. 역량 보증 또는 증명 프로그램에서 역량을 테스트하기 위하여(Flin, 2006),
c. 비기술적 역량 또는 CRM 훈련이 효과적이며, 직무에 그 역량을 사용할 수 있는지 확인하기 위하여(Goeters, 2002; O'Connor et al., 2002a; 2002b; Salas et al., 2001; 2006),

d. 발휘되는 역량의 수준을 직무단위(예: 항공회사에서는 기종별)로 감사하기 위하여(FAA, 2006b; Helmreich et al., 2003). 예를 들어, 개인, 팀, 부서별 제각기 준비되어 있어야 할 수준을 설정하여 훈련의 우선순위를 판별하기 위한, 수행 데이터베이스를 구축하기 위하여,

이 장에서는 관찰된 업무행동평가(행동지표시스템이라고도 함)를 이용하여 비기술적 역량을 평가하는 방법을 개략적으로 소개한다. 작업장 내 행동평가 시스템은 주로 인사고과, 채용·선발 및 직무분석에 사용되거나(Cook and Cripps, 2005; Fletcher, 2004; Woodruffe, 2000), 심리학자들의 조사도구로 사용되었다. 이러한 시스템은 훈련 수준이나 사용자에게 요구되는 측정의 교정측면을 고려하면, 개발하는 것도 이용하는 것도 비용이 많이 소요된다. 결과적으로, 이러한 시스템이 개발되어 발전된 것은 안전성이 일차적인 직무, 훈련과 평가에 시뮬레이터가 사용되는 직업, 예를 들어 항공, 원자력 발전, 군사분야 업무, 근래에는 의료분야에서의 사용이 점점 더 증가하고 있다. 1990년대 후반까지, 몇몇 항공사에서 조종사의 수행도 측정을 위해 비기술적 역량/일련의 CRM관련 평가척도가 도입되었다(Antersijn and Verhoef, 1995; Flin and Martin, 2001; Helmreich, 1999). 행동평가시스템은 믿기 어려울 정도로 단순해 보일 수 있다. 설계방법을 설명하기 전에, 다음과 같은 제약사항이 있다는 것을 강조하고자 한다.

- 수행의 모든 측면을 파악할 수 없다.
- 중요하지만 빈도가 낮은 행동(예: 갈등관리)과 같은 일부 행동을 관찰할 기회가 제한적이다.
- 인간으로서 관찰자 자신에게도 편견, 주의산만, 과부하(예: 복잡한 상황, 대규모 팀) 등 자체적인 한계가 있다.

행동평가시스템을 이용한 정규 평가법은 민간항공산업의 조종사들을 위한 것(CAA, 2006a; MacLeod, 2005)[1]이 가장 발달되었고 이번 장의 많은 자료는 항공연구원(Baker et al., 2001, Baker and Dismukes, 2002; Beaubien et al., 2004; Holt et al.,

1) 항공업계에서 때때로 라인운항평가(LOE)로 불리는 평가의 일부이다(FAA, 2006a).

2001)으로부터 받은 것이다. 이 장은 원자력 및 응급의료, 그리고 항공업계(Klampfer et al., 2001, CAA, 2006a 부록 11에 계제)의 행동평가시스템을 설계한 심리학자와 업계의 실무자들이 창안한 몇 가지 일반적인 지침을 반영하고 있다. 행동평가시스템의 주요특징으로, 설계 및 업무현장(또는 시뮬레이션에 따른 작업환경)에서의 사용법에 대한 권장 사항이 서술되었다. 이번 장의 부록에서는 비기술적 역량의 분류 및 조종사들을 위해 유럽에서 설계된 행동평가시스템인 NOTECHS(Flin et al., 2003; van Avaermate and Kruijsen, 1998)에 대하여 해설한다.

이 마지막 장의 초점은 주로 직장이나 시뮬레이터 및 팀 환경에서 개인의 행동을 관찰함으로써 개인의 비기술적 역량을 평가하는 것이다. 그룹 수준의 평가시스템도 있으며, 일반적으로 연구자들이 승무원이나 팀 수행의 관찰된 측면을 평가하기 위해 사용한다. 이러한 시스템을 자세히 다루지는 않지만, 항공승무원의 행동평가를 기록하기 위해 항공업계에서 널리 사용되는 LOSA(Line Oriented Safety Audit, Helmreich, 1999)에 대하여는 약간 해설한다. LOSA는 항공 조종사의 비기술적 역량을 평가하기 위해 고안된, 최초의 행동평가방법인 텍사스 대학의 행동지표(Behavioural Markers)로부터 발전되었다. 이는 다수 항공사의 평가시스템(Flin and Martin, 2001)이나 의료분야(Gaba et al., 1998) 및 원자력산업(O'Connor et al., 2002d)을 위해 고안된 시스템의 기초를 형성하였다.

11.2 텍사스대학 행동지표의 기원과 발전

조종사를 위해 개발된 최초의 행동지표시스템(NASA/UT Behavioural Markers)은 1980년대 후반 텍사스 대학의 인적요인 연구프로젝트에서 비롯되었다. 이 프로젝트는 두 가지 목표가 있었다. 첫째는 CRM 훈련의 유효성을 조종실 승무원의 관찰 가능한 행동으로부터 측정하여 평가하는 것이었고, 둘째는 CRM 프로그램의 범위를 정의하는 것이었다. 이 연구의 결과, 비행업무에 있어서 대인관계 요소를 평가하는 심사관들을 지원하는 최초의 매뉴얼을 만들었다(Helmreich and Wilhelm, 1987; Helmreich et al., 1990). 승무원의 수행평가는 비행 전 브리핑에서 착륙, 지상주행, 엔진정지까지 비행 전체를 평가하는 관찰자들에 의해 만들어졌다(표 11.1 참조).

표 11.1 텍사스 대학(UT)의 행동지표
(약어: P=출발 전/지상주행, T=이륙/상승, D=하강/진입/착륙, G=공통)

지표	정의	행동지표(예)	단계
SOP 브리핑	필요한 상황설명은 상호 대화적이고, 운항전체를 총괄함	• 간결하며, 서두르지 않고, SOP 요구사항을 충족함. • 기본이 확립되었다.	P–D
계획 설명	운항계획 및 결정사항을 전달하고 인지함	• 계획을 이해하고 공유함: '전원이 공통 인식'	P–D
업무량 배정	평상 시, 이상 시 역할 및 책임소재를 명확히 결정함	• 업무량 배정을 명확히 전달하고 인식함	P–D
비상 시 대응	승무원들은 안전에 대한 위협을 관리하기 위한 효과적인 전략을 수립함	• 위협과 그 결과를 예상함 • 이용 가능한 모든 자원을 사용하여 위협에 대응함	P–D
감시/교차 점검	승무원은 적극적으로 시스템 및 다른 승무원을 감시하고 교차 점검함	• 항공기 위치, 설정행위 및 설정치, 승무원 행동 확인함	P–T–D
업무량 관리	운용업무는 우선순위가 정해져 있고, 중요 비행업무를 다룰 수 있도록 적절하게 관리함	• 특정업무의 집중 방지 • 업무 과부하가 발생하지 않도록 함	P–T–D
경계심	승무원들은 환경과 항공기 위치를 계속 주시함	• 승무원들은 상황인식을 유지함	P–T–D
자동화 관리	비행상황과 작업부하 요건의 균형을 유지하기 위하여 자동화시스템을 적절하게 이용함	• 다른 승무원에게 자동화 설정에 대해 설명함 • 자동화 이상현상을 복구할 효과적인 기능을 확인함	P–T–D
계획 평가	필요한 경우 기존 계획을 검토하고 수정함	• 승무원의 판단과 대처행동은 공개적으로 분석하고, 현재의 계획이 최선임을 확인함	P–T
확인	승무원들은 기존의 행동계획을 명확히 하기 위해 질문함	• 승무원들이 지식부족의 표현을 두려워하지 않음 • '당연한 것으로 여기지 않고 검토하는' 자세	P–T
주장	승무원들이 적절한 끈기를 갖고 중요 정보나 해결책을 설명함	• 승무원들은 주저 없이 자신의 생각을 주장함	P–T
의사소통환경	열린 의사소통을 위한 노력이 수립되고 관리됨	• 선의의 상호 대화: 정보의 흐름은 알기 쉽고, 명확하며 직접적임	G
리더십	기장은 리더십을 발휘하여, 조종실의 활동을 조정함	• 지휘관은 결단력이 있으며 승무원의 참여를 유도함	G

평가척도

1	2	3	4
나쁨 관찰된 수행은 안전성에 문제 있음	**부족** 관찰된 수행이 거의 적절하지 않았음	**좋음** 관찰된 수행은 과적이었음	**우수** 관찰된 수행은 주목할 만함

Helmreich그룹이 개발한 최초의 승무원 행동지표세트는 연방항공국(FAA)의 CRM 주의사항(AC 120-51A, FAA, 1993)의 부록으로 포함되었다. 항공사들이 승무원 수행평가를 강화하고 항공운항에 관한 보다 상세한 데이터를 수집함에 따라 지표의 체계적인 이용이 증가했다. 지표자체는 Line/LOS 체크리스트(LOS는 라인운항모의 또는 1대의 비행기가 출발에서 도착까지 전체 임무 시뮬레이션을 의미한다)로 알려진, 체계적 관찰을 위한 평가표형식으로 통합되었다. 경험과 관찰 데이터베이스가 증가함에 따라, 비행 중 승무원들의 행동에 상당한 변동이 있다는 것이 분명해졌고, 이것을 파악할 필요가 생기게 되었다. 따라서 평가표는 각 비행단계에 대한 지표를 평가·판정할 수 있도록 변경되었다(Helmreich et al., 1995a).

지표의 유효성검증은 항공사고 및 사건의 분석에 미치는 영향(긍정적인 면과 부정적인 면)을 분류하여 수행되었다(Helmreich et al., 1995b). 그 결과 승무원 수행을 나타내는 것으로서 텍사스대학의 승무원 행동지표의 유용성과, CRM 훈련의 구성요소로서의 가치에 대한 강력한 지원을 제공했다. UT지표와 그 지표를 어떤 비행단계에 이용할 것인지를 표 11.1에 나타낸다. 이것은 통상의 노선운항을 수행하는 승무원에 대해, 불이익 조치 없이 관찰에 사용된다(FAA, 2006b 참조). 평가척도는 위와 같이 4단계로 되어 있다.

각 지표는 위협 또는 오류의 회피나 대응 관련하여 유효성이 검증되었다. 두 개의 공통(G) 평가단계를 제외하고, 특정 비행단계 동안(관찰된 경우) 구체적인 지표가 평가된다. 이러한 평가척도는 개별 조종사보다 승무원(통상 두 명의 조종사로 구성)의 비기술적 역량을 평가하는데 사용된다는 점에 유의해야 한다. 더욱이, 상황인식이나 의사결정과 같은 인지능력보다, 대인관계나 브리핑 같은 업무에 초점이 맞추어져 있다.

11.3 행동평가시스템 설계

표 11.1에서 설명한 것처럼, 행동평가시스템의 두 가지 구성요소는 (i) 평가할 특정 행동 또는 평가대상의 행동분류 리스트 및 (ii) 평가척도이다. 이것은 실무자들이 현장에서 그들의 평가를 기록하기 쉽게 사용할 수 있도록, 득점표 방식으로 조합해야 한다. 또한 시스템 전체로써 시스템이 사용될 환경에 대한 일련의 설계요건에 적합해

야 한다.

i) 시스템 내용: 구체적인 역량/행동

평가대상으로 하는 역량이 명시되어야 하며, 이는 통상 역량의 정의와 행동사례를 제공함으로써 시행된다. 제9장에서는 특정 직업에서 우수하거나 또는 수준이하의 수행에 영향을 미치는 비기술적 역량에 대해 서술했다. 이것들은 일반적으로, 일련의 카테고리(역량 구분)의 조합으로 체계화되어, 각 카테고리는 하위 구성요소가 포함되어 좋은 행동과 나쁜 행동이 예시된다. 평가시스템이 다르면 분류체계 상 각 단계의 명칭도 다르게 표시된다. 예를 들어, ANTS에서는 '카테고리', '요소', '지표'라고하며, 위에서 설명한 텍사스 대학 시스템에서는 지표로 되는 행동을 '행동지표(Anchors)'라고 한다. 그림 11.1은 두 요소에 대한 행동지표(모범사례와 불량사례)를 포함한 ANTS 시스템(Fletcher et al., 2003)의 기본구조를 보여준다.

카테고리	요소		예
작업관리	– 계획 및 준비 – 우선순위 지정 – 평상 상태의 제공 및 유지 – 자원 식별 및 활용		
팀웍	– 팀원과의 협동 활동 – 정보 교환 – 권한 사용 및 자기 – 역량 평가 – 타인 지원	⇨	**모범사례에 대한 행동지표** – 팀원의 역할 및 책임소재 확인 – 외과의사 또는 동료와 문제점 논의 – 행동하기 전에 다른 사람들의 요구사항 고려 – 목표달성을 위해 다른 사람과 협력
상황인식	– 정보 수집 – 인식 및 이해 – 예상	⇨	**불량사례에 대한 행동지표** – 주의산만으로 인한 감시수준 저하 – 개별 징후에 확인 없이 대응 – 데이터의 가시성을 향상하기 위해, 현장의 레이아웃을 변경하지 않음 – 인수인계 과정에서 자신이 상황을 파악하기 위해 질문하지 않음
의사결정	– 옵션 확인 – 리스크 비교 및 옵션 선택 – 재평가		

그림 11.1 ANTS(Anaesthetists' Non-technical Skills)의 기본구조

관찰자에 의존하는 행동평가시스템은 관찰 가능한 행동에만 집중해야 하기 때문에, NTS 분류 또는 CRM 훈련요강(제10장 참조)에 있는 역량 구분은 반드시 관련 평가 방법에 사용되지는 않는다. 따라서 보통 CRM 훈련에 스트레스 및 피로관리가 주제로 포함되어 있지만, 극단적인 증상이 나타나지 않는 한(그 경우, 다른 역량에 영향을 미칠 수 있음) 평가하기 어렵고, 그래서 반드시 행동평가 시스템의 구분으로 포함되는 것은 아니다.

모든 시스템이 의사소통을 명시적인 구분으로 포함하는 것은 아니지만, 의사소통이 주요 매체라는 것을 기본으로, 이를 통해서 모든 구분과 관련된 거의 모든 행동이 전달된다. 또한 직접 관찰될 수 없는 인지적 역량을 이러한 평가시스템에 포함해야 하는지에 대한 약간의 논쟁도 있다. 일반적으로 유추할 수 있는 일련의 관찰 가능한 행동들이 있다면 인지능력을 포함하는 것이 허용된다는 것에 동의한다. 예를 들어, 우리는 외과의사의 머릿속에 어떤 결정이 내리고 있는지 알 수 없다. 그러나 평가자는 의사결정의 필요성에 대해 의사표시를 하거나, 다른 팀원과 상담을 하거나, 마취과 의사에게 무엇이 최선의 선택지인지 동의를 얻거나, 수술을 완료하는데 소요시간을 논의하는 등, 외과의사가 생각을 전달하는 장면을 관찰할 수 있어야 한다. 따라서 많은 평가시스템에는 상황인식이나 의사결정과 같은 인지적 구성요소가 일반적으로 포함되어, 이러한 정신적 활동을 반영하는 행동들이 보일 때 적용된다. 실제로 많은 고위험 환경에서 실무자들은 팀과 이해를 공유하는 것을 극대화하기 위해 다른 팀원에게 작업관련 생각과 행동의 의도를 말로 전달하도록 훈련받는다.

그러나 직무특성 상 원래 조용해서 오히려 의사소통이 적은 현장이 있다. 예를 들어 항공관제소에서 대부분의 의사소통은 다른 팀 구성원들(똑같이 집중하고 있는)보다 관제사와 유도를 받는 조종사 사이에서 이루어진다. 항공관제사의 비기술적 역량 훈련을 보조하는 행동평가시스템이 Eurocontrol에 의해, BOOM(Behaviour Oriented Observation and Measurement)이라는 명칭으로 개발되었다(아래 참조). 이 시스템으로, 평가자는 관제사와 조종사의 통신을 지켜보며, 행동과 배후상황도 기록할 뿐만 아니라, 업무종료 후 특정 행동 중 관제사가 생각한 것에 대해 인터뷰도 실시한다.

역량이나 행동의 구성요소를 규정하는데 사용되는 언어는 매우 명확하고 구체적이어야 한다. 일부 평가시스템[예: BARS(Behaviourally Anchored Rating Scales)]에서는 평가할 모든 역량의 요소에 대해, 평점의 일부 또는 전체에 대응하는 행동사례가 서술되어 있다(예: Undre et al., 2006 참조). 그러나 그 밖의 시스템에서는 좋은 행동과 나쁜 행동만 구체적으로 지정되어 있다(그림 11.2 참조). 이러한 예는 간결하게 표현된 수동적 행동으로써, 예를 들어 '새로운 팀원에게 그들의 경험에 관하여 묻고', 또는 '타인의 요청에 대해 무시하는 어조로 반응한다'는 것과 같이 간략하게 서술하여야 한다. 이러한 행동사례는 일반적으로 해당 직업의 전문가들로부터 작성되지만, 초기단계에는 연구문헌이나 안전보고서로부터 도출될 수도 있다. '리더십을 보여 준다', '의사소통을 잘 한다' 등과 같은 추상적 표현이나, '다른 옵션에 대해 생각한다'와 같은 관찰할 수 없는 프로세스에 기초한 모호한 표현은 피해야 한다. 실무자가 모국어가 아닌 언어를 사용하는 경우 간단하고 정확한 언어로 시스템을 제시하고 설명해야 할 필요성은 특히 중요하다. 평가해야할 대상의 역량 또는 행동의 수는 해당 시스템의 사용목적이나 평가자의 역량에 따라 달라질 수 있다. Beaubien et al.(2004)은 평가자의 작업부하를 감소시키고 보다 많은 시간을 관찰할 수 있도록, 한 건의 상황에 가능한 한 적은 수의 역량을 평가하는 것이 좋다고 조언한다. 이들은 '임무수행상 중요한 역량만 포함'할 것을 제안한다(p. 8).

ii) 평가척도 및 평가양식

평가척도는 특정 행동의 질 또는 빈도를 기록하기 위한 목적으로, 광범위한 양식으로 제공된다. 평가척도는 정도에 비례하는 것이 많으며, 낮음에서 높음까지(바이폴라 척도)와 같은 끝단점(앵커)만 정의하는 것이나, 척도의 각 단계마다 단어나 숫자로 정의하는 것도 있다. 평가척도 입도(Granularity)의 눈금수(분해능)는 적게는 2개(예: 합격/불합격)부터 많게는 100개까지 될 수 있다. 구분이 짝수(Even number)로 중간점이 존재하지 않거나 홀수일 수도 있다. 척도(눈금)가 너무 길면, 평가자가 필요한 세부적인 판단을 내리는 데 어려움을 겪을 수 있다. 척도가 너무 짧아서 구분이 적어지면, 평가자에게 필요한 정도의 차이점이 구별되지 않을 수 있다. 평가척도의 형식이나 길이를 선택하는 고정된 규칙은 없으며, 오직 목적에 적합한 것을 고를 수밖에 없다. CRM 역량과 관련된 행동을 평가하기 위해 가장 일반적인 척도는 4점 또는 5점의 Likert 척도(Beaubien et al., 2004; Holt et al., 2001)이며, 왼쪽은 각 역량을 기재하고 오른쪽은 평가척도를 나타낸다(그림 11.2 참조). Macleod(2005)의 논문에는 CRM 역량을 평가하기 위해 동일한 항공사에서 사용하는 4점 및 5점 평가척도의 예를 제공한다.

5점 척도: 불가 - 평균 이하 - 평균 – 평균 이상 - 우수
4점 척도: 불가 - 가능(최소 기대수준) - 보통 - 우수

Emirates 국제항공은 조종사가 발휘하는 기술적(예: 항공기 조종) 및 비기술적(예: 상황인식) 역량을 8가지 관점에서 평가한다. 이들은 아래 표 11.2와 같이 5점 척도에 대한 기준으로 평가되며, 각 카테고리의 역량에 대하여 5단계의 수행 수준으로 판정 기준이 명시되어 있다.

표 11.2 평가점수의 정의가 포함된 항공사 평가시스템 사례

5. 매우 좋음	매우 좋은 수준의 수행. 오류가 발생할 수 있지만, 적절히 처리되거나 관리된다. 사소한 사항에 대해서는 여전히 논의할 수 있다.
4. 좋음	좋은 수준의 수행. 적절하게 처리되거나 관리되지 않은 사소한 오류가 발생할 수 있다. 업무 후 지도를 요하는 점이 필요할 수 있지만, 충분한 기량과 적격성이 인정된다.
3. 만족	만족스러운 수행. 유해한 오류가 처리되지 않았거나 어렵게 관리되지만, 안전 여유 폭은 유지된다. 수행 개선의 여지가 있을 수 있다.
2. 수용가능	수용 가능한 수행. 오류가 부적절하게 처리되거나 무시되어 안전 여유 폭이 줄어든다. 기량은 준비되어 있지만 약점이 다소 보인다. 추가 훈련을 받으면 도움이 된다.
1. 수용 불가능	수용할 수 없는 수행. 오류가 부적절하게 처리되거나 무시되어 부정적인 결과가 잠재한다. 안전성이 손상되거나, 효과적인 수행능력에 상당한 우려가 있다. 재훈련 필요.

* Emirates 항공의 허가를 받아 복사

행동평가가 공식적인 평가에 사용될 경우, 수행의 기준이나 한계점을 설정하는 문제는 매우 중요할 수 있다. 관찰된 전체적인 수행이 허용 가능한지 여부를 결정하는 방법이 필요하게 된다. 일부 시스템에서는 '수용 가능/수용 불가능'의 추가적 판단을 기록할 수 있다. 공식적인 평가에 사용되는 경우, 기술적인 측면과 비기술적 역량에 대한 판단기준이 되어야할 수도 있다. 전반적인 수행평가는 그 시스템의 운용기준에 따라 '합격/불합격' '합격/추가 훈련필요' 또는 '역량 보유/역량 미숙' 등과 같이 표현될 수 있다. 일반적으로 조직은 이러한 판단의 경계에 대한 자체적인 회사표준과 절차를 고안한다. 일부 평가시스템에서는 적용해야 할 구체적인 판단기준이 있을 수 있다. 예를 들어, 특정한 비기술적 역량의 한 카테고리에서 불합격/저평가가 전체적인 실패를 초래하거나, 심지어는 특정 행위, 단일 행동이나 실행누락이 실패를 초래할

수 있다(Rall and Gaba, 2005 참조).

대부분의 평가양식에는 평가자가 특정한 역량의 구성요소에 대한 관찰내용을 기록할 수 있는 여백이 있다. 이러한 메모는 관찰 중이거나 종료이후에도 작성할 수 있다. 실제로, 많은 평가양식에는 코멘트 할 기입란이 충분하지 않으며, 일부 평가자는 자신의 노트에 기록한 후 나중에 평가양식에 옮겨 적는 것을 선호한다. NOTECHS 시스템을 실무에 사용하기 위해 작성된 지침서는 불합격 평점이 주어진 경우 항상 서면으로 그 이유를 기록해야 한다고 조언한다. Beaubien et al.(2004)은 모든 역량평가에는 이유 또는 근거가 기재되어 있어야 한다고 권고한다. 그들이 언급한 항공사 사례에는 대부분의 승무원을 평균 또는 그 이상으로 평가한 강사에게는 부당하게 보상하고, 평가등급이 저평가인 경우에만 조종사의 강사(즉 평가자)가 평가 후에 이유 분류코드나 필기메모를 옆에 놓아두는 사례가 있다는 것을 제공했다.

외과의사의 행동을 평가하기 위한 NOTSS 시스템의 예는 그림 11.2에 나와 있다. 여기서는 4점 척도를 사용하고(불만족 1점, 우수 4점), 각 항목에 대한 평가자의 평점과 판단근거 메모를 평가표에 기록한다.

병원: 일자:		강사 이름: 연수생 이름:		수술 종류: 오른쪽 탈장 치료
카테고리	**카테고리 등급***	**요소**	**요소 등급***	**수행에 관한 피드백 및 디브리핑 코멘트**
상황인식	3	정보 수집	3	수술부위에 표시하지 않음/수술실에 늦게 도착
		정보 이해	4	INR의 중요성 인식 및 확인
		경향을 이해하고 미래상태 예측	3	수술을 더욱 주도적으로 수행(예: 취소 요청)
의사결정	3	옵션수단 검토	3	옵션의 상대적 장점에 대해 보다 명확하게 설명
		옵션선택 및 의사소통	2	봉합사/매쉬 사이즈 등을 잘 모름
		결정의 실행 및 결과 확인	4	손쉽게 관점을 표현
의사소통 및 팀웍	2	정보교환	2	마취과 의사와 잘 연계되지 못함
		공통이해 실현	3	강사의 지시를 기다림
		팀 활동 협조	3	마취의에게 환자상태를 묻지 않음
리더십	3	기준설정 및 유지	4	수술순서는 지켰으나 수술부위를 표시하지 않음
		타 멤버 지원	4	수술 연수의사 및 수술실 간호사와 좋은 관계 유지
		압박에 대한 대처	3	때때로 중요한 해부학적 구조를 의식하지 못한 채 수술 진행(다른 것들에 과도한 집중을 함)

그림 11.2 탈장 치료에 대한 일반외과 연수의사의 수행을 위한 NOTSS 평가표 작성 예

(from Yule et al., 2007a)

사례 11.1 | 행동평가 시스템의 주요 특징

- **감수성** : 행동평가시스템은 눈에 보이는 행동을 근거로 수행의 수준 평가를 구분하여야 한다. 예를 들어, 평가자는 리더십이 우수함과 부족함을 나타내는 행동을 구분할 수 있어야 한다.
- **신뢰성** : 이것은 측정치의 일관성 또는 안정성과 관련이 있다. 신뢰성과 관련이 깊은 세 가지 측면은 다음과 같다.
  a. 시험–재시험 : 시간 경과에 따른 안정성 평가. 평가자는 동일 상황에 대해 두 번의 평가를 하도록 요청받으며, 그 결과를 비교한다(연관성).
  b. 시스템 내 신뢰성 또는 일관성 : 동일한 구성 요소를 측정하기 위한 복수항목 조합에 대한 평점의 상호연관성(예: 의사결정이라는 카테고리 역량의 요소점수에 대한 상호연관성을 테스트한다).
  c. 평가자 간의 신뢰성 : 해당 시스템을 사용하는 평가자가 동일한 방식으로 평가하는지, 또한 평점은 일치하는지를 확인한다.
- **유효성** : 구성요소를 실제로 어디까지 측정 가능한지, 그 정도를 의미한다. 행동평가는 측정하는 역량의 실제 차이를 정확하게 반영해야 한다. 평가되는 역량과 행동은 또한 관심사항(예: 안전성)의 수행 결과와 관련이 있어야 한다. 유효성과 관련된 측면은 다음과 같다.
  a. 표면 상 유효성 : 실무자의 관점에서 측정 항목군이 해당 구성요소를 적절하게 평가하는지 여부이다. 이것은 유효성 자체를 측정하는 것은 아니지만, 표면 상 유효성이 낮을 경우(즉, 평가내용이 적절하지 않을 경우), 실무자들이 측정법을 납득하고 수용할지 영향을 미칠 수 있다.
  b. 구성요소의 유효성 : 평가척도가 실제로 측정하고자 하는 것을 측정하는지 여부이다. 예를 들어, 동일한 구성요소에 대하여 새롭게 작성한 테스트와 기존의 측정법과 비교하거나(수렴 유효성), 실제 테스트 점수가 주요한 측정결과(기준 유효성)와 관련이 있는지 테스트하는 등, 여러 방법으로 평가할 수 있다. 즉, 비기술적 역량의 경우, 높은 평점이 실제로 직무의 안전성 및 효율성과 관련이 있는지 평가한다.
- **구조** : 구성요소(예: 카테고리) 간 중복을 최소화 한다.
- **투명성** : 평가대상자는 자신들이 평가 대상이 되는 수행 기준을 이해한다. 신뢰성 및 유효성 데이터를 제공하여 평가시스템의 특성이 표시되어야 한다.
- **유용성** : 평가시스템은 실용적이어야 한다. 즉, 체계는 단순하고, 이해하기 쉽고, 업종에 적합한 용어를 사용하며, 평가자의 업무부하를 배려하고, 대상 행동은 관찰하기 쉽고, 평가자는 이를 사용할 수 있도록 훈련받아야 한다.
- **기준선** : 수행 경계를 정하는 기준선은 평가대상자의 경험수준에 적합하게 사용된다(즉, 초보자/훈련생 및 경험 많은 실무자의 구분기준이 명확함).

평가척도에 의한 점수부여 보다 행동 체크리스트를 사용하는 것도 가능하다. 이 경우, 관찰자는 정성적 평가나 발생빈도 평가는 부여하지 않고, 특정 행동이 실행했는지 여부를 단순히 기록한다. Beaubien et al.(2004)은 이러한 체크리스트가 평가자의 작업부하를 줄이는 데 도움은 될 수 있지만, 평가나 피드백에 사용할 수 있는 유용한 데이터는 얻기 어렵다고 제안한다. 평가척도에 대해 더욱 자세한 내용은 Aiken(1996) or De Vellis(2003)를 참조하기 바란다.

11.4 행동평가 시스템: 심리측정의 속성

행동평가 시스템 설계의 기초는 심리측정 상의 특성들이다. 더욱 세심하게 설계된 기법은 더 높은 품질의 측정결과를 얻을 수 있다. 가장 관련성이 높은 심리측정의 특성을 사례 11.1에 설명한다.

이 분야는 심리학에서도 전문분야로, 여기서 심도 있게 논의되지는 않지만 평가자를 훈련할 때는 포함할 필요가 있다. Holt et al.(2001)은 감수성, 유효성 및 신뢰성과 관련하여, 측정 품질(CRM 훈련을 평가할 때)에 대한 자세한 정보를 제공한다. Nunnally and Bernstein(1993), 또는 AERA(1999)는 심리 측정에 관한 포괄적인 교재이다.

설계 요구사항

행동평가 시스템과 같은 측정도구를 설계할 때 중요한 과정은 기능과 유용성에 적합한 기본적인 설계 요구사항을 확인하는 것이다. 즉, 이 시스템의 용도는 무엇인지, 또는 누가 어떻게 사용할 것인지 등을 확인한다(Noyes, 2001). 실무자들이 비기술적 역량을 평가하는 시스템을 원할 경우, 그들이 일반적으로 필요한 것은 간단히 이해하기 쉽고, 시뮬레이션과 실제 상황을 관찰하는 동안 어느 쪽이든 사용하기 쉬운 평가법을 요구한다. 예를 들어, 조종사의 비기술적 역량을 평가하는 NOTECHS 시스템의 설계 요구사항은 다음과 같다.

1. 이 시스템은 조종실 승무원보다는 개별 조종사의 기능을 평가하기 위해 사용되

었다. 이는 유럽 전역에서 크고 작은 여러 항공사 모두가 사용하기에 적합했고, 문화적 차이점에 쉽게 영향 받지 않고 견고했다.

2. 비기술적 역량을 평가하는 강사/평가자는 동시에 조종사(들)의 기술적 평가도 일상적으로 수행한다. 만약 이것이 시뮬레이터 상의 것이라면, 그들은 다른 시뮬레이터의 조작도 수행하고 시나리오에 따라서는 관제사나 객실 승무원과 같은 역할도 수행해야 한다. 따라서 이렇게 과도한 업무부하 아래에서는 평가척도는 가능한 한 단순하고, 명확하며, 간결한 용어를 사용하고, 평가양식 용지도 한쪽 면만 사용할 수 있게 하는 것이 중요하다.

위의 설계지침은 실무가가 요구하는 일반적인 사항이다. 일반적으로 전체 평가시스템과 그에 수반되는 지침은 1장의 읽기 쉬운 문서로 제공되어야 한다. ANTS와 NOTSS 시스템은 마취과 전문의와 외과 의사를 위해 설계된 것으로, 통상 훈련생을 평가하는데 사용되며, 수술 중 지도 전문의가 작업을 관찰하면서, 때로는 지원할 수도 있다. 결과적으로, 마취과와 외과의 용 평가표도 가능한 한 단순하고 용지의 한쪽 면만 사용하도록 설계되었다. 그리고 이 소책자는 수술실에서도 사용 가능하며, 겉은 '닦을 수 있는' 재질로 되어 있고 수술실에서 펼쳐놓고 두 페이지를 한꺼번에 읽을 수 있게 나선형으로 제본되어 있다. 또한 비기술적 역량의 분류체계와 평가시스템에 대하여 설명하고, 사용지침과 조언까지 제공한다. 이 책자는 약 10페이지 분량의 A5 크기로 생산되는데, 그 이유는 실무자들의 사용경험으로부터 이 크기가 가장 유용하고, 가방이나 주머니에 쉽게 넣을 수 있기 때문이다. 또한 필요에 따라 웹 사이트를 통해 다운로드하여 인쇄할 수도 있다.

11.5 행동평가 시스템의 이용

여기서는 평가를 위해 행동평가 시스템을 사용하는 주요 측면에 관해 설명한다. 평가자의 훈련 및 자격과 관련된 몇 가지 요점을 간략하게 설명한 후, 업무 중이나 시뮬레이터 상 평가를 시행하는 실제적인 문제에 대해서 고려한다. NTS를 평가하기 위한 행동평가 시스템을 사용할 경우 다음과 같은 몇 가지 중요한 사항을 고려해야 한다.

- 평가자는 광범위한 훈련을 요구한다(초기 및 정기훈련). 그들은 또한 '교정'이 필요하다. 즉, 그들의 평가는 평가척도 상 행동지표(Anchors)는 동일한 방법으로, 평가자에 따라 차이가 없도록 실행되어야 한다.
- 평가시스템은 합당한 적응과 변경 없이 업무영역과 문화 전반에 걸쳐 통용되지 않는다(예: 항공분야에서 의료분야에, 또는 동양문화에서 서양문화로)
- 평가시스템은 조직의 적절한 관리 및 인력지원의 실행이 필요하다. 평가자와 평가대상자에 대한 신뢰성과 전문성을 쌓기 위해서는 단계적인 도입이가 필요하다고 권장한다. 평가정보가 어떻게 저장되고 접근할 수 있는지를 고려해야 한다(파일에 저장된 다른 모든 수행데이터와 같다).
- 평가시스템의 적용은 개인의 전문성 발달상태, 그리고 조직적·전문적 문화의 성숙도에 민감해야 한다(예: 진단도구, 훈련도구, 평가도구의 어떤 목적으로 사용되는지 여부).
- 행동평가 시, 시스템의 이용은 배경상황의 모든 요인을 고려해야 한다(예: 승무원 경험, 작업부하, 업무환경, 운용상의 복잡성).

평가실행 – 온라인 또는 시뮬레이터

수행평가는 실제 수행이 행해질 때(직접 관찰/온라인 원격관찰/생체관찰) 또는 시뮬레이터를 사용할 수 있다면 시뮬레이터로 행할 수 있다. 일부 직종에는 시뮬레이터가 광범위하게 보급되어 있지 않거나, 현 단계의 개발수준에서는 직무상황에 높은 충실도를 제공하지 않을 수 있다. 이 경우, 비기술적 역량의 평가는 실제 업무 중에 이루어질 가능성이 더 높다. 충실도가 보증되므로 실제 업무를 이용할 때 몇 가지 이점이 있다. 단점은 강사 또는 평가자가 과제 도중 전개할 수 있는 상황이 제한적이거나 제어하지 못하는 것이다.

일반적으로 처음부터 끝까지의 전체 작업을 관찰하고 하나의 종합적인 평가를 기록하지만, 반드시 그럴 필요는 없다. 평가는 특정 상황(예: 발생한 상황이나 직무에 대해 허용 가능한 대응을 주안점으로 한 평가; TARGETS(Targeted Acceptable Responses to Generated Events or TaskS ; Fowlkes et al., 1994)에 기초할 수도 있다. 업무 전체가 아닌, 그 중에서도 특정 국면만 평가할 수도 있다. 예를 들어, 외과팀의 수술단계별(Undre et al., 2006) 또는 항공분야의 비행단계별(UT/LOSA 행동지표, 표 11.1 참조) 등이 있으며, 이러한 것이 평가의 타당성을 향상시킨다는 일부 증거도 있다

(Beaubien et al., 2004). 그러나 이 두 가지 사례도 평가는 모두 직무의 작업에 관여하지 않는 특별히 훈련받은 관찰자에 의해 기록된다. 평가자가 작업에 참여하는 환경(또는 필요한 경우 개입을 목적으로 작업을 감시하는)에서는 상황이나 단계별 평가는 업무부하가 너무 클 수도 있다.

수술실이나 항공조종실과 같은 안전이 중요한 환경에서는 실제 업무 중에 평가를 시행하는 경우는 추가적인 고려사항도 발생한다. 수술실에서 ANTS 평가시스템을 사용하는 마취 전문의에게 제공되는 지침에는 다음이 포함된다. 적절한 수술사례를 선택하는 것, 수술을 방해할 것 같은 지도나 평가를 하지 않는 것, 상황에 따라서는 평가를 중지하는 것 등이 있다. 수많은 바쁜 작업환경에서 작업부하나 교대유형에 따라서, 작업완료 후 보고시간도 제한될 수 있다. 그러나 피드백은 평가과정의 필수적인 부분이므로 가능한 한 작업이 완료 되는대로 실시할 수 있도록 계획되어야 한다.

시뮬레이터에서는 시나리오가 특정 상황을 포함하도록 세심하게 디자인될 수 있고, 특정한 역량과 대응행동을 볼 수 있도록 평가 대상자에게 요구할 수 있기 때문에, 당연히 평가자에게는 제약사항이 적다. 서로 다른 상황에서의 수행을 평가하기 위해 복수의 시나리오를 사용할 수도 있다. 필요한 경우, 시뮬레이션을 중단하고 피드백을 할 수 있다. 평가는 전체 업무나 특정 단계 또는 개별 상황으로도 이루어질 수 있다. 평가 대상자들과 적절한 피드백이나 논의를 할 수 있도록 평가 세션에 충분한 시간을 할애할 수 있다. 그러나 평가자는 시뮬레이터를 조작하여야 할 경우도 있는데, 이는 작업부하가 상당히 증가하거나 관찰이나 평가를 방해할 가능성도 있다. 시나리오와 상황의 세트 설계를 포함하여 시뮬레이션에 관한 참고사항에 대해서는 Riley(출판 준비 중) 또는 CAA(2002)를 참조한다.

시뮬레이터에는 일반적으로 비디오 녹화설비가 있어서 나중에 테이프를 보면서 평가를 할 수 있으며, 테이프는 피드백과 토론세션에서 볼 수 있도록 사용할 수도 있다. 이것은 평가자가 어떤 행동에 그 평가를 했는지, 그 이유는 무엇인지를 평가자가 나중에 설명할 때 특히 유용하게 쓰인다. 그러나 윤리적, 기술적 문제로 인해, 모든 작업환경에서 녹화가 가능하거나 허용되는 것은 아니다(의료분야의 녹화에 대한 최근 리뷰는 Mackenzie and Xiao, 2007 참조). OBSERVER(www.noldus.com) 또는 RATE (Guerlain et al., 2005)와 같이, 비디오 녹화된 데이터를 코딩하기 위한 소프트웨어 시스템은 비기술적 역량평가에 쉽게 응용될 수 있다.

11.6 공식평가

행동평가 시스템을 총괄평가(Summative assessment) 또는 적부판정평가(High-stakes assessment)에 사용하는 경우, 수행의 비기술적 측면을 공식적으로 평가하는 것은 중요한 도전과제이기 때문에 추가로 고려하여야 할 사항이 있다. 전문가들이 공식적으로 평가받는 경우, 일반적인 행동을 반영하지 않는 '격식차린 행동(Angel performance)'을 할 수 있다. 이것은 NTS뿐만 아니라 모든 공식평가에도 적용된다. 평가시스템은 평가가 이루어지는 그 배경상황을 포착해야 한다(예: 승무원의 조직적 역학 및 경험, 운용환경, 운용의 복잡성, 현재의 상황 등). 예를 들어, 팀에서는 한명의 팀원 행동은 다른 팀원의 행동에 부정적 또는 긍정적인 영향을 줄 수 있으며, 이는 표준 이하 또는 실력이상의 수행 평가점을 초래할 수 있다. 행동지표 시스템은 그러한 효과를 감지하고 기록하도록 설계되어야 한다. 위에서 설명한 대로, 역량의 강화를 위해 설계된 평가에서는 총합적인 합격/불합격 판정에 도달해야 한다. 또한 특정 역량에서 실패하거나 점수를 낮게 받는 훈련생들을 다루는 개선방법이 있어야 한다. 영국의 민간항공이 그 사례이지만, 면허 취득이나 갱신에 비기술적 역량에 대한 공식평가가 필요한 경우, 명확한 절차와 방침이 수립되어야 한다. 사례 11.2와 같이 구체적인 지침이 개발될 수 있다.

사례 11.2 | 조종사의 CRM 역량평가를 위한 지침(CAA, 2006a: 제7장, p.2)

CRM 평가는 기술적인 문제의 평가와 연결되어야 하며, 독립적으로 평가되어서는 안 된다. 적절한 평가방법이 수립되어야 하고, 평가자의 선정기준 및 훈련요건, 그와 관련된 자격, 지식 및 역량도 함께 수립되어야 한다.
승무원은 CRM 역량 평가가 기술적 실패와 관련이 없는 한, 면허나 형식평가에 불합격 되어서는 안 된다. 그러나 해당 조종사의 CRM 수행이 회사의 요건을 충족하지 않는 한, 운용자 기능 숙련도 점검(Operator Proficiency Check)이 만족스럽게 완료된 것으로 간주해서는 안 된다.

개별 CRM 역량평가의 경우, 다음 방법이 적절한 것으로 생각된다.

- 운용자는 합의된 용어정의를 포함하여 CRM 훈련 프로그램을 수립해야 한다. 이 프로그램은 훈련방법, 훈련기간, 훈련항목의 심층도 및 유효성에 대하여 평가되어야 한다.

- 사용할 CRM 기준(예: NOTECHS)은 승무원, 운용자 및 규제당국이 합의하고 업계의 모범사례를 반영한다.
- 훈련 기준은 명확하고, 간결하며, 문서로 공개된다(예: 운항규정).
- 평가, 기록 및 피드백의 업무절차는 합의되어, 유효성을 검증한다.
- 훈련과정은 승무원이 합의된 기준을 달성할 수 있도록 설정된다.
- 합의된 기준을 달성하지 못한 개인을 위한 추가 훈련과, 개별적으로 항의기회가 마련되어 있다.
- 강사와 심사관은 모든 관계기관에서 합의한 기준에 따라 자격이 인정되어 있으며, CAA 또는 CAA가 지명한 자에게 자신의 역량을 입증해야 한다.
- 훈련요원을 위한 훈련 프로그램 및 표준화 프로그램을 수립해야 한다.

조종사의 CRM 역량을 평가하기 위해 다른 나라에서도 유사한 지침이 발행되고 있다(예: FAA, 2006a). 위에서 언급한 바와 같이, 행동평가 시스템을 도입할 때 고려해야 할 중요한 사항 중 하나는 정확히 평가할 수 있는 유능한 평가자가 있는지의 여부이다.

평가자 선정 및 훈련

평가자로 훈련받을 수 있는 요원의 기본요건은 다음과 같다.

- 인적요인의 모든 원칙에 대한 열의(예: 안전성 및 효율성을 위한 NTS의 중요성을 충분히 이해)
- 전문분야의 지식
- 인적요인 또는 NTS 관계분야의 공식적인 훈련(예: CRM)

평가자에 대한 이러한 요건들을 경시해서는 안 된다. '간부급 훈련기장이나 시뮬레이터 강사의 선행훈련 없이 CRM 평가를 도입하는 항공사는 그 과정이 무계획적이고 신뢰할 수 없음이 분명하다'(MacLeod, 2005: p.157). 행동평가 시스템이 믿을 수 없이 단순해 보인다는 것은 위험한 것이다. 정확한 관찰과 평가를 하고, 평가대상자에게 건설적인 피드백을 하려면 상당한 역량이 필요하다. Klampfer et al.(2001)은 다음과 같은 행동평가와 피드백 훈련과정을 권장한다.

- 최소 2일~5일간의 연속 훈련(수강자의 경험에 따라 변동)

- 이상적인 그룹규모는 8~12명
- 평가시스템 이용 후, 반나절 정도 후속훈련(예: 회의형식이나 전화에 의한 피드백)

평가자를 위한 훈련은 다음을 제공해야 한다.

- 평가시스템의 사용을 위한 목표(예: 공식 평가, 역량향상 피드백, 조직적 감사)를 명확하게 한다.
- 평가시스템의 설계(구조)를 설명하여, 내용 및 사용 지침을 지도한다.
- 평가 편견의 주된 발생원인(예: 후광 효과(Halo effect), 신근성 효과(Recency effect), 초두 효과(Primacy effect); 사례 11.3 참조)과, 이러한 영향을 최소화하기 위한 기법을 검토한다.
- 평가자 간 신뢰성의 개념, 그것을 극대화하기 위한 방법을 제시한다.
- 비디오 사례를 보여주고, 평가자들의 그룹 토론 및 실습으로, 평가척도의 각 평점 의미나 상황의 복잡성에 따른 다른 이미지를 부각시키고, 명확하게 이해시킨다.
- 다양한 사례를 들어 실용적인 훈련을 제공한다.
- 평가자 간 신뢰성 평가점수를 사용하고, 시행과 결과에 대한 반복적인 피드백으로, 평점의 교정을 포함한다.
- 평가 대상자에게 적절한 토론과 설명 역량을 가르친다.
- 평가자 능력에 대한 공식평가로 마무리한다.

대표적인 훈련과정은 기본 이론, 비디오테이프를 이용한 관찰 및 평가실습, 훈련생들을 소그룹으로 나누어 역할연기, 그리고 현장 또는 시뮬레이터에서 강사가 관찰한 평가 세션을 다룰 수 있다. 평가자 훈련의 목적은 "관찰정확도"(즉 행동정보를 올바르게 식별 및 기록) 및 "평가정확도"(즉 관찰한 특정 행동에 대해 올바른 평가(척도를 기준으로)부여)를 향상시키는 것이다. 관찰정확도의 향상에 대하여 Baker et al. (2001)은 행동의 발견, 기억 및 기록 등을 다루는 행동관찰훈련(BOT: Behavioural Observation Training)이 가장 유효하다고 제안한다. 이 훈련은 평가자가 관찰 중에 어떻게 메모하는지 훈련하고, 메모는 관찰된 실제 행동에 한정시켜, 조기에 평가하는 것을 제한하는 방법이 포함될 수 있다. 훈련에서 다루는 중요한 문제점은 관찰에 대한 체계적인 오류가 포함되어 있어서 사전지식이나 단일정보 출처에 대한 과도한 의존성으로 인한 악영향을 예방할 수 있다.

평가정확도를 높이기 위해서는 평가자오류훈련(RET: Rater Error Training)을 사용할 수 있다. 이것은 평가자들이 오류의 위험에 대한 인식을 높임으로써 오류를 최소화하려는 목적으로, 행동평가에 오류의 공통적인 원인을 파악하도록 설계되었다. 가장 일반적인 평가 오류는 우리가 부분적으로 정보를 인식하고 기억하는 메카니즘으로부터, 또는 우리 자신의 편견을 인식하는 능력부족이나, 행동을 구별하고 판단하는 능력부족에 기인한다(사례 11.3 참조). MacLeod(2005)는 조종사의 CRM 역량 측정법에 관하여 논의하면서, 현장에서 평가자 자신의 개인적 기준이나, 또는 좋거나 나쁜 행동이 형성되는 것에 대해 의식할 필요가 있다고 언급한다. 인간이 서로를 판단할 때 발생할 수 있는 오류에 대한 보다 광범위한 토론은 Cook and Cripps(2005)를 참조 바란다.

사례 11.3 | 일반적인 평가 오류

후광 효과(Halo effect) : 특정한 장점이 과도하게 강조되어, 다른 요소의 평가도 향상한다.
악마의 뿔 효과(Horns effect) : 특정한 단점이 과도하게 강조되어, 다른 요소의 평가도 감소한다.
중심화 경향(Central tendency) : 평가가 척도의 중심부근에 집중하는 경향.
관대화 경향(Leniency tendency) : 긍정적인(높은) 평가를 하는 경향.
심각화 경향(Severity tendency) : 부정적인(낮은) 평가를 하는 경향.
초두 효과(Primacy effect) : 최초 관찰된 행동을 강하게/더 좋게 기억한다.
신근성 효과(Recency effect) : 최후 관찰된 행동을 강하게/더 좋게 기억한다.

또한 훈련자료에는 충실한 참고 설명과 함께 해당 행동평가시스템의 배경정보를 서술할 필요가 있다.

평가 난이도

평가자에게 어려움을 주는 상황은 다수 있으며, 훈련 프로그램에서 이러한 상황을 설명하고 실습하며 논의해야 한다. 첫 번째 문제로서, 특정 역량의 수행수준은 관찰된 시나리오나 과제가 진행되는 동안 변화할 수 있다. 과제마다 다른 측면에 대한 평가를 제각각 하는 것이 아니라, 전체적인 판단을 하여야 할 때, 종합적인 평가는 당연히 행동자체의 좋고 나쁜 균형과 그 중요성에 따라 달라질 것이다. 평가를 결정할 때 안전에 대한 영향 정도는 가장 중요한 것으로 간주하여야 한다. 두 번째 문제는 앞에서 언급한 바와 같이, 다른 사람들의 행동을 포함하는 배경상황의 영향이다. 예를 들어, 후배 팀 구성원들은 사실상 지배적인 선배들에게 일정 한도까지의 다른 의견만 주장할 수 있거나, 비정상적으로 높은 수준의 산만함으로 인하여 작업에 집중하는 것을 방해받을 수 있다. 이러한 상황적 영향은 수행을 평가할 때 고려되어야 하며, 평가와 더불어 기록되어야 한다. 동일한 문제가 기술적 수행의 평가에서도 적용되어, 변동요소와 배경상황은 동일하게 큰문제가 된다.

평가자 훈련을 위한 시나리오 녹화

사례를 보여주고 평가의 실습에 사용할 수 있는 시나리오의 비디오녹화를 항상 찾기 쉬운 것은 아니다. 때로는 연구팀이나 동일한 업무분야의 다른 조직에서 얻을 수도 있다. 일반적으로 조직은 자체적인 사내 시나리오를 촬영하는 것이 바람직하지만, 소규모 기업에서는 특히 시뮬레이터 시설이 없는 경우 비용이 엄두도 못 낼만큼 엄청나게 들 수 있다. 각종 시나리오의 비디오는 전문적인 음향 및 영상의 품질이 요구된다. 비디오는 시스템의 구성요소와 관련하여 다양한 수준의 수행을 입증하고 다양한 행동표준을 제시해야 한다. 훈련용 영상시나리오는 다양한 수행 환경과 몇 가지 다른 단계의 복잡성을 예시할 수 있도록 구성되어야 한다. 일부의 행동이 모호한(결국, 해석의 여지가 있는) 시나리오와, 동일한 시나리오에서 연기자가 좋은 수행과 나쁜 수행을 보여주는 상황을 포함하는 것이 중요하다. 예를 들어, 연기자는 다른 팀 구성원의 실수에 매우 엄격하게 대응하지만, 그 다음의 오류부터 복구단계에서는 매우 분명하고 지원적인 태도로 팀을 이끈다. 시나리오는 여러 가지 직무수행시간(예: 2분짜리 특정 행동이나, 전체의 비행시간 또는 외과수술 과정까지)을 묘사할 수 있다. 훈련 평가자가 더욱 능숙해짐에 따라 영상시간도 길게 할 수가 있다.

시나리오의 주역을 맡는 연기자들은 그 역할에 매우 경험이 많아야 하고 이를 위해 실제 배우를 쓰는 경우는 거의 없다. 우리가 개발에 참여했던(조종사, 마취과 의사 및 외과 의사를 위한) 평가시스템의 경우, 평가자들을 위한 훈련 비디오는 모두 숙련된 전문가가 주요한 부분을 연기하면서 시뮬레이터에서 제작되었다. 실무자들은 자신의 언어를 사용하는 것이 대본을 전체적으로 읽는 것보다 훨씬 쉽기 때문에, 시나리오 원고는 대략적으로 작성되었다. 그들만의 일상적인 전문용어로 말할 수 있고 사회적 대화가 정확하기 때문에 해당분야의 현실적인 수준을 높일 수 있다. 요청된 행동을 (특히 나쁜 행동을 연기하는 역할) 실무자들이 훌륭하게 연기하는 것은 놀라운 일이다.

수행보고(강평) 및 촉진 역량(Debriefing and Facilitation skills)

평가자는 평가대상자의 행동을 관찰하고 판단하는 것을 배우는 것 외에도, 평가대상자에게 강평을 하고 피드백을 줄 수 있는 좋은 의사소통 역량을 개발해야 한다. 이러한 역량은 대부분의 사람에게 자연스럽게 생기는 것이 아니며, 따라서 비기술적 역량에 대한 피드백은 기술적 수행을 설명하는 것보다 훨씬 더 민감하게 다루어야 한다. 평가대상자의 수행을 촬영한 비디오를 이용할 수 있다면, 이것은 특정의 평가로 이어지는 행동 예를 나타내기 위해 사용되어야 한다. 녹화 비디오가 없는 경우, 최종적으로 평가점수에 기여한, 특정하게 관찰된 행동 예를, 평가자는 상세히 문서화해야 한다. Dismukes and Smith(2000)는 조종사의 비기술적 역량뿐만 아니라, 기술적 역량에 대해서도 피드백이 가능하도록 설계된 훈련과 평가과목을 활성화하고 수행보고하는데 필요한 역량을 잘 설명한다. 그들은 학습효과를 극대화하기 위해서는 각 개인이나 승무원 중심의 경험이 필요하다고 강조한다(CAA, 2006a, 부록 9, CRM 촉진역량 참조). 항공 심리학자와 조종사 그룹은 새로운 촉진역량 평가도구(FSAT: Facilitation Skills Assessment Tool)를 개발했다(Smith et al., 2007). 이 도구는 도입, 토론, 강사 지침, 총정리 부분으로 광범위하게 분류된 16가지 역량을 측정하며, 촉진자(Facilitators)의 훈련 및 평가를 위해 적용할 수 있다(아래 웹 사이트 참조).

항공분야에서는 운항모의훈련(LOFT: Line Oriented Flight Training)의 일환으로(제10장 참조) 비기술적 역량의 강평이 시행되었다. 의료분야에서는 시뮬레이터의 사용이 증가함에 따라, 강평은 의료 훈련의 중요한 요소로 인식되어 왔다. Rudolph et al.(2006) and Flanagan(출판준비 중)은 강사가 훈련생에게 평가결과를 설명하면서, 훈련생이 상황을 어떻게 해석하였는지, 또한 그들이 취한 행동의 이유를 청취 후 강평 기법에 관해 서술한다.

평가자의 자격인정

평가자가 훈련은 받았지만, 행동평가를 훈련 또는 평가 프로그램의 일환으로 실행하기 전에, 평가자로서의 역량을 확인하는 공식적인 평가를 받아야 한다. 영국 항공분야에서는 조종사의 CRM 역량 시험은 이 역할에 대한 능력이 공식적으로 인정된 CRM 강사/심사위원(CRMIE)에 의해 수행되어야 한다(세부정보는 CAA, 2006b 참조). 평가자는 다음과 관련하여 자격이 있어야 한다.

- 행동평가시스템에 대한 평가자 초기훈련 완료
- 강의실에서의 평가자 훈련 이수 후, 역량과 교정의 공식 평가
- 운용환경(예: 훈련, 시뮬레이터, 작업환경)에서의 교정
- 행동평가시스템의 지속적인 사용을 위한 정기적인 재교정

판정결과의 교정은 평가자 간에 매우 높은 합의가 이루어지고 있으며, 평가자 전원이 회사기준과 규제당국의 표준에 맞게 조정되었는지 보정하는 과정이다. 이것은 여러 평가자에게 같은 수행(대개는 비디오에 의한)을 판정하고, 평가자들의 평점 간 상관관계의 수준을 확인하도록 요청함으로써, 교정이 행하여진다(Holt et al., 2001; Rall and Gaba, 2005).

자기평가·판정

일부 업무환경에서는 한 사람이 단독으로 작업하며(예: 전투기 조종사), 시뮬레이터 또는 작업장 비디오 녹화를 사용하지 않는 한 그들의 행동을 관찰할 기회가 제한적일 수 있다. 이런 경우, 비기술적 역량의 자기평가는 선택사항이며(아래 MOSA 참조), 이러한 평가가 관찰자에 따른 평가와 상관관계가 있다는 증거도 있다(Burdekin, 2004).

훈련목적으로 비기술적 역량평가를 이용하는 경우, 자기평가는 모든 환경에서 유익한 방법이 될 것이다. 즉 훈련생들에게 자신을 평가하도록 하고 강사의 평가등급과 비교하며 논의할 수 있다. 이 훈련은 전문직으로서의 핵심인 자기비판과 자기반성의 역량을 쌓는데 도움이 된다(De Cossart and Fish, 2005).

조직적 문제

조직의 안전관리 시스템의 일부로 수행평가를 시행하는 경우, 취합된 데이터는 새

로운 문제를 진단하고 훈련의 유효성과 다른 안전대책을 추정하는데 사용할 수 있다. 모든 종류의 수행에 대한 감시시스템에는 관련된 조직적·법적·인적 자원배분 문제가 분명 있다. 여기에는 평가방법의 유효성, 평가자의 적격성, 평가대상자의 준비, 데이터 보호, 불합격 결과 등이 포함된다. 이러한 문제에 대한 논의는 이번 장의 범위를 벗어나지만, 도움이 될 만한 논평은 Fletcher(2004)가 언급하고 있다. 항공운항사업과 조종사 면허는 모두 법적규제의 오래된 역사 때문인지 진행된 절차와 정책이 매우 잘 발달되어 있다(Birnbach and Longridge, 1993; CAA, 2006a; FAA, 2006a). 그러나 모든 업종에 있어 비기술적 역량의 평가를 도입할 때는 특히 역량 보증프로그램의 일부인 경우 적절한 주의를 기울여야 한다. 새로운 평가관행을 성공적으로 시행하기 위해서는 전문기관 및 노조와 같은 주요 이해관계자들과의 교섭이 필요하다.

11.7 실무에서의 비기술적 역량평가

마지막으로, 항공, 의료 및 원자력산업의 각 분야에서 행동평가 시스템이 어떻게 이용되고 있는지에 대해 논의한다.

항공업계

앞서 논의한 바와 같이 항공업계는 안전성 향상의 핵심요소로서 승무원의 비기술적 역량훈련에 상당한 중점을 두었다. 세계 각국의 항공규제당국은 일반적으로 '조직화된 항공시스템 내에서 비행관리를 위해 필요한 인지적 및 대인적 역량'에 대해 조종사들을 교육시키기 위해 고안된 승무원자원관리(CRM)과정(제10장 참조)을 운용하고 있다(CAA, 2006a: p.1). 결과적으로, 항공업계는 비기술적 역량평가 분야에 있어서 선두를 달리고 있다. 미국에서는 연방항공국(FAA)이 1990년대에 AQP(Advanced Qualification Program) 를 도입하였다(FAA, 2006a). 이로써 항공사들이 CRM을 위한 자체훈련 프로그램을 개발할 수 있게 해주었지만, 한편으로는 훈련프로그램의 평가상황을 규제당국에 입증해야 했다. 더 최근에는 영국에서 의무규정이 생겼으며(CAA, 2006a; 2006b), 이는 모든 수준의 훈련 및 승무원의 수행 점검에 비기술적(CRM) 역량평가를 공식적으로 통합할 것을 요구한다. 이것은 이전의 유럽 전역에서 시작된 법

령제정이나 연구개발을 바탕으로 한다. 유럽연합합동항공국(JAA)[2]은 CRM 역량의 훈련과 평가를 요구한다. 승무원은 당국의 허가를 받고 운항규정에 기재된 기준에 따라 CRM 역량이 평가되어야 한다. 이러한 평가의 목적은 승무원 전체 또는 각 개별적으로도 피드백을 제공하고 재훈련이 필요한지 판정하며, CRM 훈련시스템을 개선하는데 이용한다(JAA, 2001: 1.965).

i) **조종사** : NOTECHS 이 시스템은 유럽 전역에서 조종사의 비기술적 역량 평가의 포괄적인 방법을 달성하고자 하는 JAA의 희망에서 시작되었다. 그들은 문화적, 기업적 차이를 최소화하고, 항공사 강사와 심사관의 실용성과 효율성을 극대화하려는 의도가 있었다. 그 결과, 1996년 NOTECHS이라 불리는 프로젝트를 수행하기 위한 연구프로젝트가 후원을 받았다. 본 장의 부록은 NOTECHS 분류체계의 개발 개요를 소개한다. 보다 포괄적 내용은 Flin et al.(2003) or Van Avermaete and Kruijsen(1998)을 참조 바란다.

CRM 역량평가에 대한 JAA 요구사항에 따라, 현재 많은 유럽항공사들은 KLM 항공의 SHAPE system, Lufthansa항공의 '최적 수행을 위한 기본 역량(Basic Competence for Optimum Performance)'(Burger et al., 2002), 그리고 Alitalia항공의 PENTAPERF system(Polo, 2002)과 같은 자체 시스템을 개발하였다. 이러한 시스템은 NOTECHS 체계를 기초로 자체의 독자 시스템을 설계한 것이다(Hörmann et al., 2002). 몇몇 다른 유럽항공사들(예: Finnair, Eastern Airways, Iberia)과 그 외에도(예: Gulf Air) 역량평가 방법을 보완하기 위해 NOTECHS 또는 자체의 독자적인 파생형 버전을 사용했다. NOTECHS 시스템은 조종사에게 제공되는 CRM 훈련이 조종실에서 전체 승무원 수행의 효율성을 실제로 향상시키는지 확인할 수 있는 한 가지 방법이라고 제안한다(Goeters, 2002). 스위스의 한 연구 프로젝트에서는 Airbus-320 시뮬레이터에서 촬영된, 46명의 승무원에 의해 조종사 행동을 평가하기 위해, NOTECHS 및 LOSA 시스템에서 제3자에 대한 독립적인 판단을 이용하였다(Hausler et al., 2004). 그들은 'NOTECHS와 LOSA가 평가한 승무원의 종합적인 수행에 관한 샘플사례에 대해 매우 유사한 견해를 제공한다'는 결론을 내렸다(Klampfer et al., 2003: p. 133). Thomas(2004)는 동남아시

---

2) JAR OPS(2001) 1.940, 1.945, 1.955, and 1.965.

아 항공사(Boeing－737 및 Airbus－330)에서 323편의 비행구간을 운항하는 승무원에 대한 관찰·연구를 실시했다. 그는 승무원들의 비기술적 수행역량을 LOSA와 NOTECHS를 기반으로 한 행동평가를 이용하여, 그것을 오류관리 및 위협관리의 관점에서 비교했다.

ii) **조종사 : LOSA** 노선운항안전관찰(LOSA－Line Oriented Safety Audit) 시스템은 중립적인 전문 관찰자가 조종실에 앉아 정기적으로 비행하는 조종사들의 행동을 지켜본다. 이것은 주로 팀 수준의 행동 관찰을 기록한다(표 11.1 참조). 일반적으로 평가의 결과보고가 피드백 되는 것은 소속 승무원이 관찰대상으로 된 해당조직의 항공 기종수준에서 이루어진다. LOSA 관찰자는 항공기 운항절차와 운용에 정통해야 하며, 조종사의 존중을 받아야 하고, 승무원의 업무에 방해를 받거나 간섭하지 않고 데이터를 수집할 수 있어야 한다. 그들은 통상 조작의 복합적인 측면을 포착할 수 있는 체계화된 관찰양식을 사용한다. 관측을 체계화하고 효율화하기 위한 구분(카테고리) 및 분류코드가 사용되지만, 전체의 배경상황을 파악하기 위해 문장 서술란도 양식에 포함된다. LOSA 관찰양식은 위협 및 오류관리모델(TEM)(Helmreich et al., 2003; Merritt and Klinect, 2006)을 기초로 하며, 여기에서 사용되는 오류의 정의는 의사소통 오류, 절차상의 오류(무엇을 해야 할지 알지만, 잘못하는 것), 기량적 오류(무엇을 해야 할지 모르는 것), 의사결정 오류, 정규방침 또는 절차위반 등을 의미한다.

LOSA의 독특한 특징은 상황적 요인(위협)을 고려한다는 것이다. 위협은 오류발생을 촉진할 수 있는 상황으로 정의된다. 정의된 12가지 위협요인은 운항정책 및 비행표준과 절차, 업무 준비, 직무 요인, 개인 요인, 역량 및 훈련, 의사소통, 팀웍, 감독, 조직문화 및 안전문화, 작업환경, 시스템·기기 접속, 도구 및 설비 등을 의미한다. 관찰자들은 승무원들이 안전을 유지하기 위해 위협과 오류상황을 어떻게 대처하는지를 기록한다. 안전성 수행의 강점과 약점은 조종사와의 체계적인 인터뷰뿐만 아니라 LOSA를 이용하여 수집되지만, 이 인터뷰는 안전성 향상을 위한 제안을 얻기 위해 행해진다. 기밀 데이터의 수집과 관찰된 조종사가 불이익을 받지 않도록 보증하는 것이 이 시스템의 핵심이다. LOSA를 시행하는 목적은 항공사가 운항과 관련하여 설계한 방호벽과 그 취약성에 대한 데이터를 수집하는 것이다. LOSA는 조종사의 대처능력, 절차의 유용성, 안전성에 대해 새로운 위협을 발견하는 것에 따라, 또한 공통성이 있는 오류 군(Clusters)을 특정하는 것에 따라 다른 안전성 데이터의 수집수단을 보완할 수 있다. 더 자세한 정보는 Helmreich et al.(2003), Merritt and Klinect(2006), 또는 FAA(2006b)를 참조 바란다.

iii) **전투기 조종사 : MOSA** 군용항공에서도 비기술적 역량이 중요한 것으로 인식되어 조종사는 CRM 과정으로 훈련받는다. 그러나 군 조종사들은 주로 단일좌석 항공기를 조종하고 있어서 관찰자가 조종실에 앉아서 조종사의 행동을 관찰하는 것은 불가능하다. 오스트레일리아 공군과 공동연구에 따라 Burdekin(2004)은 LOSA와 NOTECHS를 모두 검토했으나 이 유형의 작전에는 적합하지 않다고 결론 내렸다. 그래서 그녀는 비기술적 역량을 스스로 평가하는 새로운 방법인 MOSA(Mission Operations Safety Audits)를 개발했다. F/A−18 시뮬레이터를 사용한 연구에서 조종사의 자기평가는 관찰자의 판정평가와 연관이 있는 것으로 밝혀졌다.

iv) **항공관제사 : BOOM** 항공업계에 있어 비기술적 역량의 중요성은 조종사에게만 제한되지 않는다. 항공관제사는 안전한 항공 교통관리를 유지하기 위해 높은 수준의 인지역량 및 사회적 역량이 필요하다. 유럽에서는 그들의 CRM 훈련은 일반적으로 TRM(Team Resource Management)이라고 한다. 이러한 역량은 행동지향관찰법(Behavior Oriented Observation Method: BOOM)(www.eurocontrol.int/humanfactors)으로 알려진 행동평가 시스템으로 평가될 수 있다. 이것은 관찰자가 행동을 기록하고, 비기술적 역량을 식별하며 상황의 배경을 파악하는 것으로부터, 불이익을 처분하지 않는 평가방법이다. 이러한 관찰결과는 평가를 받은 관제관과 논의되지만, 여기서 관제관은 상황설명을 하고, 평가자는 피드백을 제공할 수 있다.

의료업계

1990년대 후반, 의료 상 오류에 따른 부정적 상황 발생률이 증가하는 것에 대한 우려가 커지자(Vincent, 2006), 의료 전문가들은 고위험 산업에서 사용 중인 안전관리기법을 검토하기 시작했다. 항공분야에서 안전성을 향상하기 위해 채택한 행동기반의 CRM 접근법을 바탕으로, 급성의료 전문분야는 특히 안전하고 효과적인 수행에 기여하는 비기술적 역량을 식별하기 시작하여, 이를 훈련하고 평가할 수 있게 되었다.

i) **마취과 의사** 마취과는 이러한 발전의 선두에 있었으며, Gaba와 동료들은 ACRM (Anaesthesia Crisis Resource Management)과정(Howard et al., 1992; Gaba et al., 1994)과 마취전문가의 행동평가시스템(Gaba et al., 1998; Rall and Gaba, 2005)을 개발하였다. 이는 항공업계에서 나온 텍사스 대학의 행동지표(UT마커, 표 11.1 참조)를 기반으로 하며, 시뮬레이터에서 복잡하고 중대한 사태에 대처한 14개 조의 마취팀을 평가하는데 사용되었다. 개별팀원에 대한 평가는 기록하지 않았지만, '마취과 주임담당의사의 총합적인 비기술적 수행'은 평가하였다. 시나리오에 대한 팀 행동은 다양성이 있어서, 5명의 평가자 간 최종 합의에 이르는데 어려움을 지적했지만, 평가자들의 판단 경험이 비교적 미숙했던 점은 하나의 요인이 될 수 있었다.

Scotland에서는 1999년, 수술실에서 일하는 마취과 의사 개인의 행동을 관찰하면서 비기술적 역량의 분류와 그것들을 평가하는 방법을 개발하기 위해 연구 프로젝트에 착수했다. ANTS(Anaesthetists' Non-Technical Skills)시스템도 NOTECHS에 사용된 것과 유사한 설계와 평가과정을 이용하여 개발하였다. 이 내용은 마취과 의사의 행동에 관한 연구문헌, 관찰, 인터뷰, 조사 및 사고분석에서 도출되었다(Fletcher et al., 2002, 2004; Flin et al., 2003). 기본 체계는 그림 11.1과 같다. 평가방법은 시스템에 대한 기초훈련을 받은 50명의 마취과 컨설턴트의사를 대상으로 실시되었으며 이후 8개의 비디오에 녹화된 시나리오를 보고 컨설턴트의사의 비기술적 역량에 대해 평가를 하도록 요청했다. 평가자의 정확도 수준은 허용가능한 수준이었으며, 평가자 간 신뢰도(50명의 평가자 전원)가 허용 가능한 수준에 근접하는 것으로 확인되었다. 평가자가 이전에 ANTS 시스템에서 행동평가 및 최소훈련(4시간) 경험이 없었던 것을 고려할 때, 이러한 결과는 유용성 시험으로 충분히 진행시킬 수 있다는 결론을 내렸다(Fletcher et al., 2003). 컨설턴트와 연수의에 따른 유용성과 수용 가능성에 대한 첫 번째 측정은 조짐이 좋았다(Patey et al., 2005). ANTS 시스템은 현재 영국의 마취과 Royal College를 통해 몇 가지 예심을 거쳤으며(Patey, 2007), Australia/New Zealand College도 곧 평가를 시행할 예정이다. 이 시스템은 독일어와 히브리어로 번역되었으며, Canada(Yee et al., 2005)와 Denmark(Rosenstock et al., 2006)에서는 마취과 의사들의 시뮬레이터 훈련평가에 사용되었다. Rall and Gaba(2005, p. 3088)는 ANTS 시스템에 대해 논의하고, '전반적으로, ANTS 시스템은 마취분야에서의 비기술적 역량의 평가를 향상하기 위한 유용한 도구로 생각되며, 현재의 항공분야(NOTECHS)를 원형으로 면밀한 검토를 통해 도출된 것은 분야 간 비교를 가능하게 할 수 있다'고 결론 내렸다. 또한 판단기준의 한계치, 변동하는 수행의 평가 및 평가자 간 신뢰도 문제를 포함하여, 기술적 및 비기술적 수행평가에 내재하는 일반적인 문제 일부를 개략적으로 설명한다.

ANTS 시스템을 도입하는 과정에서 면허취득 이후 공식적인 적격성판정이 행해지지 않는 전문직종에 새로운 유형의 평가시스템을 도입하는 어려움이 드러났다. 훈련생은 별도로 하고, 직장 작업환경에서 평가를 받는 개념이 새로울 뿐만 아니라, 기본적인 심리학 용어가 대부분의 마취과 의사들에게 익숙하지 않다는 것을 평가자들은 훈련초기에 바로 알아차렸다. 예를 들어, '상황인식'이라는 용어는 알려지지 않았지만, 그래도 주의력과 경계심을 유지해야 할 필요성에 대한 개념적 이해가 충분했다. 따라서 평가대상자와 평가자 모두에게 비기술적 역량에 대한 기본적인 인식을 훈련하는 과정이 실제로는 있었다. 항공업계에서는 조종사들은 훈련 초기단계에서부터 인지적 및 신체적 수행에 영향을 미치는 심리적, 생리학적 요소들에 대한 훈련을 받고 검사도 받는다(인간의 특성 및 한계 과정). 그 밖에도 그들은 정기적으로 항공사가 제공하는 CRM 훈련을 한다. 결과적으로 그들은 수행에 영향을 미치는 인지적이고 사회적인 역량에 매우 익숙하다. 따라서 의료분야의 입문과정에서도 비기술적 역량의 개념을 도입하고, 그것이 환자안전에 미치는 중요성에 대하여 설명할 필요가 있는 것으로 보인다.

ii) **외과의사 및 외과 의료팀** 외과의사 및 수술실 팀원의 행동을 기록한 첫 번째 연구가 스위스에서 수행되었다. Helmreich and Schaeffer(1994)는 '안전하고 효율적인 기능을 위해 필수적인, 그들의 참여여부와 질적으로 평가할 수 있는 특정행동'을 9영역의 카테고리를 이용하여 수술을 관찰했다. 이들의 목표는 '숙련된 관찰자가 신뢰를 갖고 이용할 수 있는 평가방법론을 개발하는 것'이었다(p. 242).

그들은 관찰에 이 행동분류를 이용하여, 부적절한 팀웍, 준비부족, 브리핑, 의사소통 및 작업부하 분배 등과 관련된 많은 오류 사례를 확인했다. 저자들에 따르면, 이 결과는 훈련이나 조직적 변화와 같은 개입(Interventions)에 의한 변화를 유도하는 정도의 정량적 데이터베이스를 제공하지는 않았다. 그래서 Helmreich, Schaeffer and Sexton(1995)은 수술실 점검표(ORCL: Operating Room Checklist)를 디자인했으며, 이는 수술 팀의 비기술적 수행을 평가하는데 사용될 수 있는 평가척도와 유사한 카테고리의 행동목록으로 구성되어 있다. ORCL은 항공분야에 사용되는 Texas대학의 행동지표시스템(표 11.1)에서 파생된 것으로, 개별 외과의사의 비기술적 역량을 평가하기보다 팀 행동을 측정하기 위해 디자인되었다. 영국에서 소아심장 외과의사의 행동을 관찰하고 평가한 최초의 조사연구 중 하나인, Carthey et al.(2003)은 '소아외과 수술의 우수성을 뒷받침하는 개인요소, 팀요소 및 조직요소의 체계'를 개발했다. '기술적' 역량과 더불어, 7가지의 비기술적 역량이 개별적(외과의사) 수준의 분류체계로 평가되었다. 리더십, 의사소통, 협동 등이 팀 차원의 행동지표로 선정되었다. 이 도구는 그 후 더 이상 개발되지 않았지만, 저자들은 '항공승무원의 수행을 설명하기 위해 개발된 행동지표는 심장외과 수술에 적용되어 수술 팀 간 탁월한 과정의 차이를 설명한다'고 결론 지었다(p. 422).

Scotland의 최근 프로젝트에서 개별 외과의사의 수술실에서 비기술적 역량을 위한 분류체계와 행동평가 시스템을 만들었다(Yule et al., 2006b). 마취과 의사들을 위한 ANTS와 마찬가지로, 이것은 외과전문의의 도움을 받아 문헌연구, 관찰, 인터뷰 및 조사데이터를 기초하여 작성되었다(Yule et al., 2006a; Flin et al., 2006). NOTSS 시스템은 42명의 컨설턴트 외과의가 몇 가지 기초훈련을 받은 후, 비디오에 나오는 컨설턴트 외과의사의 행동을 평가하는 실증연구를 테스트하였다. 평점의 정확도는 허용범위 이내였고, 몇 가지 역량에 대해서는 평가자 간 신뢰도가 다른 역량에 비해 좋았지만, 외과의사들은 평가 경험이 없었으며 평가기준의 보정학습도 경험이 없었다(Yule et al., 2007b). 초기의 유용성 테스트는 외과의사가 부하인 훈련생들의 비기술적 역량 평가를 시행하였다. 또한 NTS 세트는 항공업계에 있어서 중대사고나 '문제 비행' 같은 특정한 상황에서의 관련자들 행동을 설명하고 검토하는 데도 사용할 수 있다(Klair, 2000). 이러한 목적으로 외과 연수의를 위해 NOTSS 시스템을 이용한 예를 사례 11.4에 제시한다.

사례 11.4 | 수술 중 유해상황 발생건의 강평을 위해 NOTSS시스템을 이용한 사례보고(복강경 충수절제술)

'수술합병증 이후, 나는 최근에 NOTSS 체계를 근거로 한 수술 에피소드의 구조적 분석 및 검토를 할 기회를 부여받았다. 처음에는 복강경 수술로 시작되어, 환자의 주치의는 없었으나 다른 지도의사가 수술에 입회한 충수절제술이었다. 맹장은 결장 뒤에서 정상 위치보다 높은 곳에서 발견되어 절차가 복잡해졌다. 계속할 수 없다고 느낀 뒤에도, 나는 선배의사의 지시에 따라 더 절개했지만 여전히 진전을 이루지 못했다. 결장벽에 의료성 손상이 발생하였고, 선배는 손을 씻고 수술을 교대했다. 수술 중 합병증을 인식하였고, 개복수술로 전환하여 적절한 대응이 취해졌다. 환자는 문제없이 회복하였고 입원기간의 연장 없이 퇴원했다.

수술 수일 후 환자가 퇴원한 후, 지도의사에 의해 NOTSS를 기반으로 피드백이 행해졌다. 이전에 경험한 다양한 피드백 상황이 좋지만은 않은 기억에서 나는 그 과정에 대한 방어적인 접근법을 채택하였다. 내 지도의사는 사려 깊게도, 험한 분위기의 자신의 사무실이나 내가 공동으로 쓰고 있어서 친숙하지 않은 사무실을 택하기보다, 회의를 진행하기 편하고 조용하게 앉을 수 있는 의자가 있는 중립적인 장소를 택했다.

수술과정은 수술실에서보다는 수술 전 준비과정에서 시작되는데, NOTSS의 각 카테고리, 즉 상황인식, 의사결정, 의사소통, 팀워 및 리더십에 관하여 2명이 분석했다. NOTSS 체계를 활용하여, 우리는 수술합병증을 정성적, 형성적 및 건설적으로 분석했다. 이 도구의 사용법대로, 모든 요소에 대하여 정량적 평가를 시도했다면 아마도 본래의 취지에 반하여, 실제로 우리가 실시한 논의는 어렵게 되었을 수도 있다. 상황인식에 대한 논의 결과, 이 영역의 수행은 적절하여 수술 전이나 수술 중에도, 기술적인 이유로 간단한 충수절제술은 아니라는 인식이 있었다. 전반적인 기술적 접근도 적절하여, 수술은 주간 시간에 고위 마취과 의사와 컨설턴트 외과의사의 입회, 충분한 장비이용 및 환자의 수술 전 준비도 적절히 행해졌다. 상황인식은 합병증의 발생 후에도 충분하였고, 그 후의 상태 예측도 적절하게 취해졌다. 의사결정에 관하여, 나는 절개가 더 이상 진전이 없다고 느꼈을 때 개복수술로 전환한다고 생각했다. 그러나 복강경 수술을 계속해야 한다고 제안한 선배의사가 있었기 때문에, 나는 복강경 수술이 환자에게 이득이 될 것으로 인식하고, 집도의의 역할을 동료와 교대하기로 결정했다. 우리는 적절한 의사결정을 하고 있었지만 의사결정의 타이밍은 의사소통과 리더십의 영향을 받는다고 결론 내렸다. 나는 지도의사의 지시에 따라 절개가 진행되었을 때, 개복수술로 전환되어야 한다고 생각했지만 정보교환이 부족했다. 해부학적 위치관계에 대해 보다 정확한 이해 없이 계속되는 절개의 명백한 위험에 대한 이해를 공유하지 않았다. 복강경 수술이 계속되는 것에 대한 나의 우려를 표현하는데 있어서 부족함은 특히 표준을 설정하고 유지하는 요소에 관한 리더십의 문제를 나타냈다. 의사소통, 팀워, 리더십에 관한 우리의 분석은 개복수술로의 전환, 손상부위의 복구, 수술 완료까지의 협조된 팀 활동 같은 만족스러운 측면도 검토하였다.

따라서 피드백 과정은 상황, 인과관계, 프로세스 분석에 관하여, 내가 상상하고 있던 표면적인 기술적 평가보다 훨씬 더 깊게 도달했다. 실제로 문제의 인과관계를 밝히기 위해 상세히 추적해 보면 기술적인 미숙이기보다는 의사소통과 리더십 문제의 영향이라는 것을 알 수 있었다. 결과는 나의 일반적인 수술 접근법에 더 넓은 적용범위를 가진 프로세스를 응용하고, 긍정적이고 건설적인 학습가치를 추출하여 나의 비기술적 역량개발을 향상시키는 것이었다.'

From Yule et al.(2007a)

NOTSS 시스템에 대한 자세한 내용은 www.abdn.ac.uk/iprc/notss을 참조 바란다. 마취과 의사(위 참조)와 마찬가지로, NOTSS의 개발과정에서 외과 의사들이 비기술적 역량에 대해 논의할 때 공통 언어를 공유하지 않았으며, 개인이나 팀 수행에 영향을 미치는 심리적인 요인에 대한 지식이 없음을 발견했다. 그 결과, 안전성 및 비기술적 역량에 대한 새로운 입문과정인 Safer Operative Surgery이 에딘버러의 왕립외과학회에서 행해지고 있다(Flin et al., 2007). 이 훈련모델은 아래 그림 11.3에 나와 있다.

비슷한 과정인, SLIPS(Safety and Leadership for Iinterventional Procedures and Surgery)을, 잉글랜드의 왕립외과학회에서 가르친다.

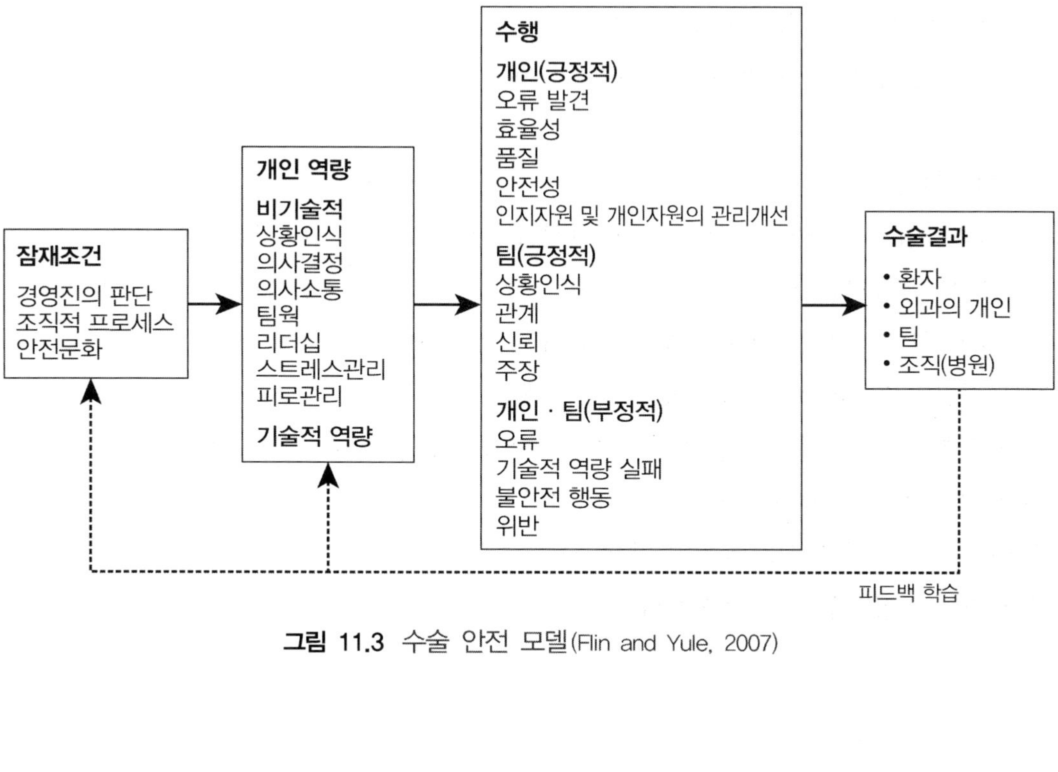

그림 11.3 수술 안전 모델(Flin and Yule, 2007)

NOTSS가 발표되기 전, 외과의사들의 행동을 연구하기 위해 2가지 연구에서 NOTECHS를 사용했다(Catchpole et al., 2007; Moorthy et al., 2005). 또한 수술 팀 전체 또는 부속팀(예: 간호사)을 평가하기 위해 개발 중인 평가시스템도 있다. 관찰에 의한 외과팀 평가(Observational Team Assessment for Surgery)는 5개 조 팀 수준의 역량을 측정하며, 팀워 모델이나 관찰 및 ANTS 시스템으로부터 파생된 행동모델을 기반으로 한다(Healey et al., 2004; Undre et al., 2006; www.csru.org.uk 참조).

iii) **기타 의료분야** 외상팀의 수행을 검증한 연구에서 일부 연구는 행동평가기법을 사용한 것이 있다(Mackenzie and Xiao, 2007; Marsch et al., 2004). 지금까지, 이러한 업적의 대부분은 실무자들이 사용할 행동평가 시스템을 개발하기보다는 연구목적을 위한 것이었다. 또한 시스템은 일반적으로 개별 전문가보다는 팀을 평가하도록 디자인되었다. Thomas et al.(2004)은 Texas 대학/LOSA 행동지표를 기반으로 신생아 소생에 관한 팀 평가시스템을 고안하고, 그 시스템 내용을 다른 여러 의료기관의 팀워 평가척도와 비교했다. 그들은 이 척도를 제왕절개로 태어난 신생아를 치료하는 132개의 신생아 소생팀의 팀 행동을 평가하는 데 사용했다(Thomas et al., 2006). 그들은 관찰된 행동은 세 가지의 기본적인 팀워 구성요소(의사소통, 관리, 리더십)를 반영하고 있으며, 이러한 팀 행동은 팀 치료의 질에 대한 평가(소생 가이드라인)와 관련이 있다는 것을 발견했다.

원자력산업

원자력산업 역시 비기술적 역량에 관심을 갖게 되었고, 그들은 특히 원자로 및 기타 설비를 운용하는 제어실 직원을 위한 직원 자원관리훈련을 개발하였다. 원자력 회사는 확고한 기능보증 프로그램을 보유하고 있으며, 일부 국가에서는 규제당국이 제어실 직원의 자격면허와 정기적인 갱신시험을 요구하고 있다. 이러한 평가에는 기술적 역량뿐 아니라 비기술적 역량에 대한 평가를 포함할 수 있다. 예를 들어, British Energy는 제어실 시뮬레이터에서 운전원의 일상 및 비상시에 있어서 시나리오 수행을 테스트하는 평가 시스템을 개발했다. 이 방법은 기술적 및 비기술적 역량(예: 상황인식, 의사결정, 협력)을 측정한다.

11.8 결론

비기술적 역량을 평가하는 행동평가 시스템은 훈련, 수행 및 안전문화의 이해, 안전성 및 인적요인에 대한 연구의 가치를 입증했다. 고위험 환경뿐만 아니라 다른 작업환경에서도 안전과 품질에 기여할 수 있다. 각종 평가시스템은 원래 정적인 것은 아니며 변화하는 업무환경(예: 설비 개발) 및 그 영역의 인적요인 문제에 대한 이해 증진에 따라 지속적으로 발전 또는 개선되어야 한다. 다음의 목록(Klampfer et al., 2001)은 모든 것을 망라한 것은 아니지만, 실증적 증거가 부족하거나 불충분한 연구과제나 체계적인 연구가 실시되면 매우 유익할 것으로 예상되는 연구주제를 열거한다.

- 통합적 평가와 상황/사태 단위별 평가, 개인별 평가와 팀별 평가의 득실비교에 대한 실증적 증거 구축
- 직원행동에 영향을 미치는 배경상황의 효과를 정의하고, 이러한 행동지표를 통합하는 계통적인 시스템을 개발하여, 보다 포괄적인 시스템 제공
- 다양한 데이터 수집환경에서 얻은 지표평가의 분포조사(즉, 기술적이며 평가대상자에게 불이익을 주지 않는 전체임무 시뮬레이션(LOFT)을 포함한 훈련, 불이익을 동반하지 않는 시스템 수행의 평가(LOSA), 라인운항 기량 심사와 정기 기량 심사를 포함한 공식평가)
- 사고분석, 특히 대처/복구 전략에 대한 지식을 통합하는 것, 그것을 행동지표로 변환하는 것
- 직무분야와 문화(국가문화, 직업문화, 조직문화)의 벽을 넘어, 행동평가 시스템이나 그 구성요소의 이전(Transfer)을 위한 실질적인 지침 제공

요점

- 비기술적 역량은 일반적으로 (실제 업무 또는 시뮬레이터에서) 직무수행 중 행동평가법을 이용하여 평가한다. 이 평가를 이용하여 기술적 역량의 부족부분을 보완해야 한다.

- 행동평가 시스템은 특정 직업이나 해당 직무 군에 맞게 주의 깊게 개발해야 한다.
- 항공, 교통, 에너지 산업 및 급성(구급) 의료계와 같은 안전이 필수인 직업군을 위한 다양한 행동평가 시스템이 설계되었다.
- 평가자는 적절한 훈련과 자격인정 하에 비기술적 역량을 평가해야 할 필요가 있으며, 그 평가로 인해 새롭게 부가되는 것이 있거나 평가대상자의 불이익으로 연결되는 경우, 특히 주의해야 할 필요가 있다.

resources

ANT S (anaesthetists' non-technical skills) www.abdn.ac.uk/iprc/ants

NOT SS (non-technical skills for surgeons (NOT SS) www.abdn.ac.uk/iprc/notss

University of Aberdeen Industrial Psychology Research Centre www.abdn.ac.uk/iprc

European Aviation Safety Agency www.easa.eu.int

Facilitation Skills Assessment Tool (FSAT) www.ypsilonassociates.com

Line Operations Safety Audit (LO SA) University of Texas Human Factors Aerospace Group www.psy.utexas.edu/psy/helmreich/nasaut.htm

Observational Teamwork Assessment for Surgery (OTA S) Imperial College, London www.csru.org.uk

UK Civil Aviation Authority www.caa.co.uk

US Federal Aviation Administration www.faa.gov

references

AERA (1999) *Standards for Educational and Psychological Testing*. Washington: American Educational Research Association/American Psychological Association.

Aiken, L. (1996) *Rating Scales and Checklists*. Chichester: Wiley.

Andlauer, E. and the JARTEL group (2001) *Joint Aviation Requirements – Translation and Elaboration*. JARTEL Project Report to DG-TREN European Commission. Paris: Sofreavia.

Antersijn, P. and Verhoef, M. (1995) Assessment of non-technical skills: is it possible? In N. McDonald, N. Johnston and R. Fuller (eds.) *Applications of Psychology to the Aviation System*. Aldershot: Avebury.

Baker, D. and Dismukes, K. (2002) Special issue on training instructors to evaluate aircrew performance. *International Journal of Aviation Psychology*, 12, 203-222.

Baker, D., Mulqueen, C. and Dismukes, K. (2001) Training raters to assess resource management skills. In E. Salas, C. Bowers and E. Edens (eds.) *Improving Teamwork in Organizations. Applications of Resource Management Training*. Mahwah, NJ: LEA.

Beaubien, M., Baker, D. and Salvaggio, A. (2004) Improving the construct validity of line operational simulation ratings: Lessons learned from the assessment center. *International Journal of Aviation Psychology*, 14, 1-17.

Birnbach, R. and Longridge, T. (1993) The regulatory perspective. In E. Wiener, B. Kanki and R. Helmreich (eds.) *Cockpit Resource Management*. San Diego: Academic Press.

Boehm-Davis, D., Holt, R. and Seamster, T. (2001) Airline resource management programs. In E. Salas, C. Bowers and E. Edens (eds.) *Improving Teamwork in Organizations. Applications of Resource Management Training*. Mahwah, NJ: LEA.

Burdekin, S. (2004) Mission Operations Safety Audits (MOSA). *Aviation Safety Spotlight*, 3, 21-29.

Burger, K., Neb, H. and Hömann, H. (2002) Basic performance of flight crew - A concept of competence based markers for defining pilots' performance profile. Proceedings of the 25th European Aviation Psychology Conference, Warsaw. Warsaw: Polish Airforce.

CAA (2002) *Flight Crew Training: Cockpit Resource Management (CRM) and Line-Oriented Flight Training (LOFT)*. CAP 720 - Reprint of ICAO Digest 2-217-AN/132 (1989). Gatwick: Civil Aviation Authority.

CAA (2006a) *Crew Resource Management (CRM) Training. Guidance for Flight Crew, CRM Instructors (CRMIs) and CRM Instructor-Examiners (CRMIEs)*. CAP 737. Version 2. Gatwick: Safety Regulation Group, Civil Aviation Authority. Available on www.caa.co.uk

CAA (2006b) *Guidance Notes for Accreditation Standards for CRM Instructors and CRM Instructor Examiners. Standards Doc. 29 Version 2*. Gatwick: Civil Aviation Authority.

Carthey, J., de Leval, M., Wright, D., Farewell, D. and Reason, J. (2003) Behavioural markers of surgical excellence. *Safety Science*, 41, 409-425.

Catchpole, K., Giddings, A., Wilkinson, M., Hirst, G., Dale, T. and de Leval, M. (2007) Improving patient safety by identifying latent failures in successful operations. *Surgery*, 142, 102-110.

Cook, M. and Cripps, M. (2005) *Psychological Assessment in the Workplace. A Manager's Guide*. Chichester: Wiley.

De Cossart, L. and Fish, D. (2005) *Cultivating a Thinking Surgeon*. Shrewsbury: tfm.

DeVellis, R. (2003) *Scale Development*. (2nd ed.) London: Sage.

Dismukes, K. and Smith, G. (eds.) (2000) *Facilitation and Debriefing in Aviation Training and Operations*. Aldershot: Ashgate.

FAA (1993) *Advisory Circular 120-51A Crew Resource Management Training* Washington: Federal Aviation Administration. (current version 51E－2004).

FAA (2006a) Advisory Circular 120-54A. *Advanced Qualification Program*. Washington: Federal Aviation Administration.

FAA (2006b) Advisory Circular 120-90. *Line Operations Safety Audit*. Washington: Federal Aviation Administration.

Flanagan, B. (in press) Debriefing – theory and techniques. In R. Riley (ed.) *A Manual of Simulation in Healthcare*. Oxford: Oxford University Press.

Fletcher, C. (2004) *Appraisal and Feedback. Making Performance Review Work*. (3rd ed.) London: Chartered Institute of Personnel and Development.

Fletcher, G., McGeorge, P., Flin, R., Glavin, R. and Maran, N. (2002) The role of non-technical skills in anaesthesia: A review of current literature. *British Journal of Anaesthesia*, 88, 418–429.

Fletcher, G., Flin, R. McGeorge, P. Glavin, R., Maran, N. and Patey, R. (2004) Rating non-technical skills. Developing a behavioural marker system for use in anaesthesia. *Cognition, Technology and Work*, 6, 165–171.

Fletcher, G., McGeorge, P, Flin, R., Glavin, R. and Maran, N. (2003) Anaesthetists' non-technical skills (ANTS). Evaluation of a behavioural marker system. *British Journal of Anaesthesia*, 90, 580–588.

Flin, R. (2006) *Safe in their Hands? Licensing and Competence Assurance of Safety Critical Roles in High Risk Industries*. Report to the Department of Health, London. University of Aberdeen. Available at www.abdn.ac.uk/iprc.

Flin, R., Fletcher, G., McGeorge, P., Sutherland, A. and Patey, R. (2003). Anaesthetists' attitudes to teamwork and safety. *Anaesthesia*, 58, 233–242.

Flin, R. and Martin, L. (2001) Behavioural markers for Crew Resource Management: A review of current practice. *International Journal of Aviation Psychology*, 11, 95–118.

Flin, R., Martin, L., Goeters, K., Höermann, J., Amalberti, R., Valot, C. and Nijhuis, H. (2003) Development of the NOTECHS (Non-Technical Skills) system for assessing pilots' CRM skills. *Human Factors and Aerospace Safety*, 3, 95–117.

Flin, R., Yule, S., McKenzie, L., Paterson-Brown, S. and Maran, N. (2006) Attitudes to teamwork and safety in the operating theatre. *The Surgeon*, 4, 145–151.

Flin, R., Yule, S., Maran, N., Paterson-Brown, S., Rowley, D. and Youngson, G. (2007) Teaching surgeons about non-technical skills. *The Surgeon*, 5, 107–110.

Fowlkes, J., Lane, N., Salas, E., Franz, T. and Oser, R. (1994) Improving the measurement of team performance: The TAR GETS methodology. *Military Psychology*, 6, 47–61.

Gaba, D., Fish, K. and Howard, S. (1994) *Crisis Management in Anesthesiology*. New York: Churchill Livingstone.

Gaba, D., Howard, S., Flanagan, B., Smith, B., Fish, K. and Botney, R. (1998) Assessment of clinical performance during simulated crises using both technical and behavioural ratings. *Anesthesiology*, 89, 8–18.

Goeters, K.-M. (2002) Evaluation of the effects of CRM training by the assessment of non-technical skills under LOFT. *Human Factors and Aerospace Safety*, 2, 71–86.

Guerlain, S., Adams, R., Turrentine, B., Shin, T., Guo, H., Collins, S. and Calland, F. (2005) Assessing team performance in the operating room: Development and use of a 'Black-Box' recorder and other tools for the intraoperative environment. *Journal of American College of Surgeons*, 200, 29–37.

Hausler, R., Klampfer, B., Amacher, A. and Naef, W. (2004) Behavioural markers in analysing team performance of cockpit crews. In R. Dietrich and T. Childress (eds.) *Group Interaction in High Risk Environments*. Aldershot: Ashgate.

Healey, A., Undre, S. and Vincent, C. (2004) Developing observational measures of performance in surgical teams. *Quality and Safety in Healthcare, 13 (Suppl 1)*, i33–i40.

Helmreich, R. (1999) CRM training, primary line of defence against threats to flight safety, including human error. *ICAO Journal*, 54, 6–10.

Helmreich, R., Butler, R., Taggart, W. and Wilhelm, J. (1995a) The NASA/University of Texas/FAA Line/LOS checklist: A behavioral marker-based checklist for CRM skills assessment. Version 4. Technical Paper 94-02 (Revised 12/8/95). Austin, Texas: University of Texas Aerospace Research Project.

Helmreich, R., Butler, R., Taggart, W. and Wilhelm, J. (1995b) Behavioral markers in accidents and incidents: Reference list. NASA/UT/FAA Technical Report 95-1. Austin, TX: The University of Texas, Human Factors Research Project.

Helmreich, R., Klinect, J. and Wilhelm, J. (2003) Managing threat and error: Data from line operations. In G. Edkins and P. Pfister (eds.) *Innovation and Consolidation in*

Aviation. Aldershot: Ashgate.

Helmreich, R. and Schaeffer, H. (1994) Team performance in the operating room. In M. Bogner (ed.) *Human Error in Medicine*. New Jersey: Lawrence Erlbaum.

Helmreich, R., Schaeffer, H. and Sexton, B. (1995) The Operating Room Checklist. Technical Report 95-10. University of Texas at Austin.

Helmreich, R. and Wilhelm, J. (1987) Reinforcing and measuring flightcrew resource management: Training Captain/Check Airman/Instructor Reference Manual. NASA/ University of Texas at Austin Technical Manual 87-1. Austin, TX: The University of Texas, Human Factors Research Project.

Helmreich, R., Wilhelm, J., Gregorich, S. and Chidester, T. (1990). Preliminary results from the evaluation of Cockpit Resource Management training: Performance ratings of flightcrews. *Aviation, Space, and Environmental Medicine*, 61, 576-579.

Holt, R., Boehm-Davis, D. and Beaubien, M. (2001) Evaluating resource management training. In E. Salas, C. Bowers and E. Edens (eds.) *Improving Teamwork in Organizations. Applications of Resource Management Training*. Mahwah, NJ: LEA.

Hörmann, J. (2001) Cultural variations of perceptions of crew behaviour in multipilot aircraft. *Le Travail Humain*, 64, 247-268.

Hörmann, J., Burger, K. and Neb, H. (2002) Integration of interpersonal skills into a pilot's proficiency reporting system. First results of a usability study at Lufthansa. In O. Truszczynski (ed.) *Proceedings of the 25th European Aviation Psychology Conference, Warsaw*. Warsaw: Polish Airforce.

Howard, S., Gaba, D., Fish, K., Yang, G. and Sarnquist, F. (1992) Anesthesia Crisis Resource Management training: teaching anesthesiologists to handle critical incidents. *Aviation, Space and Environmental Medicine*, 63, 763-770.

JAA (1999) *JAR-OPS (Joint Aviation Requirements for Flight Operations) 1 subpart N (NPA-OPS-16)*. Hoofddorp, Netherlands: Joint Aviation Authorities.

JAA (2001) *JAR-OPS (Joint Aviation Requirements for Flight Operations - Crew Resource Management: Flight Crew)*. Hoofddorp, Netherlands: Joint Aviation Authorities.

Klair, M. (2000) The mediated debrief of problem flights. In K. Dismukes and G. Smith (eds.) *Facilitation and Debriefing in Aviation Training and Operations*. Aldershot: Ashgate.

Klampfer, B., Flin. R., Helmreich R., et al.(2001) *Enhancing performance in high risk environments: Recommendations for the use of Behavioural Markers*. Daimler-Benz

Foundation. Available to download as pdf file on www.abdn.ac.uk/iprc.

Klampfer, B., Haeusler, R. and Naef, W. (2003) CRM behaviour and team performance under high workload: Outline and implications of a simulator study. In G. Edkins and P. Pfister (eds.) *Innovation and Consolidation in Aviation*. Aldershot: Ashgate.

KLM (1996) Feedback and Appraisal System. Amsterdam: KLM Internal Paper.

Macleod, N. (2005) *Building Safe Systems in Aviation. A CRM Developer's Handbook*. Aldershot: Ashgate.

Mackenzie, C. and Xiao, Y. (2007) Video analysis in health care. In P. Carayon (ed.) *Handbook of Human Factors and Ergonomics in Health Care and Patient Safety*. Mahwah, NJ: Lawrence Erlbaum Associates.

Marsch, S., Muller, C., Marquardt, K., Conrad, G., Tscan, F. and Hunziker, P. (2004) Human factors affect the quality of cardiopulmonary resuscitation in simulated cardiac arrests. *Resuscitation*, 60, 51-56.

Merritt, A. and Klinect, J. (2006) Defensive flying for pilots: An introduction to threat and error management. Paper available on University of Texas LOSA website - see above.

Moorthy, K., Munz, Y., Adams, S. et al.(2005) A human factors analysis of technical and team skills among surgical trainees during procedural simulations in a simulated operating Theatre. *Annals of Surgery*, 242, 631-639.

Noyes, J. (2001) *Designing for Humans*. Hove: Taylor & Francis.

Nunnally, J. and Bernstein, I. (1993) *Psychometric Theory*. New York: McGraw Hill.

O'Connor, P., Flin, R. and Fletcher, G. (2002a) Techniques used to evaluate Crew Resource Management training: A literature review. *Human Factors and Aerospace Safety*, 2, 217-233.

O'Connor, P., Flin, R., Fletcher, G. and Hemsley, P. (2002b) Methods used to evaluate the effectiveness of flightcrew CRM training in the UK aviation industry. *Human Factors and Aerospace Safety*, 2, 235-255.

O'Connor, P., Hormann, H.-J., Flin, R., Lodge, M., Goeters, K.-M. and the JARTEL group (2002c) Developing a method for evaluating crew resource management skills: A European perspective. *International Journal of Aviation Psychology*, 12, 265-288.

O'Connor, P., O'Dea, A. and Flin, R. (2002d) Teamwork skills training for Nuclear Operations Personnel: Results (IMC project HF/GSNR/5064). University of Aberdeen/IMC report.

Patey, R. (2007) Non-technical skills and anaesthesia. In J. Cashman and R. Grounds (eds.) *Recent Advances in Anaesthesia and Intensive Care 24*. Cambridge: Cambridge University Press.

Patey, R., Flin, R., Fletcher, G., Maran, N. and Glavin, R. (2005) Developing a taxonomy of anaesthetists' non-technical skills (ANTS). In Hendriks, K. (ed.) *Advances in Patient Safety: From Research to Implementation*. Rockville, MD: Agency for Healthcare Research and Quality.

Polo, L. (2002) Evaluation of flight crew members' performance. Is evaluation a product or a tool? In O. Truszczynski (ed.) *Proceedings of the 25th European Aviation Psychology Conference, Warsaw*. Warsaw: Polish Airforce.

Rall, M. and Gaba, D. (2005) Simulation and anaesthesia. In R. Miller. *Anesthesia (6th Ed)*. New York: Churchill Livingstone.

Riley, R. (ed.) (in press) *A Manual of Simulation in Healthcare*. Oxford: Oxford University Press.

Reader, T., Flin, R., Lauche, K. and Cuthbertson, B. (2006) Non-technical skills in the intensive care unit. *British Journal of Anaesthesia*, 96, 551-559.

Rosenstock, E., Kristensen, M., Rasmussen, L., Skak, C. and Ostergaard, D. (2006) Qualitative analysis of difficult airway management. *Acta Anaesthesiology, Scandinavia*, 50, 290-297.

Rudolph, J., Simon, R., Dufresne, R. and Raemer, D. (2006) There's no such thing as 'nonjudgmental' debriefing: A theory and method for good judgment. *Simulation in Healthcare*, 1, 49-55.

Salas, E., Burke, S., Bowers, C. and Wilson, K. (2001) Team training in the skies. Does Crew Resource Management (CRM) training work? *Human Factors*, 43, 641-674.

Salas, E., Wilson, K., Burke, S. and Wightman, D. (2006) Does Crew Resource Management training work? An update, an extension and some critical needs. *Human Factors*, 48, 392-412.

Smith, M., Smith, G., Budenberg, C., Willats, J. and Griffiths, P. (2007) An airline evaluation of the Facilitation Skills Assessment Tool (FSAT) as device for training and assessing facilitators. In *Proceedings of the International Symposium on Aviation Psychology*, Ohio State University, April.

Thomas, E., Sexton, J. and Helmreich, R. (2004) Translating teamwork behaviours from aviation to healthcare: development of behavioural markers for neonatal resuscitation. *Quality and Safety in Healthcare*, 13 (Suppl. 1), i57-i54.

Thomas, E., Sexton, J., Lasky, R., Helmreich, R., Crandell, D. and Tyson, J. (2006)

Teamwork and quality during neonatal care in the delivery room. *Journal of Perinatology*, 26, 163–169.

Thomas, M. (2004) Predictors of threat and error management: Identification of core nontechnical skills and implications for training systems design. *International Journal of Aviation Psychology*, 14, 207–231.

Undre, S., Healey, A., Darzi, A. and Vincent, C. (2006) Observational assessment of teamwork: A feasibility study. *World Journal of Surgery*, 30, 1774–1783.

van Avermaete, J. and Kruijsen, E. (eds.) (1998) *NOTECHS. The Evaluation of Non-Technical Skills of Multi-Pilot Aircrew in Relation to the JAR-FCL Requirements*. Final Report NLR-CR-98443. Amsterdam: National Aerospace Laboratory (NLR).

Vincent, C. (2006) *Patient Safety*. London: Churchill Livingstone.

Woodruffe, C. (2000) *Development and Assessment Centres: Identifying and Developing Competencies*. London: Chartered Institute of Personnel and Development.

Yee, B., Naik, V., Joo, H., Savoldelli, G., Chung, D., Houston, P., Karatzogolou, B. and Hamstra, S. (2005) Nontechnical skills in anaesthesia crisis management with repeated exposure to simulation-based education. *Anesthesiology*, 103, 241–248.

Yule, S., Flin, R., Maran, N., Paterson-Brown, S. and Rowley, D. (2006a) Nontechnical skills for surgeons in the operating room: A review of the literature. *Surgery*, 139, 140–149.

Yule, S. Flin, R., Maran, N., Paterson-Brown, S. and Rowley, D. (2006b) Development of a rating system for surgeons' non-technical skills. *Medical Education*, 40, 1098–1104.

Yule, S., Flin, R., Maran, N., Paterson-Brown, S., Rowley, D. and Youngson, G. (2007a) Observe one, rate one, debrief one. Using the NOTSS system to discuss non-technical skills with trainee surgeons. *Cognition, Technology and Work (in press)*.

Yule, S., Flin, R., Maran, N., Paterson-Brown, S. and Rowley, D. (2007b) Evaluating surgeons' non-technical skills with NOTSS. *World Journal of Surgery (in press)*.

부록 NOTECHS 시스템 개발

유럽합동항공국(JAA)은 항공승무원의 CRM 역량훈련과 평가를 요구한다. 즉 '항공승무원은 당국의 인가를 받은 항공규정에 기재된 방법론에 따라 CRM 역량평가를 받아야 한다. 이러한 평가의 목적은 승무원 전체 또는 각 개인에게 피드백을 제공하고 재훈련 여부를 판정하며, CRM 훈련시스템의 향상을 도모하기 위함이다(JAA 1999: 1.965).

이 법안은 유럽 전역에서 조종사들의 비기술적 역량을 평가하는 일반적인 방법을 만들고자 하는 JAA의 요구에서 비롯되었다. 이는 문화적, 기업적 차이를 최소화하고, 항공사의 지도원과 심사관의 실용성(Practicability)과 효율성(Effectiveness)를 극대화하기 위한 것이었다. 그 결과 1996년, 인적요인 자문그룹이 JAA Project에서 4대 유럽민간항공국(독일, 프랑스, 네덜란드, 영국)에 의해 후원을 받으며 연구프로젝트를 시작하였다. 독일 항공우주센터(DLR), 프랑스 항공우주의학연구소(IMASSA), 네덜란드 국립항공우주연구소(NLR) 및 영국 Aberdeen 대학 소속의 조종사와 심리학자로 구성된 연구 컨소시엄이 설립되어 NOTECHS(Non-Technical Skills)라 불리는 프로젝트를 설립하였다. 본 부록에서는 연구결과로써 얻은 조종사의 NOTECHS 역량 분류체계의 개발에 대하여 해설한다. 보다 전반적인 내용에 대해서는 Flin et al.(2003) 또는 Van Avermaete and Kruijsen(1998)을 참조 바란다. 이 프로젝트팀은 조종사의 CRM 역량을 평가하기 위해 실현 가능하고 효과적인 방법을 파악하거나 개발하도록 요구받았다.(본 프로젝트의 목적상, 조종실 승무원의 인지적, 사회적 역량을 정의하지만, 항공기 조종, 시스템조작, 표준업무절차(SOP) 등과는 직접적인 관련이 없다.) 설계의 기본적 요구사항으로, (i)시스템이 승무원 전체가 아닌, 개별 조종사의 역량을 평가하는 데 사용되어야 하며, (ii) 유럽 전역의 크고 작은 여러 항공회사에서 사용하기에 적합한, 즉 문화적 차이에도 쉽게 영향 받지 않는 견고한 시스템을 요구했다.

여러 가지 대안적인 평가방법을 검토한 결과, 유럽과 미국의 대형 항공사가 사용하던 기존의 행동평가 시스템을 원형 그대로 채택할 수 없는 것으로 나타났다(Flin and Martin, 2001). 또한 다소 간단한 개정만으로 법적기준의 취지에 맞는 "수용 가능한 방법"의 시스템은 하나도 없었다. 그 이유는 기존 시스템이 유럽전역을 대상으로 사용하기에는 너무 복잡하거나, 특정 항공사에 너무 특화된 것이거나, 또는 조종사 개인보다 승무원 팀을 평가하도록 설계되었기 때문이다(예: Texas 대학의 LLC(line/line-oriented simulation checklist system)(Helmreich et al., 1995a)). NOTECHS 그룹은 그러한 이유로 새로운 분류체계의 비기술적 역량을 디자인해야 한다고 결정했다(이를 위한 기법 설명은 제9장 참조). NOTECHS 시스템의 4가지 카테고리와 원리는 아래 그림 1에 나와 있다. 앞 장에서 역량의 구성요소에 대한 내용을 제시하였으므로 여기에서는 더 이상 논의하지 않는다.

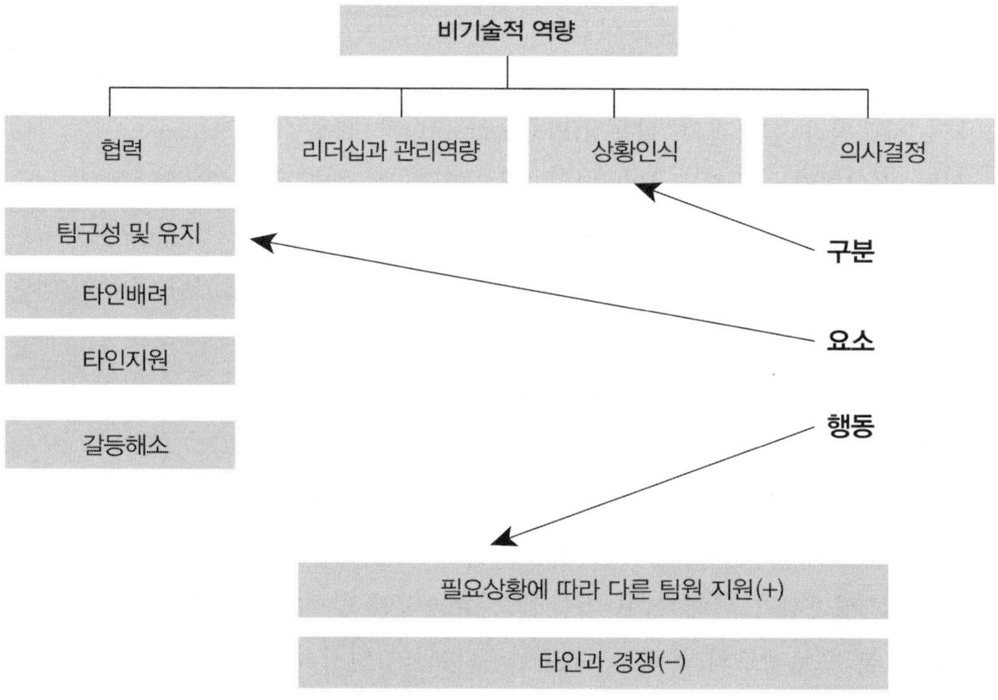

그림 1 NOTECHS 시스템

NOTECHS 시스템을 이용하기 위한 운용원칙

NOTECHS 시스템을 통해 각 승무원은 최대한 공정하고 객관적인 평가를 받을 수 있도록 보증하기 위해 아래의 5가지 운용원칙이 확립되었다.

1. **관측 가능한 행동만 평가** : 승무원의 성격이나 감정적 태도에 대한 평가는 배제하여야 하며, 관찰 가능한 행동에 근거하여야 한다. 행동평가지표는 객관적 판단을 지원하는 목적으로 설계되었다.
2. **기술적 결과의 필요성** : 조종사의 비기술적 역량이 불합격으로 판정되는 것은 비행의 안전성이 실제로(또는 잠재적으로) 위태로워졌다는 조건이다. 따라서 이 판정은 문제가 되는 비기술적 역량과 관련된, 객관적인 기술적면의 영향결과가 요구된다.
3. **합격·불합격 평가 필요** : JAR−OPS는 관측된 비기술적 역량이 허용가능 한지 또는 허용할 수 없는지 여부를, 항공사에서 나타내도록 요구한다.
4. **반복 필요성** : 허용할 수없는 행동을 반복하는 것이 평가 중에 관찰되면, 중대한 문제가 있다고 결론 내려야 한다. 만약, 기술적인 불합격 사항으로, 그것이 JAR의 관련조항에 따라 재평가가 허용되는 경우, 비기술적 평가와 관계없이 재심사의 기회가 주어져야 한다.
5. **불합격 판정의 설명 필요성** : 허용할 수없는 것으로 평가된 각 카테고리에 대해, 감독관은 반드시 a) 허용할 수없는 행동이 관찰된 해당 카테고리의 요소를 나타내고, b) 관찰된 NTS가 어디에서(잠재적인 것 포함) 안전성이 위태로운 결과를 초래했는지 설명하며, c) 허용할 수 없는 것으로 평가된 각각의 카테고리에 대해, 표준·전문용어를 사용하여 자유롭게 해설한다.

행동을 평가하는 것은 기술적 사실을 평가하는 것과 비교하여 필연적으로 항상 주관적이다. NOTECHS는 비기술적 역량평가의 모호함을 최소화하도록 설계되었으나, 평가과정에서 발생할 수 있는 몇 가지 요인이 있다. 첫 번째는 관찰단위에 대한 것이다. 즉 평가대상은 누구인지, 승무원 전체인지, 기장 또는 부기장인지 등과 관계가 있다. NOTECHS 시스템은 개별조종사를 평가하는 데 사용되도록 설계되어 있다. 복수의 개인 평가와 관련된 경우 어렵게 되기 쉬운 것은 전체 승무원의 수행을 개인의 기여도로 구분하는 것이다. 그러나 이러한 어려움은 예전부터 이미 존재했으며, 기술적 수행만을 고려하는 기술심사도 역시 그러하다. NOTECHS도 이러한 문제점을 마술처럼 해결할 수는 없지만, 일방의 승무원측이 관련정도가 크면 관련행동을 객관적으로 지적함으로써, 심사관이 승무원 2명의 평가차이를 구별할 수 있도록 한다.

두 번째 요인은 평가자가 적절한 기준으로 비기술적 역량을 판단하지 않는다는 우려와 관련이 있다. NOTECHS는 강사/심사관이 모든 비판이나 의심을, 프로의 입장으로 표준화된 규격용어를 사용하여 판정의 타당성을 설명할 수 있도록 요구한다. 더욱 중요한 것은 애매한 포괄적 인상이나 고립된 행동이나 활동에 근거해서는 안 된다. 통상, 비행 중 발생하는 반복적인 행동은 그 문제의 성격을 명확히 파악하는 것이 요구된다.

NOTECHS 기법은 정기적 기량심사나 정기훈련에서의 불합격만으로 끝나지 않고, 기술적 실패와 관련된 것으로 생각되는 CRM 역량의 부족한 면을 특정 하는데 도움되도록 설계되었다. NOTECHS를 사용한 심사에서 비기술적 역량평가는 그 역량과 관련된 기술면에서 객관적으로 나쁜 결과가 생겨단·장기간에 걸쳐서 비행안전이 위태로워진 경우가 아닌 한, 실패(불합격)로 판정해서는 안 된다. 승무원 중 어느 한명이 기능심사에서 불합격한 경우, NOTECHS는 기술적인 결함에 기여한 개인의 인적요인(Human Factors)에 대한 통찰력을 유용하게 제공할 수 있다. 이러한 방식으로, NOTECHS 기법은 적절한 보고/강평과 맞춤형 재훈련을 실시하는데 있어 가치 있는 지원이 가능하다.

A.1 NOTECHS 예비시험: JARTEL 프로젝트

NOTECHS 시스템의 시험판(Prototype)이 사용할 수 있게 되어, 시뮬레이터나 비행임무에서 조종사의 비기술적 역량을 평가하기 위한 체계적인 접근이 가능하게 되었다. 다음으로 필요한 것은 NOTECHS 시스템의 기본적인 사용성(Usability)과 심리측정 특성시험이 요구되었다. 유럽연합(EU) 운수국(DGTREN)은 JAA 연구위원회와 협력하여 NOTECHS의 테스트를 위해, 5개소의 연구센터컨소시엄(네덜란드 국립항공우주연구소(NLR), 독일항공우주센터(DLR), 영국에버딘대학, 영국방위평가연구소(DERA,

현 QinetiQ), 프랑스항공우주의학연구소(IMASSA))과 4개소의 항공사 연구조합(프랑스 Sofreavia, 영국 British Airways, 이탈리아 Alitalia, Airbus)에 과제를 주었다. 유럽의 한 연구프로젝트인 JARTEL(Joint Aviation Requirements Translation and Elaboration of Legislation)은 1998년 1월에 시작되어 2001년에 완료되었다. 이 프로젝트의 주요목표는 다음을 평가하는 것이었다.

- 평가도구로서의 NOTECHS 시스템의 유용성
- 평가도구의 신뢰성 및 유효성
- 유럽 내 NOTECHS 시스템 사용으로, 문화적 차이에 미치는 영향

A.2 실험연구

실험연구는 현역 조종사들이 배우로 참여하여, Boeing－757 시뮬레이터로 촬영된 8개의 비디오 시나리오를 사용하여 수행되었다. 시나리오는 시뮬레이션 된 비행상황 중에, (NOTECHS 요소로부터) 미리 정해진 행동을 조종사가 다양한 단계('매우 미흡'에서 '매우 양호'까지)로 보여준다. 조종사들의 행동은 유럽 12개국의 14개 항공회사에서 모집된, 105명의 지도강사들이NOTECHS 시스템을 사용하여 평가되었다. 참가한 항공사들은 유럽 내 5개 문화권에 걸친 크고 작은 항공사들을 대표했다.

각 실험활동은 항공사 훈련센터 내에서 진행되었다. 오전 중에 NOTECHS 기법에 대한 표준적인 개요설명(참가자들은 사전에 NOTECHS 시스템에 관한 기초정보를 받았다)과 실습활동으로 시작했다. 강사들에게도 설문지를 작성하게 하여 경력과 경험에 대한 자료를 획득하였다. 이후 오후 세션동안, 8개의 조종실 시나리오에서 기장과 부기장의 행동을 NOTECHS 채점표를 사용하여 강사들에 의해 평가되었다. 세션이 끝날 무렵, 두 번째 설문지가 강사들에게 주어지고 NOTECHS 평가과정과 자료를 평가하도록 했다.

결과를 요약하면, 강사의 80%가 평점이 일관적이고, 그중 88%가 방법의 일관성에 만족하는 것으로 나타났다. 평균적으로, 기준 평점(숙련된 전문가 집단에서 일치한 등급을 벤치마킹하기 위해 설정)과 강사의 평점 간의 차이는 5단계 척도에서 1단계 미

만이었고, 허용 가능한 정확도 수준도 확인했다. 평가 설문에서 강사들은 NOTECHS 평가시스템에 대해서 매우 납득할 수 있는 타당한 것으로, 특히 5점 평가척도의 평판이 좋았다(98%). 유럽의 5개 지역에 관련된 문화적 차이는 영어 숙련도, 비기술적 역량평가의 경험정도, 기장과 부기장의 역할에 대한 인식차이 등과 같은 다양한 배경의 변수와 비교하여 영향이 적은 것으로 확인되었다(문화면의 상세한 분석은 Hörmann, 2001, 참조). 실험방법과 결과에 대한 자세한 내용은 JARTEL 프로젝트 보고서의 Work package 2 & 3(Sofreavia website: sofreavia.com/jartel/) 또는 O'Connor et al. (2002c)에서 확인할 수 있다. 그 후 NOTECHS의 운용시험은 여러 항공사에서 수행되었다(JARTEL Work package 4 report 참조). 실제 기능판정 면에서 이 시스템의 적용성과 실용가능성을 확인하였다.

이러한 최초의 실험적인 NOTECHS 시스템의 운용시험에서 강사가 적용할 수 있으며, 충분한 심리측정특성이 있는 것으로 나타났다. 이러한 결과는 반나절에 불과한 훈련기간으로 달성되었으나, 그 이유는 경험이 풍부한 강사들을 채용하였고, 특히 소규모 항공사 승무원들에게 장시간의 참가를 요구하기에는 어려움이 있기 때문이었다. 통상의 정기훈련이나 역량평가 목적으로 NOTECHS 시스템을 사용하는 것은 이 수준으로는 충분하지 않다. 기초 훈련기간은 2일(조종사의 비기술적 역량평가에 대한 이전경험 수준에 따라) 또는 그 이상이 권장된다.

NOTECHS 시스템 이용자를 위한 훈련요건

NOTECHS 이용자는 인증된 비행 강사와 공인된 시험원이다. 모든 평가자는 이 평가기법을 실제 적용하는 방법을 훈련할 필요가 있다. NOTECHS는 평가자의 전제조건으로서, 인간의 특성과 한계에 대하여 JAR–FCL이 정하는 이론교육 프로그램에 포함된 개념의 충분한 지식을 요구한다(JAR–FCL 1.125/1.160/1.165. 이론적 지식지침 PPL/ATPL). 그 외의 추가적인 이론적 지식은 필요하지 않다. CRM 초기훈련과 정기훈련에 참여하여 반복적으로 CRM을 배우는 것은 적어도 시험적인 시스템 운용에 참가하는 사람들에게는 필수적이다. CRM 훈련지도원으로서의 경험은 표준화를 용이하게 하는 요소이지만, 전제조건은 아니다(CRM 교육과 교육시험원에 관한, UK의 입장은 CAA, 2006b 참조). 훈련에서 대부분의 노력은 NOTECHS방법론 이해, 평가항목과 평가척도를 나타내는 채점표의 구체적 사용방법, 판정의 교정과정 및 설명(결과 요약설명, 강평, 질문 등)단계에 무엇을 할 것인지 이해한다. 본래 NOTECHS 시스템의 용도는 강평(Debriefing)과 훈련 요구사항을 파악하기 위한 것이므로, 강평은 평가대상자의 수행을 "전반적·추상적"으로 평가하기보다, 구체적인 역량항목에 중점을 두도록 확실한 계획을 준비하는 것이 중요하다.

요약하면, NOTECHS는 다음과 같은 용도를 목적으로 설계되었다.

(i) 강사 및 공인 심사원을 위한, 전문적이며 실용적인 도구
(ii) 심리학자 이외의 사람들이 사용할 수 있는 도구
(iii) 평가받은 조종사에 대하여, 항공업계의 공통전문용어로 판정결과를 강평하고, 개선을 위한 구체적인 방향성 제안을 주목적으로 하는 도구

반대로, NOTECHS는 다음과 같은 목적으로 설계되지는 않았다.

(i) 학자의 연구도구(이 목적으로 사용할 수도 있다. Goeters, 2002 참조)
(ii) 강사 및 공인 심사원의 개인적 견해를 근거로 비행승무원의 개성을 판단하기 위한 도구
(iii) 심리학적 전문용어를 평가에 도입하기 위한 도구

실험 및 운용시험을 통한 NOTECHS 시스템의 잠정평가에 따르면, 기본적인 심리측정특성은 허용할 수 있으며, 그 기법도 사용할 수 있고, 실무자들에 의해서도 인정되었다. 물론 NOTECHS에 의한 심리측정의 질에 대해서는 더욱 광범위한 테스트가 바람직하지만, 그렇게 하기 위해서는 표준화된 조건 하에서 수집된 많은 데이터 세트가 필요하다.

안전시스템의 과거와 미래
현장의 안전향상을 위한 비기술적 역량 가이드
Safety at the Sharp End: A Guide to Non-Technical Skills

인쇄·발행 | 2019년 10월 16일 제1판 1쇄 인쇄
2019년 10월 23일 제1판 1쇄 발행

지은이 | Rhona Flin, Paul O'Connor and Margaret Crichton

옮긴이 | 박재갑·신병균·전해경·홍성현

발행인 | 문 형 진

발행처 | 세 진 사
㊌02859 서울특별시 성북구 보문로 38 세진빌딩
TEL. 02)922-6371~3, 923-3422 / FAX. 02)927-2462
Homepage : www.sejinbook.com
등록. 1976. 9. 21 / 서울 제307-2009-22호

값 22,000원

ISBN 979-11-6045-367-6